中国机械工业教育协会“十四五”普通高等教育规划教材

国家级一流本科课程配套教材

高等学校计算机专业系列教材

计算机系统

从应用程序到底层实现

赵欢 杨科华 编著

机械工业出版社
CHINA MACHINE PRESS

本书以计算机系统能力培养为目标，从程序员的视角详细阐述了计算机系统组成及程序的底层运行机制。全书共分为11章，主要包括计算机系统概论、信息的表示与处理、最小系统与原型系统、ATT汇编语言、数据与程序的机器级表示、链接、存储层次、异常处理、程序优化、简单CPU设计等内容。本书提供了非常丰富的教学资源，包含演示代码、知识点视频、讨论课选题及优秀教学案例，读者可以扫描书中的二维码来访问。

本书适合作为高等院校计算机及相关专业本科生、研究生的教材，也可以作为业界工程师的参考书。

图书在版编目（CIP）数据

计算机系统：从应用程序到底层实现 / 赵欢，杨科华编著．—北京：机械工业出版社，2024.8

高等学校计算机专业系列教材

ISBN 978-7-111-75643-9

Ⅰ．①计… Ⅱ．①赵… ②杨… Ⅲ．①计算机系统—高等学校—教材 Ⅳ．① TP303

中国国家版本馆CIP数据核字（2024）第077646号

机械工业出版社（北京市百万庄大街22号　邮政编码100037）

策划编辑：朱　劼　　责任编辑：朱　劼　郎亚妹

责任校对：马荣华　杨　霞　景　飞　　责任印制：任维东

天津嘉恒印务有限公司印刷

2025年1月第1版第1次印刷

185mm×260mm · 18.5印张 · 1插页 · 466千字

标准书号：ISBN 978-7-111-75643-9

定价：59.00元

电话服务

客服电话：010-88361066

010-88379833

010-68326294

网络服务

机　工　官　网：www.cmpbook.com

机　工　官　博：weibo.com/cmp1952

金　　书　　网：www.golden-book.com

机工教育服务网：www.cmpedu.com

前　言

随着智能技术的飞速发展，计算机系统能力成为解决我国信息技术发展瓶颈和实施大型工程的关键。计算机系统能力是指能够利用计算机系统层面的基本原理来构建以计算机技术为核心的应用系统，以及解决实际工程问题的能力。对于计算机专业的学生来说，具备计算机系统能力是其相对其他非计算机专业学生的一大优势，这一点已得到普遍认可，并已在实践中得到证实。

本书作为“计算机系统”或“计算机系统导论”“计算机系统基础”课程的教材，从程序员的角度说明了计算机系统的基本原理及底层实现机制，期望程序员能够成为：

- 更有效率的程序员——能有效地找出并消除程序中的 bug，更好地进行程序性能调优。
- 更有“底”气的程序员——能够深入了解计算机系统中的一些底层实现，能够结合计算机的底层实现写出更可靠、更安全的程序。
- 更为全面的程序员——为后续的计算机“系统”级课程做好准备，提高解决复杂问题、设计复杂系统的能力。

虽然不同计算机系统的硬件和软件千差万别，但计算机系统的构建原理以及在计算机系统上的程序转换和执行机理是相通的，因而，本书仅介绍一种特定计算机系统平台下的相关内容。本书所用的环境为 IA-32/x86-64 + Linux + GCC + C 语言。

全书共 11 章，旨在阐述计算机系统的核心概念。

第 1 章是计算机系统概论，介绍计算机系统的基本功能和基本组成、程序的开发与执行过程、计算机系统层次结构等内容。

第 2 章介绍计算机系统是如何用二进制来表示信息的，以及如何通过上下文来将同样的二进制字节序列识别为不同的数据对象。

第 3 章将实际的计算机系统分别抽象描述成一个最小系统与原型系统，并在这两个系统上讨论程序的执行过程。

第 4 章介绍汇编语言的概念与特点，并详细讲解了 ATT 汇编语言的典型指令。

第 5 章以整数与浮点数为例说明如何利用不同的二进制编码来实现对不同数据的存储和表达。

第 6 章介绍程序的机器级表示，通过对比 C 语言代码及其对应的汇编代码，从简单操作与访问、控制、过程、数据结构等多个方面来探索硬件层面的程序行为，从而理解程序在机器中的执行过程。

第 7 章介绍汇编代码通过链接形成最终的可执行文件的详细过程。

第 8 章介绍基本的存储技术以及存储器在计算机系统中是如何被组织成层次结构的，在此基础上讨论了程序的局部性问题。

第 9 章结合进程的生命周期，阐释了源自系统硬件底层及操作系统层面软件形式的异常（信号），及其相关异常处理。

第 10 章将从虚拟存储器的功能解读开始，阐释虚拟地址的翻译过程、存储器映射，并结合实际案例研究虚拟存储器系统。

第 11 章探讨如何使用几种不同类型的程序优化技术让程序运行得更快。

此外，附录还介绍了一个简单 CPU 的设计与实现过程，以及机器级程序（指令）的电路级行为仿真。

本书具体编写分工如下：赵欢、张子兴编写第 1 章和第 2 章，杨科华编写第 3 章和第 4 章，佘兢克编写第 5 章和第 6 章，黄丽达编写第 7 章、第 9 章和第 10 章，肖雄仁编写第 8 章，谢国琪编写第 11 章，凌纯清、刘彦编写附录部分，全书由赵欢、杨科华统稿。

本书内容基于“快速入门、循序渐进”的原则，每个知识点都提供了相应的教学视频，读者可以扫描书中的二维码来访问。同时也提供了大量的案例，尽量将每一个知识点融合到具体的案例中，建议读者在阅读本书的过程中按照案例的具体要求进行操作与实践，以加深对各个知识点的理解。

为便于本书教学内容的理解，并利于与先修后续课程“高级语言程序设计”“数字逻辑电路”“汇编语言程序”“计算机组成原理”“操作系统”“编译原理”等的融会贯通，作者通过一个自创的原型机系统与编译工具链来进行演示，使读者可以理解代码的底层运行机制，对照数字逻辑电路课程的学习内容，读者还可以进一步理解指令的电路级行为。但正如前所述，本书主要是为后续的计算机类“系统”级课程做准备，提高读者解决复杂问题、设计复杂系统的能力，因此并没有对这些原理进行深入的阐述，而只对这些内容的联系进行讲解，让读者对计算机系统有整体了解。在后续的“数字系统设计”“操作系统”“编译原理”“计算机体系结构”等课程的学习过程中，读者可以与本书内容相互印证，最终形成比较完整的、密切关联的计算机系统整体概念。

目　录

第 1 章　概论

本书主要介绍单处理器计算机系统上程序开发和执行的基本原理以及涉及的重要概念，为后续学习计算机类“系统”级课程，如“编译系统”“操作系统”“计算机网络”“计算机体系结构”“嵌入式系统”等，打下坚实的基础。

本章概要地介绍计算机系统的基本功能和基本组成、计算机系统层次结构、程序的开发与执行过程等内容。

1.1　计算机系统的基本功能和基本组成

计算机是一种能自动对数字化信息进行算术和逻辑运算的高速处理装置。也就是说，计算机处理的对象是数字化信息，处理的手段是算术和逻辑运算，处理的方式是自动的，因此，计算机与算盘以及各类机械式计算机器有着本质的区别。

我们通常所说的计算机系统，除了包含看得见的计算机硬件以外，还包含运行在计算机硬件上的软件。

1.1.1　计算机系统的基本功能

计算机系统不仅具有数据处理功能，还具有数据存储、数据传送等功能。

数据处理（Data Process）是计算机系统最基本的功能。计算机不仅可以进行加、减、乘、除等基本算术运算，也可以进行与、或、非等逻辑运算；计算机处理的数据不仅可以是日常生活中使用的十进制数据，也可以是文字、图形、图像、声音、视频等非数值化的各种多媒体信息。

数据存储（Data Storage）功能是计算机能采用自动工作方式的基本保证。计算机中的存储器使得程序和数据能事先被存储，并在需要时被取出。计算机中有各类存储部件：大量的文件信息需要被长期存储在计算机系统中，因此有像磁盘存储器那样能够长期保存信息的非易失性存储器；正在执行的程序和处理的数据需要存放在快速存储器中，因此有由半导体元器件构成的随机访问存储器等。

数据传送（Data Transfer）功能是指计算机内部的各个功能部件之间、计算机主机与外部设备之间、各个计算机系统之间进行信息交换的操作功能。例如，进行数据处理的部件需要从存储部件中读取数据或写入数据，需要将输入设备的数据送到存储部件进行保存或送到数据处理部件进行计算，需要将一台计算机产生的数据送到另一台计算机。因此，计算机系统中不可避免地需要进行数据传送。

数据处理、数据存储和数据传送的功能最终是通过执行指令来完成的，而计算机指令的执行过程由控制器产生的控制信号来控制。

对照上述基本功能，计算机中需要有对数据进行处理、存储和传送的基本功能部件以及控制这些功能部件操作的控制部件。通常把进行数据处理的部件称为运算部件或运算器，主要的运算部件是算术逻辑部件（Arithmetic Logical Unit，ALU）；把进行数据存储的部件称为主存储器或存储器，主要分外存（Storage）和内存（Memory）；把进行数据传送的部件称为互连设备，主要有总线（Bus）、桥接器等。

计算机系统具有高速、通用、准确和智能等特性。计算机的主要核心部件由高速电子元器件制造，这为计算机快速处理数据提供了基本保证。通用性体现在两个方面：一是它所处理的信息呈多样化，可以是各种数值数据和非数值数据；二是计算机应用极其广泛，只要现实世界中某个问题能找到相应的算法并在有限步骤内完成，就能把该问题编制成程序并通过计算机执行来加以解决。此外，计算机系统强大的计算和自动逻辑推理能力为其准确性和智能化提供了重要基础。

计算机系统所完成的所有任务都通过执行程序包含的指令来实现。计算机系统由硬件和软件两部分组成。硬件（Hardware）是物理装置的总称，各种芯片、板卡、外设、电缆等都是计算机硬件。软件（Software）包括运行在硬件上的程序和数据以及相关的文档。程序（Program）是指挥计算机如何操作的一个指令序列，数据（Data）是指令操作的对象。

1.1.2 计算机硬件

从 20 世纪 40 年代计算机诞生以来，尽管硬件技术经历了四个发展阶段，计算机体系结构也取得了很大的发展，但绝大部分计算机的硬件基本组成仍然具有冯·诺依曼结构计算机的特征。冯·诺依曼结构计算机的基本思想主要包括以下几个方面。

- 采用“存储程序”工作方式。
- 计算机由运算器、控制器、存储器、输入设备和输出设备五个基本部件组成。
- 存储器不仅能存放数据，也能存放指令，数据和指令在形式上没有区别，但计算机应能区分它们；控制器能自动执行指令；运算器能进行加、减、乘、除 4 种基本算术运算，并且也能进行逻辑运算；操作人员可以通过输入 / 输出设备使用计算机。
- 计算机内部以二进制形式表示指令和数据；每条指令由操作码和地址码两部分组成，操作码指出操作类型，地址码指出操作数的地址；由一串指令组成程序。

计算机硬件主要包括中央处理器、存储器、外部设备和各类总线等。

中央处理器（Central Processing Unit，CPU）有时简称为处理器，是整个计算机的核心部件，主要用于指令的执行。CPU 主要包含两个基本部分：数据通路和控制器。数据通路（Data Path）主要用来执行算术和逻辑运算，以及寄存器和存储器的读 / 写控制等，其中，算术逻辑部件用来进行基本的算术和逻辑运算，ALU 中最基本的部件是加法器，所有算术运算都可以基于加法运算和逻辑运算来实现。控制器（Controller）用来对指令进行译码，生成相应的控制信号，以控制数据通路进行正确的操作。

存储器分为内存和外存。内存包括主存储器（Main Memory，简称主存）和高速缓冲存储器（Cache）。因为早期计算机中没有 Cache，所以一般情况下并不区分内存和主存，两者含义相同，都是特指主存储器。外存包括辅助存储器和海量后备存储器。通常把系统运行时直接与主存交换信息的存储器称为辅助存储器，简称辅存，目前主要的辅助存储器是磁盘存储器和固态硬盘；而磁带存储器和光盘存储器的容量大、速度慢，主要用于信息的备份和脱机存档，因此它们被用作海量后备存储器。

外部设备简称为外设，也称为 I/O 设备，其中，I/O 是输入输出（Input/Output）的缩写。外设通常由机械部分和电子部分组成，并且两部分通常是可以分开的。机械部分是外部设备本身，而电子部分则是控制外部设备工作的 I/O 控制器或 I/O 适配器。外设通过 I/O 控制器或 I/O 适配器连接到主机上，I/O 控制器或 I/O 适配器统称为设备控制器。例如，键盘接口、打印机适配器、显示控制卡（简称显卡）、网络控制卡（简称网卡）等都是设备控制器，属于 I/O 模块。

总线（Bus）是传输信息的介质，用于在部件之间传输信息，CPU、主存和 I/O 模块通过总线互连，在 CPU 和 I/O 模块中都包含相应的存储部件，即缓存器。

图 1-1 是一个典型计算机系统的硬件组成示意图。从图 1-1 可以看出，CPU 中包含控制器、算术逻辑部件（ALU）、寄存器堆（Register File，也称通用寄存器组或寄存器文件）、总线接口部件等，CPU、主存储器和 I/O 模块之间通过总线交换信息，例如，处理器总线用来传输与 CPU 交换的信息，存储器总线用来传输与主存储器交换的信息，I/O 总线用来传输与设备控制器交换的信息，不同总线之间通过 I/O 桥接器（I/O Bridge）相连。CPU 通过处理器总线、I/O 桥接器等与主存储器和 I/O 模块交换信息；主存储器通过存储器总线、I/O 桥接器与 CPU 和 I/O 模块交换信息；I/O 设备通过各自的设备控制器或适配器连到 I/O 总线上，例如，可以把鼠标和键盘连接到 USB 控制器的插口上，将显示器连接到显示适配器的插口上。在一个 I/O 总线上也可以设置多个 I/O 扩展槽，以连接更多的外设。

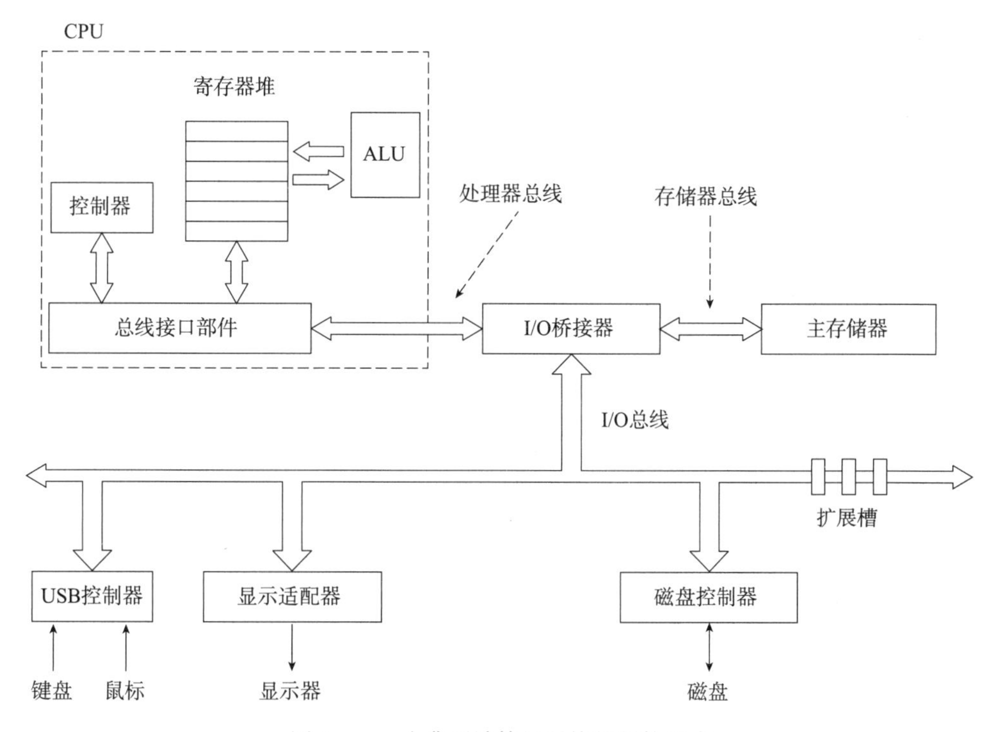

图 1-1　一个典型计算机系统的硬件组成

1.1.3　计算机软件

计算机的工作由存储在其内部的程序控制，这是冯·诺依曼结构计算机“存储程序”工作方式的重要特征，因此程序或者软件质量的好坏将大大影响计算机性能。

软件的发展受计算机硬件和计算机应用的推动和制约，其发展过程大致分三个阶段。

从第一台计算机上的第一个机器代码程序出现到实用的高级语言出现为第一阶段（1946—1956年）。这一时期的计算机应用以科学计算为主，计算量较大，但输入/输出量不大；机器以CPU为中心，存储器较小；直接采用机器语言编程，因而程序设计与编写工作复杂、烦琐、易出错。这时尚未出现“软件”一词。

从实用的高级语言出现到软件工程概念出现之前的这段时间为第二阶段（1956—1968年）。这一时期除了科学计算外，还出现了大量数据处理问题，计算量不大，但输入/输出量较大。机器结构转向以存储器为中心，出现了大容量存储器，输入/输出设备增多，“软件”概念也开始出现。为了充分利用处理器、存储器和输入/输出等计算机资源，出现了操作系统；为了提高编程工作效率，出现了高级语言；为了满足大量的数据处理需求，出现了数据库及其管理系统。随着软件规模和复杂性的不断提高，软件开发过程中的问题越来越多，甚至出现了人们难以控制的局面，即所谓软件危机。为了克服这种危机，人们研究和采用了很多技术方法，这就催生了“软件工程”的概念和方法。

“软件工程”概念和方法出现后至今为第三阶段。对于一些复杂的大型软件，采用基于个人和简单团队分工的传统开发方式进行开发不仅效率低、可靠性差，而且很难完成，必须采用工程方法才能实现。为此，从20世纪60年代末开始，软件工程技术得到了迅速发展，出现了“计算机辅助软件设计”“软件自动化”等技术方法和实验系统。目前，人们除了研究和改进软件开发技术外，还着重研究具有智能化、自动化、集成化、并行化以及自然化特征的软件新技术。

根据软件的用途，一般将软件分成系统软件和应用软件两大类。

- 系统软件（System Software）包括为有效、安全地使用和管理计算机以及为开发和运行应用软件而提供的各种软件，介于计算机硬件与应用程序之间，它与具体应用关系不大。系统软件包括操作系统（如Windows、UNIX、Linux）、语言处理系统（如Visual Studio、GCC）、数据库管理系统（如Oracle）和各类实用程序（如磁盘碎片整理程序、备份程序）。操作系统（Operating System，OS）主要用来管理整个计算机系统的资源，包括对它们进行调度、管理、监视和服务等，操作系统还提供计算机用户和硬件之间的人机交互界面，并提供对应用软件的支持。语言处理系统主要用于提供一个用高级语言进行编程的环境，包括源程序的编辑、翻译、调试、链接、运行等功能。
- 应用软件（Application Software）是指专门为数据处理、科学计算、事务管理、多媒体处理、工程设计以及过程控制等应用所编写的各类程序。例如，人们平时经常使用的电子邮件收发软件、多媒体播放软件、游戏软件、炒股软件、文字处理软件、电子表格软件、演示文稿制作软件等都是应用软件。

1.2 程序的开发与执行过程

程序的开发和执行涉及计算机系统的各个不同层面，因而计算机系统层次结构的思想体现在程序开发和执行过程的各个环节。下面以简单的hello程序为例，简要介绍程序的开发与执行过程，以便加深读者对计算机系统层次结构概念的认识。

编写程序并让其在计算机上执行是为了解决最终用户的应用问题，因而，程序有时也被称为用户程序（User Program）或应用程序（Application Program）。

1.2.1　从源程序到可执行程序

Hello World 的基础知识

扫描上方二维码可观看知识点讲解视频

以下是 hello.c 的 C 语言源程序代码。

```
1  #include <stdio.h>
2
3  void main()
4  {
5       printf("hello,world\n");
6  }
```

为了让计算机能执行上述应用程序，程序员应按照以下步骤进行处理。

1）通过程序编辑软件得到 hello.c 文件。hello.c 在计算机中以 ASCII 字符方式存放，如图 1-2 所示，图中给出了每个字符对应的 ASCII 码的十进制值，例如：第一个字节的值是 35，代表字符 #；第二个字节的值是 105，代表字符 i；最后一个字节的值是 125，代表字符 }。通常把用 ASCII 码字符或汉字字符表示的文件称为文本文件（Text File），源程序文件都是文本文件，是可显示和可读的。

#	i	n	c	l	u	d	e	<sp>	<	s	t	d	i	o	.
35	105	110	99	108	117	100	101	32	60	115	116	100	105	111	46
h	>	\n	v	o	i	d	<sp>	m	a	i	n	(	)	\n	{
104	62	10	118	111	105	100	32	109	97	105	110	40	41	10	123
\n	<sp>	<sp>	<sp>	<sp>	p	r	i	n	t	f	(	“	h	e	l
10	32	32	32	32	112	114	105	110	116	102	40	34	104	101	108
l	o	,	<sp>	w	o	r	l	d	\	n	”	)	;	\n	}
108	111	44	32	119	111	114	108	100	92	110	34	41	59	10	125

图 1-2　hello.c 源程序文件在计算机中的存放方式

2）将 hello.c 进行预处理、编译、汇编和链接，最终生成可执行目标文件。例如，在 UNIX 系统中，可用 GCC 编译驱动程序进行处理，命令如下：

```
unix>gcc -o hello hello.c
```

上述命令中，最前面的 unix> 为 shell 命令行解释器的命令行提示符，gcc 为 GCC 编译驱动程序名，-o 表示后面为输出文件名，hello.c 为要处理的源程序。从 hello.c 源程序文件到可执行目标文件 hello 的转换过程如图 1-3 所示。

- 预处理阶段：预处理程序（cpp）对源程序中以字符“#”开头的命令进行处理，例如，将 #include 命令后面的 .h 文件内容嵌入源程序文件中。预处理程序的输出结果还是一个源程序文件，以 .i 为扩展名。
- 编译阶段：编译程序（ccl）对预处理后的源程序进行编译，生成一个汇编语言源程序文件，以 .s 为扩展名，例如，hello. s 是一个汇编语言程序文件。因为汇编语言与具体的机器结构有关，所以，对同一台机器来说，不管使用哪种高级语言，编译转换后的输出结果使用的都是同一种汇编语言。
- 汇编阶段：汇编程序（as）对汇编语言源程序进行汇编，生成一个可重定位目标文件

Hello World 程序的存储与编译

扫描上方二维码可观看知识点讲解视频

（Relocatable Object File），以 .o 为扩展名，例如，hello.o 是一个可重定位目标文件。它是一种二进制文件（Binary File），因为其中的代码是机器指令，数据以及其他信息也都是用二进制表示的，所以它是不可读的，用文本方式打开的时候会显示乱码。

- 链接阶段：链接程序（ld）将多个可重定位目标文件和标准库函数合并为一个可执行目标文件（Executable Object File），可执行目标文件可简称为可执行文件。本例中，链接程序将 hello.o 和标准库函数 printf 所在的可重定位目标模块 printf.o 进行合并，生成可执行文件 hello。

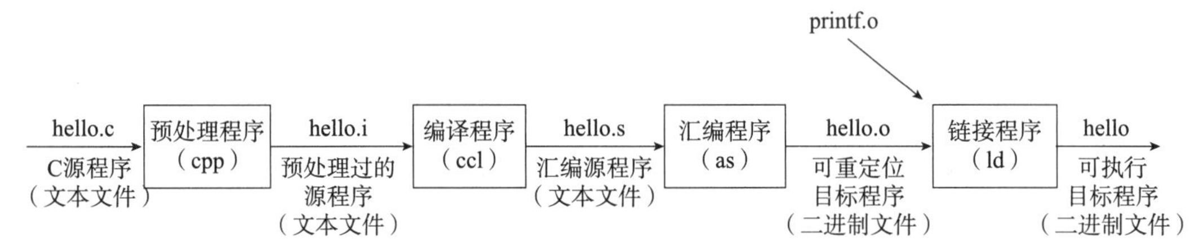

图 1-3　从 hello.c 源程序文件到可执行目标文件 hello 的转换过程

最终生成的可执行文件被保存在磁盘上，可以通过某种方式启动磁盘上的可执行文件运行。

1.2.2　可执行程序的执行过程

Hello World 程序的运行过程

扫描上方二维码可观看知识点讲解视频

对于一个存放在磁盘上的可执行文件，可以在操作系统提供的用户操作环境中，采用双击对应图标或在命令行中输入可执行文件名等方式来启动执行。在 UNIX 系统中，可以通过 shell 命令行解释器来执行一个可执行文件。例如，对于上述可执行文件 hello，通过 shell 命令行解释器启动执行的结果如下：

```
unix>./hello
hello, world
unix>
```

shell 命令行解释器会显示提示符 unix>，告知用户它准备接收用户的输入，此时，用户可以在提示符后面输入需要执行的命令名，也可以输入一个可执行文件在磁盘上的路径名，例如，上述“./hello”就是可执行文件 hello 的路径名，其中“./”表示当前目录。在命令后用户需按下 Enter 键表示结束。图 1-4 显示了在计算机中启动和执行 hello 程序的整个过程。

如图 1-4 所示，shell 程序会将用户从键盘输入的每个字符逐一读入 CPU 寄存器中（对应线①），然后再将其保存到主存储器中，在主存的缓冲区形成字符串“./hello”(对应线②)。等到接收到 Enter 按键时，shell 将调出操作系统内核中相应的服务例程，由内核来加载磁盘上的可执行文件 shell 到存储器（对应线③）。内核加载完可执行文件中的代码及其所要处理的数据（这里是字符串“hello，world\n”）后，将 hello 第一条指令的地址送到程序计数器（Program Counter，PC）中，CPU 永远都会将 PC 的内容作为将要执行的指令的地址，因此，处理器随后开始执行 hello 程序，它将加载到主存的字符串“hello，world\n”中的每一个字符从主存取到 CPU 的寄存器中（对应线④），然后将 CPU 寄存器中的字符送到显示器上显示出来（对应线⑤）。

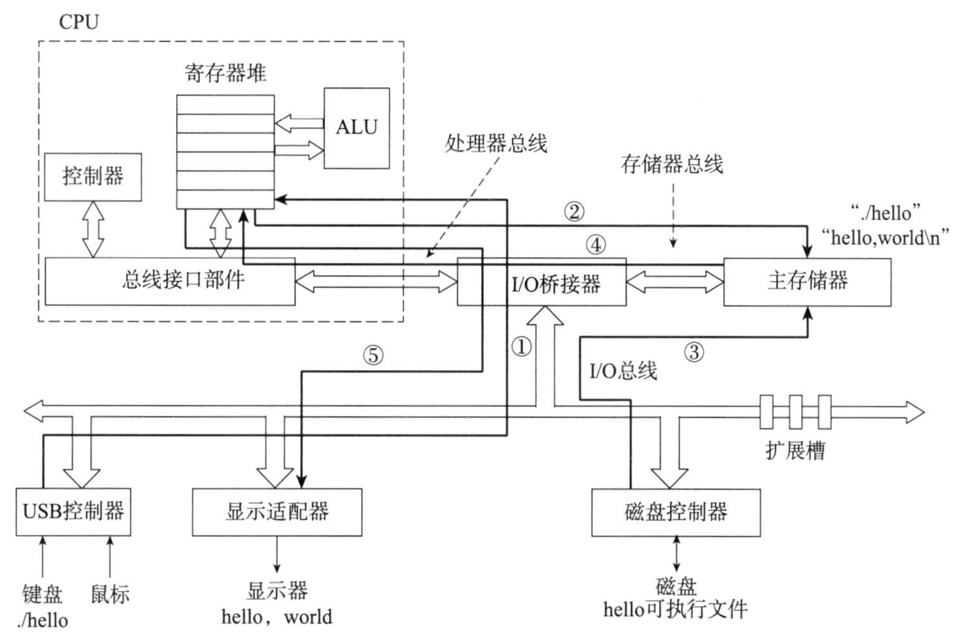

图 1-4 启动和执行 hello 程序的整个过程

从上述过程可以看出，一个用户程序被启动执行，必须依靠操作系统的支持，包括外壳程序和内核服务例程。例如，shell 命令行解释器是操作系统外壳程序，它为用户提供了一个启动程序执行的环境，对用户从键盘输入的命令进行解释，并调出操作系统内核来加载用户程序（用户输入命令对应的程序）。显然，用来加载用户程序并使其从第一条指令开始执行的操作系统内核服务例程也是必不可少的。此外，在上述过程中，涉及键盘、磁盘和显示器等外部设备的操作，这些底层硬件是不能由用户程序直接访问的，此时，也需要操作系统内核服务例程的支持，例如，用户程序需要调用内核的 read 系统调用服务例程读取磁盘文件或调用内核的 write 系统调用服务例程把字符串写到显示器中等。

从图 1-4 可以看出，程序的执行过程就是数据在 CPU、主存储器和 I/O 模块之间流动的过程，所有数据的流动都是通过总线、I/O 桥接器等进行的。在总线上传输数据之前，需要先将其缓存在存储部件中，因此，除了主存储器本身是存储部件以外，在 CPU、I/O 桥接器、设备控制器中也有存放数据的缓冲存储部件，例如，CPU 中的寄存器堆、设备控制器中的数据缓冲寄存器等。

1.2.3 程序中每条指令的执行

每个可执行目标文件中都包含机器代码段，可执行文件的执行实际上是对应机器代码段的执行过程。机器代码段由一条一条的机器指令构成。指令（Instruction）是一串用 0 和 1 表示的序列，用来指示 CPU 完成一个特定的原子操作，例如，取数指令（Load Instruction）从存储单元中取出一个数据存放到 CPU 寄存器中，存数指令（Store Instruction）将 CPU 寄存器中的内容写入一个存储单元，ALU 指令（ALU Instruction）将两个寄存器中的内容进行某种算术或逻辑运算后再将结果送入一个 CPU 寄存器中，输出指令（Output Instruction）将一个 CPU 寄存器的内容送到 I/O 模块的某个缓存器中，等等。

可以看出，上述 hello 程序的执行过程中，需要通过取数指令将字符串“hello , world \ n”中的每个字符从存储器送到 CPU 寄存器中，然后，再通过输出指令将其从 CPU 寄存器送到显示适配器（也称显示控制器）中。

指令通常被划分为若干个字段，包括操作码字段、地址码字段和立即数字段等。操作码字段指出指令的操作类型，如加、减、传送、跳转等；地址码字段指出指令所处理的操作数的地址，如寄存器编号、内存单元地址等；立即数字段指出具体的一个操作数或偏移地址等。

图 1-5 给出了实现两个相邻数组元素交换功能的不同层次语言的描述。在高级语言源程序中，可直观地用三个赋值语句实现；在经编译后生成的汇编语言源程序中，可用 4 个汇编指令表示，其中，两条指令是取数指令 lw（Load Word），后两条指令是存数指令 sw（Store Word）；在经汇编后生成的机器语言程序中，对应的机器指令是特定格式的二进制代码，例如，第一条 lw 指令对应的机器代码为“1000 1100 0100 1111 0000 0000 0000 0000”，这是一条 MIPS 体系结构中的指令，其中，高 6 位“100011”为操作码，随后 5 位“00010”为寄存器编号 2，再后面 5 位“01111”为另一个寄存器编号，最后 16 位表示立即数 0。CPU 能够通过逻辑电路直接执行这种二进制表示的机器指令。指令执行时通过控制器对指令操作码进行译码，解释成控制信号（Control Signal）控制数据通路执行，例如，控制信号 ALUop =add 可以控制 ALU 进行加法操作，RegWr=1 可以控制将结果写入寄存器。

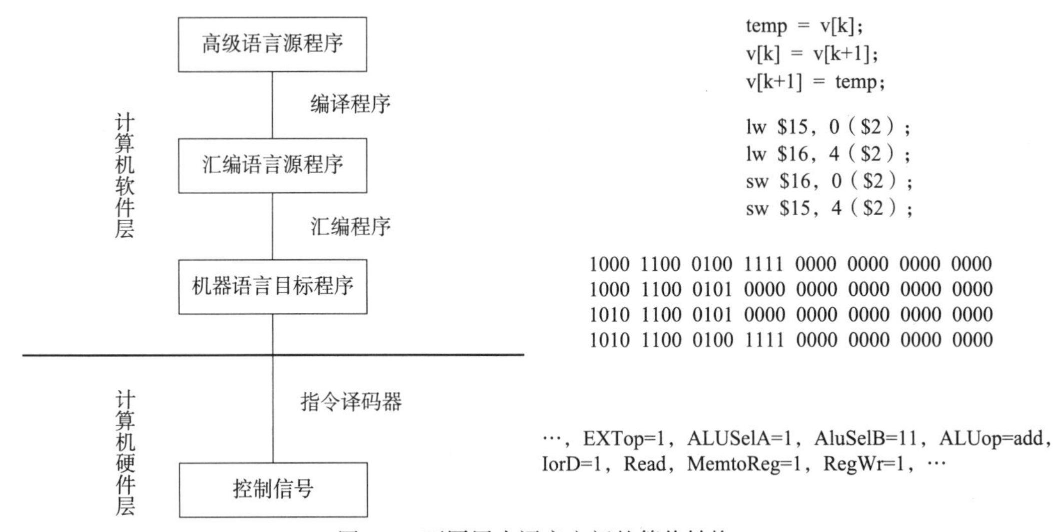

图 1-5　不同层次语言之间的等价转换

每条指令的执行过程包括：从存储器取指令并计算下一条指令的地址、对指令进行译码、取操作数、对操作数进行运算、将运算结果保存到存储器或寄存器。每次从存储器取指令都是将 PC 的值作为指令的地址，因此，计算出的下一条要执行指令的地址被送到 PC，当前指令执行完后，根据 PC 的值到存储器中取下一条指令，从而能够周而复始地执行程序中的每条指令。指令的执行由时钟信号（Clock Signal）进行定时，一条指令的执行可能需要一个或多个时钟的时间。

1.3　计算机系统的层次结构

传统计算机系统采用分层方式构建，即计算机系统是一个层次结构系统，通过向上层用户提供一个抽象的简洁接口将较低层次的实现细节隐藏起来。计算机解决应用问题的过程就是不同抽象层进行转换的过程。

图 1-6 是计算机系统抽象层及其转换示意图，描述了从最终用户希望计算机完成的应用（问题）到电子工程师使用器件完成基本电路设计的转换过程。

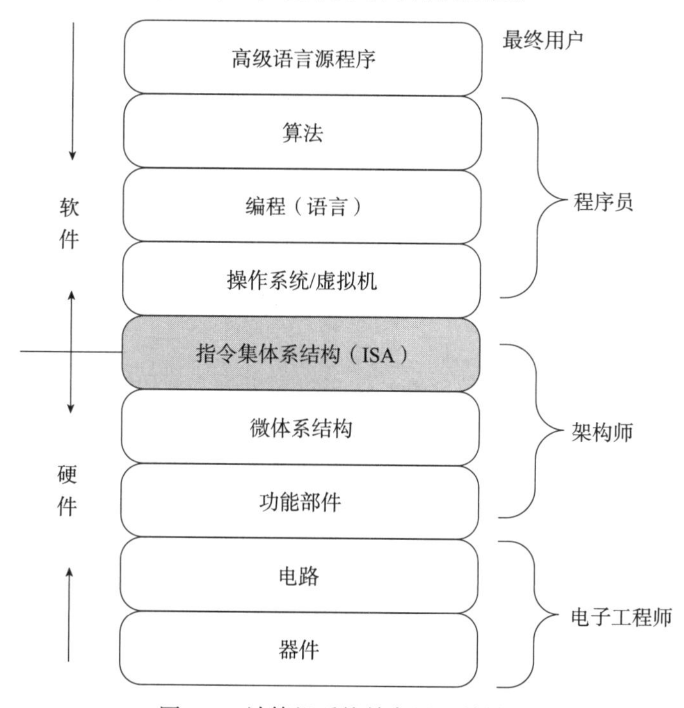

图 1-6　计算机系统抽象层及其转换

希望计算机完成或解决的任何一个应用（问题）最开始是用自然语言描述的，但是，计算机硬件只能理解机器语言，而要将一个用自然语言描述的应用问题转换为机器语言程序，需要经过多个抽象层的转换。

首先，将应用问题转化为算法（Algorithm）描述，使应用问题的求解变成流程化的清晰步骤，并能确保步骤是有限的。任何一个问题都可能有多个求解算法，需要进行算法分析以确定哪种算法在时间和空间上能够得到优化。

其次，将算法转换为用编程语言描述的程序（Program），这个转换过程通常是手工进行的，也就是说，需要程序员进行程序设计。程序语言（Programming Language）与自然语言不同，它有严格的执行顺序，不存在二义性，能够唯一地确定计算机执行指令的顺序。编程语言可以分成各类不同抽象层的编程语言、适用于不同领域的编程语言、采用不同描述结构的编程语言等，目前大约有上千种编程语言。从抽象层次上来分，可以分成高级语言和低级语言两类。高级语言（High-Level Language）与底层计算机结构关联不大，是机器无关语言，大部分编程语言都是高级语言；低级语言（Low-Level Language）则与运行程序的计算机的底层结构密切相关，通常称为机器级语言（Machine-Level Language），机器语言和汇编语言都是机器级语言。机器语言（Machine Language）就是用二进制进行编码的机器指令

（Instruction），每条机器指令都是一个 0/1 序列，因此，机器语言程序的可读性很差，也不易于记忆，给程序员的编写和阅读带来极大的困难。因此，人们引入了一种机器语言的符号表示语言，用简短的英文符号和二进制代码建立对应关系，以方便程序员编写和阅读机器语言程序，这种语言被称为汇编语言（Assembly Language）。因为高级语言的可读性比低级语言的可读性好得多，所以，绝大部分程序员都使用高级语言编写程序。

然后，将高级语言程序转换成计算机能够理解的机器语言程序。因为这个转换过程是计算机自动完成的，所以需要有能够执行自动转换的程序，我们把实现这种转换的软件统称为程序设计语言处理系统。通常，程序员借助程序设计语言处理系统来开发软件。任何一个语言处理系统中都包含一个翻译程序（Translator），它能把一种编程语言表示的程序转换为等价的另一种编程语言表示的程序。被翻译的语言和程序分别称为源语言和源程序，翻译生成的语言和程序分别称为目标语言和目标程序。翻译程序有以下三类。

- 汇编程序（Assembler）：也称汇编器，用来将汇编语言源程序翻译成机器语言目标程序。
- 解释程序（Interpreter）：也称解释器，用来将源程序中的语句按其执行顺序逐条翻译成机器指令并立即执行。
- 编译程序（Compiler）：也称编译器，用来将高级语言源程序翻译成汇编语言或机器语言目标程序。

当然，所有的语言处理系统都必须在操作系统提供的计算机环境中运行，操作系统是对计算机底层结构和计算机硬件的一种抽象，这种抽象构成了一台可以让程序员使用的虚拟机（Virtual Machine）。

从应用问题到机器语言程序的每次转换所涉及的概念都属于软件的范畴，而机器语言程序所运行的计算机硬件和软件之间需要有一个“桥梁”，这个软件和硬件之间的“桥梁”就是指令集体系结构（Instruction Set Architecture，ISA），简称为体系结构或系统结构（Architecture），它是软件和硬件之间接口的完整定义。ISA 定义了一台计算机可以执行的所有指令的集合，每条指令规定了计算机执行什么操作，以及所处理的操作数存放的地址空间和操作数类型。ISA 规定的内容包括：数据类型及格式，指令系统格式，寻址方式和可访问地址空间大小，程序可访问的寄存器个数、位数和编号，控制寄存器的定义，I/O 空间的编址方式，中断结构，机器工作状态的定义和切换，输入 / 输出结构和数据传送方式，存储保护方式等。可以看出，指令集体系结构是指软件能感知到的部分，也称为软件可见部分。

机器语言程序就是一个 ISA 规定的指令的序列，因此，计算机硬件执行机器语言程序的过程就是让其执行一条一条指令的过程。ISA 是对指令系统的一种规定或结构规范，具体实现的组织（Organisation）称为微体系结构（Microarchitecture），简称微架构。ISA 和微体系结构是两个不同层面上的概念，微体系结构是软件不可感知的部分。例如，加法器采用串行进位方式还是并行进位方式实现属于微体系结构。相同的 ISA 可能具有不同的微体系结构，例如，对于 Intel x86 这种 ISA，很多处理器的组织方式不同，即具有不同的微体系结构，但因为它们具有相同的 ISA，所以在一种处理器上运行的程序也能在另一种处理器上运行。

微体系结构最终是由逻辑电路（Logic Circuit）实现的，当然，微体系结构中的一个功能部件可以用不同的逻辑来实现，用不同的逻辑实现方式得到的性能和成本是有差异的。

最后，每个基本的逻辑电路都是按照特定的器件技术（Device Technology）实现的，例如 CMOS 电路中使用的器件和 NMOS 电路中使用的器件不同。

小结

计算机系统是由硬件和系统软件组成的，它们共同协作以运行应用程序。计算机内部的信息被表示为一组组的位，它们依据上下文有不同的解释方式。程序被其他程序翻译成不同的形式，开始时是 ASCII 文本文件，最后被编译器和链接器翻译成二进制可执行文件。

可以将计算机系统看作一个层次结构系统，指令集体系结构是硬件与软件之间的“桥梁”。

第 2 章　二进制以及信息的组织与表示

目前的计算机系统采用二进制来表示信息。在二进制系统中，每个 0 或 1 就是一位（Bit），位是数据存储的最小单位，其中 8 位就称为一字节（Byte）。在计算机系统中，所有的信息，包括磁盘文件、存储器中的程序、存储器中存放的用户数据以及网络上传送的数据，都是由 0 与 1 构成的序列。区分不同数据对象的唯一方法是我们读到这些数据对象时的上下文（外部环境），比如，在不同的上下文中，同样的字节序列可能表示一个整数、一个浮点数、一个字符串，甚至可以是一张图片或一个音乐片段。

2.1　二进制及进制转换

二进制（Binary）在数学和数字电路中是指以 2 为基数的记数系统，是计算技术中广泛采用的一种数制，由德国数学家莱布尼茨于 1679 年发明。在二进制系统中，通常用两个不同的符号 0（代表零）和 1（代表一）来表示数字。在数字电路中，逻辑门的实现直接应用了二进制，因此现代的计算机和依赖计算机的设备都用到了二进制。

2.1.1　二进制的优势

在计算机系统内部，所有的信息都采用二进制（即 0 和 1）来表示。之所以采用二进制，原因如下。

- 二进制在物理上实现简单，制造有两个稳定状态的物理器件比制造有多个稳定状态的物理器件容易得多，而且两个稳定状态的物理器件一般来说也更为可靠，例如，用高低电压或脉冲的有无或磁铁的 N/S 极等都可以方便、可靠地来表示“0”和“1”。
- 二进制信息在传输时也简单、可靠。例如，对于电压为 5V 的电路，如果在某个点测量到的电压在 2V 以下，则表示传输了信息位“0”，而电压在 2V 以上则表示传输了信息位“1”，这种电路很容易实现，抗干扰能力也较强。而三进制的情况下，要区分电压是 0 ～ 1.5V（表示信息位“0”）、1.5 ～ 3.5V（表示信息位“1”）还是 3.5 ～ 5V（表示信息位“2”）则困难许多，对于四进制、八进制，其难度成倍增加，抗干扰能力也随之减弱。
- 二进制的编码、计数和运算规则都很简单，例如十进制的乘法口诀表有 45 条规则，而二进制的乘法只有 4 种情况，因此用开关电路就可以实现，简便易行。
- 从逻辑上讲，由于二进制的 0 和 1 正好与逻辑代码的假和真相对应，有逻辑代数的理论基础，因此用二进制可以自然地表示二值逻辑。

2.1.2　二进制与其他进制

除了二进制外，实际上还有许多不同的进制，例如我们日常生活中经常用到的十进制。对于一个进制而言，首先需要确定每个数位的取值范围及进位规则，例如，对于十进制，我们使用 0、1、2、3、4、5、6、7、8、9 这 10 个符号来表示每个数位上的取值范围，并规定 0+1=1，1+1=2，2+1=3，…，8+1=9，而对于某些运算，例如 9+1，则规定其结果为 0，并且需要进位（即逢十加一）。同时，每个数的位置也表明了其意义，例如，对于十进制数字 2019.08，其中的 2 表示的是 2 个千，而最后一个 8 则表示的是 8 个百分之一。

一般地，任意一个十进制数

$$D=d_n d_{n-1} \cdots d_1 d_0 . d_{-1} d_{-2} \cdots d_{-m} \quad (m、n \text{ 为正整数})$$

其值可以表示为如下形式：

$$V(D) = d_n \times 10^n + d_{n-1} \times 10^{n-1} + \cdots + d_1 \times 10^1 + d_0 \times 10^0 + \\ d_{-1} \times 10^{-1} + d_{-2} \times 10^{-2} + \cdots + d_{-m} \times 10^{-m}$$

其中的$d_i (i = n, n-1, \cdots, 1, 0, -1, -2, \cdots, -m)$ 可以是 0、1、2、3、4、5、6、7、8、9 这 10 个数字符号中的任何一个，10 称为基数（base），它代表每个数位上可以使用的不同数字符号的个数。10^i称为第i位上的权。在用十进制数进行运算时，每位计满 10 就要向高位进一。

类似地，二进制数的基数是 2，只使用两个不同的数字符号 0 和 1，运算时采用“满二进一”的原则，即规定 0+0=0、0+1=1、1+0=1、1+1=0 并且需要进位。例如，对于一个二进制数（1011.01）$_2$，其对应的数值是$1 \times 2^3 + 0 \times 2^2 + 1 \times 2^1 + 1 \times 2^0 + 0 \times 2^{-1} + 1 \times 2^{-2} = 11.25$。

一般地，任意一个二进制数

$$B=b_n b_{n-1} \cdots b_1 b_0 . b_{-1} b_{-2} \cdots b_{-m} \quad (m、n \text{ 为正整数})$$

其值可以表示为如下形式：

$$V(B) = b_n \times 2^n + b_{n-1} \times 2^{n-1} + \cdots + b_1 \times 2^1 + b_0 \times 2^0 + \\ b_{-1} \times 2^{-1} + b_{-2} \times 2^{-2} + \cdots + b_{-m} \times 2^{-m}$$

其中的$b_i (i = n, n-1, \cdots, 1, 0, -1, -2, \cdots, -m)$ 只能是 0、1 中的一个。

扩展到一般情况，在R进制数字系统中，需要有R个基本符号来表示各位上的数字，采用“满R进一”的运算规则，对于每一个数位i，该位上的权为R^i。R被称为该数字系统的基数。

任意一个 R 进制数

$$R'=r_n r_{n-1} \cdots r_1 r_0 . r_{-1} r_{-2} \cdots r_{-m} \quad (m、n \text{ 为正整数})$$

其值可以表示为如下形式：

$$V(R') = r_n \times R^n + r_{n-1} \times R^{n-1} + \cdots + r_1 \times R^1 + r_0 \times R^0 + \\ r_{-1} \times R^{-1} + r_{-2} \times R^{-2} + \cdots + r_{-m} \times R^{-m}$$

其中的$r_i (i = n, n-1, \cdots, 1, 0, -1, -2, \cdots, -m)$只能是$R$个基本符号中的一个。

在计算机系统中的常用进位计数制有下列几种。

- 二进制R =2，基本符号为 0 和 1。
- 八进制R =8，基本符号为 0、1、2、3、4、5、6、7。
- 十进制R =10，基本符号为 0、1、2、3、4、5、6、7、8、9。
- 十六进制R =16，基本符号为 0、1、2、3、4、5、6、7、8、9、A 或 a、B 或 b、C 或 c、D 或 d、E 或 e、F 或 f。

表 2-1 列出了这 4 种进位计数制之间的对应关系。

表 2-1　4 种进位计数制之间的对应关系

二进制	八进制	十进制	十六进制	二进制	八进制	十进制	十六进制
0000	0	0	0	1000	10	8	8
0001	1	1	1	1001	11	9	9
0010	2	2	2	1010	12	10	A
0011	3	3	3	1011	13	11	B
0100	4	4	4	1100	14	12	C
0101	5	5	5	1101	15	13	D
0110	6	6	6	1110	16	14	E
0111	7	7	7	1111	17	15	F

从表 2-1 中可以看出，十六进制的前 10 个数字与十进制的前 10 个数字相同，十六进制的后 6 个基本符号 A、B、C、D、E、F 的值分别为十进制的 10、11、12、13、14、15。

在书写时可以使用后缀字母标识该数的进位计数制。一般用 B（Binary）表示二进制，用 O（Octal）表示八进制，用 D（Decimal）表示十进制（一般可以省略，即默认状态为十进制），用 H（Hexadecimal）表示十六进制。

在编写代码时，其表示规则又有所不同。下面以 C 语言为例进行说明。

十进制数不需要任何说明，但要求数字部分只能是 0 ～ 9，且不能以 0 开头。

```
// 合法的十进制数
int a=123;
int b=-123;
// 不合法的十进制数
int c=12a;// 含有非数字字符
int d=013;// 可以通过编译，但这是八进制数的表达方式，d 实际上是十进制数 11
```

八进制数由 0 ～ 7 八个数字组成，使用时必须以数字 0 开头。

```
// 合法的八进制数
int a=015; // 换算成十进制数为 13
int b=-017;// 换算成十进制数为 -15
// 不合法的八进制数
int c=082;// 含有数字 8，但八进制数只能是 0 ～ 7
```

十六进制由数字 0 ～ 9、字母 A ～ F 或 a ～ f（不区分大小写）组成，使用时必须以 0x 或 0X（不区分大小写）开头。

```
// 合法的十六进制数
int a=0x1B; // 换算成十进制数为 27
int b=-0X2d;// 换算成十进制数为 -45
// 不合法的十六进制数
int c=8a;// 没有前缀
int d=0x2G; //G 不是合法的十六进制数字符号
```

二进制由数字 0 和 1 组成，使用时必须以 0b 或 0B（不区分大小写）开头。

```
// 合法的二进制数
int a=0b1010; // 换算成十进制数为 12
int b=-0B111;// 换算成十进制数为 -7
```

```
// 不合法的二进制数
int c=0b210; //2 不是合法的二进制数字符号
```

值得注意的是，标准 C 规范中对八进制、十进制与十六进制的表示方法进行了说明，而二进制的表示方法并不是标准 C 的规范，对某些编译器进行扩展才能够支持。例如：Visual C++ 6.0 与 Visual Studio 2010 不支持，但 Visual Studio 2015 支持；GCC 3.4.5 不支持，但 GCC 4.8.2 支持。

2.1.3 进制转换

在计算机内部，所有信息都采用二进制编码。但在计算机外部，为了书写和阅读的方便，大都采用八进制、十进制、十六进制表示形式，同时还有许多其他的进制，例如三进制（例如军队中一个排有三个班、一个连有三个排等）、六十进制（例如一分钟有 60 秒、一小时有 60 分钟）等，因此，必须实现这些进制之间的相互转换。

1. *R* 进制数转换成十进制数

任何一个*R*进制数转换成十进制数时，如前所述，只需要“按权展开”即可。例如，十六进制数转换为十进制数：

$$
\begin{aligned}
(\mathrm{F8C.B})_{16} &= \mathrm{F}\times16^2+8\times16+\mathrm{C}\times16^0+\mathrm{B}\times16^{-1}\\
&=15\times16^2+8\times16+12\times16^0+10\times16^{-1}\\
&=3980.6875
\end{aligned}
$$

二进制数转换为十进制数：

$$
\begin{aligned}
(110.01)_2 &= 1\times2^2+1\times2+0\times2^0+0\times2^{-1}+1\times2^{-2}\\
&=6.25
\end{aligned}
$$

2. 十进制数转换成 *R* 进制数

在将十进制数转换成*R*进制数时，需要分别考虑整数和小数部分。

（1）整数部分

对于整数部分，采用的是除基取余法，即用目标数制的基数*R*去除十进制数，第一次相除所得余数为目的数的最低位，将所得商再除以基数*R*，反复执行上述过程，直到商为 0，所得余数为目的数的最高位。

例：将十进制整数 135 分别转换成八进制数和七进制数。转换成八进制数的过程如下：

$$135\xrightarrow{\text{除以8}}16\xrightarrow{\text{除以8}}2\xrightarrow{\text{除以8}}0$$

余数	7	0	2
	低位	⟵	高位

转换成七进制数的过程如下：

$$135\xrightarrow{\text{除以7}}19\xrightarrow{\text{除以7}}2\xrightarrow{\text{除以7}}0$$

余数	2	5	2
	低位	⟵	高位

所以有：$(135)_{10}=(207)_8=(252)_7$。

（2）小数部分

对于小数部分，采用“乘基取整”的方式，即将小数部分与基数R相乘，乘积的整数部分即为小数点后面第一个数位的值，乘积的小数部分继续与基数R相乘。以此类推，直到某一步乘积的小数部分为 0 或者数位已经到了指定的值。

例：将十进制小数 0.6875 转换成二进制小数。转换过程如下：

$$0.6875 \xrightarrow{\text{乘以2}} 0.375 \xrightarrow{\text{乘以2}} 0.75 \xrightarrow{\text{乘以2}} 0.5 \xrightarrow{\text{乘以2}} 0$$

整数部分　1　0　1　1

高位　⟶　高位

所以有（0.6875）$_{10}$=（0.1011）$_2$。

例：将十进制小数 0.73 转换成三进制小数，小数点后面保留 4 位值。转换过程如下：

$$0.73 \xrightarrow{\text{乘以3}} 0.19 \xrightarrow{\text{乘以3}} 0.87 \xrightarrow{\text{乘以3}} 0.61 \xrightarrow{\text{乘以3}} 0.83$$

整数部分　2　0　2　1

高位　⟶　高位

所以有$(0.73)_{10} \approx (0.2021)_3$。

对于一个在表示范围内的整数而言，其在各个进制之间可以相互精确转换，因为在表示范围内的整数不管是哪种进制，都有唯一的表示。当范围扩展到实数域的时候，由于每个整数之间有无穷多个有理数，而每种进制下特定位数能精确表示的小数范围不一样，因此就会造成如上的精度损失问题。

3. 二进制、八进制、十六进制数的相互转换

（1）八进制数转换成二进制数

八进制数转换成二进制数的方法很简单，只需要把每一个八进制数字改写成等值的 3 位二进制数即可，且保持高低位的次序不变。

八进制数字与二进制数字的对应关系如下：

（0）$_8$=（000）$_2$　（1）$_8$=（001）$_2$　（2）$_8$=（010）$_2$　（3）$_8$=（011）$_2$

（4）$_8$=（100）$_2$　（5）$_8$=（101）$_2$　（6）$_8$=（110）$_2$　（7）$_8$=（111）$_2$

例：将（1435.132）$_8$ 转换成二进制数。

直接替换即可，有（1435.132）$_8$=（001100011101.001011010）$_2$。

（2）十六进制数转换成二进制数

十六进制数转换成二进制数的方法，与八进制数转换成二进制数的方法类似，即将每一个十六进制数字改写成等值的 4 位二进制数，且保持高低位的次序不变。

十六进制数字与二进制数字的对应关系如下：

（0）$_{16}$=（0000）$_2$　（1）$_{16}$=（0001）$_2$　（2）$_{16}$=（0010）$_2$　（3）$_{16}$=（0011）$_2$

（4）$_{16}$=（0100）$_2$　（5）$_{16}$=（0101）$_2$　（6）$_{16}$=（0110）$_2$　（7）$_{16}$=（0111）$_2$

（8）$_{16}$=（1000）$_2$　（9）$_{16}$=（1001）$_2$　（A）$_{16}$=（1010）$_2$　（B）$_{16}$=（1011）$_2$

（C）$_{16}$=（1100）$_2$　（D）$_{16}$=（1101）$_2$　（E）$_{16}$=（1110）$_2$　（F）$_{16}$=（1111）$_2$

例：将（3A.B）$_{16}$ 转换成二进制数。

直接替换即可，有（3A.B）$_{16}$=（00111010.1011）$_2$。

（3）二进制数转换成八进制数

二进制数转换成八进制数时，整数部分从低位向高位方向每 3 位用一个等值的八进制数

替换，最后不足 3 位时在高位补 0 凑满 3 位；小数部分从高位向低位方向每 3 位用一个等值八进制数来替换，最后不足 3 位时在低位补 0 凑满 3 位。

例如：

$$(0.10101)_2=(000.101010)_2=(0.52)_8$$

$$(10011.01)_2=(010011.010)_2=(23.2)_8$$

（4）二进制数转换成十六进制数

二进制数转换成十六进制数时，整数部分从低位向高位方向每 4 位用一个等值的十六进制数替换，最后不足 4 位时在高位补 0 凑满 4 位；小数部分从高位向低位方向每 4 位用一个等值十六进制数来替换，最后不足 4 位时在低位补 0 凑满 4 位。

例如：

$$(11001.11)_2=(00011001.1100)_2=(19.C)_{16}$$

从上面的描述可以看出，二进制数与八进制数、二进制数与十六进制数之间有很简单、直观的对应。八进制数与十六进制数虽然不能用计算机直接表示，但可以转换成二进制数，并且像十进制数一样简练，因此在平时开发和调试程序、查看机器代码时，都采用十六进制或八进制来显示，这样便于书写和阅读。

2.2　信息的组织与表示

2.2.1　位、字节、字与双字

位字节信息存储
扫描上方二维码
可观看知识点
讲解视频

一个二进制的 0 或 1 就是一位（Bit，又称为“比特”，简写为 b)，是计算机存储和处理信息的最基本的单位。在实际应用时，一次只处理一位效率较低，因此一般会一次处理多个位。例如在内存中，一个内存单元就有 8 位，也就是一字节（Byte，简写为 B）。

一般来说，位、字节、字与双字可以定义如下。

- 位（Bit，b)：表示一个二进制数码 0 或 1，是计算机存储和处理信息的最基本的单位。
- 字节（Byte,B)：一个字节由 8 位组成。它表示作为一个完整处理单位的 8 个二进制数码。
- 字（Word，W）：16 位为一个字，它代表计算机处理指令或数据的二进制数位数，是计算机进行数据存储和数据处理的运算单位。
- 双字（Double Word,DW)：通常称 16 位是一个字,32 位是一个双字,64 位是两个双字。

小知识

（1）KB 与 Kb

在存储与处理数据时，一般以字节（B）为单位，而在网络中传输数据时，一般以位（b）为单位，也称为比特流，所以在安装了 10M 宽带的时候，实际带宽是 10Mb，下载速度上限只有 10/8=1.25MB/S。

（2）KB/MB/GB/TB 与 KiB/MiB/GiB/TiB

KB 是 kilobyte 的缩写，指的是千字节，而 KiB 是 kilo binary byte 的缩写，指的是千位二进制字节。

更直观地，有：

1KB=1000 Byte

1MB=1000KB=1 000 000 Byte

1GB=1000 MB=1 000 000 KB=1 000 000 000 Byte
1TB=1000 GB=1 000 000 MB= 1 000 000 000 KB=1 000 000 000 000 Byte

1KiB=1024 Byte
1MiB=1024 KiB=1 048 576 Byte
1GiB=1024 MiB=1 048 576 KiB=1 073 741 824 Byte
1TiB=1024 GiB=1 048 576 MiB= 1 073 741 824KiB=1 099 511 627 776 Byte

2.2.2 数据与指令

在计算机系统中，所有的信息都由二进制串表示，因此如果想从这些二进制串中获取有效信息，必须要结合上下文，或者说要根据已有的约定和环境信息，才能得到二进制串所要表达的内容。

例如，我们接收到一个 32 位二进制串“0100 1000 0100 1110 0101 0101 0010 0001”：

- 如果约定发送的是四个字符，并且采用的是 ASCII 编码，那么这个 32 位的二进制串就表示四个字符“HNU !”。
- 如果约定发送的是一个整数，并且最左边的是最高位，最右边的是最低位，那么这个 32 位二进制串表示的是整数 128 443 896 369。
- 如果约定发送的是一个整数，并且最左边的是最低位，最右边的是最高位，那么这个 32 位二进制串表示的是整数 261 785 077 266。
- 如果约定发送的是一个小数，前面 16 位是整数部分，最左边是最高位，最右边是最低位，后面 16 位也是一个整数，但表示这个数的小数部分，最左边是最高位，最右边是最低位，那么这个 32 位二进制串表示的是小数 122 494.303 665。

从上面的例子可以看出，一个二进制串所代表的含义与运行环境及规定（统称为上下文）有关，而且这种规定不仅可以包括对数据的说明，也可以包括对数据的操作，即指令。例如，某台计算机每次读取外界输入的四个字节，即 32 位二进制串，并有如下规定。

- 如果第一个字节的第一位是 0，就表示后面三个字节都是数据并且显示在屏幕上。
    - 如果第一个字节的第二位、第三位与第四位是 000，那么后面三个字节代表三个 ASCII 字符。
    - 如果第一个字节的第二位、第三位与第四位是 001，那么后面三个字节代表一个整数，并且最左边为最高位。
    - 如果第一个字节的第二位、第三位与第四位是 010，那么后面三个字节代表一个整数，并且最右边为最高位。
    - …
- 如果第一个字节的第一位是 1，那么第一个字节的后面 7 位为操作指令。
    - 如果第一个字节的后面 7 位为 0000000，那么计算机会停机。
    - 如果第一个字节的后面 7 位为 0000001，那么计算机将把第二个字节和第三个字节的值看成两个整数并进行相加，结果显示在屏幕上。
    - 如果第一个字节的后面 7 位为 0000010，那么计算机将把第二个字节和第三个字节的值看成两个整数并进行相减，结果显示在屏幕上。

○ …

总的来说，在计算机中，数据与指令都是二进制串，在使用时，必须通过各种规定来进行区分。

2.2.3　大小端

上面提到，如果接收到一个 32 位的二进制串“0100 1000 0100 1110 0101 0101 0010 0001”，并约定其是一个整数，那么定义最左边的位是最高位还是最右边的位是最高位将会导致值有很大的差别。

为了便于解释，我们用十进制数字来举例。假设有一个数字，其形式为 4321。显然，如果左边是最高位（这是我们最熟悉的方式），那么该数字就是四千三百二十一，而如果右边是最高位，那么该数字就是一千二百三十四。

当我们在计算机中保存 4321 时，假设每个字节保存一个数字，那么需要分配 4 个字节（假设这 4 个字节的地址是 0x101 ～ 0x104）来保存 4321，这时可以两种方式来保存：第一种方式是低地址保存最高位，也就是 0x101 保存 4、0x102 保存 3 等，这种方式称为大端法，大多数 IBM 和 Sun Microsystems 的机器都采用这种方式；第二种方式是低地址保存最低位，也就是 0x101 保存 1、0x102 保存 2 等，这种方式称为小端法，大多数 Intel 兼容机都采用这种方式。

值得注意的是，在涉及数字时才有大端和小端的概念，因为要区分最高位在哪里，而如果是一个字符串“4321”，那么就有一个统一的规则：0x101 保存字符串的第一个字符 '4'，0x102 保存字符串的第二个字符 '3' 等。

小结

在计算机系统内部，所有的信息都采用二进制（即 0 和 1）来表示，但在日常应用中，二进制表示法太过冗长，因此一般采用十进制或十六进制表示法。不同进制的数字可以相互转换。

在计算机系统中，所有的信息都由二进制串表示，但如果想从这些二进制串中获取有效信息，必须要结合上下文，或者说要根据已有的约定和环境信息，才能得到二进制串所要表达的内容。

习题

1. 完成下列数字转换。
   A. 将 0x39A7F8 转换为二进制数。
   B. 将二进制数 1100 1001 0111 1011 转换为十六进制数。
   C. 将 0xD5E4C 转换为二进制数。
   D. 将二进制数 10 0110 1110 0111 1011 0101 转换为十六进制数。
2. 一个字节可以用两个十六进制数来表示。填写下表中缺失的项，给出不同字节模式的十进制、二进制和十六进制值。

十进制	二进制	十六进制
0	0000 0000	0x00
167		
62		
188		
	0011 0111	
	1000 1000	
	1111 0011	
		0x52
		0xAC
		0xE7

3．请编写 C 语言代码，输入一个十进制整数（范围为 0 ～ 65 535），输出其二进制、八进制、十六进制表示的结果。

4．不将数字转换为十进制或二进制，试着解答下面的算术题，答案用十六进制表示。

A．0x503c+0x8

B．0x503c-0x40

C．0x503c+64（注意此处 64 为十进制数）

D．0x50ea-0x503c

5．请编写一段 C 语言代码，判断你现在所用的机器为大端模式还是小端模式。（提示：可使用 Union 联合体或强制类型转换。）

第 3 章　最小系统与原型系统

程序在计算机系统中的存储、编译和运行是一个非常复杂的过程，本章将实际的计算机系统分别抽象描述成最小系统与原型系统，并在这两个系统上讨论程序的执行过程。

3.1　最小系统

在最小系统中，只关注计算机的内存（Memory）与中央处理器（Central Processing Unit，CPU）。

计算机简化模型
扫描上方二维码
可观看知识点
讲解视频

3.1.1　内存

内存是一个临时存储设备，是计算机中重要的部件之一，计算机中所有程序的运行都是在内存中进行的。内存也被称为内存储器或主存储器，用于暂时存放 CPU 中的运算数据，以及与硬盘等外部存储器交换的数据。只要计算机在运行中，CPU 就会把需要运算的数据调到内存中进行运算，当运算完成后 CPU 再将结果传送出来。

从物理上来说，内存是由一组动态随机存储器（DRAM）芯片组成的；从逻辑上来说，内存是一个线性字节数组，每个字节都有其唯一的地址（数组索引），这些地址从 0 开始。

系统的内存大小受限于地址编码的长度，例如，某系统的内存地址长度只有 2 位时，内存地址就只有 4 个，即 00、01、10、11，因此这个系统的最大内存为 4B；内存地址长度有 4 位时，系统的最大内存为 16B（如图 3-1 所示）；内存地址长度有 10 位时，系统的内存最大可以有 1KB；而地址空间长度有 32 位时，系统的最大内存可以有 4GB。一般来说，如果系统的内存地址长度有 N 位，那么系统的内存最大就有 2^N 字节。

地址	内容
0000	00000000
0001	00000000
0010	00000000
0011	00000000
0100	00000000
0101	00000000
0110	00000000
0111	00000000
1000	00000000
1001	00000000
1010	00000000
1011	00000000
1100	00000000
1101	00000000
1110	00000000
1111	00000000

图 3-1　地址长度为 4 位的内存

3.1.2　中央处理器

中央处理器作为计算机系统的运算和控制核心，是信息处理、程序运行的最终执行单元。在计算机体系结构中，CPU 是对计算机的所有硬件资源（如存储器、输入 / 输出单元）进行控制调配、执行通用运算的核心硬件单元。计算机系统中所有软件层的操作，最终都将通过指令集映射为 CPU 的操作。

本章只关注 CPU 中的两个部件：寄存器（Register）与算术逻辑部件（Arithmetic

Logical Unit, ALU)。

- 寄存器：寄存器是CPU内部的存储部件，其存储容量有限，但存储速度非常快，可用来暂存指令、数据和位址。CPU中寄存器的存储位数不像内存一样限定为8位，可以扩展为16位、32位或64位。同时由于寄存器的个数有限（一般是十余个），因此不采用地址编码，而是给每个寄存器起个名字。
- 算术逻辑部件：算术逻辑部件是指能实现多组算术运算与逻辑运算的组合逻辑电路，是中央处理器中的重要组成部分。算术逻辑部件主要是进行二位元算术运算，如加法、减法、乘法等。

3.1.3 最小系统示例

图3-2是包含CPU与内存的一个最小系统示例。其中CPU中有四个8位的寄存器（其名字分别为R0、R1、R2、R3），剩余部分用“其他部分”来表示，内存地址宽度为4位，编码为0000～1111，即共有16字节的内存。内存与CPU之间存在一个数据传送的通道，称为总线，同样，在CPU内部也存在传输数据的内部总线，为了简单起见，图中并没有标出这些总线。

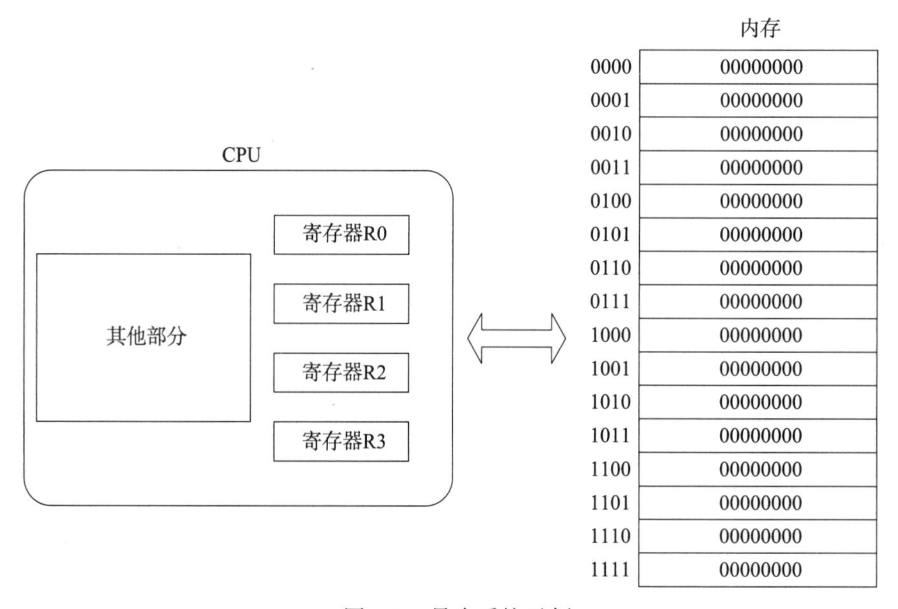

图3-2 最小系统示例

假设要在最小系统上执行的代码如下：

```
…
int i=1;//假设整数只占一个字节
int j=2;
int k;
k=i+j;
```

首先来看第一行代码，它在C语言中的意义是定义了一个整型变量i，并赋值1。但在执行层面上，计算机在执行这行代码时，所做的操作是在内存中分配一个地址，用于存储该整数，在以后对变量i进行操作时，就是对内存地址中的值进行操作，例如在赋值1的时候，就是将内存地址 0000 中的数据修改为 1。这时最小系统的状态如图 3-3 所示。

CPU

其他部分

寄存器R0
寄存器R1
寄存器R2
寄存器R3

内存

地址	内存
0000	***00000001***
0001	00000000
0010	00000000
0011	00000000
0100	00000000
0101	00000000
0110	00000000
0111	00000000
1000	00000000
1001	00000000
1010	00000000
1011	00000000
1100	00000000
1101	00000000
1110	00000000
1111	00000000

图 3-3　执行“int i=1;”语句后的最小系统状态

从执行过程可以看出，定义变量实际上涉及内存分配操作，如果内存已经使用完，那么该操作就无法完成，进而导致程序运行时出错。因此，在定义占用空间特别大的数据类型时，需要特别小心，例如，定义一个大型的整数数组 int arr[1000000] 在语法上是完全合法的，因此可以顺利编译通过，但在运行时则有可能因为无法分配内存而导致出错。

试一试：在你的计算机上尝试调整数组大小，看看数组多大时运行会出错。

最小系统继续执行“int j=2;”和“int k;”这两个变量定义语句，执行后最小系统状态如图 3-4 所示。

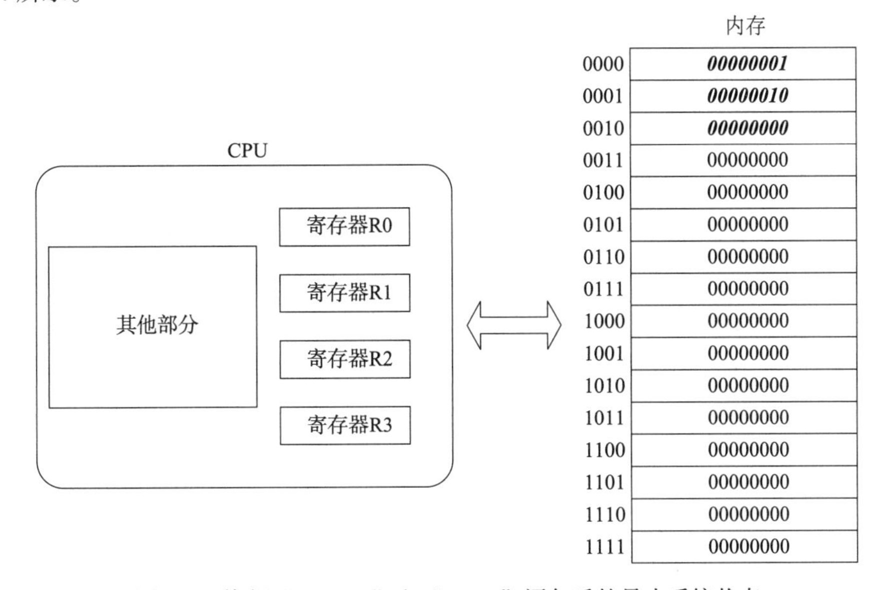

图 3-4　执行“int j=2;”和“int k;”语句后的最小系统状态

在这个执行过程中，有以下两点需要注意。

- 为了简单起见，我们假设三个变量在内存中是连续的，但这并不是强制规定。换而言之，在执行代码时，只需要保证每个变量有一个对应的内存地址即可。
- 变量 k 没有赋初值，默认为 0。这是因为内存是易失性存储器，在断电重启后所有数据都会清零，有些编译器也会为未赋初值的整数变量赋默认值 0，但由于变量 k 所分配的内存空间有可能是回收的空间，因此如果不赋初值，变量 k 有可能是其他值，因此最好都赋初值 0。

对于代码“k = i + j”而言，由于涉及计算，因此 CPU 需要参与其中。其执行步骤分为以下四步。

1）将内存地址 0000 中的值（也就是 i）送往 CPU 的某个寄存器中，假设为 R0，此时最小系统的状态如图 3-5 所示。

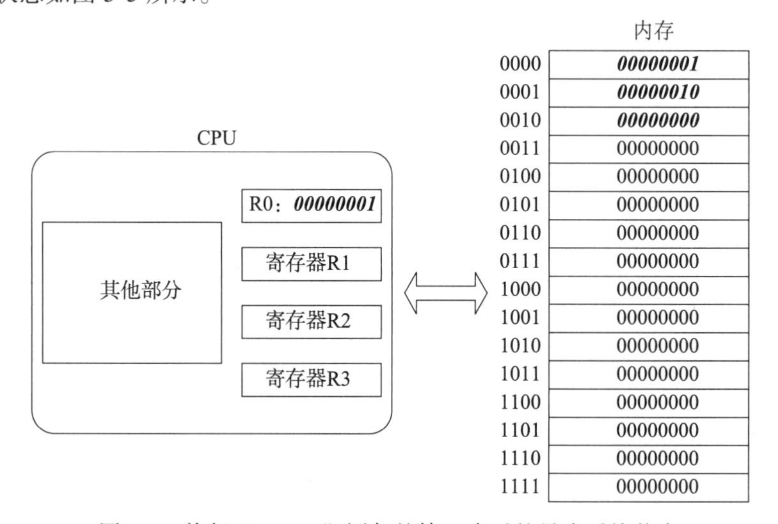

图 3-5 执行“k=i+j;”语句的第一步后的最小系统状态

2）将内存地址 0001 中的值（也就是 j）送往 CPU 中的另一个寄存器中，假设为 R1，此时最小系统的状态如图 3-6 所示。

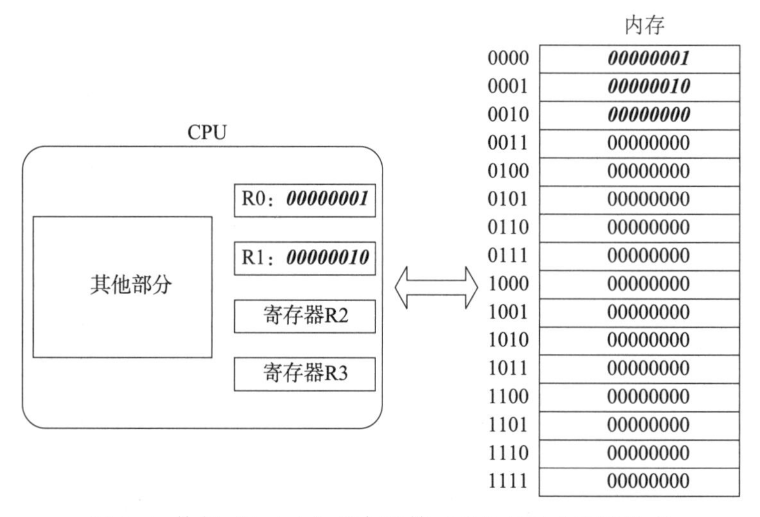

图 3-6 执行“k=i+j;”语句的第二步后的最小系统状态

3）CPU 中的 ALU 执行加法指令，将两个寄存器中的值相加，将结果放在第二个寄存器中，即 R1 中存储了两个数的和，此时最小系统的状态如图 3-7 所示。

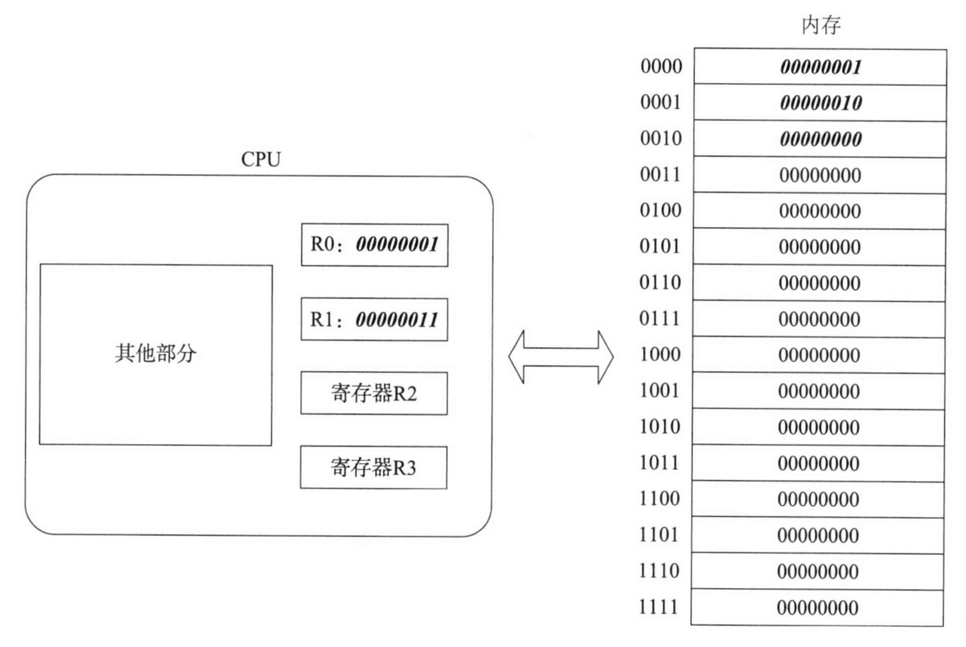

图 3-7 执行“k=i+j;”语句的第三步后的最小系统状态

4）将 R1 中的值传送至内存地址 0010 中，代码执行完成，最小系统的状态如图 3-8 所示。

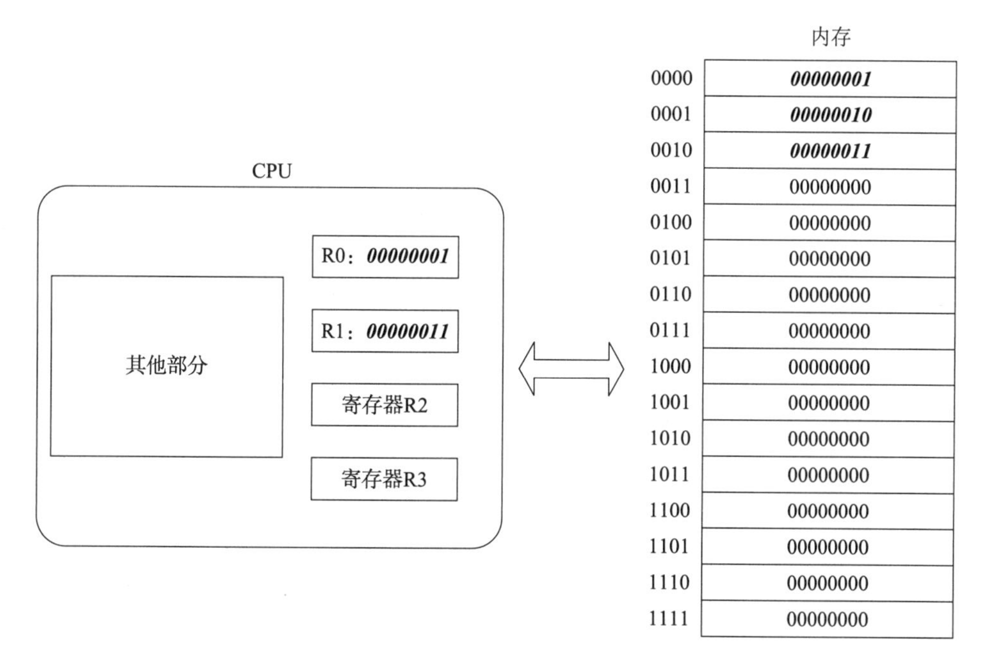

图 3-8 执行“k=i+j;”语句的第四步后的最小系统状态

下面举一个稍微复杂的例子，代码如下。

```
...
int arr[2]={1,2};
int k=5;
arr[0]=arr[1]+k;
```

第一行代码定义了一个有两个元素的整数数组，其名称为 arr，在分配内存时，会分配两个整数空间，由于它们在一个数组内，因此其地址肯定是连续的，这时只需要记录 arr 的地址编号。假设 arr 分配的内存地址是 0010，则 0010 中保存了 arr[0] 的值（即 1），0011 中保存了 arr[1] 的值（即 2）。

第二行代码定义了一个整数变量，过程与上面相同，假设为 k 分配的地址是 0000，则在分配好后，最小系统的状态如图 3-9 所示。

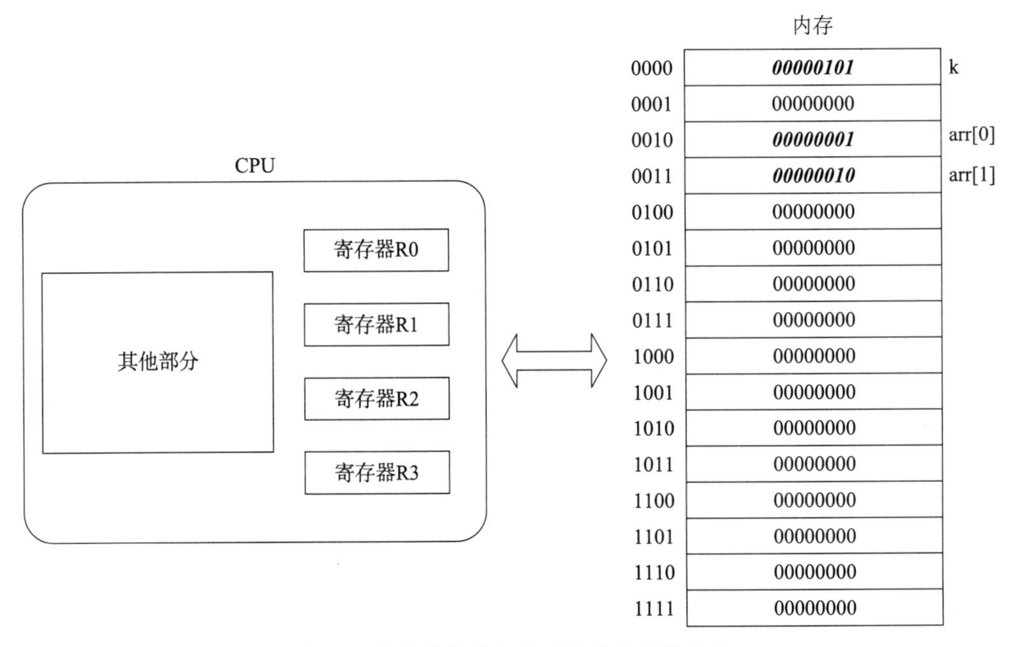

图 3-9　为变量分配内存后的最小系统状态

下面开始执行第三行代码，这一行代码的功能是将 arr[1] 与 k 相加，但对于第一个操作数 arr[1]，由于在 C 语言中，[] 实际上是一个地址计算操作，即将 arr 的值（数组首地址）加上 [ ] 中的数字，形成新的地址，再去取这个地址中的值，因此第三行代码的执行分为三个阶段。第一个阶段是计算 arr[1] 在内存中的地址，获得 arr[1] 的值（第 1 ～ 4 步）；第二个阶段是将 arr[1] 与 k 相加（第 5 ～ 6 步）；第三个阶段是计算 arr[0] 在内存中的地址，然后将第二阶段获得的结果保存在这个地址中（第 7 ～ 10 步）。具体的描述如下。

1）将 arr 的值传送到某个寄存器，假设为 R0。

2）将 [] 中的数值 1 传送到另一个寄存器中，假设为 R1。

3）CPU 中的 ALU 执行加法指令，将两个寄存器的值相加，将结果放在 R1 寄存器中。

4）将 R1 寄存器的值与读内存指令传送到内存管理单元，将此值的低四位作为内存地址，读取此地址中的数值，并传送到寄存器 R2 中。第一阶段完成后，最小系统的状态如图 3-10 所示。

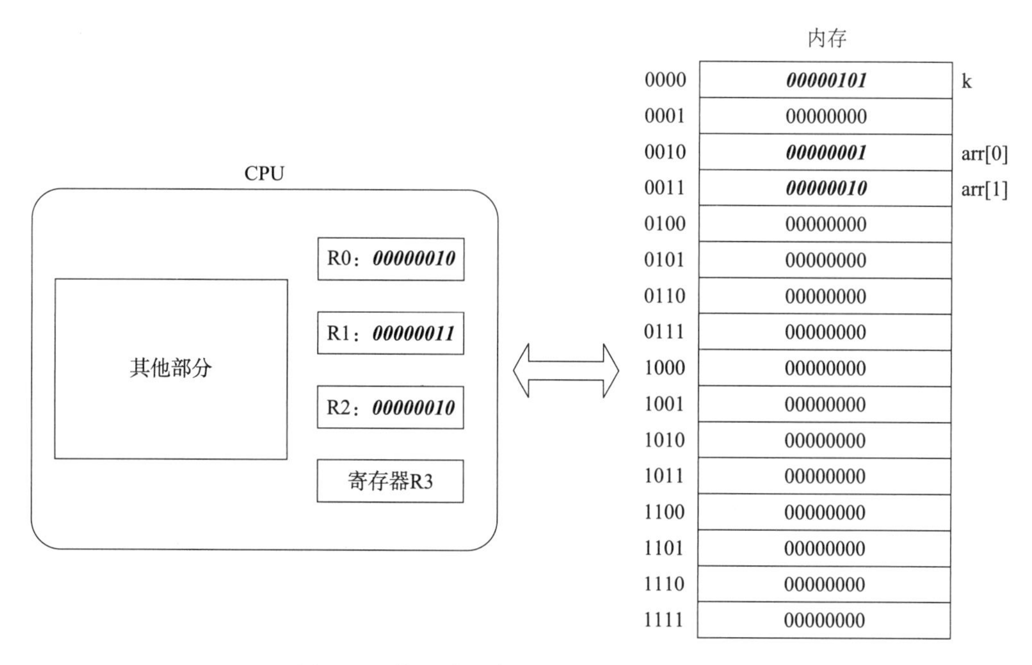

图 3-10 第一阶段完成后的最小系统状态

5）将内存地址 0000（即变量 k）的值传送到寄存器 R1 中（R1 寄存器中之前保存的是 arr[1] 的地址，已经使用完毕，所以可以覆盖）。

6）CPU 中的 ALU 执行加法指令，将 R1 与 R2 两个寄存器的值相加（即计算 arr[1]+k 的结果），将结果放在 R2 寄存器中；此时最小系统的状态如图 3-11 所示。

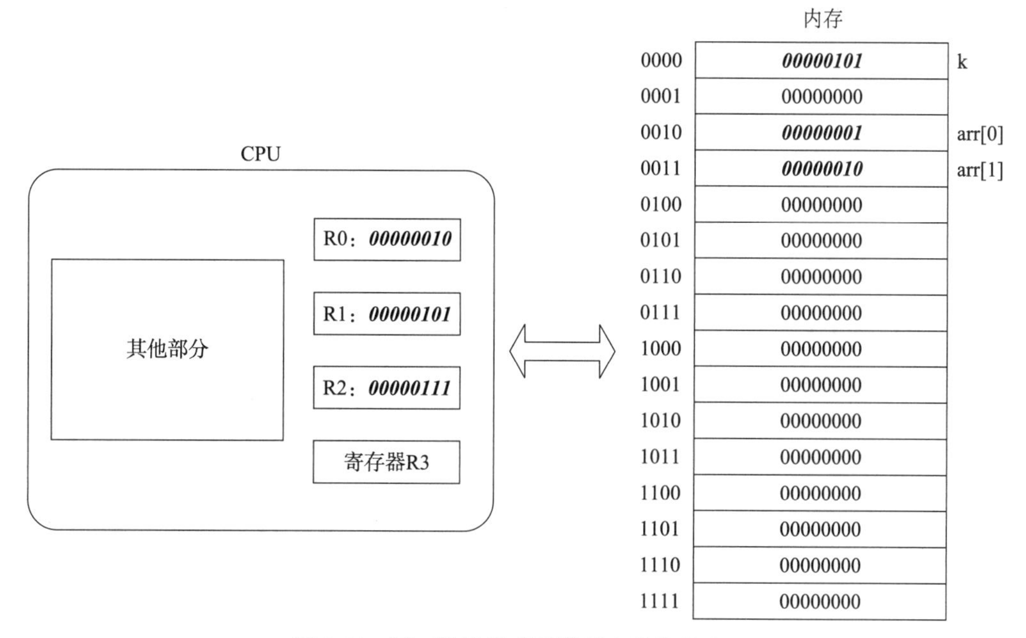

图 3-11 第二阶段完成后的最小系统状态

7）将 arr 的值传送到寄存器 R0 中（由于 R0 中保存的就是 arr 的值，如果系统足够“聪明”，可以进行优化，省略这一步）。

8）将 [] 中的数值 0 传送到寄存器 R1 中。

9）CPU 中的 ALU 执行加法运算，得到结果并将其保存在 R0 中（由于是加 0 操作，如果系统足够“聪明”，可以进行优化，直接将第 7 ～ 9 步简化成一步：直接将 arr 值传送到寄存器 R0 中）。

10）将 R2（写入内存的内容）与 R0（写入内存的地址）的值与写内存命令发送给内存管理单元，在 R0 的低四位地址（0010，即 arr[0]）中写入 R2 的值，至此代码执行完成。这时最小系统的状态如图 3-12 所示。

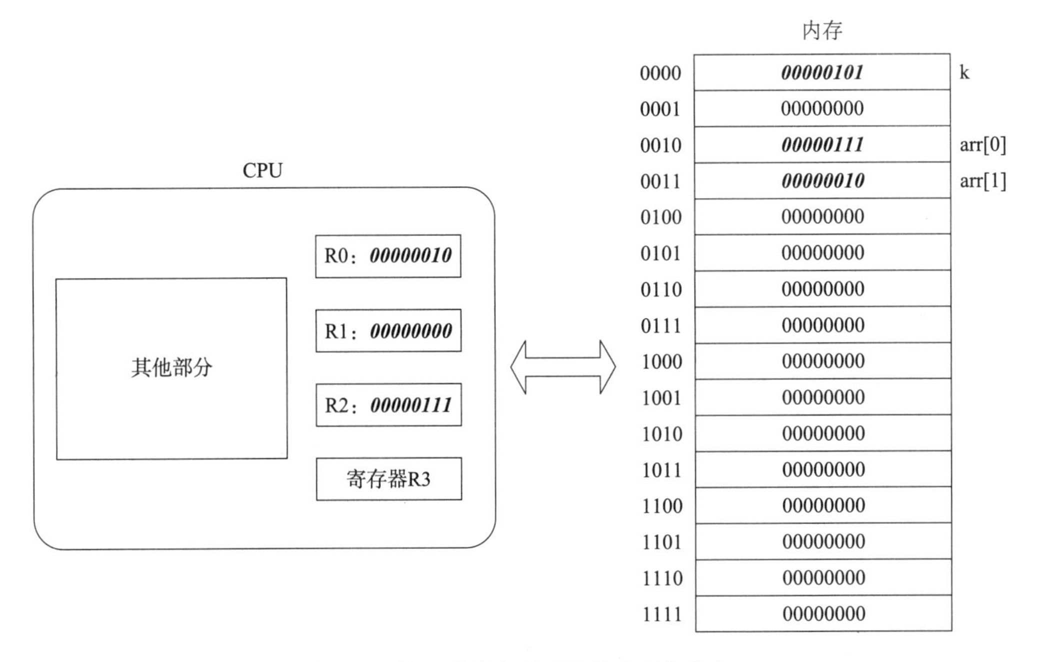

图 3-12　第三阶段完成后的最小系统状态

3.2　原型系统

本节将在最小系统的基础上进行扩展，打造一个符合冯·诺依曼体系结构的原型系统。冯·诺依曼体系结构是现代计算机的基础，现在的大多数计算机仍是冯·诺依曼计算机体系结构，在这种体系中，计算机硬件由运算器、控制器、存储器、输入设备和输出设备五大部分组成。

原型系统的结构如图 3-13 所示。

原型系统 1
扫描上方二维码
可观看知识点
讲解视频

原型系统 2
扫描上方二维码
可观看知识点
讲解视频

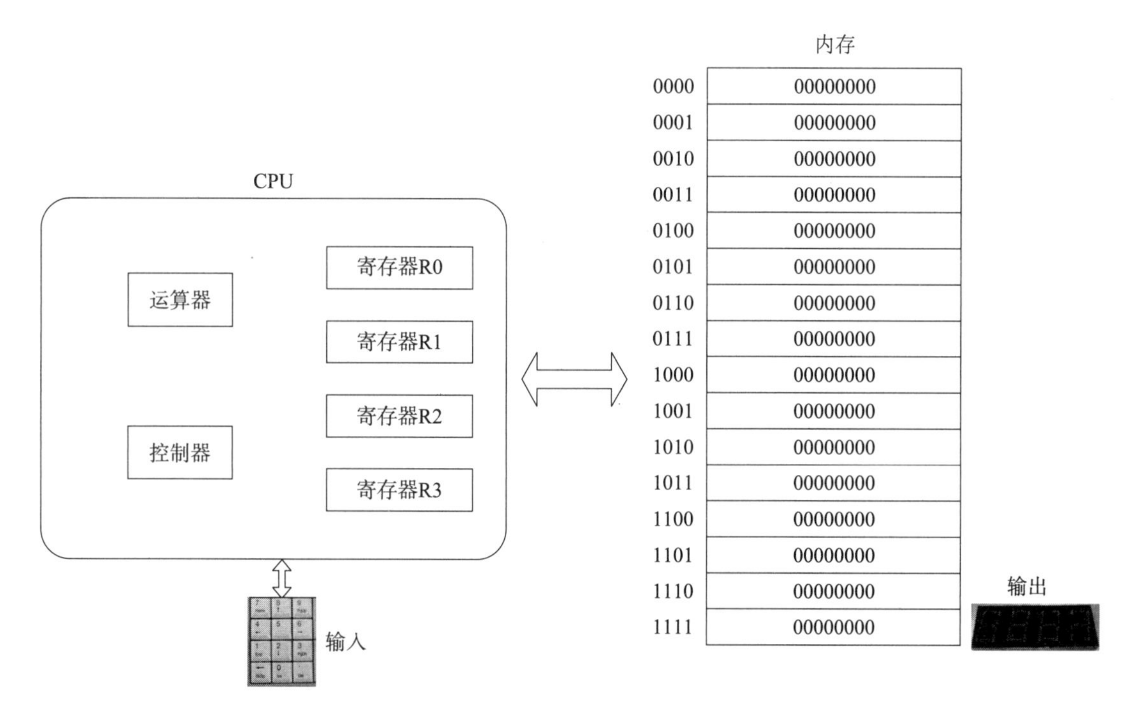

图 3-13 原型系统的结构

在原型系统中：

- 存储器为内存。
- 运算器（ALU）在 CPU 内部，与最小系统中 ALU 的功能相同。
- 输入设备为一个数字小键盘。为简单起见，假设输入的数字都是三位（不足三位的前面补 0，例如 001 表示 1、019 表示 19），并且大小不会超过 127（因为本系统中整数只有一个字节）。
- 共有四个 8 位通用寄存器 R0、R1、R2、R3，一个标志寄存器 G，一个程序计数器 PC，其中程序无法直接给寄存器 G 和 PC 赋值，所以在图 3-13 中没有画出。
- 输出设备为一个四位数码显示管。

控制器是整个原型系统的核心部件，主要功能是执行系统的指令，本原型系统设计的指令集中只包括 12 条指令，格式如表 3-1 所示。

表 3-1 原型系统的指令格式

指令格式	示例	说明
HALT	HALT	停机指令，原型机停止运行
MOVA R1，R2	MOVA R1,R2	寄存器间值传输指令。将寄存器 R2 中的值传输（或复制）到 R1 中
MOVB M，R2	MOVB R1,R2	寄存器值传输到内存指令。将寄存器 R2 中的值传输到内存中，内存的地址由 R1 寄存器中的值指定
MOVC R1,M	MOVC R1,R2	内存值传输到寄存器指令。将内存中的值传输到寄存器 R1，其中内存的地址由 R2 寄存器中的值指定
MOVD R3,PC	MOVD R3,PC	保存程序计数寄存器值指令，将程序计算寄存器中的值保存到某一个通用寄存器中

（续）

指令格式	示例	说明
MOVI IMM	MOVI 5	将一个常数值直接赋值给通用寄存器 R0，这个常数值的范围是 −128 ～ 127
ADD R1,R2	ADD R1,R2	加法指令，寄存器 R1 与 R2 中的值相加，结果保存在 R1 中。在原型机中，暂不考虑溢出等情况
SUB R1，R2	SUB R1,R2	减法指令，寄存器 R1 中的值减去寄存器 R2 中的值，结果保存在 R1 中。此操作会影响标志寄存器 G：如果 R1>R2，则 G 的值为 1，否则 G 的值为 0
JMP	JMP	直接跳转指令。将 R3 的值赋值给程序计数器 PC
JG	JG	大于则跳转指令。如果 G 的值为 1，则将 R3 的值赋值给 PC
IN R1	IN R1	输入一个数字，并将其保存在某个通用寄存器中
OUT R2	OUT R2	将某个通用寄存器中的值直接输出

在机器启动时，可以对内存空间进行划分，例如 16 字节的内存中，规定前面 3 字节（0000 ～ 0010）为数据段，只存储数据，最后一个字节为显存，用于保存显示输出的数据，中间的 12 字节用于存放代码，控制器的代码执行初始值可定义为 0011，即第一条指令存放在 0011 处，然后顺序执行或跳转执行，直到遇到停机指令。其示意图如图 3-14 所示。

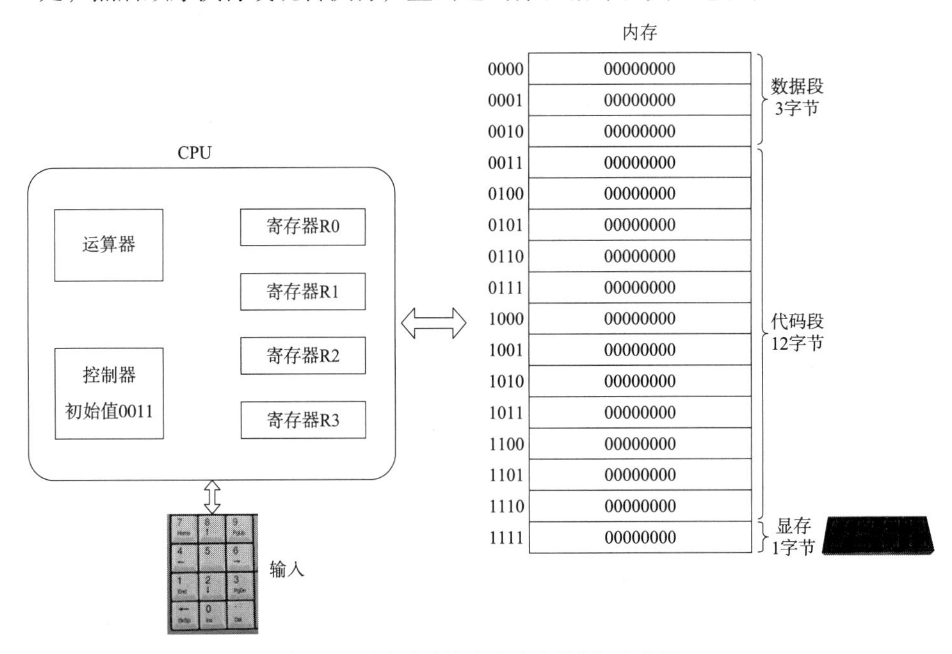

图 3-14　原型系统内存空间划分示意图

下面以两个简单的 C 语言程序为例，来说明原型系统的工作原理。

第一个程序的功能是输入一个大于 1 的数字 a，计算 1+2+⋯+a 的值并显示出来，代码如下：

```
#include <stdio.h>
int main()
{
    int a;
    int sum=0;
```

```
    scanf("%d",&a);
    for(int i=a;i>=1;i--)
        sum+=i;
    printf("%d",sum);
    return 0;
}
```

显然，我们的原型系统是无法运行这段 C 程序代码的，因此需要将该程序转换成原型系统能够执行的指令，这个转换过程也称为“编译”。此程序编译完成后的指令如下：

```
in R1          # 输入 a 到 R1
movi 1         # 设置 R0 为 1
add R2,R1      #R2 存放累加值
sub R1,R0      #R1 的值即 a 减去 1，此时会设置 G 值
movd           # 将当前 PC 值保存在 R3 中，此时 R3+0 为本行代码地址，R3-1 为上一行代码地址，R3+1 为
               # 下一行代码地址…
movi -3        # 存放 -3 到 R0 中，跳转到第三行 add R2,R1 处
add R3,R0      #R3 减去 3，注意此时不能用 SUB 指令，会影响 G 值
jg             # 如果 R1 的值还大于 1，则跳到第三行代码去执行，即继续进行累加
out R2         # 如果 R1 的值此时小于或等于 1，则输出累加和
halt           # 停机
```

编译完成后，可以将此代码装载进内存中，此时原型系统的状态如图 3-15 所示。

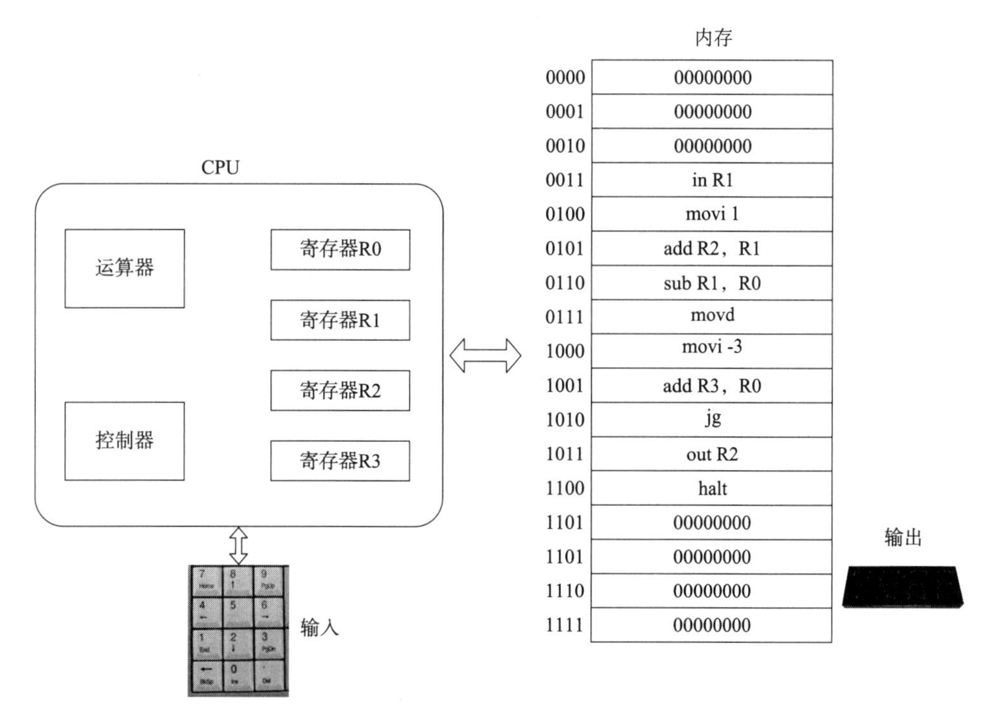

图 3-15　执行第一个程序后原型系统的状态

本书编写了一个程序来模拟原型系统，读者可在封底指示的网站下载相关代码，运行 hnuvspm 即可模拟原型系统的运行。

第二个程序的功能是输入两个数，保存这两个数，并输出其中的最小值。C 程序代码如下。

```
#include <stdio.h>
int main()
{
   int a,b;
   int min=0,c;
   scanf("%d,%d",&a,&b);
   c=a-b;
   if(c>0) min=b;
   else min=a;
   printf("%d",min);
   return 0;
}
```

编译完成后的指令如下：

```
in R1          # 输入第一个数 a
in R2          # 输入第二个数 b
mova R0,R1     # 在 R0 中保存 a
sub R1,R2      #a-b, 此时会设置 G
mova R1,R0     #a 保存到 R1
movd           # 保存当前的 PC 值到 R3
movi 6         #R0 的值设置为 6, 即跳转到 12 行 :out R0
add R3,R0      #R3 的值加 6
mova R0,R2     #b 的值保存到 R0
jg             # 如果 a 的值比 b 大 , 则直接输出 R0 中的值 b, 否则需要将 a 的值保存在
               #R0 中再输出, 这样就可以保证 R0 中的值为最小值
# 跳转地址
mova R0,R1     # 将 a 的值保存到 R0
out R0         # 输出 R0
halt
```

编译完成后，可以将此代码装载进内存中，此时原型系统的状态如图 3-16 所示。

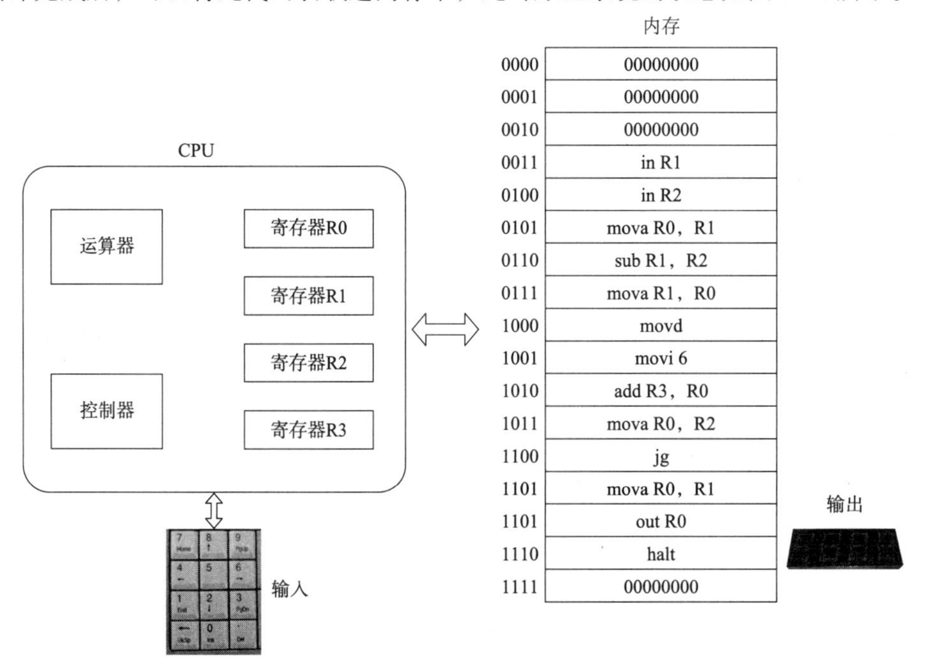

图 3-16　执行第二个程序后原型系统的状态

小结

本章首先提出了一个只包括中央处理器和内存的最小系统，并讨论了在其上执行程序的过程。然后，在此基础上进行扩展，打造了一个符合冯·诺依曼体系结构的原型系统，包括运算器、控制器、存储器、输入设备和输出设备五个部分，其中最核心的部分是控制器，其主要功能是执行系统的指令。

习题

1. 有如下 C 代码：

```
...
int arr[4]={1,2,3,4};
int k=5;
for(int i=0;i<4;i++)
    arr[i]=arr[i+1]+k;
```

   试讨论其在最小系统上的执行过程。

2. 请编写 C 程序，其功能是输入三个互不相等的整数，找出中间的那个值并打印输出。然后将其编译成原型系统可以执行的指令集，并在虚拟程序中运行。（假设原型机的内存有 32 或更多字节。）
3. 在本章所设计的原型系统中，实现两个正整数相乘（假设乘积不超过 127），并在虚拟程序中运行。

第 4 章　ATT 汇编语言

计算机只能执行机器代码，如前所述，这些机器代码与数据相同，都是一些 0/1 二进制串，为了便于阅读，人们采用助记符的方式来表示机器代码，这就是汇编语言。换而言之，机器语言是用二进制代码表示的计算机能直接识别和执行的一种机器指令系统的集合，而汇编指令是机器指令便于记忆和阅读的书写格式。

例如，在某台机器上，要将数据由寄存器 AX 传送到寄存器 BX 中，机器代码和汇编代码如下所示：

```
// 将寄存器 AX 中的数据传送到寄存器 BX 中
1001110011101110          // 机器指令
movw %AX,%BX               // 汇编指令
```

从上面的两条指令很明显地看出，相对于机器指令，汇编指令更容易记忆。

4.1　机器指令、汇编语言与高级语言

计算机系统只能识别并运行机器指令，对于汇编程序，需要汇编编译器将其编译为若干条机器指令，才能被计算机系统运行。其过程如图 4-1 所示。

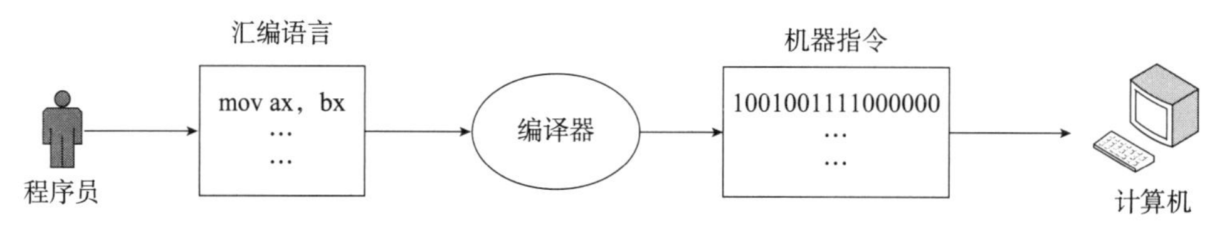

图 4-1　汇编编译器执行过程

不同的 CPU，其指令集不同，而汇编语言指令是机器指令的一种符号表示，所以，除了同系列、不同型号 CPU 之间的汇编语言程序有一定程度的可移植性之外，其他不同类型（如小型机和微机等）CPU 之间的汇编语言程序是无法移植的。

汇编语言的另一个特点是它所操作的对象不是具体的数据，而是寄存器或者存储器，也就是说它直接与寄存器和存储器打交道，这也是汇编语言的执行速度比其他语言快的原因。但同时这也使编程更加复杂，因为既然数据被存放在寄存器或存储器中，那么必然就存在如何寻址的问题，即用什么方法找到所需要的数据，这就要求汇编程序员了解计算系统的底层结构，增加了编程的复杂性。

相比之下，在高级程序设计语言中，寻址工作由程序编译系统来完成。高级程序设计语言并不是指一种语言，而是包括多种编程语言，比如 Java、C、C++、C#、Python 等。一般来说，高级语言与计算机的硬件结构和指令系统无关，它有更强的表达能力，可方便地表示数据的运算和程序的控制结构，能更好地描述各种算法，而且容易掌握，同时对于不同的

CPU，可以通过相应的高级程序编译器将同一个高级程序语言源代码编译成某一类 CPU 上能运行的汇编代码或机器指令代码。但用高级语言编译生成的程序代码一般比用汇编程序语言设计的程序代码要长，程序执行的速度也慢。

总的来说，高级程序设计语言提供的抽象级别比较高，大多数时候，在这种抽象级别上工作效率会更高，也更可靠。编译器提供的类型检查能帮助我们发现许多程序错误，并能够保证按照一致的方式来引用和处理数据。通常情况下，现代的优化编译器产生的代码至少与熟练的汇编语言程序员手工编写的代码一样有效。用高级语言编写的程序最大的优点是，可以在很多不同的机器上编译和执行，而汇编代码则是与特定机器密切相关的。

那么为什么我们还要花时间学习机器代码呢？即使编译器承担了产生汇编代码的大部分工作，对于严谨的程序员来说，能够阅读和理解汇编代码也是一项很重要的技能。以适当的命令行选项调用编译器，编译器就会产生一个以汇编代码形式表示的输出文件。通过阅读这些汇编代码，我们能够理解编译器的优化能力，并分析代码中隐含的低效率。我们将在后续章节中体会到，试图最大化一段关键代码的性能的程序员，通常会尝试源代码的各种形式，每次编译并检查产生的汇编代码，从而了解程序的运行效率。此外，有时候，高级语言提供的抽象层会隐藏我们想要了解的有关程序运行时行为的信息，例如，在使用线程包写并发程序时，知道存储器保存不同的程序变量的区域是很重要的，而这些信息在汇编代码级是可见的。再举一个例子，攻击程序（使用蠕虫和病毒侵扰系统）的许多方式中都涉及程序存储运行时控制信息方式的细节，许多攻击利用了系统程序中的漏洞重写信息，从而获得系统的控制权，了解这些漏洞是如何出现的以及如何防御它们，需要具备程序机器级表示的知识。对程序员学习汇编代码的要求随着时间的推移也发生了变化，开始时只要求程序员能直接用汇编语言编写程序，现在则要求他们能够阅读和理解编译器产生的代码。

4.2 ATT汇编语言基础知识

ATT 汇编语言中的 ATT 是根据 AT&T 命名的，AT&T 是运营贝尔实验室多年的公司。ATT 汇编是 GCC、objdump 和其他工具的默认输出格式。其他编程工具（包括 Microsoft 的工具）以及来自 Intel 的文档，其汇编代码都是 Intel 格式。Intel 汇编格式和 ATT 汇编格式在许多方面有所不同，为简单起见，本书中均采用 ATT 汇编格式。同时，我们假定代码都运行在 IA32（Intel Architecture 32-bit，英特尔 32 位架构）上。

4.2.1 数据格式

正如第 2 章中描述的那样，计算机系统使用了多种不同形式的抽象，利用更简单的抽象模型来隐藏实现的细节。对于机器级编程来说，其中两种抽象尤为重要。第一种是机器级程序的格式和行为，这种抽象被定义为指令集体系结构（Instruction Set Architecture，ISA），它定义了处理器状态、指令的格式，以及每条指令对状态的影响。大多数 ISA（包括 IA32）将程序的行为描述成好像每条指令是按顺序执行的，一条指令结束后，下一条再开始。处理器的硬件远比描述的更加精细和复杂，它们并发地执行许多指令，但是可以采取措施来保证整体行为与 ISA 指定的执行顺序完全一致。第二种抽象是，机器级程序使用的存储器地址是虚拟地址，提供的存储器模型看上去像一个非常大的字节数组。

汇编语言的基础知识

扫描上方二维码可观看知识点讲解视频

由于是从 16 位体系结构扩展成 32 位体系结构，Intel 用术语“字”（Word）表示 16 位数据类型。因此，称 32 位数为“双字”（Double Words），称 64 位数为“四字”（Quad Words）。后面遇到的大多数指令都是对字节或双字进行操作。表 4-1 给出了 C 语言基本数据类型对应的 IA32 表示。大多数常用数据类型都是以双字形式存储的。其中，包括普通整数（Int）和长整数（Long Int），无论它们是否有符号。此外，所有的指针（在此用 char* 表示）都存储为 4 字节的双字。

表 4-1　C 语言基本数据类型对应的 IA32 表示

C 语言声明	Intel 数据类型	汇编代码后缀	大小 / 字节
char	字节	b	1
short	字	w	2
int	双字	l	4
long int	双字	l	4
long long int	—	—	4
char *	双字	l	4
float	单精度	s	4
double	双精度	l	8
long double	扩展精度	t	10/12

如表 4-1 所示，大多数 GCC 生成的汇编代码指令都有一个字符后缀，表明操作数的大小。例如，数据传送指令有三个变种，即 movb（传送字节）、movw（传送字）和 movl（传送双字）。后缀“l”用来表示双字，因为将 32 位数看成“长字”（Long Word），这是由于以 16 位字为标准是那个时代的习惯。注意，汇编代码也使用后缀“l”来表示 4 字节整数和 8 字节双精度浮点数。这不会产生歧义，因为浮点数使用的是一组完全不同的指令和寄存器。

4.2.2　访问信息

一个 IA32 中央处理器（CPU）包含一组 8 个存储 32 位值的寄存器，这些寄存器用来存储整数数据和指针。图 4-2 显示了这 8 个寄存器，它们的名字都以 %e 开头，不过它们都另有特殊的名字。在最初的 8086 处理器中，寄存器是 16 位的，每个寄存器都有特殊的用途，其名字用来反映这些不同的用途。在平坦寻址中，对特殊寄存器的需求已经大大减少。在大多数情况，可以把前 6 个寄存器看成通用寄存器，对它们的使用没有限制。我们说“大多数情况”是因为有些指令以固定的寄存器作为源寄存器和 / 或目的寄存器。另外，在过程处理中，对前 3 个寄存器（%eax、%ebx 和 %ecx）的保存和恢复惯例不同于接下来的三个寄存器（%edx、%esi 和 %edi）。在后续的章节中，我们将对此进行详细讨论。最后两个寄存器（%esp 和 %ebp）中保存着指向程序栈中重要位置的指针。只有根据栈管理的标准惯例才能修改这两个寄存器中的值。

31	15	8 7	0	
%eax	%ax	%ah	%al	
%ebx	%bx	%bh	%bl	
%ecx	%cx	%ch	%cl	
%edx	%dx	%dh	%dl	
%esi	%si			
%edi	%di			
%esp	%sp			栈指针
%ebp	%bp			帧指针

图 4-2　IA32 的整数寄存器

如图 4-2 所示，字节操作指令可以独立地读或者写前 4 个寄存器的 2 个低位字节。这是为了与之前的 16 位或 8 位 CPU 兼容，当一条字节指令更新这些单字节“寄存器元素”中的一个时，该寄存器余下的 3 个字节不会改变。类似地，字操作指令可以读或者写每个寄存器的低 16 位。这个特性源自 IA32 从 16 位微处理器演化而来的传统，当对大小指示符为 short 的整数进行运算时，也会用到这些特性。

4.2.3　操作数与指示符

大多数汇编指令都有一个或多个操作数（Operand），指示执行一个操作中要引用的源数据值，以及放置结果的目标位置。IA32 支持多种操作数格式。源数据值可以以常数形式给出，或者从寄存器或存储器中读出，结果可以存放在寄存器或存储器中。因此，操作数被分为三种类型。第一种类型是立即数（Immediate），也就是常数值。在 ATT 格式的汇编代码中，立即数的书写方式是 $ 后面跟一个用标准 C 语言表示法表示的整数，比如 $-577 或 $0x1F。任何一个 32 位字中的数值都可以用作立即数，不过汇编器在可能时会使用一个或两个字节的编码。第二种类型是寄存器（register），它表示某个寄存器中的内容，对双字操作来说，可以是 8 个 32 位寄存器中的一个（例如 %eax），对字操作来说，可以是 8 个 16 位寄存器中的一个（例如 %ax），对字节操作来说，可以是 8 个单字节寄存器中的一个（如 %al）。在表 4-2 中，我们用符号E_a来表示任意寄存器 a，用引用 R[E_a] 来表示它的值，即将寄存器集合看成一个数组 R，用寄存器标识符作为索引。

第一个汇编程序
扫描上方二维码
可观看知识点
讲解视频

表 4-2　操作数格式

类型	格式	操作数值	名称
立即数	$ Imm	Imm	立即数寻址
寄存器	E_a	R[E_a]	寄存器寻址
存储器	Imm	M[Imm]	绝对寻址

（续）

类型	格式	操作数值	名称
存储器	(E_a)	$M[R[E_a]]$	间接寻址
存储器	$Imm\ (E_b)$	$M[Imm + R[E_b]]$	（基址 + 偏移量）寻址
存储器	(E_b,E_i)	$M[R[E_b]+R[E_i]]$	变址寻址
存储器	$Imm(E_b,E_i)$	$M[Imm+R[E_b]+R[E_i]]$	变址寻址
存储器	$(,E_i,s)$	$M[R[E_i]\cdot s]$	比例变址寻址
存储器	$Imm(,E_i,s)$	$M[Imm+R[E_i]\cdot s]$	比例变址寻址
存储器	(E_b,E_i,s)	$M[R[E_b]+R[E_i]\cdot s]$	比例变址寻址
寄存器	$Imm(E_b,E_i,s)$	$M[Imm+R[E_b]+R[E_i]\cdot s]$	比例变址寻址

第三类操作数是存储器（Memory）引用，它会根据计算出来的地址（通常称为有效地址）访问某个存储器的位置。因为将存储器看成一个很大的字节数组，我们用符号M_b[Addr] 表示对存储在存储器中从地址 Addr 开始的 b 个字节值的引用。为了简便，通常省略下方的 b。

如表 4-2 所示，有多种不同的寻址模式，允许不同形式的存储器引用。表中 Imm（E_b, E_i, s）是最常用的存储器引用形式，它有四个组成部分，即立即数偏移 Imm、基址寄存器 E_b、变址寄存器 E_i 和比例因子 s，这里 s 必须是 1、2、4 或者 8。有效地址被计算为 $Imm + R[E_b]+R[E_i]\cdot s$。引用数组元素时会用到这种通用形式。其他形式都是这种通用形式的特殊情况，只是省略了某些部分。正如我们将看到的，当引用数组和结构元素时，比较复杂的寻址模式是很有用的。

比例变址寻址
扫描上方二维码
可观看知识点
讲解视频

绝对寻址
扫描上方二维码
可观看知识点
讲解视频

间接寻址
扫描上方二维码
可观看知识点
讲解视频

变址寻址
扫描上方二维码
可观看知识点
讲解视频

4.2.4 数据传送指令

将数据从一个位置复制到另一个位置的指令是最常使用的指令。操作数表示的通用性使得一条简单的数据传送指令能够完成在许多机器中需要好几条指令才能完成的功能。表 4-3 列出了一些重要的数据传送指令。正如看到的那样，我们把许多不同的指令分成了指令类，一个指令类中的指令执行同样的操作，只不过操作数的大小不同。例如，MOV 类由三条指令组成，即 movb、movw 和 movl，这些指令都执行同样的操作，不同的只是它们分别是在大小为 1、2 和 4 字节的数据上进行操作。

MOV 指令
扫描上方二维码
可观看知识点
讲解视频

表 4-3 数据传送指令

指令	效果	描述
MOV S, D	D ← S	传送
movb movw movl	传送字节 传送字 传送双字	
指令	**效果**	**描述**
MOVS S, D	D ←符号扩展（S）	传送符号扩展的字节
movsbw movsbl movswl	将做了符号扩展的字节传送到字 将做了符号扩展的字节传送到双字 将做了符号扩展的字传送到双字	
指令	**效果**	**描述**
MOVZ S, D	D ←零扩展（S）	传送零扩展的字节
movsbw movsbl movswl	将做了零扩展的字节传送到字 将做了零扩展的字节传送到双字 将做了零扩展的字传送到双字	
pushl S	R[%esp] ← R[%esp]-4 M[R[%esp]] ← S	将双字压栈
popl D	D ← M[R[%esp]] R[%esp] ← R[%esp]+4	将双字出栈

MOV 类中的指令将源操作数的值复制到目的操作数中。源操作数指定的值是一个立即数，存储在寄存器或者存储器中。目的操作数指定一个位置，要么是一个寄存器，要么是一个存储器地址。IA32 增加了一条限制，即传送指令的两个操作数不能都指向存储器位置。将一个值从一个存储器位置复制到另一个存储器位置需要两条指令：第一条指令将源值加载到寄存器中，第二条将该寄存器值写入目的位置。这些指令的寄存器操作数，对 movl 来说可以是 8 个 32 位寄存器（%eax ～ %ebp）中的任意一个，对 moves 来说可以是 8 个 16 位寄存器（%ax ～ %bx）中的任意一个，而对 movb 来说可以是单字节寄存器元素（%ah ～ %bh, %al ～ %bl）中的任意一个。下面的 MOV 指令示例给出了源类型和目的类型的五种可能的组合。记住，第一个是源操作数，第二个是目的操作数。

传送数据至内存

扫描上方二维码
可观看知识点
讲解视频

```
1 movl    $0x4050,%eax       将立即数传送到寄存器，4 字节
2 movw    %bp,%sp            将寄存器值传送到寄存器，2 字节
3 movb    (%edi,%ecx),%ah    将内存值传送到寄存器，1 字节
4 movb    $-17,(%esp)        将立即数传送到寄存器，1 字节
5 movl    %eax, -12(%ebp)    将寄存器值传送到内存 4 字节
```

获取变量在内存的地址

扫描上方二维码
可观看知识点
讲解视频

MOVS 和 MOVZ 指令类都是将一个较小的源数据复制到一个较大的数据位置，高位用符号位扩展（MOVS）或者零扩展（MOVZ）进行填充。用符号位扩展时，目的位置的所有高位用源值的最高位数值进行填充。用

零扩展时，目的位置的所有高位都用零填充。正如看到的那样，这两个类中都分别有三条指令，包括所有的源大小为 1 字节和 2 字节、目的大小为 2 字节和 4 字节的情况（省略了冗余的组合 movsww 和 movzww）。

在实际的应用中，要注意传送指令 movb、movsbl 和 movzbl 之间的差别。在下面的例子中，假设 %dh 寄存器中的初始值是 0xCD，%eax 寄存器中的值是 0x87654321，分别执行下面的三条指令：

```
1 movb    %dh,%al       %eax=0x876543CD
2 movsbl  %dh,%eax      %eax=0xFFFFFFCD
3 movzbl  %dh,%eax      %eax=0x000000CD
```

三条指令都是将寄存器 %eax 的低位字节设置成 %edx 的第二个字节。movb 指令不改变其他三个字节；根据源字节的最高位，movsbl 指令将其他三个字节设为全 1 或全 0；movzbl 指令在任何情况下都是将其他三个字节设为全 0。

最后两个数据传送操作可以将数据压入程序栈，以及从程序栈中弹出数据。正如我们将看到的，栈在处理过程调用中起着至关重要的作用。栈是一个数据结构，可以添加或者删除值，不过要遵循“后进先出”的原则。通过 push 操作把数据压入栈中，通过 pop 操作删除数据。栈具有一个属性：弹出的值永远是最近被压入且仍然在栈中的值。栈可以实现为一个数组，总是从数组的一端插入和删除元素，这一端称为栈项。在 IA32 中，程序栈存放在存储器中的某个区域。如图 4-3 所示，栈向下增长，因此，栈顶元素的地址是所有栈中元素地址中最小的（根据惯例，栈是倒过来画的，栈顶在图的底部）。栈指针 %esp 保存着栈顶元素的地址。

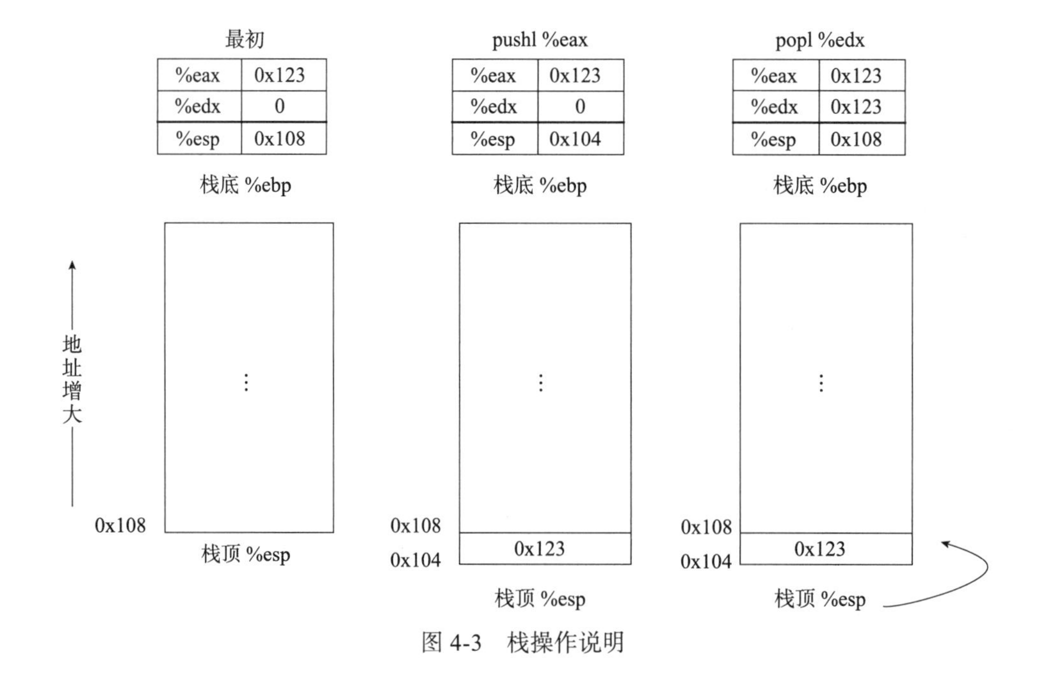

图 4-3　栈操作说明

pushl 指令的功能是把数据压入栈，而 popl 指令的功能是弹出数据。这些指令都只有一个操作数——压入的数据源和弹出的数据目的寄存器。

将一个双字值压入栈中，首先要将栈指针减 4，然后将值写到新的栈顶地址。因此，指令 pushl %ebp 的行为等价于以下两条指令：

```
subl $4,%esp          栈顶指针减 4，因为要往栈中压入一个 4 字节的数
movl %ebp,(%esp)      将 %ebp 寄存器的值放入内存（栈）中
```

它们之间的区别是在目标代码中 pushl 指令编码为 1 字节，而上面两条指令共需要 6 字节。如图 4-3 中前两栏所示，当 %esp 为 0x108、%eax 为 0x123 时，执行指令 pushl %eax 的效果是 %esp 减 4 得到 0x104，然后将 0x123 存放到存储器地址 0x104 处。

弹出一个双字的操作包括从栈顶位置读出数据，然后将栈指针加 4。因此，指令 popl %eax 等价于以下这两条指令：

```
movl(%esp),%eax       将 %ax 寄存器的值放入内存（栈）中
addl$4,%esp           栈顶指针加 4，因为栈里已经弹出了一个 4 字节的数
```

如图 4-3 的第三栏所示，在执行完 pushl 后立即执行指令 popl %edx 的效果是先从存储器中读出值 0x123，再写到寄存器 %edx 中，然后，寄存器 %esp 的值将增加回 0x108。如图 4-3 所示，值 0x123 仍然会保留在存储器位置 0x104 中，直到被覆盖（例如被另一个入栈操作覆盖）。无论如何，%esp 指向的地址总是栈顶。任何存储在栈顶之外的数据都被认为是无效的。

因为栈和程序代码以及其他形式的程序数据都放在同样的存储器中，所以程序可以用标准的存储器寻址方法访问栈内的任意位置。例如，假设栈顶元素是双字，指令 movl 4(%esp), %edx 会将第二个双字从栈中复制到寄存器 %edx。

4.2.5 算术与逻辑操作

算术逻辑运算指令

扫描上方二维码可观看知识点讲解视频

表 4-4 列出了一些整数算术和逻辑操作。大多数操作都分成了指令类，这些指令类有各种带不同大小操作数的变种（只有 leal 没有其他大小的变种）。例如，指令类 ADD 由三条加法指令组成，即 addb、addw 和 addl，分别是字节加法、字加法和双字加法。事实上，给出的每个指令类都有对字节、字和双字数据进行操作的指令。这些操作被分为四组：加载有效地址、一元操作、二元操作和移位操作。二元操作有两个操作数，而一元操作有一个操作数。这些操作数的描述方法与 4.2.4 节中一样。

表 4-4 整数算术和逻辑操作

指令	效果	描述
leal S,D	D ← &S	加载有效地址
INC D	D ← D + 1	加 1
DEC D	D ← D − 1	减 1
NEG D	D ← −D	取负
NOT D	D ← ~D	取补
ADD S , D	D ← D + S	加
SUB S , D	D ← D − S	减
IMUL S , D	D ← D*S	乘

（续）

指令	效果	描述
XOR S , D	D ← D ^ S	异或
OR S , D	D ← D | S	或
AND S , D	D ← D & S	与
SAL *k* , D	$D \leftarrow D << k$	左移
SHL *k* , D	$D \leftarrow D << k$	左移（等同于 SAL）
SAR *k* , D	$D \leftarrow D >>_A k$	算术右移
SHR *k* , D	$D \leftarrow D >>_L k$	逻辑右移

1. 加载有效地址

加载有效地址（Load Effective Address）指令 leal 实际上是 movl 指令的变形。它的指令形式是从存储器读数据到寄存器，但实际上它根本就没有引用存储器。它的第一个操作数看上去是一个存储器引用，但该指令并不是从指定的位置读入数据，而是将有效地址写入目的操作数。在表 4-4 中，我们用 C 语言的地址操作符 &S 说明这种计算。这条指令可以为后面的存储器引用产生指针。另外，它还可以简洁地描述普通的算术操作，例如，如果寄存器 %edx 的值为 x，那么指令 leal 7（%edx,%edx,4），%eax 将设置寄存器 %eax 的值为 5x+7。在汇编代码中经常能发现 leal 的一些灵活用法，这些用法与有效地址计算无关。目的操作数必须是一个寄存器。

2. 一元操作和二元操作

第二组是一元操作，它只有一个操作数，既是源又是目的。这个操作数可以是一个寄存器，也可以是一个存储器位置。比如，指令 incl（%esp）会使栈顶的 4 字节元素加 1。这类似于 C 语言中的加 1 运算符（++）和减 1 运算符（--）。

第三组是二元操作，其中，第二个操作数既是源又是目的。这类似于 C 语言中的赋值运算符，例如 x+=y。例如，指令 subl　%eax，%edx 使寄存器 %edx 的值减去 %eax 中的值（将指令解读成“从 %edx 中减去 %eax”会有所帮助）。第一个操作数可以是立即数、寄存器或是存储器位置，第二个操作数可以是寄存器或是存储器位置。不过，同 movl 指令一样，两个操作数不能同时是存储器位置。

3. 移位操作

最后一组是移位操作，先给出移位量，然后给出要移位的位数。该操作可以进行算术和逻辑右移。移位量用单个字节编码，因为只允许进行 0 ～ 31 位的移位（只考虑移位量的低 5 位）。移位量可以是一个立即数，或者放在单字节寄存器元素 %cl 中。（这些指令很特别，因为只允许以这个特定的寄存器作为操作数。）如表 4-4 所示，左移指令有两个名字 SAL 和 SHL，两者的效果是一样的，都是将右边填上 0。右移指令不同，SAR 执行算术移位（填上符号位），而 SHR 执行逻辑移位（填上 0）。移位操作的目的操作数可以是一个寄存器或是一个存储器位置。表 4-4 中用 $>>_A$（算术）和 $>>_L$（逻辑）来表示这两种不同的右移运算。

4. 特殊的算术操作

表 4-5 描述的指令支持产生两个 32 位数字的全 64 位乘积以及整数除法。

表 4-5 特殊的算术操作

指令	效果	描述
imull S mull S	R[%edx]:R[%eax] ← S*R[%eax] R[%edx]:R[%eax] ← S*R[%eax]	有符号全 64 位乘法 无符号全 64 位乘法
cltd	R[%edx]:R[%eax] ← SignExtend (R[%eax])	转为四字
idivl S	R[%edx] ← R[%edx]:R[%eax] mod S R[%edx] ← R[%edx]:R[%eax] ÷ S	有符号除法
divl S	R[%edx] ← R[%edx]:R[%eax] mod S R[%edx] ← R[%edx]:R[%eax] ÷ S	无符号除法

表 4-5 中的操作提供了有符号和无符号数的全 64 位乘法和除法，对寄存器 %edx 和 %eax 组成一个 64 位的四字。

表 4-5 中列出的 imull 指令称为“双操作数”乘法指令，它从两个 32 位操作数产生一个 32 位乘积，当乘积位数超过 32 位时，只截取 32 位的结果。IA32 还提供了两个不同的“单操作数”乘法指令，以计算两个 32 位值的全 64 位乘积——一个是无符号数乘法（mull），另一个是补码乘法（imull）。这两条指令都要求一个参数必须在寄存器 %eax 中，而另一个参数作为指令的源操作数给出，乘积存放在寄存器 %edx（高 32 位）和 %eax（低 32 位）中。虽然 imull 可以用于两个不同的乘法操作，但是汇编器能够通过计算操作数的数目分辨出想用哪一条指令。

举个例子，假设有符号数 x 和 y 存储在相对于 %ebp 偏移量为 8 和 12 的位置，我们希望将它们的全 64 位乘积作为 8 个字节存放在栈顶。假设 x 在内存 %ebp+8 处，y 在内存 %ebp+12 处，代码如下：

```
1  movl   12(%ebp),%eax       将 y 的值从内存传送到寄存器 %eax 处
2  imull  8(%ebp)             y 与 x 相乘
3  movl   %eax,               (%esp) 存放乘积的低 32 位
4  movl   %edx,               4(%esp) 存放乘积的高 32 位
```

可以看到，存储两个寄存器的位置对小端法机器来说是对的——寄存器 %edx 中的高位存放在相对于 %eax 中的低位偏移量为 4 的位置。栈是向低地址方向增长的，也就是说低位在栈顶。

前面的表 4-4 中没有列出除法或模操作。这些操作由类似于单操作数乘法指令的单操作数除法指令提供。有符号除法指令 idivl 将寄存器 %edx（高 32 位）和 %eax（低 32 位）中的 64 位数作为被除数，而除数作为指令的操作数给出，指令将商存储在寄存器 %eax 中，将余数存储在寄存器 %edx 中。

4.2.6 控制

到目前为止，我们只考虑了直线代码的行为，即指令一条接着一条地顺序执行。C 语言中的某些结构，比如条件语句、循环语句和分支语句，要求有条件地执行，根据数据测试的结果来决定操作执行的顺序。机器代码提供两种基本的低级机制来实现有条件的行为：测试

数据值，然后根据测试的结果来改变控制流或者数据流。

数据相关的控制流是实现有条件行为的更通用和更常见的方法，所以我们先来介绍它。

跳转与条件传送
扫描上方二维码
可观看知识点
讲解视频

循环指令
扫描上方二维码
可观看知识点
讲解视频

1. 条件码

除了整数寄存器之外，CPU 还维护着一组单个位的条件码（Condition Code）寄存器，它们描述了最近的算术或逻辑操作的属性。可以通过检测这些寄存器来执行条件分支指令。下面是最常用的条件码。

- CF：进位标志。最近的操作使最高位产生了进位。可以用来检查无符号操作数的溢出。
- ZF：零标志。最近的操作得出的结果为 0。
- SF：符号标志。最近的操作得到的结果为负数。
- OF：溢出标志。最近的操作导致一个补码溢出（正溢出或负溢出）。

比如，假设我们用一条 ADD 指令完成等价于 C 语言表达式 t=a+b; 的功能，这里变量 a、b 和 t 都是整型。然后，根据下面的 C 语言表达式来设置条件码：

```
CF:    (unsigned)   t<(unsigned) a      无符号溢出
ZF:    (t==0)                           零
SF:    (t<0)                            负数
OF:    (a<0==b<0)&&(t<0!=a<0)           有符号溢出
```

leal 指令不改变任何条件码，因为它是用来进行地址计算的。除此之外，表 4-5 中列出的所有指令都会设置条件码。对于逻辑操作，例如 XOR，进位标志和溢出标志会被设置成 0。对于移位操作，进位标志将被设置为最后一个被移出的位，而溢出标志被设置为 0。INC 和 DEC 指令会设置溢出和零标志，但是不会改变进位标志。

除了表 4-5 中的指令会设置条件码，还有两类指令（有 8、16 和 32 位形式），它们只设置条件码而不改变任何其他寄存器，如表 4-6 所示。CMP 指令根据两个操作数之差来设置条件码。除了只设置条件码而不更新目标寄存器之外，CMP 指令与 SUB 指令的行为是一样的。在 ATT 汇编格式中，列出操作数的顺序是相反的，这使代码难以阅读。如果两个操作数相等，这些指令会将零标志设置为 1，而其他的标志可以用来确定两个操作数之间的大小关系。TEST 指令的行为与 AND 指令一样，但它们只设置条件码而不改变目的寄存器的值。典型的用法是，两个操作数是一样的（例如，testl %eax, %eax 用来检查 %eax 是负数、零还是正数）或其中的一个操作数是一个掩码，用来指示哪些位应该被测试。

表 4-6 比较和测试指令

指令	基于	描述
CMP S_2, S_1	S_1-S_2	比较
cmpb	Compare byte	
cmpw	Compare word	
cmpl	Compare double word	

（续）

指令	基于	描述
TEST S_2, S_1	S_1&S_2	测试
testb testw testl	Test byte Test word Test double word	

2. 访问条件码

条件码通常不会直接读取，常见的使用方法有以下三种：可以根据条件码的某个组合，将一个字节设置为 0 或者 1；可以条件跳转到程序的某个其他的部分；可以有条件地传送数据。对于第一种情况，表 4-7 中描述的指令根据条件码的某个组合将一个字节设置为 0 或者 1。我们将这一整类指令称为 SET 指令；它们之间的区别就在于考虑的条件码的组合是什么，这些指令名字的不同后缀指明了它们所考虑的条件码的组合。这些指令名字的后缀表示不同的条件而不是操作数大小，例如，指令 setl 和 seeb 表示小于时设置（set less）和低于时设置（set below），而不是设置长字（set long word）和设置字节（set byte）。

表 4-7 SET 指令

指令	同义名	效果	设置条件
sete D	setz	D ← ZF	相等 / 零
setne D	setnz	D ← ~ ZF	不等 / 非零
sets D		D ← SF	负数
setns D		D ← ~ SF	非负数
setg D	setnle	D ← ~ (SF^OF) & ~ ZF	大于（有符号 >）
setge D	setnl	D ← ~ (SF^OF)	大于或等于（有符号 >=）
setl D	setnge	D ← SF^OF	小于（有符号 <）
setle D	setng	D ← (SF^OF) | ZF	小于或等于（有符号 <=）
seta D	setnbe	D ← ~ CF & ~ ZF	超过（无符号 >）
setae D	setnb	D ← ~ CF	超过或等于（无符号 >=）
setb D	setnae	D ← CF	低于（无符号 <）
setbe D	setna	D ← CF | ZF	低于或等于（无符号 <=）

某些底层的机器指令可能有多个名字，我们称之为“同义名”(Synonym)。比如,setg(表示“设置大于”）和 setnle（表示“设置不小于等于”）是指同一条机器指令。反汇编器和编译器会随意决定使用哪个名字。

注意，机器代码如何区分有符号值和无符号值是很重要的。与 C 语言不同，机器代码不会将每个程序值都和一个数据类型联系起来。相反，大多数情况下，机器代码对于有符号和无符号两种情况使用同样的指令，这是因为许多算术运算对无符号和补码算术都有同样的位级行为。有些情况需要用不同的指令来处理有符号和无符号操作，例如，使用不同版本的右移、除法和乘法指令，以及不同的条件码组合。

3. 跳转指令

正常情况下，指令按照出现的顺序一条一条地执行。跳转（Jump）指令会导致执行切换到程序中一个全新的位置。在汇编代码中，通常用一个标号（Label）指明这些跳转的目的地。考虑下面的汇编代码序列：

```
1  movl    $0,%eax
2  jmp     .L1
3  movl    (%eax),%edx
4.L1
5  popl %edx
```

指令 jmp.L1 会使程序跳过 movl 指令，从 popl 指令开始继续执行。在产生目标代码文件时，汇编器会确定所有带标号指令的地址，并将跳转目标（目的指令的地址）编码为跳转指令的一部分。

表 4-8 列举了不同的跳转指令。jmp 指令是无条件跳转指令。它可以是直接跳转，即跳转目标是作为指令的一部分编码的；也可以是间接跳转，即跳转目标是从寄存器或存储器位置中读出的。在汇编语言中，直接跳转给出一个标号作为跳转目标，例如上面所示代码中的标号“.L1”。间接跳转的写法是“*”后面跟一个操作数指示符，例如：

```
jmp   *%eax
```

用寄存器 %eax 中的值作为跳转目标，而指令：

```
jmp   *(%eax)
```

以 %eax 中的值作为读地址，从存储器中读出跳转目标。

表 4-8 中所示的其他跳转指令都是有条件的，它们根据条件码的某个组合，或者跳转，或者继续执行代码序列中的下一条指令。这些指令的名字和它们的跳转条件与 SET 指令是相匹配的（参见表 4-7）。同 SET 指令一样，一些底层的机器指令有多个名字。条件跳转只能是直接跳转。

表 4-8　跳转指令

指令	同义名	跳转条件	描述
jmp Lable		1	直接跳转
jmp *Operand		1	间接跳转
je Lable	jz	ZF	相等 / 零
jne Lable	jnz	～ZF	不等 / 非零
js Lable		SF	负数
jns Lable		～SF	非负数
jg Lable	jnle	～(SF^OF)&～ZF	大于（有符号 >）
jge Lable	jnl	～(SF^OF)	大于或等于（有符号 >=）
jl Lable	jnge	SF^OF	小于（有符号 <）
jle Lable	jng	(SF^OF)|ZF	小于或等于（有符号 <=）
ja Lable	jnbe	～CF &～ZF	超过（无符号 >）

（续）

指令	同义名	跳转条件	描述
jae Lable	jnb	~ CF	超过或等于（无符号 >=）
jb Lable	jnae	CF	低于（无符号 <）
jbe Lable	jna	CF | ZF	低于或等于（无符号 <=）

小结

即使编译器承担了产生汇编代码的大部分工作，对于严谨的程序员来说，能够阅读和理解汇编代码也是一项很重要的技能。本章讲解了 ATT 汇编语言的基础知识和常见汇编指令的相关信息。

习题

1. 本章只演示了部分指令的调试过程，请仿照书中的代码及视频中的调试过程，对其他的指令进行调试与分析。
2. 对于下面汇编代码中的每一行，根据操作数，确定适当的指令后缀。

```
mov_  %eax, (%ebx)
mov_  %ax, (%esp)
mov_  (%eax), %bx
mov_  (%eax,%ebx,2), %cl
mov_  $0xFF, %bl
```

3. 当我们调用汇编器的时候，下面代码中的每一行都会产生一个错误消息，请在机器上运行，阅读错误提示信息，并解释每一行是哪里出了错，如何修改。

```
movb  $0xF, (%ebx)
movw  %eax, (%esp)
movl  (%eax), 4(%esp)
movb  %al, %sl
movl  %eax, $0xFFFFFFFF
movw  %eax, %bx
movb  %si, 8(%esp)
```

4. 将一个原型为 void decode1（int *xp, int *yp, int *zp）; 的函数编译成汇编代码。代码如下：

```
movl   8(%ebp),%edi
movl   12(%ebp),%edx
movl   16(%ebp),%ecx
movl   (%edx),%ebx
movl   (%ecx),%esi
movl   (%edi),%eax
movl   %eax,(%edx)
movl   %ebx,(%ecx)
movl   %esi,(%edi)
```

参数 xp、yp、zp 分别存储在相对于寄存器 %ebp 中的地址偏移 8、12、16 的地方。
请写出与以上汇编代码的 decode1 函数等效的 C 语言代码。

5. 假设寄存器 %eax 的值为 x，%ecx 的值为 y。填写下表，指明下面每条汇编代码指令存储在寄存器 %edx 中的值。

指令	结果
leal 6（%eax）,%edx	
leal（%eax,%ecx）,%edx	
leal（%eax,%ecx,4）,%edx	
leal 7（%eax,%eax,8）,%edx	
leal 0xA（,%eax,4）,%edx	
leal 9（%eax,%ecx,2）,%edx	

6. 假设下面的值存放在指定的存储器地址和寄存器中：

地址	值
0x100	0xFF
0x104	0xAB
0x108	0x13
0x10C	0x11

寄存器	值
%eax	0x100
%ecx	0x1
%edx	0x3

填写下表，给出下面指令的效果，说明将被更新的寄存器或存储器位置，以及得到的值。

指令	目的	值
addl %ecx,（%eax）		
subl %edx,4（%eax）		
imull $16,（%eax,%edx,4）		
incl 8（%eax）		
decl %ecx		
subl %edx,%eax		

7. 我们经常可以看见以下形式的汇编代码行：

```
xorl %eax,%eax
```

但是在产生这段汇编代码的 C 语言代码块中，并没有出现 EXCLUSIVE-OR 操作。

（1）解释这条指令实现了什么操作。

（2）更直接表达这个操作的汇编代码是什么？

（3）比较同一个操作的两种不同实现的编码字节长度。

第 5 章　数的表示与处理

在了解计算机的基本模型之后，接下来的问题就是在这样的计算机体系结构中，用怎样的方式来表达数据和信息，才能让二进制的计算机有效地识别并执行使用者需要传达给机器的计算任务。由于二进制与十进制之间存在差异，我们需要对十进制中的非负数、有符号数，乃至小数进行特定的二进制编码，使计算机能够正确识别相应的数据类型，从而保证计算过程与结果的正确性。

本章将主要介绍计算机中数据的表示与处理，包括整数、浮点数的表示及与之相关的运算。本章中的数据类型及程序代码示例均使用 C 语言表示。

5.1　整数的表示

整数在机器中的表示可以分为无符号数（非负数）和有符号数两种。虽然最终的编码结果都是二进制数据，但是因为编码形式的不同，它们表示的意义（数据大小、数据范围）是完全不同的。有符号数除了能表示零和正数之外，还能表示负数。进一步来说，即使是同一个二进制数，分别从非负数的角度和有符号数的角度去解释，也会有不同的意义。

5.1.1　整型数据类型

有符号数与
无符号数
扫描上方二维码
可观看知识点
讲解视频

C 语言支持多种整型数据类型，如表 5-1（32 位机）和表 5-2（64 位机）所示。在 C 语言变量的声明语句中，可以用关键字来定义数据类型，相应地，也就确定了数据的大小。这些关键字包括 char、short、long、long long 等。同时，C 语言使用关键字 unsigned 来表示非负数，没有这样特别指示的数默认为有符号数（可能是负数）。根据机器的字长和编译器的不同，这些数据类型被分配不同大小的字节数。例如，long 类型在 32 位机器上用 4 字节表示，但是在 64 位机器上就可以用 8 字节表示，比 4 字节的表示范围大了很多。需要引起注意的是，表 5-1 和表 5-2 中数据表示的取值范围是不对称的，这与有符号数的表示方法有关。在学习有符号数的表示方法时，我们会看到导致这种情况的根本原因。同时 Java 学习者可能也会发现，虽然 C 和 C++ 都同时支持有符号数（默认）和无符号数（额外声明），但是 Java 只支持有符号数。

表 5-1　32 位机上 C 语言整型数据类型的典型取值范围

C 数据类型	最小值	最大值	字节数
char	−128	127	1
unsigned char	0	255	1
short	−32 768	32 767	2
unsigned short	0	65 535	2

（续）

C 数据类型	最小值	最大值	字节数
int	−2 147 483 648	2 147 483 647	4
unsigned int	0	4 294 967 295	4
long	−2 147 483 648	2 147 483 647	4
unsigned long	0	4 294 967 295	4
long long	−9 223 372 036 854 775 808	9 223 372 036 854 775 807	8
unsigned long long	0	18 446 744 073 709 551 615	8

表 5-2　64 位机上 C 语言整型数据类型的典型取值范围

C 数据类型	最小值	最大值	字节数
char	−128	127	1
unsigned char	0	255	1
short	−32 768	32 767	2
unsigned short	0	65 535	2
int	−2 147 483 648	2 147 483 647	4
unsigned int	0	4 294 967 295	4
long	−9 223 372 036 854 775 808	9 223 372 036 854 775 807	8
unsigned long	0	18 446 744 073 709 551 615	8
long long	−9 223 372 036 854 775 808	9 223 372 036 854 775 807	8
unsigned long long	0	18 446 744 073 709 551 615	8

5.1.2　无符号数的编码

可以将无符号数的编码简单地看作非负十进制数的二进制转换，不过要根据实际机器的字长以及数据的类型来决定二进制编码的位数。假设一个整数数据类型有 w 位（数据类型的字节数 ×8），我们将位向量写成 $\boldsymbol{x} = [x_{w-1}, x_{w-2}, \cdots, x_0]$，$x_i$（$i = 0, \cdots, w-1$）表示向量中的每一位。将向量 $\boldsymbol{x}$ 看作一个二进制数就获得了它的无符号表示。通常使用函数 $\mathrm{B2U}_w$（Binary to Unsigned，长度为 w）来表示。

$$\mathrm{B2U}_w(\boldsymbol{x}) \equiv \sum_{i=0}^{w-1} x_i 2^i \tag{5-1}$$

式（5-1）完成了从一个长度为 w 的 0、1 串到一个非负十进制整数的映射，例如当 w=4 时：

$$(1110)_2 = 1\times 2^3 + 1\times 2^2 + 1\times 2^1 + 0\times 2^0 = (14)_{10}$$

现在考虑 w 位能表示的数值范围。从二进制的角度考虑，w 位二进制数的取值范围是从 00⋯0（w 个 0）到 11⋯1（w 个 1），则最大值 11⋯1（w 个 1）的十进制表达为：

$$\mathrm{UMax}_w \equiv 1\times 2^{w-1} + 1\times 2^{w-2} + 1\times 2^{w-3} \cdots + 1\times 2^0 = \sum_{i=0}^{w-1} 2^i = 2^w - 1 \tag{5-2}$$

4 位二进制数能表示的范围为 0000 ～ 1111，最小值为 0，最大值为$2^4-1=15$。因此对于非负数来说，w 位二进制数可以表示2^w个十进制数，取值范围为$0\sim\left(2^w-1\right)$。

无符号数的二进制表示有一个非常重要的属性，即每一个介于$0\sim\left(2^w-1\right)$之间的数都有唯一一个 w 位的编码。这个属性用数学中的集合术语来说就是，函数 $B2U_w$ 是一个双射——对于每一个长度为 w 的位向量，都有一个唯一的值与之对应；反过来，在$0\sim\left(2^w-1\right)$之间的每一个整数都有一个唯一的长度为 w 的二进制位向量与之对应。

5.1.3　补码编码

仅有非负数是无法完成所有的计算任务的，因此必须采取另外一种编码方式来提供同时包括正数、零和负数（统称有符号数）的二进制表示方法。最常见的有符号数的计算机表示方法就是补码（Two's Complement）形式。在最本质的定义中，补码规定：将二进制数的最高位解释为负权（Negative Weight）。使用函数 $B2T_w$（Binary to Two's-Complement 的缩写，长度为 w）来表示补码。

$$B2T_w\left(\boldsymbol{x}\right)\equiv -x_{w-1}2^{w-1}+\sum_{i=0}^{w-2}x_i2^i \tag{5-3}$$

对于式（5-3）最直观的理解可以用图 5-1 来描述。

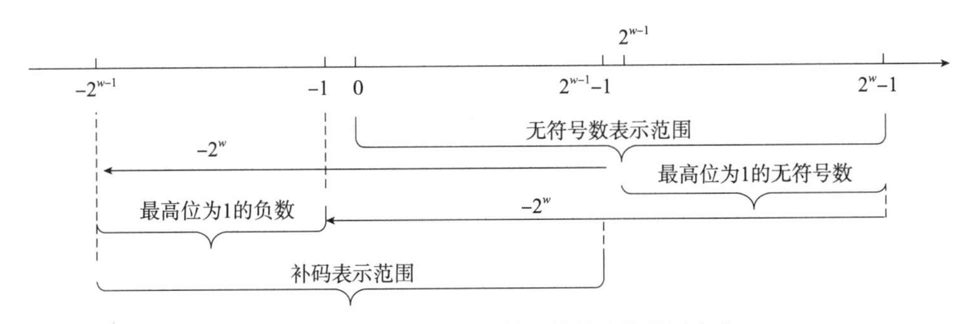

图 5-1　从无符号数到有符号数的取值范围变化

从图 5-1 可以看出，在 w 固定的情况下，二进制表达数的个数确定都是2^w个。而最高位为 1 的，用来表示为负数的数就是其中一半，即2^{w-1}个。将这些最高位为 1 的$B2T_w\left(\boldsymbol{x}\right)$与其原来表示的无符号数$B2U_w\left(\boldsymbol{x}\right)$比较，它们之间相差：

$$\begin{aligned}B2U_w\left(\boldsymbol{x}\right)-B2T_w\left(\boldsymbol{x}\right)&=\left[x_{w-1}2^{w-1}+\sum_{i=0}^{w-2}x_i2^i\right]-\left[-x_{w-1}2^{w-1}+\sum_{i=0}^{w-2}x_i2^i\right]\\&=2\times2^{w-1}x_{w-1}=2^w\quad\left(\text{最高位}x_{w-1}=1\right)\end{aligned}$$

也就是说，将原本无符号数中最高位为 1 的2^{w-1}个用来表示负数，等于将它们原本的取值范围向负轴滑动2^w（减掉2^w），从而使补码表示范围呈现为高位为 1 的负数与形式不变的非负数范围的集合。

如图 5-1 所示，该滑动不改变取值范围原本2^w的宽度，但是最小值落在了-2^{w-1}，最大值相应地滑动到$2^{w-1}-1$。以 w=4 为例，对无符号数，可以表示 0 ～ 15 共 16 个数；同样以这 4 位二进制做补码编码，依据式（5-3）计算，此时补码表示的是 −8 ～ 7 这 16 个数。由此可见，补码的二进制最高位作为负权（-2^{w-1}），起到的作用就是将原来 0 ～（2^w-1）的无符号数表示范围向数轴负方向拖动2^{w-1}个单位，变成从-2^{w-1}到$2^{w-1}-1$的补码表示范围。

最高有效位x_{w-1}在补码中也被称为符号位，权重为-2^{w-1}，是无符号数最高权重的负数。符号位为 1 时，依据补码定义式（5-3），表示值为负；符号位为 0 时，表示值为非负。同样，$B2T_w$ 也是一个双射。补码取值范围的最小值对应的位向量是 [10⋯0]，记为$TMin_w \equiv -2^{w-1}$；最大值位向量为 [01⋯1]，记为$TMax_w \equiv 2^{w-1}-1$。同样以 w=4 为例，我们有

$$TMin_4 = B2T_4([1000]) = -2^{4-1} = -2^3 = -8$$

$$TMax_4 = B2T_4([0111]) = 2^{4-1}-1 = 2^3-1 = 7$$

需要注意的是，补码的表示范围不是对称的。这是因为最高位为 0 的有符号数中包含 0，因此正数只有$2^{w-1}-1$个，但是最高位为 1 的负数有2^{w-1}个。

不同 w 值（字长）的补码的极值如表 5-3 所示。

表 5-3　不同字长补码的极值

极值	w			
	8	16	32	64
UMax	255	65 535	4 294 967 295	18 446 744 073 709 551 615
TMax	127	32 767	2 147 483 647	9 223 372 036 854 775 807
TMin	−128	−32 768	−2 147 483 648	−9 223 372 036 854 775 808

这里介绍另外一种对于补码比较有趣的理解。以生活中的钟表表盘为例（如图 5-2 所示），从上午 9 点到下午 4 点，时针前行了 7 个小时，而时针逆向走 5 个小时同样指到 4。就表盘这个范围为 12 的区域来说，+7 和 −5 这两个绝对值之和恰好为 12 的数之间体现了一种互补关系。同样，以 w=4 的二进制为例，−6 在$2^4=16$的范围内与 +10 的绝对值和为 16，构成互补关系。实际上 −6 的补码表示就是 +10 的二进制表示 1010。这一点可以通过式（5-3）验证。

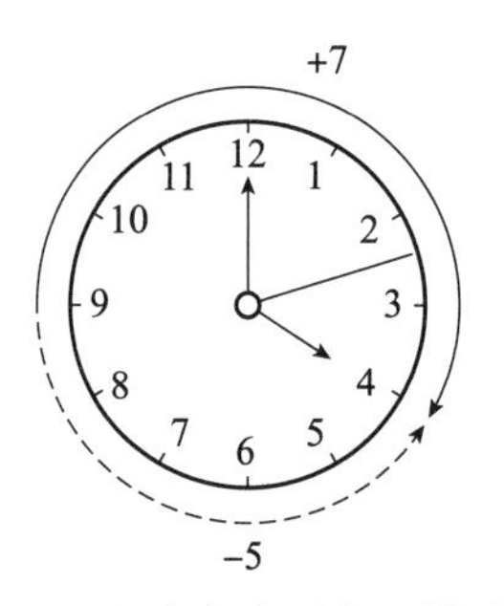

图 5-2　用表盘表示的互补关系

从补码的定义可以看出，补码就是用无符号数中最高位为 1 的非负数二进制来表达与其构成互补关系的负数，最高位为 0 的数的表示不变。由此得到四种求负数 x 补码的方法（均以 w=4 为例）。

- $2^w-|x|=a$，则 a 的二进制表达即为 x 的 w 位补码。这种方法利用的就是上述所谓互补关系的含义，用 w 位二进制的表示范围2^w来求取负数对应的互补数作为补码，例如 w=4、x=−6，则 x 的补码为 16−6=10 →（1010）$_2$。
- $2^{w-1}-|x|=a$，则在符号位 1 之后接上 a 的二进制表达。该方法与第一种方法原理相同，只不过先行确定了符号位为 1，然后对剩下的二进制位求互补关系。依然以

w=4、x=−6 为例，$2^{4-1}-6=8-6=2\rightarrow(010)_2$，因此 x 的补码为 $(1010)_2$。

- 写出 x 的二进制原码，然后符号位不变，其余各位取反加 1。例如 −6 的原码为 $(1110)_2$，最高位 1 为符号位，表示负数，余下 3 位 110 表示 6。符号位不变，其余各位取反加 1 得到 $(1010)_2$。
- 写出 x 的绝对值的二进制，所有位取反后加 1。例如 −6 的绝对值为 6，二进制表达为 $(0110)_2$，所有位取反加 1 后得到 $(1010)_2$。该方法与第三种方法的原理相同，即二进制的各位取反后加 1，得到的就是与原数有互补关系的二进制表达。

上述四种方法中，第一种和第二种方法便于理解补码的概念，适用于 w 较小的情况；第三种和第四种方法操作较为便捷，适用于 w 较大的情况，尤其便于使用硬件电路实现。

5.1.4　有符号数与无符号数之间的转换

C 语言允许不同数据类型之间进行强制的转换。强制转换通过使用数据类型关键字重新强制定义之前已经声明过的数据类型变量来实现。例如，现有已经声明为 int 的变量 x 和已经声明为 unsigned 的变量 u，表达式（unsigned）x 会将 x 的值转换成一个无符号数值，而（int）u 会将 u 的值转换成一个有符号整数。要注意的是，对于大多数 C 语言的实现来说，这种转换都是从位级的角度而不是数的角度来看的。

有符号数与无符号数的数值都具有一定的特性，这是由它们本身二进制的构成及补码的定义决定的。首先是等价性，即非负数的补码就是其本身；其次是 $B2T_w$ 作为双射带来的唯一性，即每一个“位模式”表示唯一的一个整数值，而每一个整数值都有唯一的一个“位模式”与之对应；最后是可逆性，即无论有符号数还是无符号数，它们的位模式与相应的整数值之间均可逆，这其实也是双射性质的一种体现。

有符号数与无符号数之间的映射，本质就是保持位模式不变，而采用目标数的规则来解释。例如 $(1010)_2$ 作为表示无符号数 10 的位模式，映射到有符号数中就需要用补码的定义来解释，得到结果 −6。这种映射关系清晰地体现在图 5-3 中。

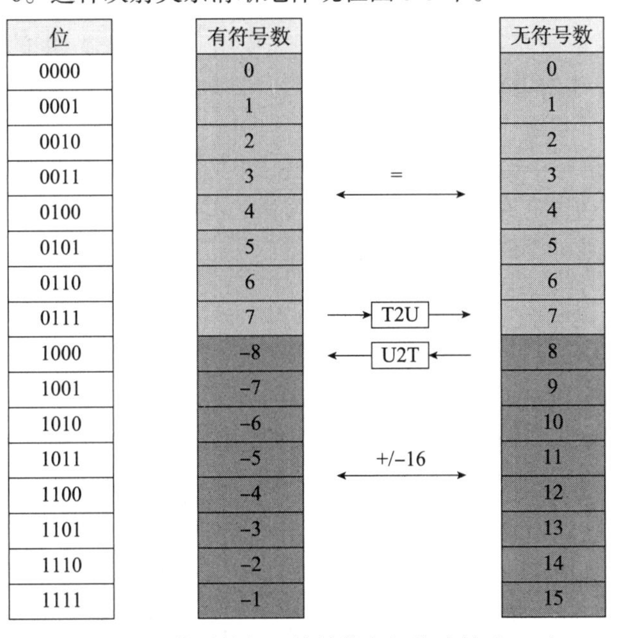

图 5-3　有符号数与无符号数之间的映射（w=4）

从图 5-3 中可以看到，非负数在有符号数和无符号数之间的等价性、两种类型数之间的映射方法以及补码表示的负数与其对应的无符号数之间的基于 16(w=4）的互补关系。图 5-4 进一步展示了两者之间的转换关系。

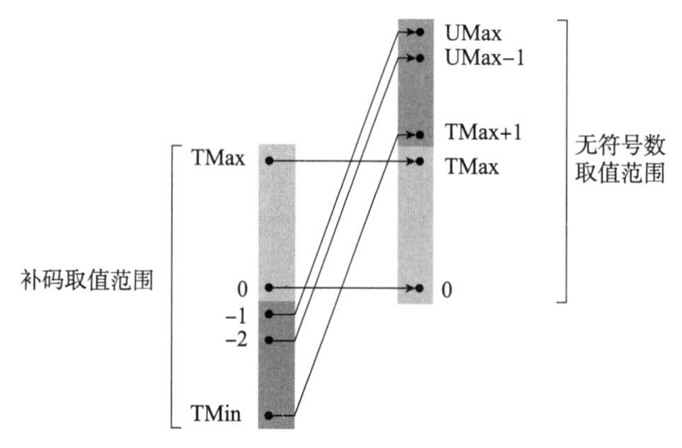

图 5-4　有符号数与无符号数之间的转换关系

如果从二进制位模式的角度来审视有符号数和无符号数之间的关系，我们发现这种映射其实就是最高位权重的变化问题。同一个二进制位模式，作为无符号数时，其最高位充当的是最大正权重的角色；作为有符号数时，最高位依据补码定义变成了最大负权重。由此还可以得出一个便捷计算两种数据类型转换的公式：对于同一个位模式来说，解释为有符号数时，依据补码定义最高位为负权重（-2^{w-1}）；而解释为无符号数时，最高位为正权重（2^{w-1}）。其余各位的解释相同。那么在最高位为 1 的情况下，此二进制位模式对应的有符号数与无符号数之间的差就是两倍的2^{w-1}，即2^w（这正是我们之前在直观描述补码定义时获得的结果）；最高位为 0 则两数相等（非负数补码为其本身）。所以有：

$$B2U_w - B2T_w = x_{w-1}2^w \tag{5-4}$$

在 C 语言中，常数被默认为有符号数，除非使用后缀 U 来表明该常数为无符号数。两者之间的转换除了上述的重新强制声明之外，还可以通过赋值和调用语句来实现变量数据类型的改变，例如对于已经定义的 int x 和 unsigned u，语句 u=x 把 x 的值作为无符号数赋值给 u。同时在输出语句中也可以通过定义输出结果的类型将变量强制转换成指定的类型输出。如果一个表达式中既有有符号数又有无符号数，有符号数将会被转换成无符号数再代入表达式中进行计算。看如下的 C 语言代码：

```
int x = -1;
unsigned u = 2147483648;
printf ( "x = %u = %d\n", x, x);
printf ( "u = %u = %d\n", u, u);
```

在 32 位机器上运行上述代码时，它的输出结果是：

```
x = 4294967295 = -1
u = 2147483648 = -2147483648
```

这是因为 −1 的补码表示为 $[11\cdots1]_2$，但是在第一条输出语句中做了一个输出类型的强制转换，将其作为 32 位无符号数解释，此时 $[11\cdots1]_2$ 应该解释为整型无符号数的最大值

$2^{32}-1$，所以打印出来的结果为 $2^{32}-1 = 4\ 294\ 967\ 296-1 = 4\ 294\ 967\ 295$。

u 的值为 2^{31}，其无符号数表示为 $[100\cdots0]_2$，在第二条输出语句中对其做了输出类型的强制转换，将其解释为 32 位带符号整数，此时 $[100\cdots0]_2$ 代表补码中的最小负数，因此打印结果会显示为 $-2^{32-1} = -2^{31} = -2\ 147\ 483\ 648$。

5.1.5　扩展与截断

整数的扩展与截断

扫描上方二维码可观看知识点讲解视频

在计算任务中，有时需要将数据在不同字长的整数之间转换，同时保持数值不变。这就需要对数据进行数值不变的扩展与截断。

1. 数据扩展

一般来说，从一个无符号数转换为一个较大的数据类型，只需要简单地在数据的开头添加 0 直到所需的字长即可，这种运算称为零扩展（Zero Extension）。将一个补码数字转换为一个更大的数据类型则需要执行符号扩展（Sign Extension），规则是在数据的开头添加符号位的副本直到所需的字长。例如，一个补码数据 $[x_{w-1}, x_{w-2}, \cdots, x_0]$ 做符号扩展的结果就是 $[x_{w-1}, x_{w-1}, \cdots, x_{w-1}, x_{w-2}, \cdots, x_0]$。更具体地来说，如果给定一个 w 位的数 x，需要将它扩展到（$w+k$）位而保持数据不变，规则就是将 x 的符号位复制 k 个放在 x 的前面，形成所需的（$w+k$）位数据（如图 5-5 所示）。

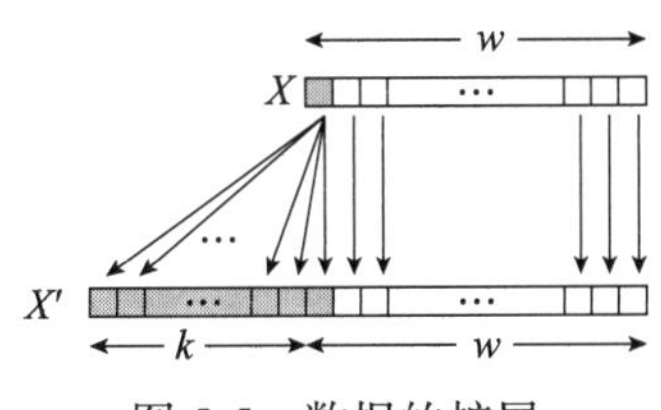

图 5-5　数据的扩展

零扩展能够保持数值不变是很好理解的，毕竟任何数前面加上无穷多个 0 并不改变其数值。但是为什么当有符号数的二进制表达从 w 位扩展到（$w+k$）位时，只需要进行符号扩展（在该数前面加上 k 个该数的符号位）就能实现扩展后数值不变呢？首先，对于有符号数中的非负数来说，由于它们的符号位为 0，因此所谓符号扩展等同于零扩展。而对于有符号数中的负数而言，需要讨论的就是为什么其 w 位补码在经过符号扩展（添加 k 个 1）之后，可以得到其（$w+k$）位补码。

我们可以依然用“表盘”的概念来解释有符号数补码的符号扩展。w 位二进制补码扩展成（$w+k$）位，补码的“表盘”范围就变成了 2^{w+k}，此时对负数 x 求补码变为：

$$2^{w+k}-|x| \tag{5-5}$$

而之前的 w 位补码为：

$$2^{w}-|x| \tag{5-6}$$

二者相差：

$$\left(2^{w+k}-|x|\right)-\left(2^{w}-|x|\right)=\left(2^{w+k}-2^{w}\right)=2^{w}\left(2^{k}-1\right) \tag{5-7}$$

2^k-1 从二进制来看就是 k 个 1；再乘上 2^w 就是左移 w 位，所以 w 位补码与（$w+k$）位补码之间相差：

$$\underbrace{11\cdots1}_{k\text{个}1}\underbrace{00\cdots0}_{w\text{个}0} \tag{5-8}$$

也就是说，原来的 w 位补码加上式（5-8）所示的值之后就得到（$w+k$）位补码。从式（5-8）的特征来看，这个加法过程（原来的 w 位补码填充入 w 个 0 中，前面 k 个 1 不变）就是一个符号扩展过程。因此，符号扩展能保证扩展后的新补码与扩展后的原补码表示同一个负数。

仍然以前述的 w=4 时，−6 的补码 $(1010)_2$ 为例。当 w=8 时，需要对其进行从 4 位到 8 位的扩展。我们先来求 w=8 时 −6 的补码，依据 5.1.3 节中的第一种方法很容易求得结果为 $(11111010)_2$。简单对比 w=4 时的补码，我们发现这只是做了符号位扩展而已。由此证明简单的符号位扩展可以在扩展有符号数位数的同时保证数值不变。

2. 数据截断

对于数据的截断来说，我们需要减少表示数值的二进制的位数。这会导致结果与被截断之前不同，需要重新解释。在 C 语言中，与有符号数和无符号数的强制转换类似，可以用数据声明的关键字对不同类型的数据进行强制类型转换。例如，对于已经声明为 int x 的数据，语句（short）x 就能将整型的 x 截断为短整型的数据赋值给相应的变量。下面来看一段示例代码：

```
int x = 53191;
short sx = (short) x;
int y = sx;
```

运行的结果如下：

```
sx = -12345
y = -12345
```

这一段代码将原本整型的数据 x 截断为短整型 sx，然后又重新扩展回整型 y，我们发现数值发生了变化（x ≠ y）。首先，在第二条语句 short sx =（short）x 中，整型 x（位模式为 0x0000cfc7）从 32 位的整型截断为 16 位的短整型，得到的位模式变成 0xcfc7（这也是 −12345 的 16 位补码形式）。而 sx 作为短整型数据默认是有符号数，因此在输出 sx 时，是将 0xcfc7 作为有符号数来解释的，输出为 −12345。之后的第三条语句 int y = sx 又将 16 位的短整型数据扩展到了整型。依据有符号数的符号扩展规则，复制了 16 个符号位 1 添加到 sx 前方，形成位模式为 0xffffcfc7 的二进制表达形式，这同时也是 −12345 的 32 位补码形式。作为 int 类型的 y，默认为有符号数，因此输出时结果也为 −12345。

一般来说，将一个 w 位的数 $\boldsymbol{x} = [x_{w-1}, x_{w-2}, \cdots, x_0,]$截断为一个 k 位数字时，最高的 $w-k$ 位会被丢弃，生成的新位向量为 $\boldsymbol{x}' = [x_{k-1}, x_{k-2}, \cdots, x_0,]$。对于一个无符号数字 x，截断它到 k 位的操作就相当于计算 $x \bmod 2^k$，因此通过对 $\mathrm{B2U}_w$ 的计算公式进行取模运算可以实现这一过程：

$$\mathrm{B2U}_w\left([x_{w-1}, x_{w-2}, \cdots, x_0]\right) \bmod 2^k$$

$$= \left[\sum_{i=0}^{w-1} x_i 2^i\right] \bmod 2^k$$

$$=\left[\sum_{i=0}^{k-1}x_i 2^i\right]\bmod 2^k$$

$$=\sum_{i=0}^{k-1}x_i 2^i=\mathrm{B2U}_k\left(\left[x_{k-1},x_{k-2},\cdots,x_0\right]\right) \tag{5-9}$$

对于补码数据，截断运算的推导与上面类似，结果为

$$\mathrm{B2T}_w\left(\left[x_{w-1},x_{w-2},\cdots,x_0\right]\right)\bmod 2^k=\mathrm{B2U}_k\left(\left[x_{k-1},x_{k-2},\cdots,x_0\right]\right) \tag{5-10}$$

从这一推导来看，似乎 $x \bmod 2^k$可以用一个$\left(\left[x_{k-1},x_{k-2},\cdots,x_0\right]\right)$模式的无符号数表示。但其实对于被截断的有符号数，我们依然认为它是有符号数，其数值应该是$\mathrm{U2T}_k\left(x \bmod 2^k\right)$。因此有符号数的截断结果最终为$\mathrm{U2T}_k\left(\mathrm{B2U}_w\left(\left[x_{w-1},x_{w-2},\cdots,x_0\right]\right)\bmod 2^k\right)$。图 5-6 给出了一些数据截断的示例（4 位截断成 3 位）。

十六进制		无符号		补码	
原始值	截断值	原始值	截断值	原始值	截断值
0	0	0	0	0	0
2	2	2	2	2	2
9	1	9	1	−7	1
B	3	11	3	−5	3
F	7	15	7	−1	−1

图 5-6　数据的截断示例

5.2　整数的运算

计算机中对整数进行的运算与平时我们做的各种整数运算类似，但是由于计算机的特点，这些计算具有自身的特性。我们在下面的学习中会发现：很多运算也要区分有符号数与无符号数、乘法和乘方有计算机独有的处理方法、补码对于减法的实现意义巨大等。同时我们必须意识到，再强大的计算机，因为字长的限制，它所能表达的数字范围也是有限的。因此我们在学习中会看到机器中的计算存在溢出问题。

5.2.1　C 语言中的相关整型运算

1. 位级运算

我们常说 C 语言是非常贴近底层硬件的高级语言，其中一个原因就是它支持按位进行的布尔运算。布尔运算中的位级运算符在 C 语言中得到了应用，例如“|”作为或、“&”作为与、“~”作为取反、“^”作为异或等。这些都能应用于所有的“整型”的数据类型。这些位级运算就是硬件实现机器运算的基本模式，体现了 C 语言贴近底层硬件的特性。

既然是位级运算，那么运算时是按照二进制位来进行的。如果是十六进制数据，则必须把该数据转换成二进制表示并执行位级运算，然后再转换回十六进制。例如：

$$\sim(0x53)_{16}=\sim(01010011)_2=(10101100)_2=(0xAC)_{16}$$

$$(0x69)_{16}\&(0x55)_{16}=(01101001)_2\&(01010101)_2=(01000001)_2=(0x41)_{16}$$

2. 逻辑运算

C 语言中还提供一组逻辑运算符“||”“&&”“!”，分别对应命题逻辑中的或、与、非。这里应注意不要将逻辑运算与位级运算混淆。位级运算是二进制位与位之间的运算，而逻辑运算是将数据看作整体，非零的数据都表示 TRUE，数据 0 表示 FALSE。逻辑运算只返回 0 或者 1，即 FALSE 或 TRUE。位级运算只有当参数被限制为 0 或者 1 这种最简单的位级表达时，才会和逻辑运算有相同的行为，此时可以将位级运算看作逻辑运算的极端情况。一些简单的逻辑运算示例如表 5-4 所示。

表 5-4 简单的逻辑运算示例

表达式	结果
!0x41	0x00
!0x00	0x01
0x69 && 0x55	0x01
0x69 || 0x55	0x01

3. 移位运算

为了对位模式执行向左移动或者向右移动的操作，C 语言提供了一组移位运算。

对于一个位表示为$[x_{n-1},x_{n-2},\cdots,x_0]$的操作数 x，C 语句“*x*<<*k*”会生成一个移位运算结果，该结果的值为$[x_{n-k-1},x_{n-k-2},\cdots,x_0,0,\cdots,0]$，即 x 向左移动 k 位，丢弃最高的 k 位，并在右端补 k 个 0。移位量应该是一个 0 ～ $n-1$ 之间的值。

对于右移运算，需要格外注意。计算机支持两种形式的右移：逻辑右移和算术右移。逻辑右移丢弃原数据右边的 k 位，在左边加上 k 个 0，得到的结果是$[0,\cdots,0,x_{n-1},x_{n-2},\cdots,x_k]$；而算术右移是在丢弃原数据右边 k 位后，在左边补上 k 个符号位即x_{n-1}，得到的结果是$[x_{n-1},\cdots,x_{n-1},x_{n-1},x_{n-2},\cdots,x_k]$。这种操作对于有符号整数的运算非常重要。简单的移位操作示例如表 5-5 所示。

表 5-5 简单的移位操作示例

移位运算	参数 x	参数 y
	01000010	10100010
<< 3	00010000	00010000
逻辑 >>2	00011000	00101000
算术 >>2	00011000	11101000

C 语言中没有明确规定右移采取的种类。无符号数据的右移必须是逻辑的，而有符号数据则两者都可。这种规定的缺乏看似会造成潜在的可移植性问题，但实际上几乎所有的编译器 / 机器组合都会对有符号数据使用算术右移。一个常见的错误是程序员忽略了移位操作的优先级问题。原本认为（1<<2）+（3<<4）与 1<<2+3<<4 的结果一样，但是由于加法（或减法）的优先级高于移位操作，后一个表达式其实等价于 1<<（2+3）<<4！所以在不确定的时候，务必加上括号。

5.2.2　无符号加法

整数运算：加法和减法

扫描上方二维码可观看知识点讲解视频

我们知道一个 w 位字长的无符号数所能表示的范围是$\left[0,2^{w-1}-1\right]$，那么属于这一范围的两个非负整数 x 和 y 相加，它们的和应该属于$\left[0,2^{w+1}-2\right]$，这说明这个和可能需要 w+1 位来表示（如果和大于等于2^w的话）。在计算机字长受限于 w 位的情况下，第 w+1 位将被舍弃。当然在后面的学习中我们会看到，第 w+1 位能够被计算机保留在别的地方用于后续计算，但是这里仅讨论 w 位的情况。

舍弃第 w+1 位而只保留后面的 w 位，对于二进制来说就是对2^w取模的运算，即一个数除以2^w取余数。比如，字长 w=4 时，对无符号数 x=12=$(1100)_2$ 和 y=9=$(1001)_2$ 做加法，结果为 21=$(10101)_2$，需要 5 位二进制才能表示。此时舍弃最高位，结果变为$(0101)_2$，也就是 5，这与$\left(21 \bmod 2^4=5\right)$是一致的。再以生活中的表盘为例，上午 9 点加上 7 小时，应该是 16 点，但是因为表盘范围只能显示 12 个数字，因此 16 点时时针指向的是$(16 \bmod 12=4)$的 4 点位置。

一般而言，对于和小于2^w的结果，第 w+1 位为 0，舍弃与否并不影响结果；而如果和大于2^w，则舍弃表示2^w的第 w+1 位相当于在结果中减去了2^w。因此有下面关于无符号数 x 和 y 的加法运算的定义：

$$x+y=\begin{cases}x+y,x+y<2^w\\x+y-2^w,2^w\leqslant x+y<2^{w+1}\end{cases}\tag{5-11}$$

仍然以 w =4 为例，将无符号数的加法结果展示于图 5-7 中。

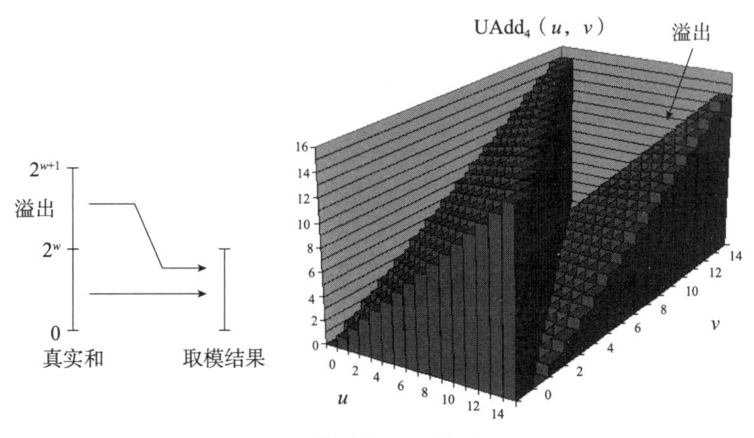

图 5-7　无符号加法的结果（w=4）

5.2.3　补码加法

由于有符号数与无符号数之间的差异，补码加法与无符号加法也存在不同。需要指出的是，由于补码包含负数，因此补码加法实际上已将减法包含在内。

补码的表示范围是 $-2^{w-1}\leqslant x\leqslant 2^{w-1}-1$，那么有符号数 x 与 y 的和的范围，就应该是 $-2^w\leqslant x+\mathrm{y}<2^w-2$。这里同样可能需要用到 w+1 位。由于字长的限制，这一结果也需要被截断到 w 位来避免数据不断扩张。同时，在计算机中无符号或者有符号加法是由同样的机

器指令来执行的。因为两个数的 w 位补码之和与无符号之和有着完全相同的位模式，只不过按照需要解释为有符号加法之和或者无符号加法之和，所以我们能够定义字长为 w，操作数为 x 和 y 的补码加法如下（$-2^{w-1} \leqslant x, y \leqslant 2^{w-1}-1$）：

$$x +_w^t y \equiv \mathrm{U2T}_w\left(\mathrm{T2U}_w(x) +_w^u \mathrm{T2U}_w(y)\right) \tag{5-12}$$

利用式（5-4）将 $\mathrm{T2U}_w$ 展开并利用化简，得到

$$\begin{aligned} x +_w^t y &\equiv \mathrm{U2T}_w\left(\mathrm{T2U}_w(x) +_w^u \mathrm{T2U}_w(y)\right) \\ &= \mathrm{U2T}_w\left[\left(x_{w-1}2^w + x + y_{w-1}2^w + y\right) \bmod 2^w\right] \\ &= \mathrm{U2T}_w\left[(x+y) \bmod 2^w\right] \end{aligned}$$

这一结果显示，对于补码加法，我们只需对其二进制位模式按照无符号加法运算，结果对2^w取模，再对得到的二进制按照补码编码进行解释，就获得了补码加法的结果。和之前提到的一样，补码加法中，有负数参加的加法都可看成用补码加法操作的减法。

在运用补码加法时，我们有时候会发现与预想不符的结果，例如，两个负数相加，结果为正数。这就涉及溢出的问题。为了更好地理解补码加法的结果，我们做如下定义：

$$z \equiv x + y$$

$$z' \equiv z \bmod 2^w$$

$$z'' \equiv \mathrm{U2T}_w(z')$$

即z是补码加法的真实和（可能是 w+1 位），z'是真实和对2^w取模的结果（即舍弃了第 w+1 位的 w 位结果），z''是取模后的结果按照补码解释的数值。接下来将补码加法的结果分成以下四种情况来讨论（如图 5-8 所示）。

- 情况 1：$-2^w \leqslant z < -2^{w-1}$。由取模的定义可知此时 $z' = z + 2^w$，因此有$0 \leqslant z' < 2^{w-1}$。由于补码的表示范围是$-2^{w-1} \leqslant x < 2^{w-1}-1$，很明显此时$z$是低于补码范围的下界，即补码加法的和超过了 w 位补码的下界，从而导致取模后结果为正数。这种情况称为“负溢出”（Negative Overflow）。当且仅当两个负数相加时可能出现这种情况，此时$z'' = x + y + 2^w$。
- 情况 2：$-2^{w-1} \leqslant z < 0$。此时 $z' = z + 2^w$，所以$2^{w-1} \leqslant z' < 2^w$，处于满足$z'' = z' - 2^w$的范围之内，因此$z'' = z' - 2^w = z + 2^w - 2^w = z$，即补码和$z''$等于整数和$x + y$。很明显，此时$z$属于 w 位补码表示范围的负半区，没有产生溢出，属于 w 位补码能正确表示的范围。
- 情况 3：$0 \leqslant z < 2^{w-1}$。此时$z' = z$，得到$0 \leqslant z' < 2^{w-1}$，因此$z'' = z' = z$，即补码和z''与情况 2 一样等于整数和$x + y$。这是因为补码和z此时位于 w 位补码表示范围的正半区，没有溢出。
- 情况 4：$2^{w-1} \leqslant z < 2^w$。此时$z' = z$，而$2^{w-1} \leqslant z' < 2^w$。在这一范围内，$z'' = z' - 2^w$，由此得到$z'' = x + y - 2^w$，是一个负数。这种结果称为“正溢出”（Positive Overflow）。这是因为 w 位补码表示范围的上界是2^{w-1}，而补码和 z 已经超过了这一上界（成为 w+1 位），因此需要舍弃第 w+1 位（即对2^w取模，具体操作体现为整数和$x + y$减去2^w）。当且仅当 x 和 y 为正数时，可能出现这种情况。

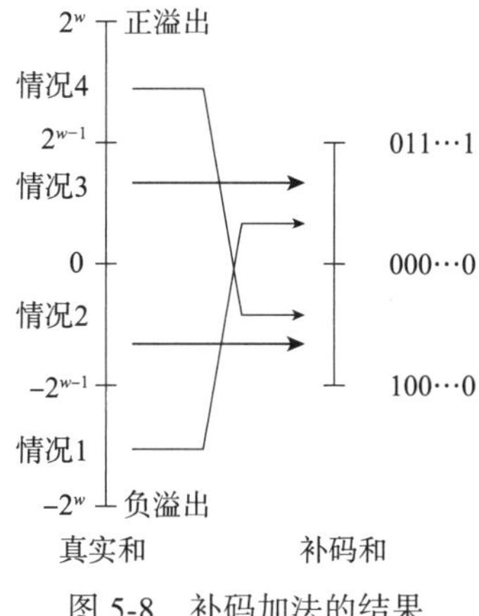

图 5-8 补码加法的结果

* 思考：以下补码加法分别属于第几种情况？

- (−6) + 3 = ?
- 5 + 2 = ?
- (−4) + (−5) = ?
- 6 + 4 = ?

5.2.4 无符号乘法

w 位二进制可以表示范围为$\left[0,\ 2^{w-1}\right]$的无符号整数，但是任意两个该范围内的整数的乘积的取值范围变为$\left[0,\ \left(2^{w-1}\right)^2\right]$，即$\left[0,\ 2^{2w}-2^{w+1}+1\right]$。这可能需要 $2w$ 位来表示。在 C 语言中，无符号数的乘法定义为产生 w 位的值，取的是 $2w$ 位整数乘积的低 w 位表示的值。这相当于用乘积对2^w取模。因此，w 位无符号数的乘法运算 $*_w^u$ 定义为：

$$x *_w^u y = (x \cdot y) \bmod 2^w \tag{5-13}$$

5.2.5 补码乘法

w 位补码的表示范围是$-2^{w-1} \leqslant x \leqslant 2^{w-1}-1$，那么任意两个补码整数 x 和 y 的乘积取值范围为$\left(-2^{2w-2}+2^{w-1}\right) \leqslant x \cdot y \leqslant 2^{2w-2}$。这也可能需要 $2w$ 位来表示（大多数情况 $2w-1$ 位即可，但是2^{2w-2}需要包括一个符号位 0 在内的 $2w$ 位）。C 语言对有符号数的乘积结果采取截断为低 w 位方式来实现，因此 w 位的补码乘法运算$*_w^t$定义为：

$$x *_w^t y = \mathrm{U2T}_w\left(\left(x \cdot y\right) \bmod 2^w\right) \tag{5-14}$$

在实际的硬件实现中，无论无符号乘法还是补码乘法，硬件实现的位级操作都是相同的，即它们的乘积结果的位模式相同。这表明计算机可以用一种乘法指令来进行有符号整数和无符号整数的乘法。更巧妙的是，如果是一个整数乘以 2 的幂这样的乘法，大多数编译器会根据二进制的特性把它变成移位操作，例如乘以$2^3=8$，只需要将被乘数的二进制算术左移 3 位即可。因为乘法运算需要较长的时间，而一次移位一般只需要一个时钟周期，所以在编译器生成的汇编代码中，经常可以看到乘以常数的指令被巧妙地编译成移位和加法指令。例如，$u \times 12$这样的运算会被拆成 $(u+u+u) \times 4$来计算，将繁杂的乘法化简为便于硬件快速实现的加法和乘以 2 的幂，大大节省了运算时间。

5.2.6　除以 2 的幂

实现整数除法的速度比实现整数乘法的速度更慢，一般需要 30 个或者更多的时钟周期，但如果除数是 2 的幂就会简单许多。与乘以 2 的幂类似，除以 2 的幂也可以用移位来快速解决，只不过除法使用右移。无符号和补码的运算分别采用逻辑右移和算术右移来完成。因为我们讨论的是整数的除法，因此不可避免地要面对舍入的问题。整数除法总是舍入到零或者说向零舍入，因此被除数与除数均大于零的整数除法的商是向下取整的操作，即$\lfloor x/y \rfloor$，例如$\lfloor 7.18 \rfloor=7$。而两个数一正一负的整数除法则需要向上舍入，即$\lceil x/y \rceil$，例如$\lceil -4.15 \rceil=-4$。

对一个无符号数执行逻辑右移 k 位相当于该数除以2^k，这通过简单的示例就可以证明。当对一个有符号数进行算术右移 k 位以实现除以2^k的操作时，如果出现了舍入，那么一个负数右移 k 位与除以2^k并不等价。此时，可以在移位之前对这个运算结果预先做一个偏置（Biasing）来修正这种不合适的舍入。添加偏置的依据是：对于整数 x 和任意的 $y>0$，有

$$\lceil x/y \rceil = \lfloor (x+y-1)/y \rfloor$$

这里我们预先给 x 增加了一个偏量$y-1$，然后将除法向下舍入，当 y 整除 x 时，我们得到 k；否则，就得到 $k+1$。推广到二进制的有符号数除法，对于 $x<0$ 的情况，在右移之前，先将 x 加上2^k-1，那么最后的舍入结果就是正确的。

一段汇编代码示例如下：

```
     testl %eax, %eax
     js     L4
L3:
     sarl   $3, %eax
     ret
L4:
     addl   $7, %eax
 jmp L3
```

该代码实现 $x/8$ 的计算。我们看到代码第 1 行先测试被除数是否为 0，同时也将符号位送给标志寄存器。之后又用 JS 命令判断被送到标志寄存器的被除数符号位是否为 1（是否为负数）。如果为负数则要跳转到 L4 去做加上2^k-1的操作。因为此处$2^k=8$，所以被除数加上 7 之后才回到 L3 进行正常的算术右移运算来得到 $x/8$ 的计算结果。

5.3　浮点数

只有整数还不能完成所有的计算任务，毕竟在实际的工程计算中，最常见的还是包含小数在内的有理数，尤其是还有绝对值特别大（$|V| \gg 0$）或者特别小（$|V| \ll 0$）的有理数。由于计算机的字长限制，这些都超出了整数的表示范围。因此，如何利用有限的字长来表示这样的数值成为我们面对的新问题。浮点表示对形如$V=x\times 2^y$的有理数进行编码，可以解决上述问题，能够更普遍地作为实数运算的近似值计算。

浮点数的表示与运算

扫描上方二维码可观看知识点讲解视频

IEEE 在 1985 年制定了一个表示浮点数及其运算的标准——754 标准。我们在本节将看到该标准是如何来规范浮点数的表示方法以及计算细则的。

5.3.1　二进制小数

与整数一样，小数也有其二进制表示。为了更好地说明二进制的小数形式，我们先回顾一下十进制小数。

十进制中小数的表现形式为：$d_m d_{m-1} \cdots d_1 d_0 . d_{-1} d_{-2} \cdots d_{-n}$，每个十进制数$d_i$的取值范围是0～9。这样表示的数值$d$定义如下：

$$d = \sum_{i=-n}^{m} d_i \times 10^i$$

可以看出，小数点的左边是10的非负幂，对应整数值，右边是10的负幂，对应小数值，这样就构成了一个十进制的有理数。而所谓N进制就是以自然数N的幂为位权来表示数的方法，因此对照十进制的表示方法，我们将10的幂换成2的幂，相应地就得到了二进制中小数的表示方法，如图5-9所示。对于一个形如$b_m b_{m-1} \cdots b_1 b_0 . b_{-1} b_{-2} \cdots b_{-n}$的二进制，每一位$b_i$的取值范围是0和1。那么这种表示方法表示的数值是：

$$b = \sum_{i=-n}^{m} b_i \times 2^i$$

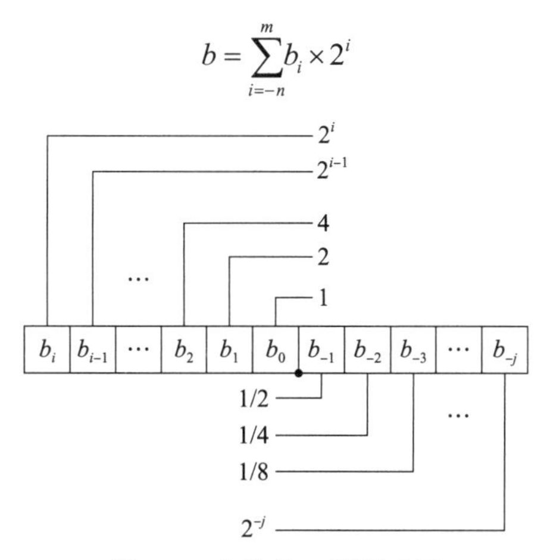

图5-9　小数的二进制表示

十进制中，小数点向左或向右移动一位表示该数除以10或者乘以10。类似地，二进制小数表示中的小数点向左或向右移动一位就表示该数除以2或者乘以2。一个比较特殊的情况是整数部分为0而小数点后全为1，即$(0.11\cdots1)_2$。这表示刚好小于1的数，或者说是无限接近于1的数。我们用$1.0-\varepsilon$来表示这样的数值。

由于编码字长有限，十进制无法准确表示诸如1/3和3/7这样的数。同样，二进制小数也只能表示那些能够被写成$x \times 2^y$形式的数值，其他的数值只能被近似地表示。当然，尽可能增加字长有助于提高表示这些近似数值的精度，但是始终无法做到准确表示。

5.3.2　IEEE浮点表示法

上一节中的定点表示法可以清楚地表示小数，但是并不能有效地表达非常大的数字。例如7×2^{100}这样在111后面接上100个零的二进制数，是无法使用定点表示法的，因为它需要的二进制位已经超过了当前计算机能使用的最大字长。因此我们希望像科学计数法一样，通过给定x和y的值来表达$V = x \times 2^y$这样的数。IEEE的浮点表示法就是这样来定义的，它规定一个数用$V = (-1)^s \times M \times 2^E$的形式来表示，其中：

- 符号（Sign）S 决定这个数的正负（$S=1$ 为负数，$S=0$ 为正数，数值 0 的符号位解释作为特殊情况处理）。
- 尾数（Mantissa）M 是一个二进制小数，它的范围是$1\sim2-\varepsilon$或者$0\sim1-\varepsilon$。
- 阶码（Exponent）E 的作用是对浮点数加权，这个权重是 2 的 E 次幂（可能是负数）。

依据上述定义，一个浮点数的二进制位模式被划分为三个字段，分别对上述内容进行编码：

- 一个单独的符号位 s 直接编码符号 S。
- k 位的阶码字段$\text{exp}=e_{k-1}\cdots e_1e_0$编码阶码 E。
- n 位小数字段$\text{frac}=f_{n-1}\cdots f_1f_0$编码尾数 M，但是编码出来的值也依赖于阶码字段的值是否为 0。

图 5-10 给出了最常见的两种浮点数编码，分别是 32 位的单精度格式和 64 位的双精度格式。

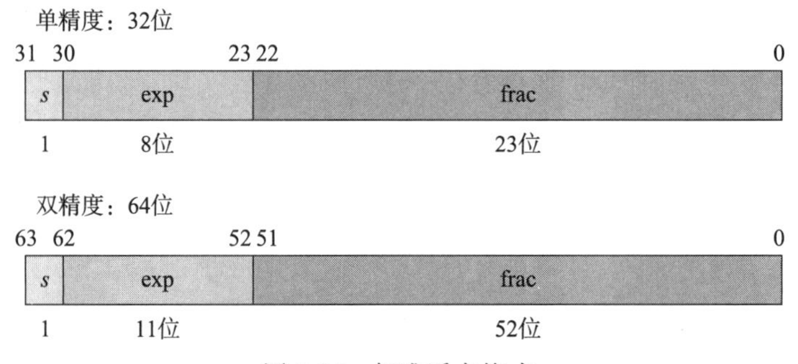

图 5-10　标准浮点格式

在位表示确定的情况下，依据不同的 exp 值，被编码的浮点数可以分成三种不同的情况（第三种情况有两个变种）。图 5-11 以单精度格式为例对三种情况进行了详细的说明。

- 情况 1：规格化的值。当 exp 的位模式既非全 0 也非全 1 时的浮点数编码值为规格化的值。在此情况下，阶码字段被解释为以偏置（Biased）形式表示的有符号整数。此时$E=e-\text{Bias}$，其中 e 是一个位模式为$e_{k-1}\cdots e_1e_0$的无符号数，而 Bias 是一个等于$2^{k-1}-1$的偏置值。由此产生指数的取值范围，对于单精度来说这个范围是$-126\sim+127$，对于双精度来说是$-1022\sim+1023$。对于小数字段 frac 的解释为描述小数部分的f，其中$0\leqslant f<1$，其位模式为$0.f_{n-1}\cdots f_1f_0$，也就是二进制小数点在最高有效位的左边。而尾数定义为$M=1+f$。所以尾数 M 实际上的二进制表达式为$1.f_{n-1}\ldots f_1$。通过调整阶码 E，可以使尾数始终保持在 1 和 2 之间，因此整数位上的 1 不需要显式地表达出来。
- 情况 2：非规格化的值。当阶码为全 0 时所表示的数为非规格化的值。此时阶码$E=1-\text{Bias}$，而尾数$M=f$，也就是小数字段的值，同样不包含隐含的开头的 1。利用非规格化的形式，我们获得一种表示数值 0 的方法。因为在规格化形式下，总有$M\geqslant1$，因此 0 是无法表示的。在非规格化形式下，+0.0 的形式就是一个全 0 的位模式，即符号位 0，阶码全为 0，尾数全为 0。此时 $M=f=0$。值得注意的是，当符号位为 1、其余各位全为 0 时，这依然是一个非规格化格式的数值，−0.0。根据 IEEE 浮点格式，认为值 +0.0 与 −0.0 在某些方面不同，但在其他方面是相同的。在非规格化形式下，我们还获得了表示无限接近于 0.0 的数值的方法。该方法提供了称为逐渐溢出（Gradual Overflow）的属性，其中，可能的数值分布均匀地接近于 0.0。
- 情况 3：特殊值。IEEE 规定当阶码全为 1 时的值称为特殊值。此时：

○ 小数域全 0 表示无穷，s=0 对应正无穷，而 s=1 对应负无穷。这两个无穷大的存在，使浮点数计算中出现的溢出结果有了一个可以表达的方式。
○ 如果小数域为非零，此数值称为 NaN，意为“不是一个数”（Not a Number）。当某些运算的结果返回既非实数也非无穷的结果时，就用这样的结果表示返回值，例如$\sqrt{-1}$。

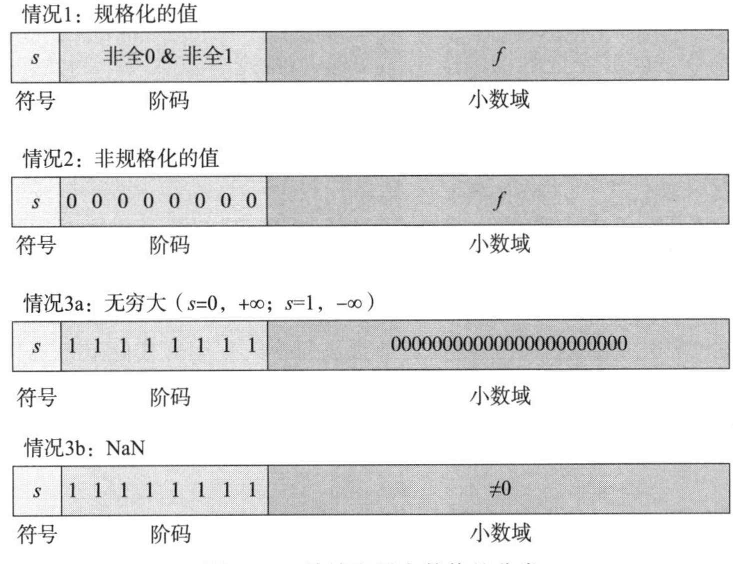

图 5-11　单精度浮点数值的分类

针对上述三种情况，我们来看一些简单的示例（如图 5-12 所示）。为了便于表示，这里规定字长为 8，其中符号位 1 位、阶码位 4 位、小数位 3 位，偏置量是$2^{4-1}-1=7$。图 5-12 中分别展示了上述三种情况。

```
            s  exp  frac   E    Value
            0  0000  000   -6   0
            0  0000  001   -6   1/8*1/64=1/512    最小的非规格化数（接近 0）
非规格化数  0  0000  010   -6   2/8*1/64=2/512
            …
            0  0000  110   -6   6/8*1/64=6/512
            0  0000  111   -6   7/8*1/64=7/512    最大的非规格化数
            0  0001  000   -6   8/8*1/64=8/512    最小的规格化数
            0  0001  001   -6   9/8*1/64=9/512
            …
            0  0110  110   -1   14/8*1/2=14/16
            0  0110  111   -1   15/8*1/2=15/16    从下方最靠近 1 的数
规格化数    0  0111  000   0    8/8*1    =1
            0  0111  001   0    9/8*1    =9/8     从上方最靠近 1 的数
            0  0111  010   0    10/8*1   =10/8
            …
            0  1110  110   7    14/8*128=224
            0  1110  111   7    15/8*128=240      最大的规格化数
            0  1111  000   n/a  inf
```

图 5-12　8 位浮点格式的非负值示例

可以看到，最大的非规格化数$\frac{7}{512}$和最小的规格化数$\frac{8}{512}$之间的平滑过渡。这种平滑过渡得益于对非规格化数中 E 的定义。通过将 E 定义为 1−Bias，而不是 −Bias，我们可以补偿非规格化数的尾数没有隐含开头的 1 这一事实。值得注意的是，浮点数将原本在整型中表示 2 的幂的二进制位分成了 3 个不同内容的部分，因此用来实际表示数据有效数字的位减少了，这可能会造成精度的缺失。例如在 32 位机器上，原本 32 位有效数字的整型数据用单精度浮点数来表示的话，有效数字从 32 位变为了 23 位。不过，双精度类型浮点数解决了这一问题，52 位的小数域能够完全容纳原本 32 位的整型数据有效数字。当然，对于 64 位长整型数据，双精度浮点也要面对可能存在的精度丢失问题。

5.3.3 浮点运算

浮点数之间进行运算需要遵循一定的特定规则。IEEE 的浮点数标准中为加法和乘法这样的算术运算制定了相对简单的规则。对于具有浮点值 x 和 y 的实数，定义在实数范围的某个运算$\odot$时，计算将产生$\text{Round}(x \odot y)$，这里体现了对实际精确运算的舍入结果。在浮点运算中，无论加法和乘法，都按照这个规则对结果进行舍入。因此实际上计算机中对于浮点数的运算相当于：

$$x +^f y = \text{Round}(x + y)$$

$$x \times^f y = \text{Round}(x \times y)$$

舍入操作是一种被动的选择。因为浮点数的范围和精度受限于表示方法，因此浮点运算只能近似地表达实数运算。为了能找到最接近精确结果的近似匹配值，就需要进行舍入（rounding）运算。主要的问题就是在两个可能值的中间确定舍入方向。例如，1.5 应该近似为 1 还是 2？ IEEE 定义了四种不同的舍入方式，具体如表 5-6 所示。

表 5-6 四种舍入方式示例

舍入方式	1.40	1.60	1.50	2.50	−1.50
向偶数舍入	1	2	2	2	−2
向零舍入	1	1	1	2	−1
向下舍入	1	1	1	2	−2
向上舍入	2	2	2	3	−1

默认向偶数舍入（round-to-even），也称为向最接近的值舍入（round-to-nearest）。这种舍入方式将数值向最接近的整数舍入，例如$1.2 \approx 1$、$1.6 \approx 2$。在令人纠结的中间值舍入问题上，该方法选择一律向偶数舍入，因此$1.5 \approx 2$、$2.5 \approx 2$。另外三种方法产生实际值的确界（guaranteed bound），在一些数字应用中有特定用途。选择向偶数舍入作为默认方式，是基于对统计偏差的思考。在舍入一组数值时，如果采取单一的向上或者向下舍入方式，会造成平均值比舍入前偏高或者偏低。而向偶数舍入在大多数的实际情况中避免了这种统计偏差，因为在 50% 的时间里它向上舍入，而在另外 50% 的时间里它向下舍入。对小数进行舍入时，也可以使用向偶数舍入的默认原则，只不过此时的偶数是指有效数字最低位上的偶数。例如十进制中我们想将数值向百分位舍入，那么 1.175 和 1.185 都会被舍入到 1.18，因为 8 是

偶数。

在浮点数中，舍入是针对二进制小数的。此时最低有效位的 0 是偶数，1 是奇数。二进制小数中，两个可能值的正中间值具有诸如 $xx\cdots x.yy\cdots y100\cdots$ 的二进制模式（最右边的 y 是要舍入的位置）。因此向偶数舍入的特点主要体现在这一类型的数值上。例如，$(10.11100)_2$ 会被舍入成 $(11.00)_2$，而 $(10.10100)_2$ 会被舍入成 $(10.10)_2$。这是因为这两个值是两个可能值的中间值，向偶数舍入的原则倾向于使最低有效位为 0。

确定舍入的原则后，下面就可以对浮点数的运算进行讨论了。

两个浮点数进行加法运算 $(-1)^{s_1}M_12^{E_1}+(-1)^{s_2}M_22^{E_2}$ 时，需要先对两个加数进行对阶操作，将小阶向大阶对齐（假设 $E_1<E_2$）。这就等同于我们平常做小数加法时需要先对齐小数点才能进行正确计算。对齐阶码的过程中，阶码小的浮点数的尾数 M_1 需要右移 $E_2-E_1=\Delta E$ 位（数值不变但是精度变差），同时阶码增加 ΔE，达到 E_2。阶码相同后相当于对齐了小数点，此时就可以对尾数直接进行加法运算了。所得的结果要进行规格化和舍入处理，也就是要保证结果的阶码和尾数是符合浮点数基本规则，并且是最靠近精确结果的。

为了更好地理解浮点数加法运算过程中底层计算的具体细节，我们用一个简单的 C 语言程序来进行分析。

一个简单的浮点数加法的示例代码如下。

```
#include<stdio.h>
void main()
{
   float a=1.23;
   double b=2.635;
   double c;
   c=a+b;
   printf("%f\n",c);
}
```

在本例中，首先将 a=1.23 表示成一个二进制小数：$1.23_{10}=1.00111010111000010100011110101110000101000111101011 1_2$。

值得注意的是，十进制 1.23 在二进制下是一个无限循环小数，无法精确表示，在保存时只能保留有限的位数。

然后进行规格化，即转换成 $1.****\cdot 2^E$ 的方式，同时尾数只保留 23 个有效位，因为第 24 位为 1，需要进行舍入（注意，这里采用“向偶数舍入”），因此可以得到：

$$1.23_{10}=1.00111010111000010100100_2\cdot 2^0$$

此时阶码为 0+Bias=0+127=127，其 8 位二进制表示为 01111111_2。因此在内存中，1.23 会被表示为

0	01111111	00111010111000010100100
符号位	阶码	尾数

把这 32 位按 4 位分组，即为 0011 1111 1001 1101 0111 0000 1010 0100，转换为十六进制数，即为 0x3f9d70a4。

值得注意的是，将这个数再转换成小数时，由于 1.23 在二进制下是一个无限循环小数，无法精确表示，所以我们进行了舍入，再转换为十进制数时就会有一定的误差。在本例中，可以看到这个值变成了 1.23000002，其原因是在将 0011 1111 1001 1101 0111 0000 1010

0100 这个浮点数再转换成十进制数时，计算过程如下：

$$
\begin{aligned}
&0011\ 1111\ 1001\ 1101\ 0111\ 0000\ 1010\ 0100_{\text{float}}\\
&=1.00111010111000010100100_2 \cdot 2^0\\
&=100111010111000010100100_2 \cdot 2^{-23}\\
&=10317988_{10}/2^{23}\\
&=10317988_{10}/8388608\\
&=1.230000019073486328125
\end{aligned}
$$

由于缺省只显示 8 位小数，所以四舍五入显示为 1.23000002。

代码中的 b 和 c 都是双精度浮点数，有 64 位，其机器表示规则与 32 位的浮点类型类似（见图 5-10）。

其尾数为 52 位，阶码为 11 位，所以在计算时，$Bias = 2^{k-1} - 1=2^{10}-1=1023$。b 的值为 2.635，用十六进制表示为 0x4005147AE147AE14，二进制表示为：

0 10000000000 0101000101000111101011100001010001111010111000010100

其计算过程为：

$$
\begin{aligned}
2.635_{10}&=10.\ 1010001010001111010111000010100011110101110000101 00_2\\
&=1.\ 0101000101000111101011100001010001111010111000010100_2 \cdot 2^1
\end{aligned}
$$

因此阶码为 1+1023=1024，尾数为 $0101000101000111101011100001010001111010111000010100_2$。

存储在计算机中的变量 b 的值转换成十进制表示时，其计算过程为

$$
\begin{aligned}
&0\ 100000000000101000101000111101011100001010001111010111000010100_{\text{double}}\\
&=1.\ 0101000101000111101011100001010001111010111000010100_2 \cdot 2^{1024-1023}\\
&=1.\ 0101000101000111101011100001010001111010111000010100_2 \cdot 2^1\\
&=10101000101000111101011100001010001111010111000010100 \cdot 2^{-52} \cdot 2^1\\
&=5933492509060628/2^{51}\\
&=5933492509060628/2251799813685248\\
&=2.63499999999999978683717927196 99
\end{aligned}
$$

在确定了 a 和 b 在机器底层的真值后，接下来计算 a+b 的值。因为这两个数的类型不一样，所以要进行类型转换，转换规则是表示范围“小”的向表示范围“大”的转换，因为浮点类型只有 32 位，双精度浮点（double）型有 64 位，因此需要先将 a 转成 double 型（从后面的汇编代码也可以看出），再将两数相加，最后得到一个 double 型的结果：

$$c = 3.8650000190734861$$

该程序的调试过程如图 5-13 所示，可以看到程序运行过程中 a、b、c 的值。

```
(gdb) p a
$4 = 1.23000002
(gdb) x /2xh &a
0x7fffff01c:    0x70a4  0x3f9d
(gdb) p b
$5 = 2.6349999999999998
(gdb) x /2xh &b
0x7fffff020:    0xae14  0xe147
(gdb) x /4xh &b
0x7fffff020:    0xae14  0xe147  0x147a  0x4005
(gdb) p c
$6 = 3.8650000190734861
(gdb) x /4xh &c
0x7fffff028:    0xae14  0x2147  0xeb85  0x400e
```

图 5-13　该程序的调试过程

两个浮点数之间的浮点乘法$(-1)^{s_1} M_1 2^{E_1} \times (-1)^{s_2} M_2 2^{E_2}$的具体操作如下。

1）符号位异或（$s_1 \wedge s_2$）得到乘积的符号位 s。

2）尾数相乘得到乘积的尾数 M：$M_1 \times M_2$。

3）阶码相加得到乘积的阶码 E：$E_1 + E_2$。

4）调整：如果$M \geqslant 2$，M 右移一位以保证 M 处于 1 至 2 之间，$E = E+1$（如果 E 超出表示范围则溢出）；然后将 M 舍入到 frac 小数域的位数范围。

与整数运算不同的是，浮点乘法比浮点加法的实际操作反而要简单一些。这是因为根据浮点数的表达形式，做乘法时直接分别对阶码和尾数进行相应的运算即可（阶码相加，尾数相乘）；但是在进行加法运算前，需要将两个加数的阶码对齐，保证实际进行加法操作的是两个同阶的数。

因为舍入操作，浮点的加法和乘法并不具备结合性，但是都具有单调性。对于连续的加法，编译器可能总是试图将它拆分成两个操作数的简单加法来处理，从而省去一个浮点加法。但是这样的计算可能会产生与原始值不同的值，因为它使用了加法运算的不同结合方式。

对参数中的特殊值情况，IEEE 也定义了一些使之更合理的规则。例如，定义 1/（−0）将产生−∞，而定义 1/（+0）将产生+∞。

小结

本章中，我们学习了机器中数据的表示与处理方法，看到了机器中如何利用不同的二进制编码来实现对不同数据的存储和表达。本章内容主要涵盖整型数据与浮点数两大部分。

普通的二进制表达表示的是大于等于零的非负数，即无符号数。补码编码被用来表达小于零的负数。通过分析我们发现，补码实际上是通过符号位的最大负权重值，将原来无符号数的表示范围向数轴负方向进行了迁移，从而实现了围绕原点 0 的近乎对称的表示范围（注意：只是近乎对称，不是完全对称）。负数的补码其实就是在非负数表达方式中与其有“互补”关系的非负数的编码（例如 w=4 时的有符号数 −6 与无符号数 10 的编码都是 1010）。有符号数与无符号数之间的转换因此也就变成了寻找有对应互补关系数的过程。

虽然无符号数与有符号数编码不同，但是机器在执行运算（例如加法）时，都将它们看作一个二进制编码进行操作，得到的二进制编码结果再按照各自的数据类型或编码方法进行解释。需要注意的是，在运算中存在溢出现象，这是因为计算结果超过表示范围导致的。正确理解溢出之后的计算结果，对于充分掌握整数计算的本质意义非常重要。可以将有符号数据的扩展简单理解为符号的扩展，可以将截断简单理解为对 2 取模的操作。但是其中具体的原理需要读者根据详细描述去认真理解。

浮点数编码通过分段的二进制编码（符号部分，阶码部分，尾数部分）来扩大数据的表示范围。但是需要注意到，在同样字长的情况下，这种编码牺牲了数字表示的精度。阶码与尾数的表示方法是浮点数表示的重点内容，对于深刻认识浮点数表示方法的本质非常重要。

浮点数的计算与整型数据的计算有很多不同之处，因为编码时分成了不同的部分，计算时需要分别对相应的部分进行计算后才能合并结果。因为表示精度的限制，浮点数的计算结果需要进行舍入。默认的浮点数舍入原则是向偶数舍入，以此避免大量计算中的结果统计偏差。

习题

1. 下列十六进制表示的数，请说明它们分别用无符号数和有符号数来解释时所表示的十进制数是什么。

   A. 0x03fc　　B. 0xffff　　C. 0x0001　　D. 0x1000

2. 使用 5.1.3 节介绍的四种方法，分别求取下列各数的补码（w=4）。

   A. −8　　B. −6　　C. −5　　D. −1

3. 假设某计算机的字长 w=24，则该机器内指针长度为多少？所能寻址的范围是多少？若某数据类型字节数等于该机器指针字节数，该数据类型所表示的有符号数范围是多少？
4. 一个字长为 16 的机器中，整型数据大小等同于指针，那么无符号整型数据、有符号整型数据以及有符号短整型数据的表示范围分别是多少？
5. 将下列二进制补码转换为十进制。

   A. 1010_2　　B. 110110_2　　C. 01110000_2　　D. 10011111_2

6. 根据下表中提供的 x 和 y 的值，使用二进制值将表格填写完整。“溢出情况”一栏中填写是正溢出、负溢出还是正常情况。

x	y	$x+y$	$x+^t_5y$	溢出情况
[10100]	[10001]			
[11000]	[11000]			
[10111]	[01000]			
[01100]	[00100]			

7. 依据乘法规则将下表填写完整。

模式	x	y	$x\cdot y$	截断的$x\cdot y$
无符号 补码	[100] [100]	[101] [101]		
无符号 补码	[010] [010]	[111] [111]		
无符号 补码	[110] [110]	[110] [110]		

8. 构建一个 C 语言函数来计算一个负整数 x（32 位 int）除以 32 的值，只能使用算术右移来计算。
9. 对于下列 C 语言代码（节选），给出其在 32 位机器上的输出结果，并解释产生这些结果的原因。

```
void main ()
{
    int x=-1;
    unsigned int uy=4294967295UL;       /* 使用 UL 以避免告警 */
    int a=(x^uy);
    int b=(x && uy);
    printf ("unsigned x is: %u \n", x);
    printf ("signed uy is: %d \n", uy);
    printf ("a=%d\n", a);
    printf ("b=%d\n", b);
}
```

10. 给定下列 C 语言代码：

```
int x = foo(); // 任意值
int y = bar(); // 任意值
```

```
unsigned ux = x;
unsigned uy = y;
```

（1）证明对于所有的 x 和 y 值，它都为真（等于 1）；

（2）给出使它为假（等于 0）的 x 和 y 的值。

11. 假如某浮点数类型有 1 位符号位、8 位尾数和 1 位阶码，则该类型能表达的最大浮点数的十进制数值是多少？
12. 写出整数 3 510 593 的十六进制表示，以及单精度浮点数 3 510 593.0 的十六进制表示，指出该单精度浮点数中的尾数和阶码。
13. 下面 C 语言代码的输出结果会是怎样？是什么原因导致了这样的输出？给出可能的解决办法。

```
#include<stdio.h>
int main ()
{
    double i;
    for(i = 0; i != 10; i += 0.1){
        printf("%.1f\n", i);
    }
    return 0;
}
```

14. 已知单精度浮点数 x=0x534b7a68、y=0x30d325e9, 简要说明计算$x \cdot y$的操作过程及其结果。
15. 某浮点格式的阶码为 3 位，尾数为 6 位。已知：

$$x=(-0.010110)\times 2^{-101}, y=(0.010110)\times 2^{-100}$$

按照浮点运算方法，完成下列计算：a) $x+y$; b) $x-y$。

16. 尝试编写一段简单的 C 语言代码，计算两个浮点数相除之后的余数。
17. 考虑下列基于 IEEE 浮点格式的 7 位浮点表示。两个格式都没有符号位——它们只能表示非负的数字。

1）格式 A

- 有 k=3 个阶码位。阶码的偏置值是 3。
- 有 n=4 个小数位。

2）格式 B

- 有 k=4 个阶码位。阶码的偏置值是 7。
- 有 n=3 个小数位。

请将以格式 A 表示的数 [101 1110] 转换成以格式 B 表示的数。

18. 用“向偶数舍入”的规则将下列个数舍入到最接近的 1/2，写出舍入前后各数的值。

A. 10.010_2　　B. 10.011_2　　C. 10.110_2　　D. 11.001_2

19. 假设一个基于 IEEE 浮点格式的 9 位浮点表示有 1 个符号位、4 个阶码位（k=4）和 4 个尾数位（n=4），请写出正数中最小的非规格化数、最大的非规格化数、最小的规格化数、最大的规格化数的二进制位表示。
20. 有下列 C 语言代码函数：

```
double SqrVal (int a,int b,int c,int d)
{double square_test=0;
square_test =
double(a+b+c+d)*pow(double(a*d-b*c),2)/double((a+Nc)*(a+b)*(b+d)*(c+d));
return square_test;
}
```

其输出结果为负数。试分析其中原因，并给出解决办法。

第6章　程序的机器级表示

从前述的计算机简化模型和汇编基础知识中，我们已经知道无论程序员在程序设计时写下了怎样的变量名和数据数值，它们最终都要被编译成二进制的机器指令来便于机器执行。本章就通过汇编语言这一工具，来探索机器代码如何表示程序员最初设计的程序，又如何使程序员设计的算法在机器层面得到执行并产出所需的结果。

必须强调的是，懂得程序的机器级表示，尤其是这些机器指令的行为，是一个程序员能够理解机器行为并发现程序问题的必要途径，从而为后续避免程序 bug，提高程序运行效率打下坚实基础。本章从简单操作与访问、控制、过程、数据结构等多个方面来探索硬件层面的程序行为，从而理解程序在机器中的执行过程。

基础知识
扫描上方二维码
可观看知识点
讲解视频

数据传送与寻址方式
扫描上方二维码
可观看知识点
讲解视频

算术操作
扫描上方二维码
可观看知识点
讲解视频

6.1　控制

在介绍简单的算术和逻辑操作时，我们只考虑了顺序代码的行为。对于复杂的计算任务，还需要其他的结构来共同完成。早在20世纪60年代，研究者就已经证明，任何单入口、单出口、没有“死循环”的程序都能由三种最基本的控制结构（顺序、选择、循环）构造出来。这与 Pascal 之父 Niklaus Wirth 的“算法 + 数据结构 = 程序”原理有异曲同工之妙。

本节将介绍程序的控制功能，即机器如何实现选择和循环结构，从而控制程序流的走向。由于循环语句与选择语句都是通过数据测试的结果来决定操作执行的顺序，因此其本质就是选择结构的延伸。所以我们会看到在机器代码层面，使用两种基本的低级机制来共同解决选择和循环结构：先测试数据值，然后根据测试结果来改变控制流或者数据流。对于选择结构来说就是测试后跳转到与测试结果对应的分支代码，对于循环结构来说就是继续循环还是结束循环的问题。

比较通用和常见的是与数据相关的控制流。在一般情况下，C 语言中的语句和机器代码中的指令都是按照出现的次序来“顺序”执行的。要改变这样的执行顺序，机器指令中可以使用 jump 指令来实现跳转。跳转发生的依据是某个测试的结果，跳转的目的地由 jump 指令的操作数指定。因此本节内容先介绍与测试和跳转相关的机器级机制，再介绍如何用它们来实现 C 语言的各种控制结构。

6.1.1　条件码

在简化的计算机模型中，我们了解了寄存器。除了整数寄存器之外，计算机中还有一组条件码（condition code）寄存器，里面记录的二进制位描述了最近 CPU 进行过的算术和逻辑操作的属性。这就提供了一个可供检测的记录，从而可以让机器通过检测结果来执行条件分支指令。一个典型的 32 位机器中的条件码寄存器保存着 17 个不同功能的标志位，但是最常用的与程序控制相关条件码是以下几个。

- CF：进位标志，即最近的操作在最高位产生了进位，也就是前面所说的 w+1 位。
- ZF：零标志，即最近的操作得出的结果为 0。
- SF：符号标志，即最近的操作得到的结果为负数。
- OF：溢出标志，即最近的操作产生了补码溢出（正或负）。

在常用的一些汇编算术和逻辑指令中，除了加载有效地址（LEA）指令不会改变条件码之外，其余诸如加 1、减 1、算术和逻辑运算的加减乘除，以及移位操作等，都会改变与之对应的条件码，从而为数据检测和跳转创造了条件。还有两类重要的指令 CMP（比较）和 TEST（测试），它们不属于基本的算术逻辑操作，不会改变寄存器的值，但是却会改变条件码。因此如果需要做条件跳转的测试又不希望改变寄存器数值，可以选用这两类指令。就功能来说，CMP 指令的行为与 SUB 减法指令的行为是一致的，都是根据两个操作数之差来设置条件码。但要注意 ATT 格式中 CMP 指令是用第二个操作数减去第一个操作数。如果两个操作数相等，则相减的结果为 0，CMP 指令会将 ZF 置 1，表示获得了 0 的结果；不相等的结果则会将其他相应的标志位置 1 从而给出两个操作数的大小关系。TEST 指令的行为与 AND 指令一样，只不过 TEST 只设置条件码而不改变寄存器的值。TEST 经常使用两个相同的操作数，以检测该数值是正数、零还是负数。

6.1.2　访问条件码

条件码是无法直接读取的，通常的使用方法有以下 3 种。

- 根据条件码的某个组合，将一个字节设置成 0 或 1。
- 直接设定条件跳转到程序的某个其他部分。
- 可以有条件地传送数据。

对于第一种情况，汇编语言中有一大类 SET 指令，专门用来依据条件码组合设定某个特定的字节。这一类 SET 指令的后缀代表依据的是设定字节值的对应条件，例如 setl 表示 set when less，即“小于时设置”（针对有符号数），而 setb 表示“低于时设置”（针对无符号数）。表 6-1 描述了这些 SET 类指令的条件码组合和设置条件。

表 6-1　SET 类指令的条件码组合和设置条件

指令	条件码组合	设置条件
sete/setz	ZF	相等 / 零
setne/setnz	～ZF	不等 / 非零
sets	SF	负数
setns	～SF	非负数

（续）

指令		条件码组合	设置条件
有符号数	setg/setnle	～(SF^OF) & ～ZF	大于
	setge/setnl	～(SF^OF)	大于或等于
	setl/setnge	SF^OF	小于
	setle/setng	(SF^OF) | ZF	小于或等于
无符号数	seta/setnbe	～CF & ～ZF	高于
	setae/setnb	～CF	高于或相等
	setb/setnae	CF	低于
	setbe/setna	CF | ZF	低于或相等

需要注意 SET 类指令的操作数是前面介绍过的 8 个单字节寄存器元素之一，也可以是存储一个字节的存储器位置。被选中的字节将被设置为 0 或 1。对于 32 位机来说，如果希望 SET 的结果是 32 位的，那么必须对最高的 24 位清零从而保证整个 32 位的值也是单纯的 0 或 1。下面是一个简单的清零 24 位的例子：

```
cmpl %eax, %edx
setl %al
movzbl %al, %eax
```

上述简单代码中，cmpl 指令比较寄存器 EAX 与 EDX 的值，setl 指令根据比较的结果将 AL 置为 0 或者 1，movzbl 指令将 AL 做 0 扩展至 32 位后，传送到 EAX 从而使 EAX 的高 24 位为 0、低 8 位为被 setl 指令设置成的值。

从表 6-1 中我们看到，执行同一操作的指令可能有多个名称，例如 sete 与 setz 都是置零的操作。这样的指令称为“同义名”。在计算机中，由编译器和反汇编器决定具体使用哪个名称。同时表 6-1 中决定 set 指令结果的条件码组合，大部分由前面介绍过的补码加法规则（包括溢出的规则）来决定。我们还注意到，表 6-1 中 SET 指令对有符号数和无符号数是严格区分的，这说明机器代码中对于有符号数和无符号数的区分非常重要。在机器看来，一个数据就是一个二进制的表达。大多数情况下，机器对于有符号数和无符号数这两种情况使用同一种指令来操作，因此需要利用机器代码明确地告诉机器执行程序时哪些是有符号数、哪些是无符号数。

6.1.3　跳转指令及其编码

在机器代码中，当跳转条件得到满足，程序需要跳转到一个新的位置去执行时，必须将这个新位置标明出来。因此在汇编程序中，跳转目的地会用一个标号（Label）来指明，例如：

```
    movl %eax, %edx
    jmp .L1
    addl %edx, %eax
.L1:
    movl %eal, %eax
```

指令 jmp.L1 使程序直接跳过了 addl %edx, %eax 指令，从 movl %eal, %eax 开始继续执

行。汇编器在生成目标代码文件时，会将带标号的指令地址编码为跳转指令的一部分，从而使跳转指令知道跳转后需要执行的指令存放在何处。

表 6-2 中列举了不同的跳转指令。我们发现它们和 SET 类指令很像，都是根据条件码的组合，也就是数据测试的结果来判断是否跳转。刚刚举例的 jmp 指令比较特殊，它是无条件跳转的。jmp 指令可以直接指明一个标号跳转，称为直接跳转；也可以将跳转目标放在寄存器或者存储器位置中，这样的操作数前必须加上一个 * 号，称为间接跳转，例如：

```
jmp *%eax
jmp *(%eax)
```

表 6-2　跳转指令

指令	条件码组合	描述
jmp Label	1	直接跳转
jmp *Operand	1	间接跳转
je/jz	ZF	相等 / 零
jne/jnz	～ZF	不等 / 非零
js	SF	负数
jns	～SF	非负数
jg/jnle	～(SF^OF) & ～ZF	大于
jge/jnl	～(SF^OF)	大于或等于
jl/jnge	SF^OF	小于
jle/jng	(SF^OF) | ZF	小于或等于
ja/jnbe	～CF & ～ZF	高于
jae/jnb	～CF	高于或相等
jb/jnae	CF	低于
jbe/jna	CF | ZF	低于或相等

请注意上面的例子中，第一句是 * 号后直接跟寄存器，表示寄存器 %eax 就是要跳转的目标；第二句 * 号后的 (%eax) 表示以 %eax 中的值作为存储器地址，去存储器中读出跳转目标。

其他必须根据条件码组合进行跳转的都是有条件跳转。仔细比较 SET 指令和跳转指令的条件码组合，我们发现它们是基本相同的。这是因为二者都是依据数据测试结果的条件码来做判断的，因此相同的逻辑条件对应的条件码组合也相同。

与 SET 类指令类似，一些底层的跳转指令也有多个名称，具体使用哪个由编译器决定。同时要注意条件跳转只能是直接跳转。

下面用一个例子来说明跳转指令的使用及其特点。下面的代码包含一个向高地址的跳转 L2 和一个向低地址的跳转 L5：

```
    jle .L2                          #if <=, goto dest2
.L5:                                 #dest1
    movl %edx, %eax
    sarl %eax
```

```
    subl  %eax, %edx
    leal  (%edx, %edx, 2), %edx
    testl %edx, %edx
    jg .L5                                          #if >, goto dest1
.L2:                                                #dest2
    movl %edx, %eax
```

汇编器产生的“.o”格式的反汇编文件中，该段代码为：

```
1    8:    7e 0d        jle 17 <silly+0x17>        #Target = dest2
2    a:    89 d0        mov %edx, %eax             #dest1:
3    c:    d1 f8        sar %eax
4    e:    29 c2        sub %eax, %edx
5   10:    8d 14 52    lea (%edx, %edx, 2), %edx
6   13:    85 d2        test %edx, %edx
7   15:    7f f3        jg a <silly+0xa>            #Target = dest1
8   17:    89 d0        mov %edx, %eax              #dest2:
```

可以看到第一行跳转指令的目标为 0x17，第七行的跳转目标为 0xa。但是在指令的字节编码中，第一行跳转指令的目标编码（在其第二个字节中）是 0x7e0d 中的 0x0d，而实际的跳转目标是 dest2，地址为 0x17。进一步观察发现，该跳转指令之后的第二行指令地址为 0x0a，从此处加上 0x0d，刚好是 0x17，也就是 dest2 的地址。这样操作的原因是：当执行第一条跳转指令时，程序计数器（指令指针 PC）里面已经装载了下一条指令的地址 0xa（跳转结果此时还未明确）。要想通过 PC 正确地找到跳转目标，必须根据已经装载进 PC 里的地址进行计算。在处理与 PC 相关的寻址时，编译器会把计算跳转目标地址的起点设置为跳转指令的下一条指令地址；而跳转指令里放入的跳转跨度值（0x0d）就是实际跳转目标（0x17）与跳转指令下一条指令地址（0xa）之间的差值。利用这样的原理，我们来看第二条跳转指令：第七行的跳转指令（0x7ff3）设置的跳转跨度为 0xf3，这是因为从第八行指令（该跳转指令的下一条指令）的地址 0x17，加上 0xf3［因为是补码，实际是加上十进制的（−13），0x17+0xf3=0xa］，正好回到地址为 0xa 的 dest1 的指令位置。这样编译的好处在于，即使链接后指令被重定位到不同的地址，第一行和第七行跳转目标的编码也不会改变。而且使用与 PC 相关的跳转目标编码可以让指令编码非常简洁（仅仅 2 字节），同时目标代码可以不做改变就移到存储器中不同的位置。

6.1.4　条件分支

机器指令一般是通过结合有条件和无条件跳转来实现 C 语言中的条件表达式和语句，当然后面我们还会看到利用数据的条件转移来实现条件表达式。为了形象地说明 C 语言中的条件表达式是如何在机器指令中实现的，我们来看下面的例子。

下面的 C 语言代码用来计算两个整数的绝对值之差：

条件分支

扫描上方二维码
可观看知识点
讲解视频

```
int absdiff_1(int x, int y)
{       if (x<y)                        #x<y?
          return y-x;                   #yes, result=y-x
        else
          return x-y;                   #no, result=x-y
}
```

将上面的 C 语言代码编译后生成的汇编代码如下：

```
  #x at %ebp+8, y at %ebp+12
  movl 8(%ebp), %edx                   #get x
  movl 12(%ebp), %eax                  #get y
  cmpl %eax, %edx                      #compare x:y
  jge .L2                              #if >=,goto "x-y"
  subl %edx, %eax                      #y-x
  jmp .L3                              #goto "done"
.L2:                                   #"x-y"
  subl %eax, %edx                      #compute "x-y"
  movl %edx, %eax                      #set result as return value
.L3
```

汇编代码通过比较两个操作数来设置条件码，然后根据条件码体现出来的两个操作数的大小关系来决定跳转目标。如果 x 较大，则跳转去 L2 执行 x−y，然后结束；否则继续执行跳转指令后面的 y−x，然后直接跳转到结束语句将计算结果返回。这种处理逻辑或者处理路线，与 C 语言源代码还是有所区别的。根据汇编代码的处理路线，可以写出对应的 C 语言版本，这样更便于理解汇编代码是如何实现 C 语言中的控制流的。

```
int absdiff_2(int x, int y)
{   int result;
    if (x>=y)
          goto x_ge_y;
    result=y-x;
    goto done;
x_ge_y:
    result=x-y;
done:
    return result;
}
```

与原来的 C 语言版本比较，差异比较明显。虽然在学习编程时我们都曾被告诫尽量不要使用 GOTO 语句，因为它会使程序的阅读和调试变得非常困难，但是不能否认 GOTO 模式很好地体现了机器代码是如何处理条件表达式和语句的。总的来说，在实现 C 语言的 if-else 语句时，编译器会按照下面的通用形式来生成相应的机器代码：

```
t=test-expr;                        /* 条件表达式 */
if (!t)                             /* 判定条件表达式，设定条件码 */
goto false;                         /* 如果为假，跳转到 false 段执行 else-statement*/
     then-statement                 /* 如果为真，继续执行 then-statement*/
goto done;                          /* 无条件跳转到结束段返回执行结果 */
false:
     else-statement                 /* 判定为假时执行的 else-statement*/
done:                               /* 执行结束，返回结果 */
```

由此可以看出，汇编器为 then-statement 和 else-statement 分别产生对应的代码段，然后用条件和无条件分支来保证不同条件下对应的代码段得到正确的执行。最简单的 if-else 语句只会产生两个分支，但是 elseif 语句的连续使用可以产生连续多个分支情况。此时的处理方式也是根据判定情况的不同（也就是条件码的不同组合）来产生对应情况的代码段，然后分别跳转。后面我们还会用到 switch 语句来处理这一类情况。

6.1.5 条件传送指令

控制的条件转移可以方便地实现条件操作（包括条件分支和循环）。其本身的逻辑非常简单，即程序在遇到分支时，执行满足测试条件的对应分支代码即可。但是在现代处理器上实现时，可能会出现效率非常低下的情况。

为了应对可能的低效情况，数据的条件转移作为一种替代策略被提出。这种方法是将一个条件操作的两种操作结果提前计算出来，然后再根据实际的条件测试结果来选择使用哪一个操作结果。当然，这种策略在出现一定限制的情况下才可行，而且用一条简单的条件传送指令就能实现。这种策略对于现代处理器的性能是一个很好的补充，能够帮助处理器在一定程度上减小因为分支预测失败而付出的代价。

我们依然以计算两个整数绝对值之差的函数为例来说明条件传送指令的应用。下面是 absdiff 函数的一个变形，使用的是条件表达式，而不是条件语句，能够更加清晰地说明条件数据传送的概念：

```
int absdiff(int x, int y)
{
     return x<y ? y-x:x-y;
}
```

可见 y−x 和 x−y 都已经提前计算出来，然后根据 x<y 的判定结果来决定采用哪一个作为返回值。对上面的代码直接用 GCC 进行普通编译，得出的汇编代码和之前的 absdiff 完全一样。不过，如果在使用 GCC 编译时加上参数“ -march=i686”，即按照 Pentium Pro 的模式来编译，会产生如下汇编代码：

```
#x at %ebp+8, y at %ebp+12
movl 8(%ebp), %ecx              #get x
movl 12(%ebp), %edx             #get y
movl %edx, %ebx                 #copy y
subl %ecx, %ebx                 #compute y-x
movl %ecx, %eax                 #copy x
subl %edx, %eax                 #compute x-y and set as return value
cmpl %edx, %ecx                 #compare x:y
cmovl %ebx, %eax                #if<, replace return value with y-x
```

这里清晰地展现了机器如何提前计算好两种可能情况的各自结果（x−y 和 y−x），然后再根据 x 和 y 的比较结果来选择一个作为返回值。最后一行的 cmovl 指令实现的就是条件赋值，即如果 y>x，那么将 y−x 作为返回值输出。为了更清晰地理解程序的行为，我们将上述汇编代码用 C 语言代码表示如下：

```
int cmovdiff(int x, int y)
{
      int tval=y-x;
      int rval=x-y;
      int test=x<y;                       /* 下面一行只需要一条指令：*/
      if(test) rval=tval;
      return rval;
}
```

条件数据传送比起基于控制的条件转移在性能上有一定优势。现代处理器为了提高性能采用了流水线（Pipeline）技术。流水线技术中最核心的部分就是将指令的处理分成多个小步骤（取指令、确定指令类型、读取数据、执行运算、将结果写回等），然后通过重叠连续指令的步骤来获得高性能，比如在从存储器取当前指令的时候可以执行前一条指令的算术运算。不过这种高效处理方式的前提是能够事先确定要执行指令的序列，从而保证流水线中填满等待执行的指令。在程序顺序执行时这样是没有问题的，但是当出现条件分支时，处理器就无法完全确定是否会执行跳转。后续章节会介绍处理器如何采用细致的分支预测逻辑来尝试预测每条跳转指令是否会执行，从而提前准备好需要被跳转后执行的指令，以此来保证流水线的连续性。但是如果预测错误，处理器必须丢弃之前为错误预测的跳转所做的所有准备工作，重新从正确的位置去执行指令。不难想象，这样的错误代价是惨重的，可能造成 20 ～ 40 个时钟周期的浪费，从而导致程序性能下降。而条件数据传送方式将可能的所有结果都预先计算出来以供处理器选用，这样即使处理器预测错误，重新回到条件测试结果处也能马上获得正确分支所要的返回结果，因此能极大地减轻预测错误带来的代价，提高程序性能。

条件传送指令使控制流不依赖于数据，使处理器更容易保持流水线的满工作状态，但是这些优势的取得需要付出一定的代价。首先就是条件测试结果的每一种情况对应的代码都要先被执行，才能在条件测试结束后提供立即可用的返回结果，这无疑增加了处理器的工作量，因此一般来说只有在两个计算过程都比较简单的时候，才能够发挥其优势。其次是在一些特定的情况下可能引起非法操作，例如对于语句 `val = p? *p:0;` 来说，如果 p 是一个空指针，此时条件传送依然会引用它，从而产生空指针引用错误。当条件分支的各种情况中都包含对同一个变量的运算时，很可能发生重复赋值，返回预料之外的结果，例如 `val = x>0?x* = 7 : x+ = 3;`。因此并不是所有情况下都适合使用条件传送来解决条件分支问题，尤其是在当代处理器的分支预测已经达到 90% 以上成功率的情况下。

条件传送类指令的集合如表 6-3 所示，因为条件传送前进行的条件测试与 SET 类指令和 JUMP 类指令完全一样，因此指令的后缀以及对应的条件码组合也是一样的。

表 6-3　条件传送类指令

指令	条件码组合	描述
cmove/cmovz　S, R	ZF	相等 / 零
cmovne/cmovnz　S, R	～ ZF	不等 / 非零
cmovs　S, R	SF	负数
cmovns　S, R	～ SF	非负数
jg/jnle　S, R	～ (SF^OF) & ～ ZF	大于
cmovge/cmovge　S, R	～ (SF^OF)	大于或等于
cmovl/cmovnge	SF^OF	小于
cmovle/cmovng　S, R	(SF^OF) | ZF	小于或等于
cmova/cmovnbe　S, R	～ CF & ～ ZF	高于
cmovae/cmovnb　S, R	～ CF	高于或相等
cmovb/cmovnae　S, R	CF	低于
cmovbe/cmovna　S, R	CF | ZF	低于或相等

总体而言，条件传送使条件控制转移有了一个替代策略，而且充分运用了现代处理器的运行特点，但是它们只适用于很受限制的情况（虽然这些受限情况比较常见）。通过 GCC 的

编译实验也证明，只有当分支的两个表达式都非常简单时，GCC 才会选择使用条件传送。毕竟编译器在编译代码的时候缺乏足够的信息来确认代码执行时分支的可预测性有多好，所以保守起见，只对非常简单的分支运算使用条件传送指令。

6.1.6　循环

循环
扫描上方二维码
可观看知识点
讲解视频

C 语言中存在诸如 do-while、while 和 for 这样的循环结构，便于使用者根据不同的逻辑关系来选择最恰当的循环方式。但是汇编代码中不存在相应的特定“循环指令”，而是将条件测试和跳转组合起来实现循环的效果。在大多数编译器中，循环代码是由编译器按照 do-while 形式产生出来的，而在执行时根据条件测试的结果来判断是否跳转到循环代码的起始位置重新执行循环代码。其他循环方式会先被编译器转换成 do-while 形式再变成机器代码。

1. do-while 循环

通用的 do-while 循环形式如下：

```
do
     body-statement
while (test-expr);
```

可见 body-statement 是被重复执行的，而它是否要被重复执行，在于每次执行前，要对 test-expr 求值，结果非零（真）就可以继续执行，否则（假）循环立即结束并返回执行结果。从这个逻辑角度看到，body-statement 至少会被执行一次，因为它是先执行（do）再判断（while）。如果用更贴近机器代码逻辑的 C 语言 GOTO 语句来解释该循环，可以得到：

```
loop:
     body-statement
     t=test-expr;
     if (t)
         goto loop;
```

因此 do-while 循环在机器中的执行也是在每次循环时先执行循环体，再测试表达式。测试结果为真时重新执行循环体。下面用循环语句的经典例子“计算阶乘”作为示例进行介绍。

```
int factorial_do(int n)
{
      int result=1;
      do {
           result*=n;
           n=n-1;
           } while(n>1);
      return result;
}
```

由此产生的汇编代码如下：

```
#n at %ebp+8
#Registers: n in %edx, result in %eax
```

```
    movl 8(%ebp), %edx          #get n
    movl $1, %eax               #set result=1
.L2:                            #loop:
    imull %edx, %eax              #compute result*=n
    subl $1, %edx,                #decrement n
    cmpl $1, %edx                 #compare n:1
    jg   .L2                      #if >, goto loop
    #Return result
```

这是一个 do-while 循环的标准汇编实现。寄存器 %edx 保存 n，%eax 保存 result，遵循它们的初始值开始循环。在做第一次条件测试之前，先执行一次循环体，然后再测试 n 是否大于 1。如果为真，则跳回到循环的起始位置。因此条件跳转指令 `jg .L2` 是实现循环的关键指令，由它来判断循环是否继续进行。

在阅读汇编代码时，如何将其中的寄存器与 C 语言源代码中的变量联系起来是很关键的。以上述汇编代码为例，寄存器 %edx 中的值在循环体中要被减 1（`subl $1, %edx`），还要被用来与 1 进行比较（`cmpl $1, %edx`），由此判断 %edx 中的值就是 n；而在语句 `movl $1, %eax` 中 %eax 被初始化为 1，然后在 `imull %edx, %eax` 中，乘积结果是保存在 %eax 中的（机器执行代码时默认结果都保存在 %eax 中），由此判断 %eax 中存放的是 result。一般建议在阅读汇编代码时，准备一个表格来记录寄存器中的值和对应的变量名，以此来跟踪寄存器中变量和数值的变化，尤其是当寄存器被反复使用来保存不同变量时，这样的表格对于判断特定时刻寄存器中变量和其实时数值显得尤为重要。下面给出了依据上述汇编代码制作的表格示例，如表 6-4 所示。

表 6-4　表格示例

寄存器	变量	初始值
%eax	result	1
%edx	n	n

一般来说，对于循环中的寄存器跟踪，有一些通用的策略。例如看循环开始之前如何初始化寄存器、在循环中如何更新和测试寄存器，以及在循环之后又如何使用寄存器。每一步都提供了一个线索，组合起来就能较为清晰地描绘出寄存器的使用情况，从而可以将寄存器中的变量与 C 语言代码中的变量对应起来，实现所谓对循环过程的逆向工程，即从汇编代码中解读出循环执行的详细过程。

2. while 循环

通用的 while 循环形式如下：

```
while(test-expr)
     body-statemnt
```

与 do-while 不同，while 循环先对 test-expr 进行测试，如果条件不符合，可能循环体一次都没有执行就终止了。从 while 循环到机器代码的翻译方式有很多种，最常见的也是 GCC 采用的方法是使用条件分支。这样判定 test-expr 为假时直接跳过循环体结束，而后面满足 test-expr 的循环体变成 do-while 循环来进行。

```
if(!test-expr)
     goto done;
```

```
do
      body-statement
      while (test-expr);
done;
```

这里同样将它转成GOTO形式的代码来观察汇编代码可能的实现方式：

```
t=test-expr;
if (!t)
      goto done;
loop:
      body-statement
      t=test-expr;
      if(t)
      goto loop;
done;
```

这种实现方式的好处是，编译器可以优化最开始的条件测试，例如认为其总是符合测试条件。

依然以经典的阶乘例子来说明while循环的机器代码实现方式。使用while循环计算阶乘的C语言代码如下：

```
int factorial_while(int n)
{
      int result=1;
      while(n>1)
      {
            result*=n;
            n=n-1;
      };
      return result;
}
```

与之等价的GOTO版本则为：

```
int fact_while_goto(int n)
{
      int result=1;
      if(n<=1)
         goto done;
loop:
      result*=n;
      n=n-1;
      if(n>1)
      goto loop;
done:
      return result;
}
```

我们注意到while循环能够正确地计算0!=1，而之前的do-while版本在n=1时就结束循环跳出了。接下来看看GCC根据上面C语言代码编译的汇编代码：

```
#Argument: n at %ebp+8
#Registers: n in %edx, result in %eax
    movl 8(%ebp), %edx                   #get n
    movl $1, %eax                        #set result=1
```

```
    cmpl $1, %edx              #compare n:1
    jle .L7                    #if <=, goto done
.L10:                        #loop:
    imull %edx, %eax           #compute result*=n
    subl $1, %edx              #decrement n
    cmpl $1, %edx              #compare n:1
    jg .L10                    #if >, goto loop
.L7:                         #done;
#Return result
```

比较 do-while 版本和 while 版本的汇编代码发现，它们基本相同，只不过是初始测试和条件跳转存在差异。这说明在机器实现上，两者差异不大。

3. for 循环

通用的 for 循环形式如下：

```
for (init-expr; test-expr; update-expr)
    body-statement
```

在 C 语言中，for 循环的行为与如下 while 循环是一样的：

```
init-expr;
while(test-expr)
{
    body-statement
    update-expr;
}
```

该程序将循环变量的初始化放在了循环体外部。在循环中先对测试条件 test-expr 进行测试，如果为“假”则循环跳出并终止；如果为“真”则执行循环体 body-statement，最后计算更新表达式 update-expr，更新循环变量。根据前述的从 while 到 do-while 的转换，可以得出 for 循环的 do-while 形式如下：

```
int-expr;
if(!test-expr)
    goto done;
do{
    body-statement
    update-expr;
  } while(test-expr);
Done;
```

据此可以很容易写出其 GOTO 版本：

```
    init-expr;
    t=test-expr;
    if(!t)
       goto done;
loop:
    body-statement
    update-expr;
    t=test-expr;
    if(t)
       goto loop;
done;
```

可以看到 for 循环相对于之前的 do-while 和 while，实现原理基本相同，只不过额外多了循环变量的更新表达式。这对不循环变量不参与循环体计算，只用来作为循环标志或者计数器来说是很方便的。我们依然以阶乘的计算为例，来看看 for 循环的机器实现。使用 for 循环计算阶乘的 C 语言代码如下：

```
int factorial_for(int n)
{
    int i;
    int result=1;
    for(i=1;i<=n;i++)
        result*=i;
    return result;
}
```

for 循环实现阶乘的最直接方式就是从 2 一直乘到 n，因此这段代码与之前的 do-while 和 while 都不同。我们先根据 for 循环的通用样式，将其中的重要部分列举出来：

```
init-expr          i=2
test-expr          i<=n
update-expr                i++
body-statement     result*=i
```

将这些部分代入 GOTO 版本的样式，得到 GOTO 代码：

```
int fact_for_goto(int n)
{
    int i=2;
    int result=1;
    if(!(i<=n))
       goto done;
loop:
    result*=i;
    i++;
    if(i<=n)
        goto loop;
done:
    return result;
}
```

由此产生的 GCC 编译的汇编代码为：

```
    #Argument: n at %ebp+8
    #Registers: n in %ecx, i in %edx, result in %eax
    movl 8(%ebp), %ecx            #get n
    movl $2, %edx                 #set i to 2             (init)
    movl $1, %eax                 #set result to 1
    cmpl $1, %ecx                 #compare n:1            (!test)
    jle  .L14                     #if <=, goto done
.L17:                           #loop:
    imull %edx, %eax              #compute result*=i      (body)
    addl $1, %edx                 #increment i            (update)
    cmpl %edx, %ecx               #compare n:i            (test)
    jge .L17                      #if >=, goto loop
.L14                              #done:
```

通过对 do-while、while 以及 for 循环的机器实现方式的比较，我们知道对于三者都可以采用一种简单的策略来进行翻译，从而生成包含一个或多个的条件分支代码。由此可以看出，将循环翻译成机器代码的一个基本机制就是控制的条件转移。

6.1.7　switch 语句

switch 语句
扫描上方二维码
可观看知识点
讲解视频

上面介绍的条件分支、循环以及条件传送，都是基于有限的条件测试结果。对于多个可能结果，尤其是用一个整型索引值进行多重分支的情况，如果依然使用简单的条件分支，会在机器代码中造成不可避免的混乱，会极大降低代码的可读性。为此 C 语言提供了 switch 语句来提高跳转的可靠性和有效性，并利用跳转表（jump table）来提高跳转的效率。switch 语句的示例代码如下：

```
long switch_eg1(long x, long y, long z)
{
    long w=1;
    switch(x) {
    case 1:
            w=y*z;
            break;
    case 2:
            w=y/z;
    case 3:
            w+=z;
    break;
    case 5:
    case 6:
            w-=z;
            break;
    default:
            w=2;
    }
    return w;
}
```

switch 语句中依据不同的整数索引值提供对应的执行代码段，如同田径运动一样，抽到几号跑道的运动员只能在对应的跑道上进行比赛。而跳转表作为一个数组，表中的项目 i（相当于跑道号）存放的就是当开关索引值为 i 时对应的执行代码段地址（如图 6-1 所示）。这样做有以下几个关键的意义。

- 虽然编译器为了处理器取指的方便总是把 switch 的分支代码段尽量分配到相邻的内存位置，但是内存的变化会导致这样的安排无法实现。此时处理器要依据索引值的变化去取指会非常麻烦。虽然使用跳转表使中间多了一个解析步骤，但是对应不同索引值的代码段的起始地址是紧密排列在跳转表中的，由此带来的效率提升足以抵消额外增加的解析步骤消耗。
- 即使编译器成功地将所有分支代码段都分配了紧密相邻的内存位置，但是每一段分支代码的长度是不同的。因此所有分支代码段的起始地址之间不是等距的。这就使得处理器无法用一个通项公式来计算下一个分支代码的起始位置。而在跳转表中，每一个表项都是地址元素，因此它们之间是等距的（对于 32 位机来说每个地址 4 字节，因此每个表项相隔 4 个地址)，这就便于处理器用通项公式的方法来计算不同的跳转地址存放位置，大大提高效率。

- 从性价比的角度来说，虽然跳转表的存在会额外占用一部分内存空间，但是编译器是根据开关情况的数量和开关情况的稀少程度来翻译开关语句的。当开关情况数量比较多（例如 4 个以上)，并且值的范围跨度比较小时，就会使用跳转表。换句话说，这种情况下如果不使用跳转表，处理器的取指效率会大大降低，从而降低程序的执行效率。处理器访问一次内存中的跳转表就可以分支到多个不同位置。因此虽然跳转表会占用一部分空间，而且处理器先查跳转表再跳转到对应的代码段取指需要额外做一次解析，但是与其所带来的效率提升相比，这样的性价比是值得的。

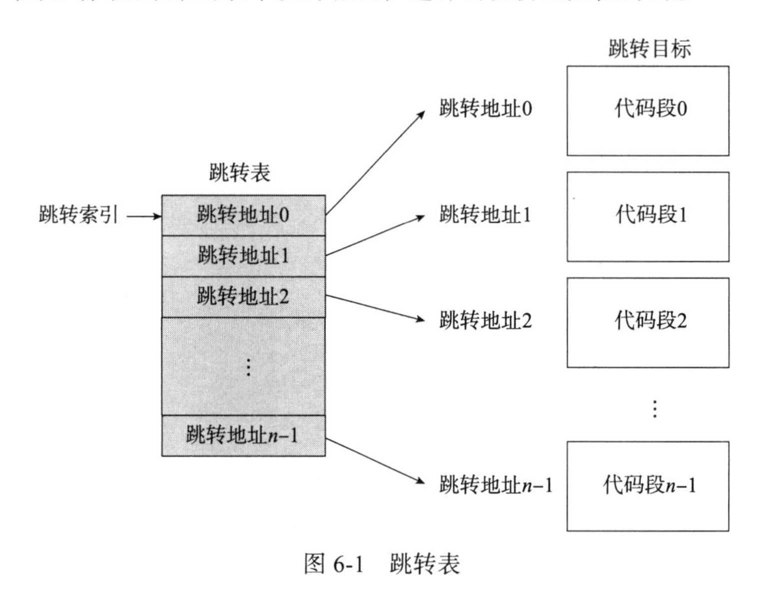

图 6-1　跳转表

前述 switch 语句的代码示例编译后的汇编代码中，其跳转表部分如下所示（其中 . L4 为跳转表的起始位置，也称为基址)：

```
.section .rodata
.align 4
.L4:
     .long .L8                    # x=0
     .long .L3                    # x=1
     .long .L5                    # x=2
     .long .L9                    # x=3
     .long .L8                    # x=4
     .long .L7                    # x=5
     .long .L7                    # x=6
```

可以看到没有出现在代码中的索引值（例如 0 和 4）都跳到了 . L8，即 default 分支。

将跳转表代码和 C 语言源代码对应起来，如图 6-2 所示。

如图 6-2 所示，C 语言源代码中的每一个分支在跳转表中都有对应的表项。这些表项的内容就是相应索引值对应的代码段的起始地址，例如 . L8、. L3 等。这些起始地址代表的代码段实现了 switch 语句的不同分支。它们中的大多数只是对 w、y、z 进行了简单的运算，然后利用 break 语句跳转到函数结尾处。case 2 中没有 break 语句，这将导致这里计算完了的 w 值传递到下一个 case（Fall Through）。因此 case 3 中的计算从原本的 w=w+z 变成了 w=y/z+z，这里的 y/z 就来自 case 2。

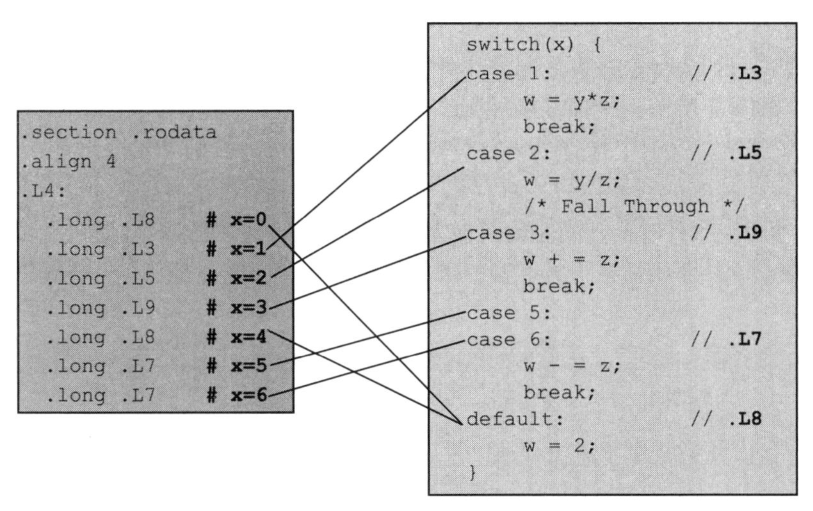

图 6-2　跳转表代码与 C 语言源代码的对应

对于具有这样一个跳转表的 switch 代码，汇编之后的起始部分是跳转表的准备部分：取得传递过来的实参 x 的值后，如果其大于 6，则跳转去 default 段；否则依据其值用通项公式 (L4+4x) 计算出跳转表中的表项位置，从该位置取出对应 x 的分支代码段首地址，实现跳转执行。

```
switch_eg:
      pushl %ebp                  # setup
      movl  %esp, %ebp            # setup
      movl  8(%ebp), %eax         # eax=x
      cmpl  $6, %eax              # compare x:6
      ja    .L8                   # if unsigned >, goto default
      jmp   *.L4(, %eax, 4)       # goto *JTab[x] using L4+4x
```

对于跳转表的汇编代码，有时需要比较仔细地研读才能判别其正确的数据流向，但是关键是要领会到使用跳转表是一种实现多重分支的有效方法。尤其是跳转表的表项内容本身是一个指向分支代码段的指针，这本身就为代码的执行提供了很多便利。

6.2　过程

在编写高级语言的程序代码时，程序员可以编写多个子函数来支撑主函数要实现的功能。这些嵌套的函数在机器执行时也称为过程。因为处理器中用来运算的资源（处理器核心、寄存器等）是有限的，因此在发生过程调用时，调用者（主函数）要将控制与数据交给被调用者（子函数），以便子函数获得相应的计算资源完成主函数交给的计算任务。被调用者完成计算后再将控制与数据交还给调用者。在这样的过程中，数据和控制从代码的一部分传递到另一部分，同时交接时还要为过程中的局部变量分配空间，并在退出时释放这些空间。由于大多数机器只能提供将控制转移到过程和转移出过程的简单指令，对于数据的传递、局部变量分配和释放都需要通过程序的栈（stack）来实现。

6.2.1　栈帧结构

IA32 程序使用程序栈来支持过程调用。过程参数的传递、返回信息的存储、寄存器的保存及之后的恢复，以及本地存储都由栈来完成。整个栈被分成多个部分，为单个过程分配的部分称为栈帧（stack frame）。标准的栈帧结构如图 6-3 所示，最顶端的栈帧，也是当前活跃的栈帧用一上一下两个指针来界定。这两个指针分别是：寄存器 %ebp 作为帧指针（也称栈底指针），标明栈帧的起始位置；寄存器 %esp 作为栈指针（也称栈顶指针），可以随着程序执行时栈帧的变化而移动。要注意，在通用的栈帧结构图中，栈底在上方，而栈顶在下方。栈的增长方向往下，而地址是从下往上而增大的。

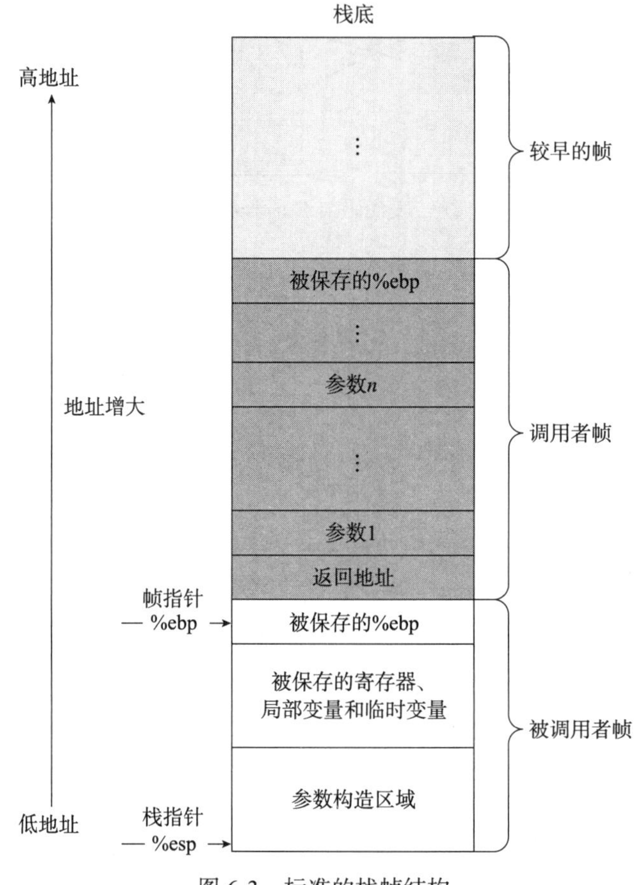

图 6-3　标准的栈帧结构

令调用者为 P，被调用者为 Q。Q 实际计算所需要的参数在 P 的栈帧中，当调用发生时，会有机器指令将参数从 P 传递给 Q。无论 P 还是 Q，都需要完成一定功能的程序段，都在栈中有属于自己的栈帧。当一个过程开始被执行时，栈中就会为它建立对应的栈帧。建立一个新的栈帧意味着有一个新的过程开始执行，需要为之前正在执行的过程保留一些参数，使新过程执行完毕后能回到之前的栈帧，使原过程能够继续执行。首先，原过程 P 会将 Q 执行完毕后回到 P 时的下一条指令地址保存起来，作为 P 栈帧的结尾。这样当 Q 执行完毕后，程序计数器会自动加载 P 中 Q 代码后面的代码，实现程序的连续运行。而在 Q 的栈帧起始位置，会将上一过程 P 的帧指针 %ebp 保留下来，这样 Q 执行完毕后，Q 的栈帧空间被释放，处理器能准确地找到需要继续执行的 P 的栈帧位置。也就是说，P 以“返回地址”来结束自己的栈帧，而 Q 以被保存的 %ebp（old ebp）开始自己的栈帧。由此处往下（注意地址是递减的），属于 Q 的新栈帧生成，开辟出空间来存放执行 Q 时需要保存的寄存器和局部变量等。

过程 Q 使用栈来保存其他不能存放在寄存器中的局部变量，主要有以下几个原因。

- 没有足够多的寄存器存放所有的局部变量。
- 局部变量是数组和结构，只能通过数组和结构的引用来访问。
- 为了对一个局部变量使用地址操作符‘&’，必须为它生成一个地址。

生成新栈帧的过程中两个指针寄存器也会发生变化。首先在保存了 old ebp 之后，栈指针 %esp 的值会被复制到帧指针寄存器中，使帧指针指向当前栈顶即新栈帧的起始位置；然后栈指针的值减少相应的数值，从而为新栈帧开辟出存储空间。因此在过程调用的汇编代码中，经常看到如下内容：

```
pushl    %ebp                     #save old ebp
movl     %esp, %ebp               #set %ebp as frame pointer
subl     $24, %esp                #allocate 24 bytes on stack
```

当 Q 执行完毕时，%esp 会回到栈底即当前 %ebp 的位置，然后保存的 old ebp 值会被栈弹出到 %ebp，使 %ebp 重新指向 P 的栈帧底部，注意此时 %esp 随着 old ebp 的弹出而加 4，指向了返回地址存放位置。接下来返回指令会弹出返回地址给程序计数器，%esp 再次加 4 回到调用 Q 之前的最初位置。这样一来，%ebp 和 %esp 都回到了 P 被执行时的位置，结束了对 Q 的调用，也恢复了 P 的栈帧。常见的对应这些返回操作的汇编代码如下：

```
movl %ebp, %esp           #set esp back to beginning of frame
pop      %ebp             #restore old ebp and set esp back to caller’s frame
ret                       #restore the return address
```

这段代码的前两行是为返回做准备，经常会由一条等价的 leave 指令代替。

以上就是栈帧的基本结构以及过程调用中会出现的一些基本变化。接下来结合一些过程的示例来分析调用发生时程序控制与数据转移的细节。

6.2.2　转移控制

发生过程调用时，需要将控制转交给被调用的过程 Q 并保护好调用者 P 的当前现场。因此要向栈中存入 P 的返回地址和帧指针（old ebp），同时程序计数器必须获得 Q 的代码段的起始位置。当过程调用完成时，需要将活跃栈帧恢复为 P 的栈帧，同时将 P 的返回地址装入程序计数器以确保程序的连续运行。这些步骤由表 6-5 所示的指令完成。

表 6-5　转移控制指令及其描述

指令	描述
call　Label	过程调用
call　*Operand	过程调用
leave	为返回准备栈
ret	从过程调用中返回

call 指令必须指定一个目标，即上述的 Q 的代码起始地址。与跳转一样，调用可以是直接的（操作数为代码段标签 Label），也可以是间接的（* 号接相应的寻址方式），可以将它们看作对 Q 代码起始位置指针的直接和间接引用。结合下面给出的示例代码，来分析机器指令实现的过程调用。

```
int sum(x, y)
{ … }
main ()
{      …
       sum(a, b);
       …
}
```

上面 C 代码的反汇编如下：

```
# Beginning of function sum
08048394 <sum>:
08048394: 55                          #push %ebp
…
# Return from function sum
080483a4: c3                          #ret
…
# Call to sum from main
080483dc: e8 b3 ff ff ff              #call 08048394 <sum>
080483e1: 83 c4 14                    #add $0x14, %esp
```

图 6-4 给出了指令的具体执行情况。

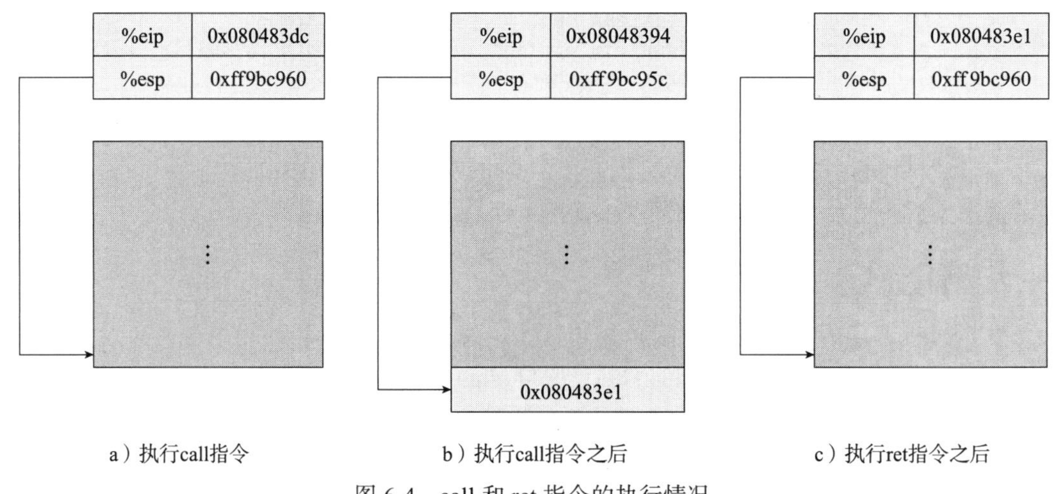

图 6-4　call 和 ret 指令的执行情况

结合汇编代码和不同函数执行过程中的变化情况可以看到，main 函数中地址为 0x080483dc 的 call 指令调用了子函数 sum。图 6-4a 描述了这一状态，显示了栈指针 %esp 和程序计数器 %eip 的值。call 指令启动了子函数的调用，就需要保护调用者 main 函数的现场，因此将 call 指令之后的第一条指令 `add $0x14, %esp` 的地址 0x080483e1 压入栈中。这一操作如图 6-4b 所示。sum 执行完毕后通过执行 ret 指令返回到 main。ret 指令的效果就是将压栈的返回地址弹出给 %eip，使程序跳转到这个地址实现 main 函数的继续运行，如图 6-4c 所示。

6.2.3　参数转移

控制的转移是将代码的执行在调用者 P 和被调用者 Q 之间切换。而参数的转移则是将 Q 所需要的数据从 P 传递给 Q。这一转移也利用栈来完成，并且根据栈与过程调用的特点遵循一定的规则。

在 6.2.1 节的栈帧结构中可以看到，各种参数、需要保存的寄存器以及局部变量是如何保存在 P 和 Q 的栈帧中的，下面根据一个具体的示例来逐步说明过程调用时参数的传递过程。

```
int sum(int x, int y)
{
      int sum=x+y;
      return sum;
}
void main()
{
      int a=3, b=4;
      int c=sum(a, b);
      printf("The sum is %d\n", c);
}
```

这是一个非常简单的调用子函数 sum 来求和的过程。下面依据反汇编代码中体现的存放地址和栈帧结构来分析栈的变化。

1）主函数执行时局部变量 a、b 获得赋值并存放到 main 的栈帧中。对应的汇编代码为：

```
movl $0x3, 0x14(%esp)          #let a=3 and save it to 0xbffff0e4
movl $0x4, 0x18(%esp)          #let b=4 and save it to 0xbffff0e8
```

可以看到这两个局部变量入栈时以栈指针 %esp 为参照来计算存放的地点，存放位置如图 6-5 所示。

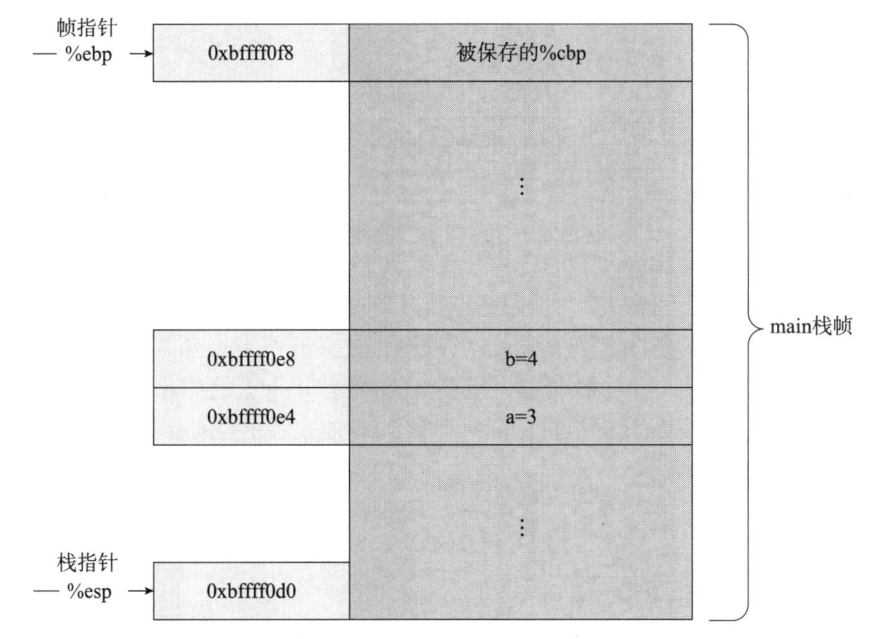

图 6-5　main 栈帧局部变量的存放位置

2）当调用 sum 函数时，需要对参数的传递进行准备工作。主要是将 a、b 的副本存放到 main 栈帧顶部称为参数传递区的位置，便于稍后机器执行 sum 函数时依托固定的 old ebp 位置来取得 a、b 的值。同时如前所述，启动 sum 调用的 call 指令会将 main 的返回地址（紧跟 call 指令的下一条指令地址）压栈，作为 main 栈帧的结尾。具体的汇编代码为：

```
%esp=0xbffff0d0
mov        0x18(%esp), %eax        #copy b=4 from 0xbffff0e8 to %eax
mov        %eax, 0x4(%esp)         #copy b=4 from %eax to 0xbffff0d4
mov        0x14(%esp), %eax        #copy a=3 from 0xbffff0e4 to %eax
mov        %eax, (%esp)            #copy a=3 from %eax to 0xbffff0d0
call       804841d <sum>           #start <sum> and let %eip=0x0804841d
                                   #and push 'Return Address' 0x08048460
```

复制 a、b 的副本时必须使用寄存器 %eax 作为中介，因为 mov 指令不能直接在两个内存单元之间进行数据传送。此时的栈帧结构如图 6-6 所示。

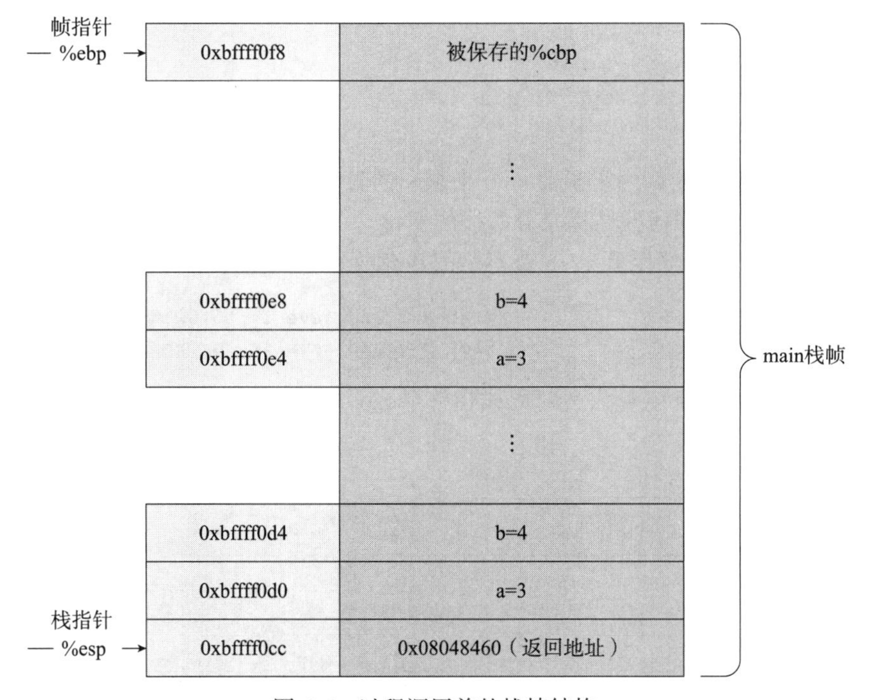

图 6-6　过程调用前的栈帧结构

3）进入 sum 函数的执行过程，首先要为其准备相应的栈帧。第一步就是保存 main 的帧指针，使 sum 执行完毕后能顺利恢复 main 的栈帧。之后开辟 sum 所需的栈空间形成完整的 sum 栈帧。栈帧准备完毕再从参数传递区获得 a、b 的值求和并将结果入栈保存。最后将求和结果返回给 main，结束 sum 的执行，同时释放 sum 栈帧所用空间。具体的汇编代码如下：

```
push %ebp                          #save the main's %ebp
mov  %esp, %ebp                    #move %ebp pointer to the top of stack
sub  $0x10, %esp                   #allocate 16 bytes as sum's frame
mov  0xc(%ebp), %eax               #get b=4
mov  0x8(%ebp), %edx               #get a=3
add  %edx, %eax                    #compute a+b
```

```
mov   %eax, -0x4(%ebp)            #save the result to 0xbffff0c4
mov   -0x4(%ebp), %eax            #use result in 0xbffff0c4 as return value
leave                             #recover main's frame
ret                               #pop out Return Address 0x08048460 to %eip
```

由此得到 sum 执行时的栈帧结构（如图 6-7 所示）和 sum 执行完毕后的栈帧结构（如图 6-8 所示）。

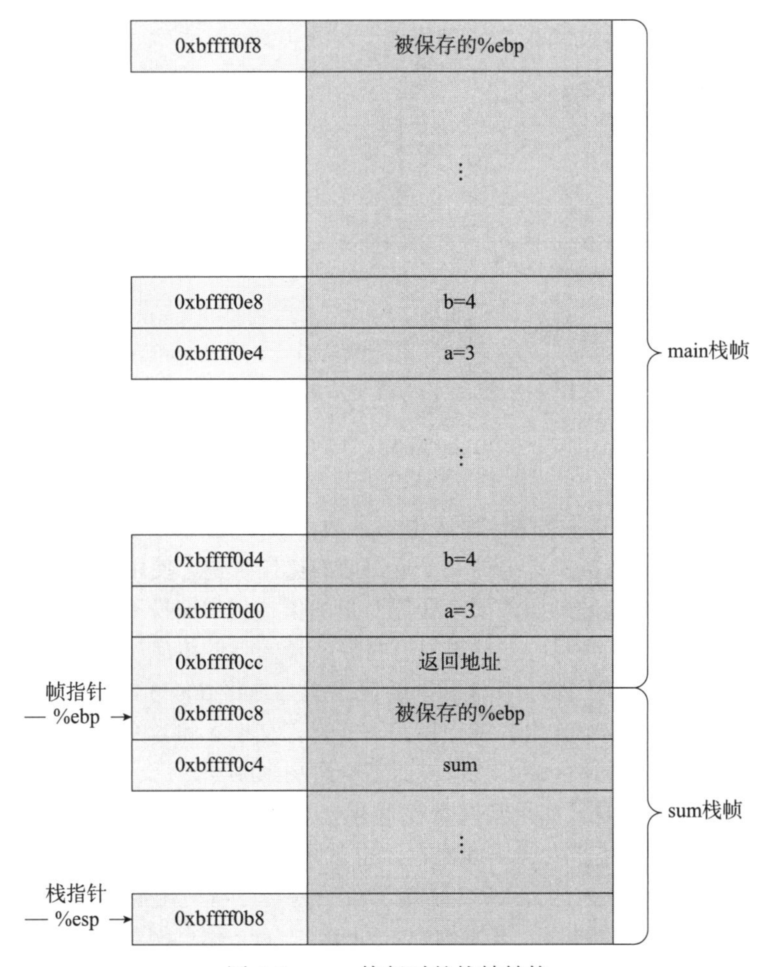

图 6-7 sum 执行时的栈帧结构

参数的传递是理解过程调用的重点内容，有以下几个关键问题需要引起注意。

- 参数在栈中的存放顺序完全由编译器根据实际情况来决定，不同的编译器对同一情况做出的决定也可能不同。例如本例中 a 的存放地址比 b 的存放地址要低，但是有的编译器会 a 高 b 低地存放。
- 参数传递区的存在非常重要。先将需要传递的参数放到当前栈顶，然后再保存返回地址和 old ebp，这相当于将参数传递区固定在与 old ebp 仅隔一个返回地址（4 字节）的位置。换言之，从保存的 old ebp 起始地址处加 8，即可到达第一个传递参数。old ebp + 8 +（第一个参数字节数）即得到第二个传递参数。由于需要取传递参数时帧指针 %ebp 已经指向 Q 的 old ebp 位置，因此在汇编代码中可以很方便地通过

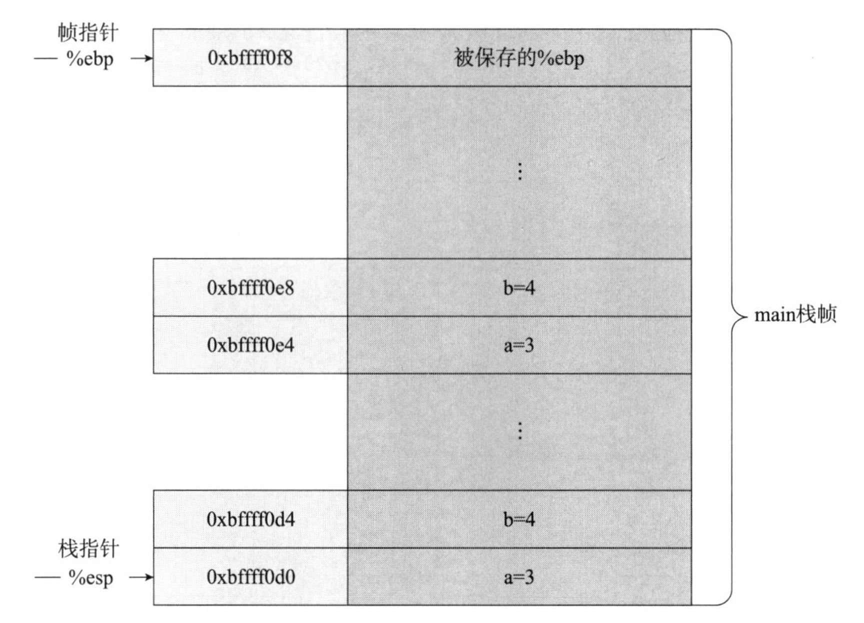

图 6-8　sum 执行完毕后的栈帧结构

mov 0x8(%ebp), %eax 和 mov 0xc(%ebp), %edx 这样的方式将传递参数取出放入寄存器 %eax 和 %edx 中。

- 子函数中运算的操作对象是传递区中的参数，而不是 main 栈帧中真正的局部变量。对于只是使用传递参数计算另外一个返回值的操作来说，使用副本和使用原变量没有区别。但是如果子函数的操作要改变原变量的值，例如交换 a 和 b 的值，那么只对传递参数做交换无法达到目的。此时只有将原变量的指针传递过来，对指针所指内容进行操作才能成功。例如要交换 a 和 b 的值，就必须将 &a 与 &b 传递给子函数，对这两个指针所指的内存单元内容做交换，才能真正交换 a 和 b 的值。直接使用传递区参数做操作只会交换传递区的参数值，而不会影响到原变量。
- 在开始对 Q 的调用时，如果某些寄存器存有 P 稍后还要用到的内容，但是又会被 Q 使用，则必须将寄存器内容压栈保存。也就是说，不能让 Q 的运算覆盖某个 P 稍后会使用的寄存器的值。为此 IA32 采用了统一的寄存器使用惯例，所有过程都必须遵守，包括程序库中的过程。该惯例中，%eax、%ecx 和 %edx 属于由调用者保存的寄存器，Q 可以覆盖这些寄存器而不会破坏 P 稍后仍然需要的数据（因为调用发生时 P 负责将它们先压栈保存）；%ebx、%esi 和 %edi 属于由被调用者保存的寄存器，即 Q 必须在覆盖这些寄存器之前，先将它们压栈保存，并在返回前恢复它们，以保证 P（甚至是更高层次的过程）在稍后的计算中用到正确的数值。可以参考下面的代码来理解这一过程：

```
int P(int x)
{
      int y=x*x;
      int z=Q(y);
      return y+z;
}
```

过程 P 在调用 Q 之前计算 y，但是它必须保证 y 的值在 Q 返回后依然可用（因为还要计算 y+z）。那么有以下两种方式可以实现：可以在调用 Q 之前，将 y 的值存放在自己的栈帧中，当 Q 返回时，P 再从自己的栈帧中取出这个值，即 P 负责保存这个值；可以将 y 的值保存在由被调用者 Q 负责保存的寄存器中，如果 Q 或者任何其他 Q 调用的子过程想使用这个寄存器，它必须先将这个值保存在自己的栈帧中，并在返回前恢复这个值，这样当 Q 返回到 P 时，y 的值必然在由 Q 负责保存的寄存器中（要么是没有被覆盖，要么是被覆盖后又被恢复了）。

6.2.4　递归过程

如果调用者和被调用者是同一个函数，即 P 调用自身，就是所谓的递归过程。在递归过程中，每一次调用都单独地作为一个过程来对待，都会获得自己的私有栈空间，从而保证未完成的调用中的局部变量相互不受影响。栈的原则也保证了每一次调用时分配局部存储，并在返回时释放存储。

嵌套与递归
扫描上方二维码
可观看知识点
讲解视频

我们依然以阶乘作为示例来分析递归过程。下面是使用 C 语言代码实现的递归的阶乘计算：

```
int rfact(int n)
{
     int result;
     if (n<=1)
              result=1;
     else
              result=n*rfact(n-1);
     return result;
}
```

由此产生的汇编代码为：

```
   #Argument: n at %ebp+8
   #Registers: n in %ebx, result in %eax
1    rfact:
2       push    %ebp                          #save old %ebp
3       movl    %esp, %ebp                    #set %ebp as frame pointer
4       pushl   %ebx                          #save callee-save register %ebx
5       subl    $4, %esp                      #allocate 4 bytes on stack
6       movl    8(%ebp), %ebx                 #get n
7       movl    $1, %eax                      #result = 1
8       cmpl    $1, %ebx                      #compare n:1
9       jle     .L53                          #if <=, goto done
10      leal    -1(%ebx), %eax                #compute n-1
11      movl    %eax, (%esp)                  #store at top of stack
12      call    rfact                         #call rfact(n-1)
13      imull   %ebx, %eax                    #compute result=return_value*n
14    .L53:                                   #done:
15      addl    $4, %esp                      #deallocate 4 bytes from stack
16      popl    %ebx                          #restore %ebx
17      popl    %ebp                          #restore %ebp
18      ret                                   #Return result
```

整个阶乘计算通过 n 的变化来实现对 rfact 函数自身的递归调用。代码的栈帧初始化部分（第 2 ～ 5 行）例行地进行了如下操作：保存 %ebp；将 %ebp 指向栈顶；保存 %ebx，因为它即将被 Q 使用而 P 后续还要使用其中的内容（由第 6 行可以看到 %ebx 被用来保存过程参数 n）；分配 4 字节，用于递归时的参数保存。用递归计算阶乘的栈帧结构如图 6-9 所示。

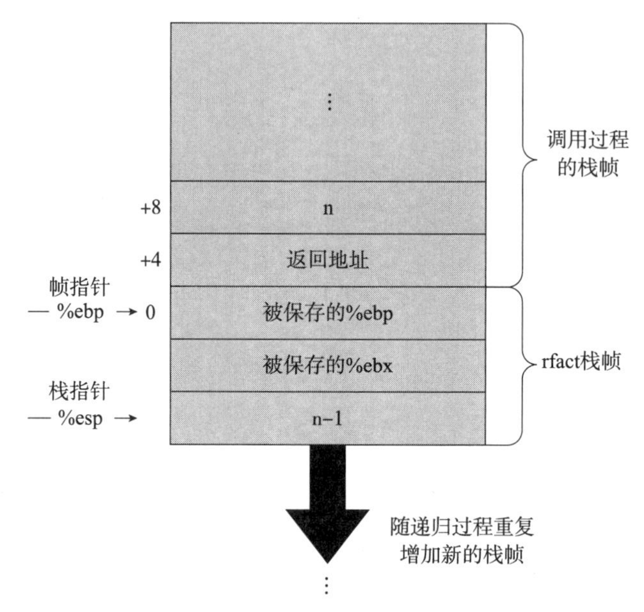

图 6-9　用递归计算阶乘的栈帧结构

寄存器 %eax 中的返回值被预设为 1，对应于 n≤1 的情况，此时程序跳转到完成代码并输出 1。

满足递归条件时（n>1），计算 n−1，并将该值存储在当前栈帧中，然后再通过第 10 ～ 12 行的代码调用函数自身，重复增加对应每一个 n 值的栈帧，如此循环，直到不满足递归条件。然后递归过程开始逐步返回，每返回一次都会执行返回地址对应的指令（第 13 行的乘法）。当全部递归过程都返回后，%eax 中保存的就是 (n−1)! 的值，此时最高一级的 rfact 结束，再执行一遍第 13 行的乘法，此时最早的 %ebx 中的值 n 与当前 %eax 中的值 (n−1)! 相乘，得到 n! 的结果。

递归全部结束，阶乘计算完毕，从第 14 行开始进入结束阶段。栈帧空间被释放，保存的寄存器值被弹出，最初的栈帧被恢复，最初的返回地址也被弹出并加载到 %eip 中，机器完全恢复到运行递归求解阶乘程序之前的状态。

swap 函数及小结
扫描上方二维码
可观看知识点
讲解视频

可见，递归过程中对一个函数自身的反复调用与调用其他函数是一样的。栈规则保证了每次函数调用都拥有自己的专属栈帧来保存私有的状态信息。栈的分配与释放对应着函数的调用与返回机制，这对于更复杂的相互调用（P 调用 Q，Q 再调用 P）同样适用。

6.3　数组分配和访问

数组是一种非常便于数据集成和访问的方式。大量的标量数据通过数组聚集成更大的数据类型。C 语言对数组较为简单的实现方式使得编译器对 C 语言数组的机器代码翻译很容易，尤其是 C 语言中数组元素的访问可以通过对指针的运算来进行。当然，机器代码中，指针是按照地址来计算的。

6.3.1　基本原则

数组的核心要素是元素个数和元素的数据类型，因此 C 语言中对于数组的定义需要指定数组的元素个数和数据类型。

给定数据类型 T 和整型常数 N，声明数组如下：

```
T A[N]
```

这样的声明会在存储器中分配一个 K · N 字节的连续区域（K 为数据类型 T 的字节大小，例如整型数据 K=4）。同时，数组名称 A 是一个标识符，可以用来作为指向数组起始位置的指针，其值为 x_A。数组的索引是从 0 到 N−1，用来引用对应位置的数组元素。由此可知，一个数组元素 i 存放的位置是：

$$x_A+K \cdot i \tag{6-1}$$

下面给出一些数组声明的示例：

```
int       A[6]
char     *B[8]
short     C[10]
double   *D[5]
```

这些声明产生的数组所自带的参数如表 6-6 所示。

表 6-6　上述声明数组自带的参数

数组	元素字节数	总字节数	起始地址	元素 i 的地址
A	4	24	x_A	x_A+4i
B	4	32	x_B	x_B+4i
C	2	20	x_C	x_C+2i
D	4	20	x_D	x_D+4i

需要注意 `char *B[8]` 和 `double *D[5]` 声明的数组中元素都是指针，即地址元素，因此在 IA32 中它们的大小都是 4 字节。

由于访问单个数组元素的方法很简单，即 $(x_A+K \cdot i)$，因此可以用存储器寻址方式来表示。例如要访问上述示例中整型数组 A[6] 中的第 i 个元素并将其读入寄存器 %eax，而此时 A 的地址 x_A 存放在 %edx 中，索引 i 存放在 %ecx 中，那么只需要一条 mov 指令就可以做到：

```
movl (%edx, %ecx, 4), %eax
```

这里的存储器访问会计算 %edx+4*%ecx，也就是 $x_A+K \cdot i$，并读取这个计算出来的地址中的存储内容放入 %eax。存储器访问中的比例因子可以取 1、2、4、8，涵盖了所有基本数据类型的大小。

6.3.2 多维数组

如果一个数组中的元素也是数组，即数组的数组，这就构成了多维数组。例如，线性代数中常用的矩阵就可以被看作一个二维数组，每一行都是一个一维数组（元素个数为列数）。对于多维数组，上述的分配和访问原则一般也是成立的。

简单起见，下面通过二维数组来说明多维数组的分配和访问原则。声明：

```
T A[R][C]
```

为一个二维数组。其中 T 为数组元素的数据类型，A 为数组名，R 为行数，C 为列数，T 型数据的字节数记为 K，则整个数组的字节数为K×R×C 字节。在机器中，数组的存放是“行优先”的，即以行为主序。将第一行的各元素按序存放后，紧接着再按序存放第二行的元素，以此类推。以一个整型二维数组 int A[R][C] 为例，其存放方式如图 6-10 所示。

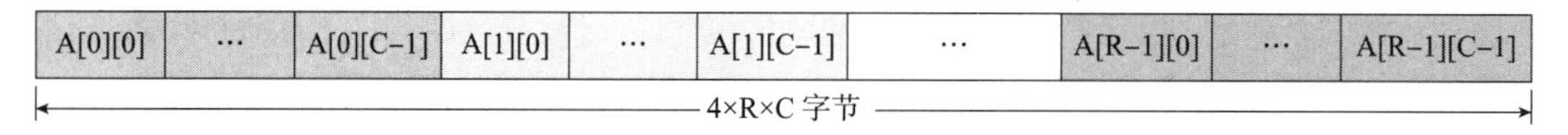

图 6-10　二维数组的存放方式

从图 6-10 中可以看出，内存中存放的二维数组可被看作一个大的一维数组，只不过该一维数组按照 A 的行号被分成了 R 段，每段称为行向量，包含 C 个元素，每个元素大小为 K 字节，则每个行向量的字节数为 C × K。如果要访问第 i 行的第 j 个元素，可以分两步来进行：先定位第 i 行的起始地址 x_i，即第 i 行第一个元素的第一个字节的存放地址；然后利用 x_i 作为第 i 行这个一维数组的起始地址，使用式（6-1）来计算第 j 个元素所在的地址。

从图 6-11 很容易看出，第 i 行的起始位置应为

$$A+i\times C\times K \tag{6-2}$$

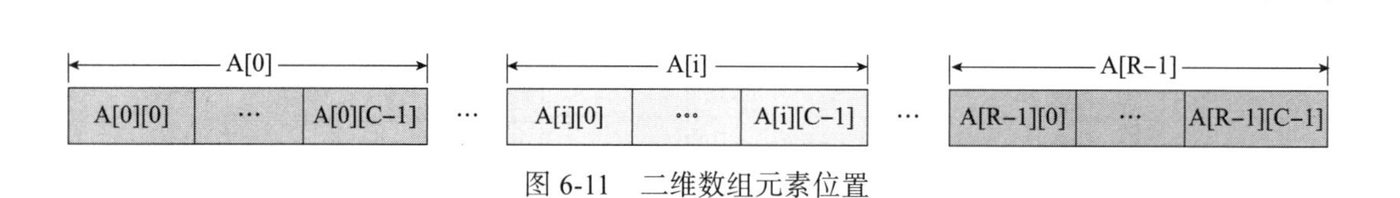

图 6-11　二维数组元素位置

将式（6-2）作为 x_i 代入式（6-1）计算第 j 个元素位置，得到：

$$\begin{aligned} A[i][j] &= (A+i\times C\times K)+j\times K \\ &= A+(i\times C+j)\times K \end{aligned} \tag{6-3}$$

此为访问元素 A[i][j] 的方式。以一个整型数组 int A[R][C] 为例，假设 x_A、i 和 j 分别位于相对于 %ebp 偏移量为 8、12、16 的地方，那么访问 A[i][j] 的汇编代码如下，

```
# A at %ebp+8, i at %ebp+12, j at %ebp+16
movl 12(%ebp), %eax              # get i
leal (%eax, %eax, 2), %eax       # compute 3*i
movl 16(%ebp), %edx              # get j
```

```
sall $2, %edx                    # compute j*4
addl 8(%ebp), %edx               # compute xA+4j
movl (%edx, %eax, 4), %eax       # read from M[xA+12i+4j]
```

这里计算 A[i][j] 的方法是$x_A+4j+12i=x_A+4(3i+j)$，使用了移位、加法和伸缩的组合来替代开销更大的乘法操作，这也是机器代码与 C 语言源代码较大的差异之处。用地址访问表达式体现为 Mem[x_A +12i+4j]。

下面是一个较为特殊的嵌套数组示例。这里顶层数组的元素为三个一维数组的头指针（指向每个数组起始位置的指针），这样构成的嵌套数组在元素的访问上会有所不同。

```
#typedef int zip_dig[5]
zip_dig hnu = {1, 5, 2, 1, 3};
zip_dig mit = {0, 2, 1, 3, 9};
zip_dig ucb = {9, 4, 7, 2, 0};
int *univ[3] = {mit, hnu, ucb};
```

若一维数组 hnu、mit 和 ucb 的起始位置分别为x_h、x_m和x_u，则指针数组 univ 的实际构成为 { x_h，x_m，x_u }。这非常类似于前面介绍的 switch 语句中的跳转表。要访问一个具体的数组元素，需要先到 univ 中根据索引值 index 找到对应数组的起始位置，然后再使用数组的元素访问公式依据被访问元素的索引值 dig 去计算具体元素的存放位置。假设所有的存放地址都是简单的十六进制表示，如图 6-12 所示。

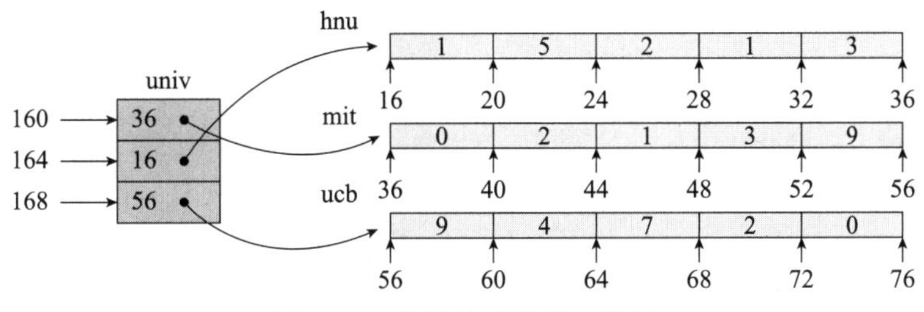

图 6-12　指针元素的嵌套数组

图 6-12 说明了这种指针元素嵌套数组的访问方式需要两次内存访问，用地址访问表达式体现为：Mem[Mem[univ+4 × index]+4 × dig]。用下面对应的汇编代码可以清楚地说明这种访问方式。假设 univ 中元素的索引值 index 和被访问数组中元素的索引值 dig 分别存放在离 %ebp 偏移量为 8 和 12 的位置，则有：

```
movl   8(%ebp), %eax              # index
movl   univ(,%eax,4), %edx        # p = univ[index]
movl   12(%ebp), %eax             # dig
movl   (%edx,%eax,4), %eax        # p[dig]
```

依据多维数组“行优先”的存储规律，编译器会根据具体情况对定长多维数组的元素访问做出优化。按照 C 语言代码的原始逻辑直接翻译的机器代码，经过编译器针对硬件操作特点进行优化后，会变得精简很多，极大地提高了执行效率。一个简单的例子是取出给定数组中的全部元素，对应的 C 语言代码如下：

```
#define N 16
typedef int fix_matrix[N][N];
/* Get element a[i][j] */
```

```
int fix_ele(fix_matrix a, int i, int j)
{
  return a[i][j];
}
```

这段代码中体现了一个很好的编码习惯，即当程序要用一个常数作为数组的维度或者缓冲区大小时，最好通过定义语句 #define 将该常数与具体变量名联系起来，在代码中只使用该变量名代替常数值。这样当要修改常数值时，只需要修改最初声明中的常数值即可。

将上述 C 代码直接翻译成汇编代码如下：

```
# n at %ebp+8, a at %ebp+12, i at %ebp+16, j at %ebp+20
movl    8(%ebp), %eax           # get n
sall    $2, %eax                # n*4
movl    %eax, %edx              # n*4->%edx
imull   16(%ebp), %edx          # i*n*4
movl    20(%ebp), %eax          # get j
sall    $2, %eax                # j*4
addl    12(%ebp), %eax          # a + j*4
movl    (%eax,%edx), %eax       # *(a + j*4 + i*n*4)
```

这样的操作略显烦琐，尤其是当 N 很大时，效率会非常低。因此编译器会根据实际情况来进行优化，尤其是针对多维数组的行优先特点，将上述代码优化为：

```
movl    12(%ebp), %edx          # get i
sall    $6, %edx                # i*64
movl    16(%ebp), %eax          # get j
sall    $2, %eax                # j*4
addl    8(%ebp), %eax           # a + j*4
movl    (%eax,%edx), %eax       # *(a + j*4 + i*64)
```

相比于之前的汇编代码，这段代码充分利用了式（6-3），分别定位 i 和 j 再代入公式计算，使寻址过程精简了很多，尤其是没有乘法操作，效率得到了很大提升。

在上述例子中我们看到，对数组元素进行访问时，机器需要执行一系列的操作来达到目的。而在 C 语言中，指针被用来有效地表示特定的变量或者表达式的地址，在机器操作中也有对应的汇编代码来完成这些表示。指针的运算会根据该指针引用的数据类型的大小进行伸缩。例如，p 为指向字节数为 L 的某类型变量 x 的指针，其值为x_p；如果 p 增加一个数量 i，对应的指针值（运算后新的地址）增加的量是$L \times i$，即$p+i=x_p+L \times i$。直观的描述就是，对于指向某个类型变量的指针，它的增减以该数据类型的大小为步长。这样的特性为 C 语言中描述对数组元素的访问提供了便利。例如对于一个数组 A[10]，间接引用指针的表达式 *(A+i) 直接就给出 A[i] 的值。C 语言中指针运算的表达式及其对应的汇编代码如表 6-7 所示，其中假设整型数组 E 的起始地址存放在 %edx 中，其整数索引存放在 %ecx 中。

表 6-7　C 语言中指针运算的表达式及其对应的汇编代码

表达式	类型	值	汇编代码
E	int *	x_E	movl %edx, %eax
E[0]	int	$M[x_E]$	movl (%edx), %eax
E[i]	int	$M[x_E+4i]$	movl (%edx, %ecx, 4), %eax

（续）

表达式	类型	值	汇编代码
&E[2]	int *	x_E+8	leal 8(%edx), %eax
E+i−1	int *	x_E+4i−4	leal −4(%edx, %ecx, 4), %eax
*(E+i−3)	int	M[x_E+4i−12]	movl −12(%edx, %ecx, 4), %eax
&E[i]−E	int	i	movl %ecx, %eax

表中的例子中，leal 指令用来产生地址，而 movl 指令用来引用存储器（除了第一种是复制地址、最后一种是赋值索引之外）。从最后一个例子也可以看出，同一个数据结构中两个指针之差的结果是除以数据类型大小后的值，对应前述的以数据类型大小为步长做指针的增减。

6.4　其他数据结构

除了数组这样的单一化数据结构，C 语言还提供了两种结合不同类型对象来创建数据类型的机制：结构（structure）和联合（union）。结构由关键字 struct 声明，是将多个不同数据类型的对象集成到一个单位中；联合由关键字 union 声明，允许将一个固定对象按照不同的数据类型来引用。这两者为数据的使用提供了一定的便利，尤其是节省了内存空间并减少了内存访问的次数。

6.4.1　结构

由 struct 声明的结构创建了一个聚合型的数据类型，它将不同类型的对象聚合到一个对象中。结构的每一个组成部分都有自己的命名以供引用，并且它们在内存中是连续存放的。结构在机器中具有类似于数组的行为，不过这个“数组”中的元素可能类型不一、大小不一。结构的指针指向结构中第一个数据的首地址（第一个字节的地址）。一个结构的声明示例如下：

```
struct rec {
  int a[3];
  int i;
  struct rec *n;
};
```

可以看到在结构 rec 中共有 3 个元素：一个具有 3 个元素的整型数组 a、一个整型数据 i，以及一个指向该结构类型的指针 n。它们在内存中的存放方式如图 6-13 所示。

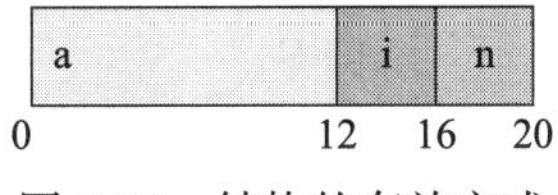

图 6-13　结构的存放方式

数组 a 有 3 个整型元素，因此占据了 12 字节；整型数据 i 和指针 n 都是 4 字节。在 C 语言中对它们的访问使用表达式rec→a和rec→i或者rec.a和rec.i。在机器代码中，对它们的访问与数组元素的访问类似，也是以首地址为基准加上偏移量来实现。若 rec 的首地址为 r，

存放于 %eax 中，待赋值的变量 val 存放于 %edx 中，则将 val 赋值给 i 的汇编代码如下：

```
movl %edx, 12(%eax)         # Mem[r+12]=val
```

对于 rec 中数组元素的访问也与之类似，不过要先找到数组本身的首地址，然后再依据数组元素的访问方式进行地址偏移量计算。在 rec 中，数组 a 的首地址正好是 rec 结构本身的首地址 r。假设 r 和 a 中元素的索引值分别位于与 %ebp 的距离为 8、12 的地址，下面分别给出获取 a 中某个元素的 C 语言代码及对应的汇编代码。

```
int get_ap
 (struct rec *r, int idx)
{ return &r->a[idx];
}
```

注意这段代码中运用了指针运算，使用 &r 来对应 rec 结构。

```
movl      12(%ebp), %eax        # Get idx
sall      $2, %eax              # idx*4
addl      8(%ebp), %eax         # r+idx*4
movl      (%eax), %eax          # return value: Mem[r+idx*4]->%eax
```

因为结构中数据类型不一、大小不一，存放时很容易导致地址混乱，给访问带来很大困难。这类似于之前介绍 switch 语句时提到的因为分支执行代码长短不一导致不能直接用统一的公式计算各段代码的起始地址。在 switch 语句中通过跳转表来解决这一问题，而在结构中则在尽量不增加额外存储开销的前提下，通过强制对齐的方式来保证每个元素便于访问。实际上计算机系统对基本数据类型的合法地址也是有限制的，即要求某种类型对象的地址必须是固定值（一般是 2、4 或 8）的倍数。具体来说，有以下规定。

- 字符型数据由于只有一个字节，无论如何存放都满足单字节对齐，因此没有特定要求。
- short 类型数据为两个字节，有双字节对齐要求，其二进制的存放地址必须以 0_2 结尾。
- Int、float 以及指针（无论指向哪种类型数据的指针都是 4 字节）类型数据为 4 字节，有 4 字节对齐要求，因此其二进制存放地址必须以 $(00)_2$ 结尾。
- double 类型的数据为 8 字节，有 8 字节对齐要求，因此其二进制存放地址必须以 $(000)_2$ 结尾。但要说明的是 Linux 中对八字节数据只要求四字节对齐，地址末尾为 $(00)_2$ 即可。

这样的规定不仅简化了处理器和存储器之间接口的硬件设计，也使编译器在翻译机器代码时能够使用很简便的指令来提高效率。这样的限制普遍存在，只不过在结构这一数据类型中体现得更加明显。

考虑如下 C 语言代码所声明的一个结构 S1：

```
struct S1
 {
  char c;
  int i[2];
  double v;
} *p;
```

此处既声明了一个结构 S1，又顺便定义了一个指向该类型结构的指针 p。如果不考虑对齐的要求，那么其在内存中的存放方式如图 6-14 所示。

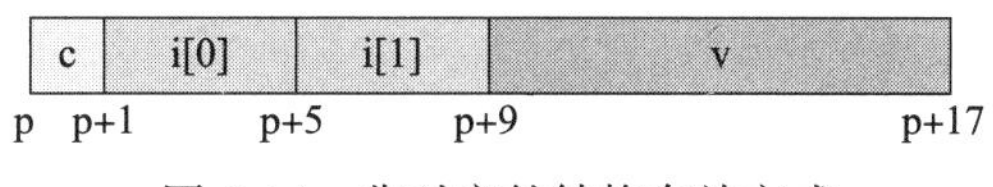

图 6-14　非对齐的结构存放方式

这样的存放方式完全不满足整型数据 i[0] 和 i[1] 的 4 字节对齐要求，也不满足双精度数据 v 的 8 字节对齐要求。因此在实际编译过程中，编译器会在数据元素之间插入间隙（空的内存单元），修改后的存放方式如图 6-15 所示，

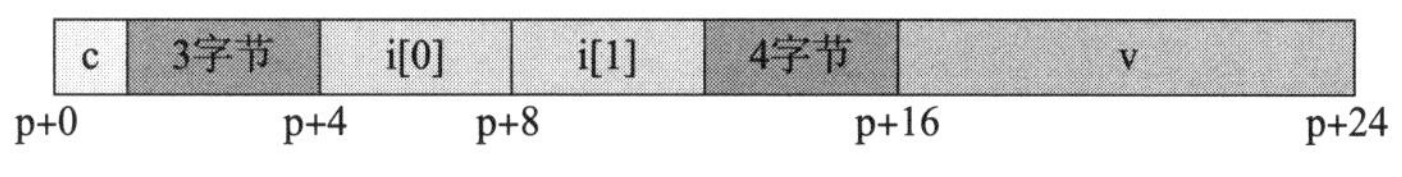

图 6-15　对齐的结构存放方式

除了元素的数据对齐规则之外，为了结构本身在内存中对齐存放，还要求一个结构的首地址必须是 K 的整数倍，这里 K 为结构中最大元素的字节数，例如图 6-15 中 double 型数据最大，因此 p 必须位于 8 的整数倍的地址上。

有时一个结构的总体长度也会影响到数据对齐，例如先声明下面的结构 S2，再声明一个该类型的数组 d[4]，

```
struct S2 {
     int i;
     int j;
     char c;
}
struct S2 d[4];
```

可以看到，S2 类型的数据在首地址为 4 的整数倍情况下只需要 9 字节就可以满足对齐要求。但是如果每个 S2 类型数据只有 9 字节的话，数组 d 中的元素将面临不满足对齐要求的情况，因为 d 中所有元素的地址分别为x_d、x_d+9、x_d+18和x_d+27。因此编译器会给 S2 末尾增加 3 字节到总长 12 字节，使 d 中所有元素的地址分别为x_d、x_d+12、x_d+24和x_d+36。

总之，因为结构包含各种不同的数据类型，为了在整体和元素上都能满足数据对齐的要求，以及内存整体对于存储数据的对齐要求，有如下规则。

- 结构的首地址必须是最大元素字节数的整数倍。
- 结构中每个数据的地址必须是其字节数的整数倍。
- 结构的总体长度必须是最大元素字节数的整数倍。

编译代码时，编译器会根据结构的声明代码在存储时增加适当的空字节来保证上述要求得到满足。由数据对齐需要而产生的空字节在实现以结构为元素的数组时显得尤其重要。因为结构中存在为了满足数据对齐而添加的空字节，对数组成员包含的某个结构元素进行访问就不能仅靠简单地计算字节数来确定访问地址，而必须要充分考虑到空字节占用的空间。考虑下列结构声明，

```
struct S3 {
  short i;
```

```
    float v;
    short j;
  } a[10];
```

数组 a 中的每一个元素都是 S3 类型的结构。如果要访问某一个元素 a[i] 中的短整型变量 j，表面看来 j 在 a[i] 中的偏移量应该是 6，即短整型 i 的 2 字节加上单精度浮点 v 的 4 字节。但是为了数据对齐的需要，实际的存储空间是添加了空字节的，如图 6-16 所示，

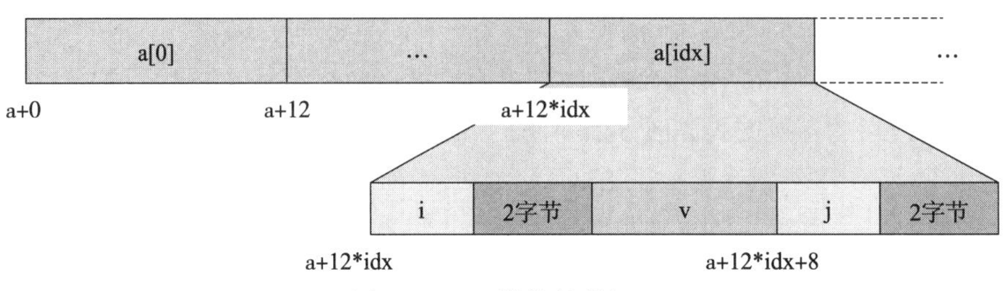

图 6-16　S3 结构的数组 a

访问 a[i] 中元素 j 的汇编代码也证明了这一点：

```
# %idx in %eax
leal  (%eax,%eax,2),%eax          # 3*idx
movswl a+8(,%eax,4),%eax          # a+8+12*idx
```

反过来说，如果在声明结构时使用较为合理的方式，就能够减少编译器为了保证数据对齐而“被迫”添加的空字节，从而减少程序的存储空间。一般说来，C 语言代码中声明结构时，应该按照其中数据类型的大小从大到小地依次进行声明。这是因为较大的数据尺寸总是较小数据尺寸的整数倍（2 的幂次倍）。那么紧接一个较大数据的起始地址必然是较小数据尺寸的整数倍。下面两个对比鲜明的例子可以清晰地说明这个问题。考虑下面内容相同但顺序不同的两个结构声明：

```
struct S4 {            struct S5 {
   char c;                int i;
   int i;                 char c;
   char d;    }           char d; }
```

按照数据对齐的要求，结构 S4 和 S5 的存储空间如图 6-17 所示，S4 因为声明的顺序不科学，编译器必须额外添加 6 字节才能保证数据对齐；而 S5 只需要添加 2 字节即可。

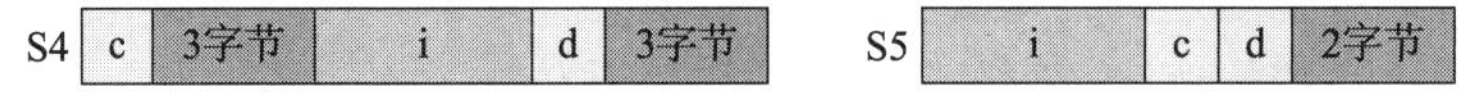

图 6-17　声明顺序导致的结构存放差异

6.4.2　联合

结构将不同类型的数据聚合到一起形成一个对象，而联合则提供一个对象并允许对该对象使用不同的引用方式来表示不同类型的数据。联合的声明语法与结构类似，但是语义差别比较大。下面是联合与结构声明的对比：

```
struct S {                  union U {
  char c;                     char c;
  int i[2];                   int i[2];
  double v;                   double v;
} *sp                       } *up
```

图 6-18 描述了结构 S 和联合 U 的内存分配情况，注意结构中为了数据对齐添加的空字节。

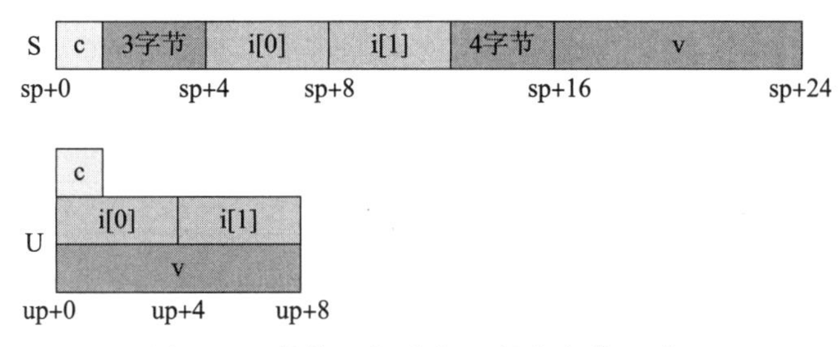

图 6-18　结构 S 与联合 U 的内存分配对比

这两个声明在 IA32 体系的 Linux 机器上编译时，相关信息如表 6-8 所示。

表 6-8　S 与 U 的对比

类型	c　　i　　v	大小（字节）
S	0　　4　　12	20
U	0　　0　　0	8

联合与结构最大的不同在于它依据声明中最大的元素分配空间，其余元素依据这一空间各自引用自身所需的内容，并且起始地址都是联合的起始地址。上例中 U 的最大元素为双精度浮点数据 v，因此内存中 U 占据 8 字节。整型数组 i 取 v 的前 4 字节作为 i[1]，后 4 字节作为 i[2]；而字符型数据 c 取 v 的第一个字节表示。

联合在一些关联紧密的上下文中非常重要，引用方便而且节省空间。当然这样做也有一定的代价。首先，其内容是固定的，v 的取值直接决定了数组 i 和字符数据 c 的值，这远没有结构那样可以分别定义内部元素的灵活性；其次，联合绕过了 C 语言中类型系统的安全措施，容易引起一些错误，因此在使用时要格外小心。当我们事先知道一个数据结构中两个不同字段的使用互斥的时候，可以选择将这两个字段声明为联合的一部分，而不是结构的一部分，这样不会发生引用的错误同时还节省了空间。学会高效地利用存储空间，也是一个优秀程序员必须具备的素质。

使用联合的时候，必须考虑到系统差异带来的字节顺序问题，即大小端的问题。下面通过一个例子来详细说明大小端机器中联合的元素字节顺序问题。有如下联合的声明：

```
union U1 {
     unsigned char c[8];
     unsigned short s[4];
     unsigned int i[2];
     unsigned long l[1];
   } dw;
```

U1 在 32 位和 64 位机器中的存放方式如图 6-19 所示，注意只存在长整型数据的差别。

<table>
<tr><td rowspan="4">32位</td><td>c[0]</td><td>c[1]</td><td>c[2]</td><td>c[3]</td><td>c[4]</td><td>c[5]</td><td>c[6]</td><td>c[7]</td></tr>
<tr><td colspan="2">s[0]</td><td colspan="2">s[1]</td><td colspan="2">s[2]</td><td colspan="2">s[3]</td></tr>
<tr><td colspan="4">i[0]</td><td colspan="4">i[1]</td></tr>
<tr><td colspan="4">l[0]</td><td colspan="4"></td></tr>
</table>

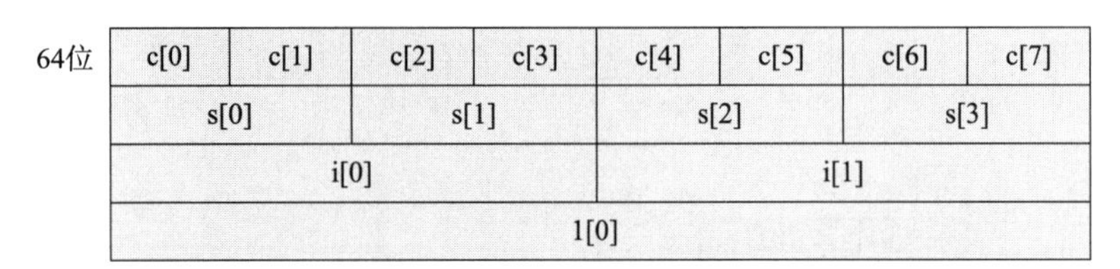

图 6-19　U1 在 32 位和 64 位机器中的存放方式

利用下面的 C 语言代码来对 U1 的元素逐个输出，展现大小端机器在字节顺序上的差异。U1 总长为 8 字节，代码中将这 8 字节依次赋值为 0xf0 ～ 0xf7，然后针对联合中的每一个类型分别进行输出。

```
int j;
for (j = 0; j < 8; j++)
   dw.c[j] = 0xf0 + j;
printf("Characters 0-7 ==   [0x%x,0x%x,0x%x,0x%x,0x%x,0x%x,0x%x,0x%x]\n",
   dw.c[0], dw.c[1], dw.c[2], dw.c[3], dw.c[4], dw.c[5], dw.c[6], dw.c[7]);
printf("Shorts 0-3 == [0x%x,0x%x,0x%x,0x%x]\n",dw.s[0], dw.s[1], dw.s[2], dw.s[3]);
printf("Ints 0-1 == [0x%x,0x%x]\n", dw.i[0], dw.i[1]);
printf("Long 0 == [0x%lx]\n", dw.l[0]);
```

在 32 位的小端法机器上，输出结果如图 6-20 所示。

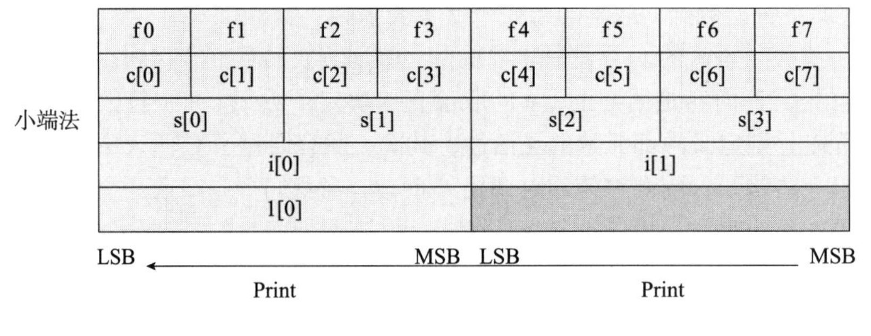


```
Output:
Characters 0-7 ==  [0xf0,0xf1,0xf2,0xf3,0xf4,0xf5,0xf6,0xf7]
Shorts     0-3 ==  [0xf1f0,0xf3f2,0xf5f4,0xf7f6]
Ints       0-1 ==  [0xf3f2f1f0,0xf7f6f5f4]
Long       0   ==  [0xf3f2f1f0]
```

图 6-20　U1 在 32 位小端法机器上的输出结果

按照小端法“低端地址存放低位数据”的规则，像 i[1] 这样的整型元素输出为 0xf3f2f1f0。

在 64 位小端法机器上的输出结果如图 6-21 所示。

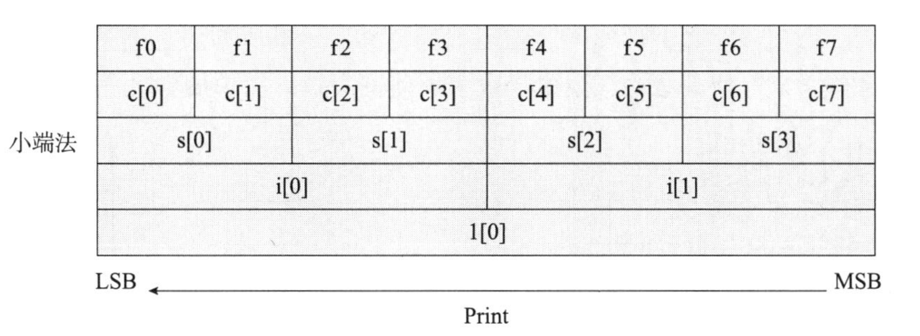


```
Output on x86-64:
Characters 0-7 ==  [0xf0,0xf1,0xf2,0xf3,0xf4,0xf5,0xf6,0xf7]
Shorts     0-3 ==  [0xf1f0,0xf3f2,0xf5f4,0xf7f6]
Ints       0-1 ==  [0xf3f2f1f0,0xf7f6f5f4]
Long       0   ==  [0xf7f6f5f4f3f2f1f0]
```

图 6-21　U1 在 64 位小端法机器上的输出结果

由于是 64 位机器，长整型数据获得 64 位长度，因此其小端输出结果为 0xf7f6f5f4f3f2f1f0，共 8 字节。

在 32 位大端法机器（SUN）上，U1 的输出结果如图 6-22 所示。

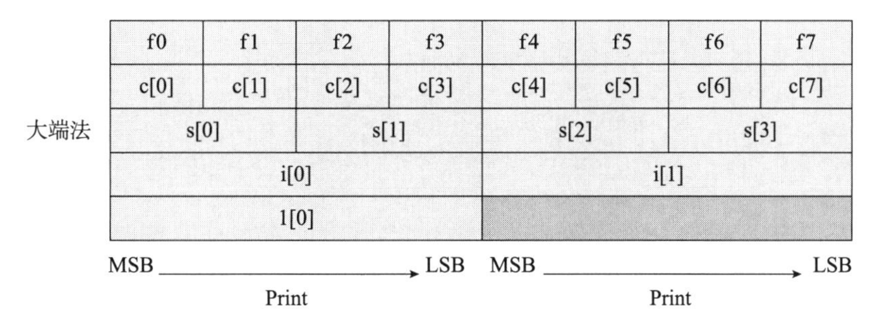


```
Output on Sun:
Characters 0-7 ==  [0xf0,0xf1,0xf2,0xf3,0xf4,0xf5,0xf6,0xf7]
Shorts     0-3 ==  [0xfof1,0xf2f3,0xf4f5,0xf6f7]
Ints       0-1 ==  [0xf0f1f2f3,0xf4f5f6f7]
Long       0   ==  [0xf0f1f2f3]
```

图 6-22　U1 在 32 位大端法机器上的输出结果

按照大端法“低端地址存放高位数据”的规则，像 i[1] 这样的整型元素输出为 0xf0f1f2f3。

6.5　存储器越界引用和缓冲区溢出

C 语言在发生数组引用时不会进行边界检查，并且使用栈来保存所有的局部变量和状态信息。这使得恶意攻击者可以利用对数组元素进行越界引用的写操作来改变或者破坏栈中合法数组区域之外的数据或者状态信息。程序使用被破坏的状态信息后，就会出现严重错误，从而对系统安全构成威胁。

缓冲区溢出攻击

扫描上方二维码可观看知识点讲解视频

一种常见的状态破坏被称为缓冲区溢出（Buffer Overflow），其恶意地使变量长度超出栈中实际分配的数组长度，导致该变量内容覆盖原本不属于它的栈空间，达到修改和破坏栈中关键内容的目的。一个典型的案例是使用恶意加长的字符串来攻击密码系统，使其缓冲区溢出导致密码验证失效。简单的C语言代码示例如下：

```
# include <stdio.h>
# include <stdlib.h>
# include <string.h>
# define PASSWORD "1234567"
int verify(char *password) {
      int auth;
      char buffer[8];                          /* 为 buffer 分配 8 字节 */
      auth = strcmp(password, PASSWORD);       /* 验证输入的字符串 */
      strcpy(buffer, password);                /* 将输入的字符串保存到 buffer*/
      return auth;
}
int main(void) {
      int flag = 0;
      char pass[1024];
    while(1){
       printf("enter the password:\t");
       scanf("%s", pass);
       flag = verify(pass);
       if(flag)
            printf("password incorrect!\n");
       else{
            printf("congratulations!\n");
            break;
        }
    }
}
```

这段程序让用户输入一个字符串（密码），然后验证该字符串是否与预先保存的密码（1234567）一致。如果一致则输出“congratulations!”，否则输出“password incorrect!”。这段程序构建了一个子函数verify来进行字符串的比对判断，因此在调用它的时候栈中为其开辟了对应的栈帧。verify中有三行关键的语句（已经做了注释），分别对应“分配缓冲区空间”“比对输入字符串与既定密码”和“将输入字符串复制到缓冲区”三个步骤。对verify进行栈操作的汇编代码节选如下：

```
verify:
push   %ebp                   # save ebp on stack
mov    %esp, %ebp             # place ebp pointer to stack top
sub    $0x28, %esp            # allocate 40 bytes stack space
mov    0x8(%ebp), %eax        # get the input string pointer
mov    %eax, (%esp)           # save the pointer on stack top
call   8048410 <strcmp@plt>   # call 'strcmp' function
mov    %eax, -0xc(%ebp)       # save the 'strcmp' result (auth) to %ebp-12
mov    0x8(%ebp), %eax        # copy the input string pointer
mov    %eax,0x4(%esp)         # save the input string pointer to %esp+4
lea    -0x14(%ebp), %eax      # put buffer pointer (%ebp-20) to %eax
mov    %eax, (%esp)           # save buffer pointer on stack top
call   80483d0 <strcpy@plt>   # call 'strcpy' to copy the input string to buffer
mov    -0xc(%ebp), %eax       # get the strcmp result as return value
leave
ret
```

这段汇编代码中的大部分操作都没有问题，唯一的风险出现在将用户输入字符串复制到缓冲区 buffer 中的操作。从图 6-23 可以看到 verify 的栈帧结构。汇编代码清楚地展示了密码校验结果 auth 存放在（%ebp−12）的位置，而 buffer 存放在从（%ebp−20）开始的 8 字节中（%ebp−20 ～ %ebp−13），也就是说，buffer 的第 8 个字节与校验结果相邻。由于 C 代码只要求分配 8 字节给 buffer，如果用户的恶意输入达到 9 字节，那么多余的那一个字节就会覆盖保存在 (%ebp−12) 位置的校验结果，从而使校验结果失效；如果恶意输入继续增加字节数，会覆盖 verify 栈帧中的寄存器保存区域；如果恶意输入为 21 字节，那么第 21 个字节将到达 %ebp 的位置，会将保存的 main 函数的 %ebp 覆盖掉；如果恶意输入为 22 字节，那么第 22 个字节将到达 main 函数的返回地址位置，使其失效。精明的攻击者会精确安排输入字符串第 21 个和第 22 个字节的内容，使其分别等于恶意代码段的 ebp 和返回地址。这样当 verify 执行完毕后，机器会自动跳转到恶意代码段去执行攻击者想要机器执行的恶意代码。所以说，这样的缓冲区溢出攻击造成的破坏是可以累积的，即随着字符串的增加，被破坏的状态越来越多。

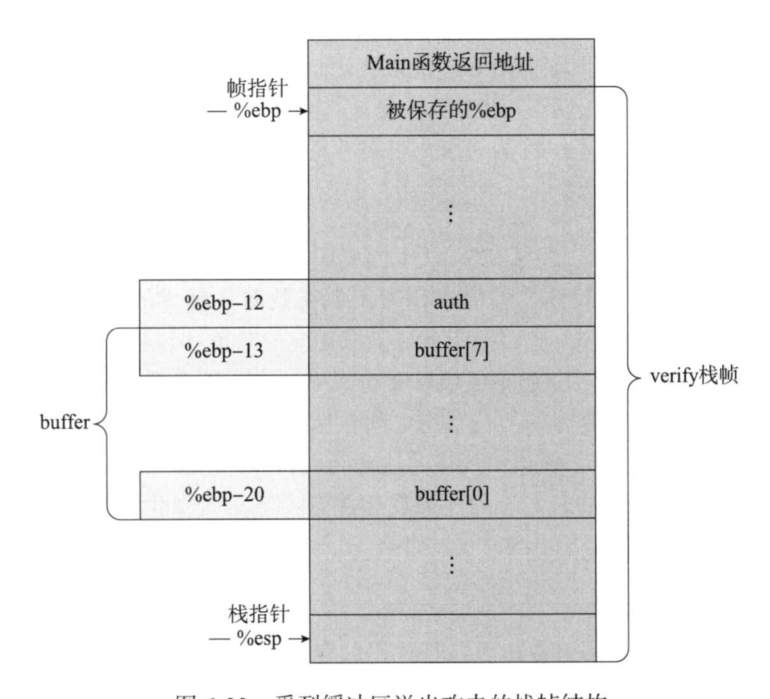

图 6-23 受到缓冲区溢出攻击的栈帧结构

由于缓冲区溢出攻击非常普遍而且造成的破坏非常严重，现代的编译器和操作系统发展出专门针对这种攻击方式的防范机制，以此降低入侵者通过缓冲区溢出攻击获得系统控制权的风险。下面分别介绍几种常见的防范机制。

1. 栈随机化

在介绍上面的例子时，我们提到了精明的攻击者会将覆盖返回地址的内容设定为指向恶意代码的地址指针。而产生这个指针需要知道输入字符串存放的栈地址，在上例中该栈地址就是 buffer 的位置。以前程序的栈地址是很容易预测的，因为对于所有运行同样程序和操作系统版本的系统来说，即使是不同的机器，栈的位置也是相当固定的。因此攻击者可以根据一台机器上的栈特点，设计出针对与这台机器类似的许多机器的攻击方式，这种现象称为安全单一化（security monoculture）。既然此种攻击方法成功的前提是栈位置的固定模式，那么使栈位置在程序每次运行时都发生变化就可以有效避免这种攻击。具体的方式是在程序开始时就在栈上分配一段 0 ～ n 字节的随机大小空间。程序并不使用这段空间，但是因为这段空间的存在，使程序每次被加载到栈中时，位置也变得随机，从而实现程序栈帧位置的随机化。这里选取的 n 不能太大，否则会浪费宝贵的栈空间；也不能太小，否则随机的变化太少，受攻击风险依然较高。

一段栈位置检查代码如下：

```
int main ()
{
      int local;
      printf ("local at %p\n", &local);
      return 0;
}
```

这段代码简单地打印出 main 函数中局部变量 local 的地址，从而可以确定 main 的栈帧。在 32 位机器和 64 位机器上分别运行 10 000 次该代码，得到的地址变化范围值大约分别是 2^{23} 和 2^{32}。在较老版本的机器上运行这段代码，每次得到的地址都是一样的。可以看到，变化越多，越难猜中栈帧地址，64 位机器的变化很多，意味着它防范此类攻击的能力较强。

2. 栈破坏检测

机器将栈破坏检测作为第二道防线。从上面密码攻击的例子可以看出，栈的破坏发生在局部缓冲区发生越界操作的时候。虽然 C 语言不能有效防止越界的写操作，但是我们可以在越界写操作发生时检测到它，从而提醒系统采取对应的防范和补救措施。

较新的 GCC 版本中加入了栈保护（stack protector）机制，专门用来检测缓冲区越界。其原理是在栈帧中任何局部缓冲区与栈状态之间存储一个探测变量“金丝雀”（canary），也称为“哨兵值”（guard value）。该值由程序每次运行时随机产生，攻击者无法简单地获得它。在恢复寄存器值和调用返回的时候，程序需要检测这个值是否发生改变，如果检测到改变，表示发生越界写操作，程序必须异常中止，不给攻击者运行后续恶意代码的机会。

3. 限制可执行代码区域

第三道防线是系统可以限制存放可执行代码的存储器区域，从而消除攻击者向系统插入恶意代码的能力。我们知道对存储器内容的访问分为三种，即读、写和执行，所谓可执行就是将存储器中的二进制内容看作机器代码形式直接加载到处理器执行。通过限制可执行代码的存储区域，系统减少了存储器中容易受到攻击的区域，也使攻击者难以简单地将要执行的恶意代码插入程序中。

AMD 的 64 位处理器中已经为内存保护引入了名为 NX（No-eXecute，不执行）的位，将“读”和“执行”两种访问模式彻底分开。Intel 也做了类似的设定。这样一个栈帧可以被标记为可读可写但不可执行，断绝了直接在栈中插入恶意代码的可能。有些类型的程序还要求动态产生和执行机器代码的能力，例如“即时”（just-in-time）技术可以为 Java 程序动态地产生代码以提高执行性能。而是否能够将可执行代码限制在编译器创建原始程序时产生的存储区域，取决于语言和操作系统。

以上介绍的三种防范手段（栈随机化、栈破坏检测和限制可执行代码区域）均是用于防范程序缓冲区溢出攻击的最常见机制。每一种防范手段都降低了漏洞出现的风险，三种防范手段的组合更加提升了效率。不过，攻击计算机的其他方法仍然存在，病毒和安全隐患也依然威胁着计算机系统的正常运行。

小结

通过本章的学习，我们看到程序在机器层面的表达和运行方式与高级语言的代码（例如 C 语言代码）之间存在较大差异。这是因为机器指令是硬件的具体操作行为，并不是像高级语言那样用文字来描述一个具体的算法逻辑。在机器层面，程序以指令序列形式出现，每一条指令都是机器的一个独立操作；而部分程序状态（例如寄存器和运行时的栈）对程序员都是可见的。理解这些行为及其特点有助于程序员了解程序在底层的行为，从而为编写出符合硬件操作规律的高效代码奠定基础。

程序的控制在机器层面的实现基本上都是与数据相关的控制流，即通过对某个数据的测试来决定程序接下来的走向。机器指令中通常使用被数据测试结果影响的条件码来使用跳转（jump）指令，从而改变程序执行的走向，并由此产生条件分支、条件传送、循环、switch 等诸多程序控制的实现方式。读者需要充分了解条件码的设定方式以及跳转指令在改变程序执行顺序中的作用才能全面理解程序控制在机器层面的实现原理。

过程调用是程序实现数据和控制转移，从而在有限的计算资源下完成复杂计算任务的重要手段。过程调用通过栈帧来完成。每一个过程（函数）都会构建自己的栈帧，而且被调用者 Q 的栈帧是在调用者 P 的栈帧相邻区域来构建的。发生过程调用时，调用者 P 会将参数放到自己栈帧的传递参数区并保存自己的返回地址。被调用者 Q 紧接着构建自己的栈帧并马上保存调用者 Q 的栈底指针以便稍后正确返回。这种紧密相连的栈帧结构确保了参数传递的高效性和程序返回的正确性，因此也往往成为黑客攻击手段所针对的主要目标。

本章还介绍了 C 语言中的数组和其他复杂数据结构的机器级表达形式与访问方式。对于数据结构的底层表达与行为的了解对于程序员来说至关重要，因为计算任务的时间成本往往耗费在数据的访问与写入上。正确理解复杂数据结构的存储方式及访问方式决定了程序员编写的程序能否节约存储空间和实现高效访问，进而避免看似语法通顺但实际执行效率低下的程序。

习题

1. 根据下列汇编代码，写出代码执行后寄存器 %eax 的值。

```
movl 0x80446a3f, %eax
movl 0x80446a3a, %edx
cmpl %eax, %edx
setl %al
movb %al, %eax
```

2. 汇编语句 cmpl %eax, %edx 执行完毕后，条件码寄存器中，ZF=0、SF=1、OF=0, 那么 %eax 和 %edx 中较大的值是哪一个？为什么？
3. 一段包含跳转指令的反汇编代码如下：

```
1      0:  48 89 f8      movl  %edi, %eax
2      3:  eb 03         jmp xxxxxxx
```

```
3    5:  48 d1 f8     sar   %eax
4    8:  48 85 c0     test  %eax, %eax
5    b:  7f f8        jg    xxxxxxx
6    d:  f3 c3        repz  ret
```

分析这段代码中两条跳转指令的跳转目标地址分别是什么。

4. 请依据 a 中的反汇编代码，将 b 中对应的 C 语言代码补充完全。

a)
```
# void cond(int a, int *p)
# a in %edi, p in %esi
   cond:
      testl %esi, %esi
      je    .L1
      cmpl  %edi, (%esi)
      jge   .L1
      movl  %edi, (%esi)
   .L1:
      ret
```

b)
```
void cond(int a, int *p)
{
   if (p && ______)
      _____ = ___;
}
```

5. 有一段汇编代码如下，试画出其逻辑流程图并写出对应该流程图的 C 语言 goto 版本，变量名可自行拟定。

```
    movl   0x0, %eax
    cmpl   %edx, 0
    jz     .L2
    jg     .L1
    movl   0xffffffff, %eax
    jmp .L2
.L1:
    movl   0x1, %eax
.L2:
    ret
```

6. 已知有下面一段不完整的 C 语言代码及其对应的汇编代码，请依据汇编代码将 C 语言代码填写完整。

C 语言代码：

```
unsigned puzzle(unsigned n)
{
if(____________________)
   return 1;
else
   return 1+puzzle(___________);
}
```

汇编代码：

```
pushl   %ebp
movl    %esp, %ebp
subl    $8, %esp
```

```
    cmpl    $0, 8(%ebp)
    jne     .L2
    movl    $1, -4(%ebp)
    jmp     .L3
.L2:
    movl    8(%ebp), %eax
    shrl    3, %eax
    movl    %eax, (%esp)
    call    puzzle
    addl    $1, %eax
    movl    %eax, -4(%ebp)
.L3:
    movl    -4(%ebp), %eax
    leave
    ret
```

7. 在过程调用开始阶段，针对被调用者栈帧的准备工作是非常关键的步骤。对于一个函数原型：

```
int p_type(int h, int i, int j, int k)
```

调用它的栈帧准备代码如下：

```
pushl   %ebp
movl    %esp, %ebp
push    %ebx
subl    $0x10, $esp
```

请在下方空白栈帧结构图中的相应位置，填入以下信息：

a）p_type 的所有参数；

b）返回地址；

c）需要在栈中保护的寄存器；

d）执行 subl 指令后，%esp 和 %ebp 的位置。

调用者栈帧

0x1000　　参数构造起始处

第7章 链接

前述章节用汇编代码展示了数据与程序的机器级表示，但仅仅是机器级表示的代码与数据并不是可执行的。从高级程序语言编写的代码到汇编程序代码，还需要通过链接才能最终形成可执行代码。本章将解读在链接阶段，链接器到底完成什么工作才能形成可执行文件。

7.1 不应忽略的链接

对于程序而言，链接是从源代码形成可执行代码的最后一个阶段的工作。链接器在整个软件开发工作中起着重要作用，它使分离编译成为可能——大型应用程序不需要被组织为一个巨大的源文件，而是可以被设计成若干更短小、功能相对单一的模块，从而独立修改、编译这些模块。在软件的生命周期中，若对其中的某个或某些模块进行修改，仅需要重新编译被修改的模块，再重新链接即可，无须重新编译其他没有改变的文件。

正因为链接工作是由链接器自动执行完成的，对于许多程序设计者而言，链接的步骤近乎透明，尤其是在以 Dev、Visual Studio 为代表的集成开发环境中，写完源代码后，一键式的“编译运行”过程成为许多程序设计者，尤其是经验不丰富的程序设计人员的“常规”操作。但是当出现如图 7-1 所示的 unresolved external link 或者 duplicate external symbol 等错误信息时，与语法错误不同，此类错误信息不能定位到源代码中的某一行，对链接缺乏理解的程序设计者很容易不知所措。实际上，这些错误的产生都是因没有充分理解链接器工作原理而导致的。本章会帮助程序设计者理解设计代码时一些部分为什么要（或者不要）这样设计，对于链接的理解，将帮助他们完成更有效的代码设计。

```
Linking...
   Creating library ../bin/demo.lib and object ../bin/demo.exp
cximage.lib(ximaraw.obj) : error LNK2001: unresolved external symbol _dcr_cleanup_dcraw
cximage.lib(ximaraw.obj) : error LNK2001: unresolved external symbol _htons@4
cximage.lib(ximaraw.obj) : error LNK2001: unresolved external symbol _dcr_flip_index
cximage.lib(ximaraw.obj) : error LNK2001: unresolved external symbol _dcr_gamma_lut
cximage.lib(ximaraw.obj) : error LNK2001: unresolved external symbol _dcr_stretch
cximage.lib(ximaraw.obj) : error LNK2001: unresolved external symbol _dcr_convert_to_rgb
cximage.lib(ximaraw.obj) : error LNK2001: unresolved external symbol _dcr_fuji_rotate
cximage.lib(ximaraw.obj) : error LNK2001: unresolved external symbol _dcr_recover_highlights
cximage.lib(ximaraw.obj) : error LNK2001: unresolved external symbol _dcr_blend_highlights
cximage.lib(ximaraw.obj) : error LNK2001: unresolved external symbol _dcr_median_filter
cximage.lib(ximaraw.obj) : error LNK2001: unresolved external symbol _dcr_vng_interpolate
cximage.lib(ximaraw.obj) : error LNK2001: unresolved external symbol _dcr_ahd_interpolate
cximage.lib(ximaraw.obj) : error LNK2001: unresolved external symbol _dcr_ppg_interpolate
cximage.lib(ximaraw.obj) : error LNK2001: unresolved external symbol _dcr_lin_interpolate
cximage.lib(ximaraw.obj) : error LNK2001: unresolved external symbol _dcr_pre_interpolate
cximage.lib(ximaraw.obj) : error LNK2001: unresolved external symbol _dcr_scale_colors
cximage.lib(ximaraw.obj) : error LNK2001: unresolved external symbol _dcr_subtract
cximage.lib(ximaraw.obj) : error LNK2001: unresolved external symbol _dcr_bad_pixels
cximage.lib(ximaraw.obj) : error LNK2001: unresolved external symbol _dcr_remove_zeroes
cximage.lib(ximaraw.obj) : error LNK2001: unresolved external symbol _dcr_merror
cximage.lib(ximaraw.obj) : error LNK2001: unresolved external symbol _dcr_kodak_ycbcr_load_raw
cximage.lib(ximaraw.obj) : error LNK2001: unresolved external symbol _dcr_identify
cximage.lib(ximaraw.obj) : error LNK2001: unresolved external symbol _dcr_parse_command_line_options
cximage.lib(ximaraw.obj) : error LNK2001: unresolved external symbol _dcr_init_dcraw
../bin/demo.exe : fatal error LNK1120: 24 unresolved externals
Error executing link.exe.
```

a）unresolved external link 错误信息

图 7-1 典型链接错误示例

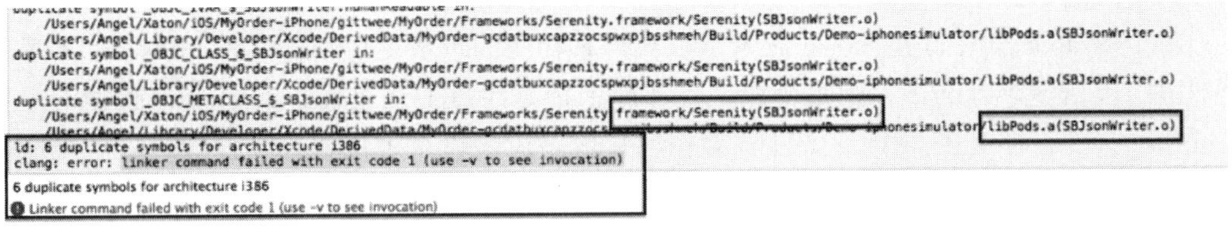

```
    /Users/Angel/Xaton/iOS/MyOrder-iPhone/gittwee/MyOrder/Frameworks/Serenity.framework/Serenity(SBJsonWriter.o)
    /Users/Angel/Library/Developer/Xcode/DerivedData/MyOrder-gcdatbuxcapzzocspwxpjbsshmeh/Build/Products/Demo-iphonesimulator/libPods.a(SBJsonWriter.o)
duplicate symbol _OBJC_CLASS_$_SBJsonWriter in:
    /Users/Angel/Xaton/iOS/MyOrder-iPhone/gittwee/MyOrder/Frameworks/Serenity.framework/Serenity(SBJsonWriter.o)
    /Users/Angel/Library/Developer/Xcode/DerivedData/MyOrder-gcdatbuxcapzzocspwxpjbsshmeh/Build/Products/Demo-iphonesimulator/libPods.a(SBJsonWriter.o)
duplicate symbol _OBJC_METACLASS_$_SBJsonWriter in:
    /Users/Angel/Xaton/iOS/MyOrder-iPhone/gittwee/MyOrder/Frameworks/Serenity.framework/Serenity(SBJsonWriter.o)
    ...onesimulator/libPods.a(SBJsonWriter.o)
ld: 6 duplicate symbols for architecture i386
clang: error: linker command failed with exit code 1 (use -v to see invocation)
6 duplicate symbols for architecture i386
Linker command failed with exit code 1 (use -v to see invocation)
```

b ）duplicate external symbol 错误信息

图 7-1　典型链接错误示例（续）

7.2　编译系统中的链接器

链接概述

扫描上方二维码可观看知识点讲解视频

在以 Linux 为代表的 GNU 编译系统中，将 C 语言编写的源代码文件 test.c 编译生成可执行文件 test，对于一般程序设计者而言，只需要输入如下命令：

```
gcc test.c -o test
```

正如图 1-3 所示，从 C 语言源代码到可执行代码，实际上需要经过若干处理阶段：首先需要经过预处理，然后是编译和汇编处理，链接发生在汇编阶段之后，链接成功完成后才生成可执行文件。对于图 7-2 中所示的 C 语言程序源代码，按照图 1-3 所示的各个步骤拆解，一步一步地进行编译处理。那么对于 main.c，在 shell 中使用如下命令进行**预处理**：

```
cpp main.c -o main.i
```

```
1  //main.c
2  extern int shared;
3  int main(){
4      static int a = 100;
5      swap(&a, &shared);
6     return 0;}
```

a ） main.c

```
1  //swap.c
2  int shared = 1;
3  void swap(int*a, int*b){
4         *a^=*b^=*a^=*b;}
```

b ）swap.c

图 7-2　C 语言程序源代码

这里调用语法预处理器（cpp）将 C 语言编写的源代码翻译成了用 ASCII 码表示的中间文件 main.i，这里实际上就是将 C 源代码文件中最开始几行中出现的“#”符号后面的头文件内容加入 main.c 源文件中，当然，如果有宏指令也会进行相应的替换。

对于 .i 文件，继续使用如下命令进行**编译**：

```
cc1 main.i -o main.s
```

由 C 编译器（cc1 ）将 main.i 翻译成相应的汇编语言文件 main.s。

对于 .s 汇编文件，使用如下命令进行**汇编**：

```
as main.s -o main.o
```

这里，汇编器（as）将 main.s 翻译成一个可重定位目标文件 main.o。

对于 swap.c 采用如上一系列命令，可获得其相应的可重定位目标文件 swap.o。如果一个工程中包括多个源文件，则每个源文件实际上都是经过上述过程各自形成 .o 类型的可重定位目标文件，即有多少个 .c 文件就会相应形成多少个可重定位目标文件 .o，这就是所谓的分离编译。最终需要由链接器（ld）将这些可重定位目标文件**链接**形成一个可执行目标文件（也简称为可执行文件）：

```
ld -o p main.o swap.o  *
```

这样就获得了一个可执行文件 p，当需要运行它的时候，只需要在 shell 的命令行输入如下命令：

```
linux > ./p
```

运行可执行文件，实际上是 Linux 的 shell 调用了操作系统的一个函数加载器（loader），它将可执行文件 program 的代码和数据复制到虚拟内存中（参见第 10 章），再将控制转移到 program 的开头。

实际上由于 C 语言的执行必须要包括 C 运行时库（C Run-time Library），因此完整的链接命令必须要包括 C 运行时库的相关内容，完整的 ld 命令行内容如下所示：

```
huang@huang-VirtualBox:~/CSS/linking$ ld -o p2 main.o swap.o /usr/lib/gcc/i686-linux-gnu/5/../../../i386-linux-gnu/crt1.o /usr/lib/gcc/i686-linux-gnu/5/../../../i
386-linux-gnu/crti.o -lc /usr/lib/gcc/i686-linux-gnu/5/../../../i386-linux-gnu/crtn.o
```

即将 C 运行时库的 crt1.o、crti.o 以及 crtn.o 手动纳入链接内容。

正如前文所述，如果将从源代码到可执行代码的整个处理过程一步一步地拆解开，那么链接器的工作实际上就是将汇编器输出的可重定位目标文件进行黏合、拼接，最终输出可执行代码 / 文件的过程。

在继续阅读本章后续内容之前，请考虑如下几个问题。

- 工程中不同的源代码 .c 文件分别形成各自的可重定位目标文件 .o，那么这些 .o 文件如何知道彼此的存储位置呢？
- 如果存在全局属性的变量和函数，（没有定义）仅仅使用这些变量和函数的 .o 文件，如何知道这些变量和函数的具体定义呢？
- 上文中在 shell 命令行中使用 ld 命令“黏合”多个 .o 文件时，这个命令行中出现的 .o 文件的顺序是唯一的吗？

通过学习本章后续内容，读者一定能找到这些问题的答案。

7.3 静态链接

7.2 节中展示的 Linux 的链接器（ld）属于静态链接器，在命令行中包含若干可重定位目标文件和命令行参数，链接器正确合并这些可重定位目标文件，形成一个可加载运行的可执行文件。链接器不是对可重定位目标文件进行“机械”合并，一方面它将不同目标文件中的各个部分按照代码、数据等进行分类合并，尤其对于静态链接，链接器会将代码和数据都合并到可执行文件中，即需要确定各个代码和数据的最终存储位置；另一方面它还需要分析目标文件中符号定义的完整性，对符号的地址信息进行解析，并将符号的引用和相应符号定义关联起来。

总体而言，链接器必须完成符号解析和重定位两项工作，才能形成可执行文件。

- 符号解析：从汇编器输出的可重定位目标文件 .o 中均包括一个符号表，该表中描述了符号定义和符号使用（也称为符号引用）信息，通过符号解析，找到每一个符号引用与其对应的符号定义，即符号引用与相应符号定义关联。
- 重定位：由前面的章节可知，一段 C 语言代码经过编译和汇编之后，会生成自己的代码节和数据节，但编译器和汇编器无法确定各个 .o 文件内的代码节和数据节的实际存储地址，因此各个目标文件暂且被设定为全 0 地址起始。链接器首先需要像“摆积木”一样，将各个 .o 文件的不同节内容按照代码、数据等分类摆放好，确定每个符号定义的存储位置，再将所有符号引用地址指向与之相应的符号定义地址，从而完成整个重定位过程。

链接器的基本工作过程如图 7-3 所示。

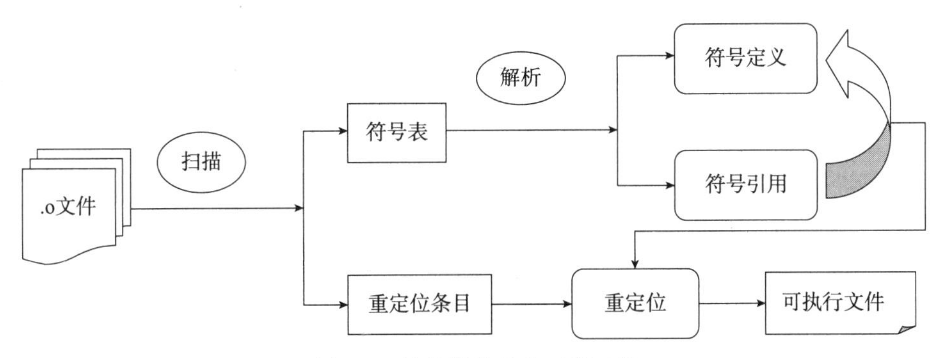

图 7-3　链接器的基本工作过程

7.4　目标文件

目标文件是一个以文件形式存放在磁盘中的目标模块，从内容上看，每个目标模块实际上是一个字节序列。目标文件包括可重定位目标文件、共享目标文件和可执行目标文件。可重定位目标文件由汇编器生成，包含二进制形式的代码与数据，可以与其他可重定位目标文件结合作为链接器的输入形成可执行目标文件；可执行目标文件可以由系统复制加载到内存并执行；共享目标文件实际上是一种特殊形式的可重定位目标文件，也由链接器输出产生，相当于 Windows 中的动态链接库（DLL），在加载可执行文件时或者在可执行文件运行时，共享目标文件被动态地加载进内存并链接，为可执行文件提供所需的符号定义。

当前主流的可执行文件格式有两种，一种是 Windows 平台使用的可移植的可执行（Portable Executable，PE）格式，另一种是本书中讨论的 Linux 平台上使用的可执行可链接（Executable and Linkable Format，ELF）格式。本章提及的可执行目标文件、重定位目标文件、共享目标文件，以及在程序运行出现问题时出现的核心转储（Core Dump）文件都属于 ELF 格式的文件。下面将重点讨论可重定位目标文件的 ELF 文件结构。

7.5 可重定位目标文件

作为链接器的输入，ELF 格式的可重定位目标文件到底为链接器提供了什么内容？链接器到底对这些内容执行了怎样的操作？本节将给出这两个问题的答案。图 7-4 中描述了典型的 ELF 可重定位目标文件的结构。

下面对其中各部分进行详细介绍。

- ELF 文件头。这是一个长度为 16B 的字节序列，通常作为可重定位目标文件的开始头，描述了生成本文件的系统的字长度和字节顺序，余下的部分描述了 ELF 头的大小、目标文件类型、机器类型、节头部表的文件偏移、节头部表的表项大小和数量等内容。ELF 文件头的数据结构定义如图 7-5 所示。使用 readelf 读取示例代码的 ELF 文件头如图 7-6 所示。

ELF文件头（ELF header）
代码节（.text）
数据节（.data）
bss节（.bss）
符号表（.symtab）
待重定位代码节（.rel.text）
待重定位数据节（.rel.data）
调试符号表（.debug）
字符串表（.strtab）
行号表（.line）
节头部表

图 7-4 典型的 ELF 可重定位目标文件结构

```
typedef struct {
    unsigned char e_ident[EI_NIDENT];
    uint16_t     e_type;
    uint16_t     e_machine;
    uint32_t     e_version;
    ElfN_Addr    e_entry;
    ElfN_Off     e_phoff;
    ElfN_Off     e_shoff;
    uint32_t     e_flags;
    uint16_t     e_ehsize;
    uint16_t     e_phentsize;
    uint16_t     e_phnum;
    uint16_t     e_shentsize;
    uint16_t     e_shnum;
    uint16_t     e_shstrndx;
} ElfN_Ehdr;
```

图 7-5 ELF 文件头的数据结构定义

```
ELF 头:
  Magic:   7f 45 4c 46 01 01 01 00 00 00 00 00 00 00 00 00
  类别:                              ELF32
  数据:                              2 补码，小端序 (little endian)
  版本:                              1 (current)
  OS/ABI:                            UNIX - System V
  ABI 版本:                          0
  类型:                              REL (可重定位文件)
  系统架构:                          Intel 80386
  版本:                              0x1
  入口点地址:               0x0
  程序头起点:          0 (bytes into file)
  Start of section headers:          616 (bytes into file)
  标志:             0x0
  本头的大小:       52 (字节)
  程序头大小:       0 (字节)
  Number of program headers:         0
  节头大小:         40 (字节)
  节头数量:         12
  字符串表索引节头: 9
```

图 7-6 readelf 读取的 ELF 文件头内容

- 节头部表。通常放在可重定位目标文件的最末位置，描述了目标文件中不同节的信息，诸如各节的存储位置、大小等。请注意这里的各节（Section）指的是 ELF 文件头和节头部表之间的 ELF 可重定位目标文件的各部分，使用 readelf 读取示例代码的 ELF 文件节头部表内容如图 7-7 所示。

```
huang@huang-VirtualBox:~/cspp-link$ readelf -S main.o
共有 12 个节头，从偏移量 0x240 开始：

节头：
  [Nr] Name              Type            Addr     Off    Size   ES Flg Lk Inf Al
  [ 0]                   NULL            00000000 000000 000000 00      0   0  0
  [ 1] .text             PROGBITS        00000000 000034 000033 00  AX  0   0  1
  [ 2] .rel.text         REL             00000000 0001c8 000018 08   I 10   1  4
  [ 3] .data             PROGBITS        00000000 000068 000004 00  WA  0   0  4
  [ 4] .bss              NOBITS          00000000 00006c 000000 00  WA  0   0  1
  [ 5] .comment          PROGBITS        00000000 00006c 000036 01  MS  0   0  1
  [ 6] .note.GNU-stack   PROGBITS        00000000 0000a2 000000 00      0   0  1
  [ 7] .eh_frame         PROGBITS        00000000 0000a4 000044 00   A  0   0  4
  [ 8] .rel.eh_frame     REL             00000000 0001e0 000008 08   I 10   7  4
  [ 9] .shstrtab         STRTAB          00000000 0001e8 000057 00      0   0  1
  [10] .symtab           SYMTAB          00000000 0000e8 0000c0 10     11   9  4
  [11] .strtab           STRTAB          00000000 0001a8 000020 00      0   0  1
Key to Flags:
  W (write), A (alloc), X (execute), M (merge), S (strings)
  I (info), L (link order), G (group), T (TLS), E (exclude), x (unknown)
  O (extra OS processing required) o (OS specific), p (processor specific)
```

图 7-7　readelf 读取的节头部表内容

- 代码节。包含以二进制指令形式保存的程序代码，比如编程人员定义的函数经过翻译形成的机器指令就存放在本节。使用 objdump –d –j .text main.o 可以查看代码节相应的汇编代码，如图 7-8 所示。

```
huang@huang-VirtualBox:~/cspp-link$ objdump -d -j .text main.o

main.o:     文件格式 elf32-i386


Disassembly of section .text:

00000000 <main>:
   0:   8d 4c 24 04             lea    0x4(%esp),%ecx
   4:   83 e4 f0                and    $0xfffffff0,%esp
   7:   ff 71 fc                pushl  -0x4(%ecx)
   a:   55                      push   %ebp
   b:   89 e5                   mov    %esp,%ebp
   d:   51                      push   %ecx
   e:   83 ec 14                sub    $0x14,%esp
  11:   65 a1 14 00 00 00       mov    %gs:0x14,%eax
  17:   89 45 f4                mov    %eax,-0xc(%ebp)
  1a:   31 c0                   xor    %eax,%eax
  1c:   c7 45 f0 64 00 00 00    movl   $0x64,-0x10(%ebp)
  23:   83 ec 08                sub    $0x8,%esp
  26:   68 00 00 00 00          push   $0x0
  2b:   8d 45 f0                lea    -0x10(%ebp),%eax
  2e:   50                      push   %eax
  2f:   e8 fc ff ff ff          call   30 <main+0x30>
  34:   83 c4 10                add    $0x10,%esp
  37:   b8 00 00 00 00          mov    $0x0,%eax
  3c:   8b 55 f4                mov    -0xc(%ebp),%edx
  3f:   65 33 15 14 00 00 00    xor    %gs:0x14,%edx
  46:   74 05                   je     4d <main+0x4d>
  48:   e8 fc ff ff ff          call   49 <main+0x49>
  4d:   8b 4d fc                mov    -0x4(%ebp),%ecx
  50:   c9                      leave
  51:   8d 61 fc                lea    -0x4(%ecx),%esp
  54:   c3                      ret
```

图 7-8　代码节的汇编代码形式

- 数据节。包含以二进制形式保存的程序数据，包括已经初始化的全局变量或者用 static 修饰的静态变量。请注意，函数中定义的局部变量没有被放在目标文件的数据节中。与全局变量不同，局部变量是所属函数私有的，局部变量只能在定义它的函数内部使用。回顾第 6 章的内容，函数被调用时，局部变量被保存在栈中，函数返回后，局部变量就被从栈中清除。使用 objdump –s –d 目标文件 .o，可以查看数据 data 节，如图 7-9 的框内所示。

```
huang@huang-VirtualBox:~/cspp-link$ objdump -s -d main.o

main.o:      文件格式 elf32-i386

Contents of section .text:
 0000 8d4c2404 83e4f0ff 71fc5589 e55183ec  .L$.....q.U..Q..
 0010 0483ec08 68000000 00680000 0000e8fc  ....h....h......
 0020 ffffff83 c410b800 0000008b 4dfcc98d  ............M...
 0030 61fcc3                               a..
Contents of section .data:
 0000 64000000                             d...
Contents of section .comment:
 0000 00474343 3a202855 62756e74 7520352e  .GCC: (Ubuntu 5.
 0010 342e302d 36756275 6e747531 7e31362e  4.0-6ubuntu1~16.
 0020 30342e31 32292035 2e342e30 20323031  04.12) 5.4.0 201
 0030 36303630 3900                        60609.
Contents of section .eh_frame:
 0000 14000000 00000000 017a5200 017c0801  .........zR..|..
 0010 1b0c0404 88010000 28000000 1c000000  ........(.......
 0020 00000000 33000000 00440c01 00471005  ....3....D...G..
 0030 02750043 0f03757c 06600c01 0041c543  .u.C..u|.`...A.C
 0040 0c040400                             ....
```

图 7-9 查看 ELF 的数据节

- bss 节。包含没有被初始化的全局和静态变量，以及所有被初始化为零值的全局和静态变量。在目标文件中，bss 节并不占用实际的存储空间，只是作为一个占位符。目标文件 ELF 格式将未初始化的变量和已初始化的变量如此区分放置，可以更有效地使用存储空间——未初始化的变量不需要使用任何实际的物理存储空间，运行时再在内存中分配这些变量，并初始化为零值。因此 bss 也可以被视为“更好地节省空间”（better save space）的缩写。使用 objdump –x –s -d 目标文件 .o，可以查看数据 bss 节，但是对于本示例却查不到，因为本示例中并没有未被初始化的全局变量或静态变量。
- 符号表。由汇编器构造生成，保存程序中定义和引用的函数及全局变量的信息，但是不包括局部变量的信息。使用 readelf -s main.o 命令可以查看可重定位目标文件 main.o 的符号表完整信息，如图 7-10 所示。其中第一列是符号表中的条目号；第二列是其所存储的地址，由于是可重定位目标文件，没有经过链接处理，因此这些地址“值”此时均为空，并没有实际存储空间地址；第三列是符号大小；第四列是符号的来源类型，即是数据还是函数；第五列是符号属性，即是全局符号还是本地符号；第六列 Vis 表示是否可见，一般值均为 DEFAULT，参考意义不大；第七列 Ndx 表示符号在哪个节，其中的 1、3、4 等数字就是节编号，图 7-10 中节号为 1 即表示符号属于 text 节；最后一列表示符号名称。据此可以看出，符号 main 的大小为 85 字节，来源于函数，是一个全局符号，属于 text 节。图 7-10 中 Ndx 列中出现的 UND、ABS 等可以称为“伪节”，分别表示不需要重定位和未定义，这些仅在可重定位文件中才会出现。

```
huang@huang-VirtualBox:~/cspp-link$ readelf -s main.o

Symbol table '.symtab' contains 12 entries:
   Num:    Value  Size Type    Bind   Vis      Ndx Name
     0: 00000000     0 NOTYPE  LOCAL  DEFAULT  UND
     1: 00000000     0 FILE    LOCAL  DEFAULT  ABS main.c
     2: 00000000     0 SECTION LOCAL  DEFAULT    1
     3: 00000000     0 SECTION LOCAL  DEFAULT    3
     4: 00000000     0 SECTION LOCAL  DEFAULT    4
     5: 00000000     0 SECTION LOCAL  DEFAULT    6
     6: 00000000     0 SECTION LOCAL  DEFAULT    7
     7: 00000000     0 SECTION LOCAL  DEFAULT    5
     8: 00000000    85 FUNC    GLOBAL DEFAULT    1 main
     9: 00000000     0 NOTYPE  GLOBAL DEFAULT  UND shared
    10: 00000000     0 NOTYPE  GLOBAL DEFAULT  UND swap
    11: 00000000     0 NOTYPE  GLOBAL DEFAULT  UND __stack_chk_fail
```

图 7-10 readelf 读取的 ELF 文件符号表内容

- 待重定位代码节。这是一个重定位表，该表中的各表项是在代码节中需要重定位的位置，即当链接器把若干目标文件“拼接”起来的时候需要修改哪些位置，都被记录在这个重定位表里。通常，任何调用外部函数（即不在本文件中定义的函数）或引用全局变量的指令都需要修改调用 / 引用位置。如果是调用本地函数（即在本文件中定义的函数），则不需要修改。重定位表项的数据结构定义如下：

```
1  typedef struct {
2      Elf32_Addr      r_offset;          // 重定位地址
3      Elf32_Word      r_info;            // 重定位类型和符号
4  } Elf32_Rel;                           // 重定位表项
```

- 待重定位数据节。包含数据节中需要重定位的信息，被引用或定义的所有全局变量的重定位信息均可以在本节中找到。例如，如果一个被初始化的全局变量，其初始化值是另一个全局变量的地址或外部定义的函数地址，那么这个全局变量的初始化值就需要被链接器修改，这个全局变量就需要被记录在待重定位数据节中。
- 调试符号表。其条目是程序中定义的局部变量及其类型定义，程序中定义和引用的全局变量、C 源代码文件也在这里。请注意，当调用编译器驱动程序时，使用 -g 选项，调试符号表才有实际内容。
- 字符串表。严格意义上是一块文件区域，包括一个以 null 结尾的字符串序列。它包括符号表、调试符号中的符号名，以及节头部表中的节名，这些都以不定长字符串的形式保存在这里，这样使用字符串的文件结构就仅需检索字符串在哪一节的哪个位置即可。
- 行号表。保存 C 源代码程序的行号与代码节中机器指令之间的映射关系。当调用编译器驱动程序时，使用 -g 选项，就会得到这个表。

在 32 位的 Linux 系统中，头文件 /user/include/elf.h 定义了 ELF 文件涉及的所有数据结构，可以参阅并对照本节内容进行学习，以更好地把握 ELF 文件结构的细节。

7.6　符号表和符号

正如 7.4 节所述，每一个可重定位目标文件都包括一个符号表，该表记录了本文件中定义和引用的符号信息，其数据结构定义如图 7-11 所示。

其中符号值 st_value 是指在可重定位目标文件中，距离该符号定义所在目标节的起始位置的偏移量。st_size 是以字节为单位的符号大小，如果符号大小未知，则该值通常被设定为 0。st_info 是符号的类型和绑定的属性，例如本地（local）、全局（global）、弱（week）等。有关符号分类的细节，请参阅后续内容。st_other 表示符号的可见性，其相应值及对应含义如表 7-1 所示。

```
1    typedef struct {
2        Elf32_Word      st_name;      //符号名
3        Elf32_Addr      st_value;     //符号值
4        Elf32_Word      st_size;      //符号大小
5        unsigned char   st_info;      //符号类型
6        unsigned char   st_other;     //符号的可见性
7        Elf32_Half      st_shndx;     //符号所在节
8    } Elf32_Sym;                      //符号表项
```

图 7-11　符号表数据结构定义

表 7-1　st_other 相应值及对应含义

名称	值	功能描述
STV_DEFAULT	0	在当前文件中定义的全局弱符号，对其他文件可见
STV_PROTECTED	1	在当前文件中定义，对其他文件可见，且相应引用只能和该定义关联
STV_HIDDEN	2	在当前文件中定义，对其他文件不可见
STV_INTERNAL	3	可见属性当前被保留

通过 GNU READELF 工具可以显示目标文件 .o 的符号表内容。例如，以下是 main.o 的符号表条目的部分内容。

```
$ readelf -s main.o
⋮
 8: 0000000000000000    79 FUNC    GLOBAL DEFAULT    1 main
 9: 0000000000000000     0 NOTYPE  GLOBAL DEFAULT  UND shared
10: 0000000000000000     0 NOTYPE  GLOBAL DEFAULT  UND swap
⋮
```

其中最右一列是符号名称，左数第 5 列 GLOBAL 是相应的符号类型描述。

使用 nm 命令也可以实现对符号条目的查看：

```
$ nm main.o
                 U __stack_chk_fail
0000000000000000 T  main
                 U shared
                 U swap
```

这里 U 表示该符号未在本目标文件中定义，T 表示该符号是函数名，稍后可见，若是 D 则表示该符号是已经初始化的全局变量名。结合图 7-10，此处仅有全局符号 main 是不需要重定位的，在可重定位目标文件中，没有经过链接，尚未分配实际存储地址，故显示其逻辑地址为全 0；swap 需要链接器进行重定位，在这个可重定位目标文件中暂时没有存储地址信息。

类似地，如下是 swap.o 的符号表条目：

```
$ readelf -s b.o
⋮
8: 0000000000000000     4 OBJECT  GLOBAL DEFAULT    2 shared
9: 0000000000000000    75 FUNC    GLOBAL DEFAULT    1 swap
⋮
```

使用 nm 命令查看为：

```
$ nm swap.o
0000000000000000 D shared
0000000000000000 T swap
```

对于最终的可执行文件 program，也可以查看其符号表内容——可执行文件也是 ELF 格式文件。

```
$ readelf -s program
⋮
10: 0000000000000000     0 FILE    LOCAL  DEFAULT  ABS main.c
11: 0000000000000000     0 FILE    LOCAL  DEFAULT  ABS swap.c
12: 0000000000400114    45 FUNC    GLOBAL DEFAULT    1 swap
13: 00000000006001a0     4 OBJECT  GLOBAL DEFAULT    3 shared
14: 00000000006001a4     0 NOTYPE  GLOBAL DEFAULT    3 __bss_start
15: 00000000004000e8    44 FUNC    GLOBAL DEFAULT    1 main
16: 00000000006001a4     0 NOTYPE  GLOBAL DEFAULT    3 _edata
17: 00000000006001a8     0 NOTYPE  GLOBAL DEFAULT    3 _end
```

使用 nm 命令查看，可得：

```
$ nm program
00000000006001a4 D __bss_start
00000000006001a4 D _edata
00000000006001a8 D _end
00000000004000e8 T main
00000000006001a0 D shared
0000000000400114 T swap
```

根据符号在当前目标文件中的可见性，可将符号划分成以下三类：

- 全局符号：在当前目标文件中定义的且可以被其他文件引用的符号，若将当前目标文件对应于预处理之前的 C 语言源代码模块，则全局符号对应于本代码模块中的非静态函数和非静态属性的全局变量。
- 外部符号：并非由本目标文件定义，而是由其他目标文件定义但被本地文件应用的符号，外部符号属于全局符号，对应于相应代码模块中定义的全局变量和非静态函数。
- 局部符号：只在当前目标文件中定义和引用的符号，对应于相应代码模块中由 static 修饰的静态属性的全局变量和静态函数。回想一下，在 C 语言中经 static 修饰的函数以及变量都是当前代码模块 / 文件私有的，即对外部其他代码文件不可见。请注意

static 关键字的用法，如果要求一个变量或函数只应该被当前代码模块文件使用而不暴露给外部，那么就应该使用 static 关键字。

再次说明，链接器接收的目标文件中的符号与程序代码中的变量是不同的。在 ELF 格式的目标文件中的符号表不包括相应程序源代码中的本地非静态变量，这些变量在执行时在栈中被管理，这些局部属性的非静态变量都不是符号，链接器对它们一无所知。

7.7 符号解析

符号解析就是需要确定每一个符号引用和相应的符号定义之间的关联。由于编译器只允许每个目标文件中的本地局部符号有一个定义，因此如果符号引用和相应的符号定义在同一个目标文件中，那么此时的符号解析是非常简单明确的。对于静态本地变量，编译器也会确定它们有唯一的本地局部符号名。

但是，对于全局符号的解析就相对困难一些。当编译器在编译过程中遇到外部定义的符号（即相应源代码文件中的全局变量或函数名）时，只要编译器能找到相应的变量声明，它就会继续编译过程，而不会费力地搜索变量或函数定义。确定所使用的符号有其唯一定义的这项工作则是由链接器完成的。由 7.5 节和 7.6 节中对符号表的描述可知，本质上符号表只是表达了两件事：其一，本目标文件能提供给其他文件使用的符号；其二，本目标文件需要其他文件提供的符号。如果链接器在所有输入的目标文件中都找不到被引用符号的定义，它就会输出一条错误信息并终止。例如，对于图 7-2 所示的代码，如果我们仅仅对图 7-2a 中的代码进行编译，编译器会顺利运行，但是到链接的时候，由于链接器无法解析符号 swap，即找不到 swap 的定义，则程序终止运行，如图 7-12 所示。

```
/tmp/ccYsm697.o: 在函数'main'中:
main.c:(.text+0x27): 对'shared'未定义的引用
main.c:(.text+0x30): 对'swap'未定义的引用
collect2: error: ld returned 1 exit status
```

图 7-12　无法解析 swap 而报错

由于程序编写模块化的需要，尤其是以团队形式完成一个稍具规模的工程时，不同模块中出现同名的变量或函数但其功能不同的情况是非常常见的，这就导致相应的多个目标文件中很有可能出现同名的符号，即对同一个符号出现多重定义。在这种情况下，链接器会依据自己的规则选出其中一个符号定义与相应符号引用关联，忽略其他同名符号定义，或者链接器会直接提示一个错误。如果对这种情况不够理解，那么就很容易出现始料未及的问题。

7.7.1 解析多重定义的符号

对于符号表中的符号，正如 7.5 节所述，根据其定义是否可被其他文件中的符号引用关联，大致可以分为局部符号和全局符号两大类型；还可以根据其相应变量在定义时是否被初始化或是否为函数名，将全局符号分为强符号和弱符号。

- 强符号。所有函数名，以及已初始化的全局变量名对应的符号都是强符号。
- 弱符号。没有初始化的全局变量名对应的符号是弱符号。

据此，对于图 7-2 的示例代码，其相应的目标文件中 main、swap、a 是强符号，b 是弱符号。基于强弱符号的概念，链接器会按照如下规则处理多重定义的全局符号。

- 规则 1：不允许多次定义强符号，即不同目标文件中不能有同名的强符号；若出现多个强符号定义，链接器则会报符号多重定义错误。

- 规则 2：选择强符号，即如果一个符号在某个目标文件中被定义为强符号，那么即使在其他目标文件中被定义为弱符号，对该符号的所有引用也都会与这个强符号定义关联，而忽略其他同名弱符号定义。
- 规则 3：弱符号任意选，即如果多个目标文件都定义了一个同名的弱符号，则一般会选择占用空间（字节数）最大的那个符号定义与相应的符号引用关联起来，如果占用空间相同，则链接器会任意选择一个符号定义与相应符号引用关联。

据此，可以总结出全局符号多重定义不一致的情况大致有以下三种。

1）出现两个或两个以上的同名强符号，如下面的示例代码：

```
1  //main1.c
2  int main( ) {
3        printf("Hello\n");
4              return 0;
5  }
```

```
1  //main2.c
2  int main( ) {
3        printf("Byebye\n");
4              return 0;
5  }
```

链接两个文件：

```
> gcc main1.c main2.c
```

此时链接器会产生一条错误信息，因为函数名 main 是强符号，被定义了两次，违反了规则 1。

```
/tmp/ccq0CAaa.o: 在函数‘main’中:
main2.c:(.text+0x0): `main'被多次定义
/tmp/ccoXjoXJ.o:main1.c:(.text+0x0): 第一次在此定义
collect2: error: ld returned 1 exit status
```

类似地，下面的示例代码也会在链接时出现错误，因为强符号 x 被定义了两次，即使这两个变量 y 的数据类型不同，但是对于链接器而言，符号名才是最需要关注的。

```
1  //prog1.c
2  int x=9;
3  int main( ){
4        printf("x=%d\n", x);
5              return 0;
6  }
```

```
1   //prog2.c
2   double x= 9.0;
3    int main( ) {
4       printf("x=%d\n", x);
5             return 0;
6   }
```

```
/tmp/ccZV2V8T.o:(.data+0x0): `x'被多次定义
/tmp/ccjtgWM5.o:(.data+0x0): 第一次在此定义
/usr/bin/ld: Warning: size of symbol `x' changed from 4 in /tmp/ccjtgWM5.o to 8
in /tmp/ccZV2V8T.o
/tmp/ccZV2V8T.o: 在函数‘main’中:
prog2.c:(.text+0x0): `main'被多次定义
/tmp/ccjtgWM5.o:prog1.c:(.text+0x0): 第一次在此定义
collect2: error: ld returned 1 exit status
```

2）有一个强符号，还有一个或多个同名弱符号，如下面的示例代码：

```
1  //prog3.c
2  #include <stdio.h>
3  void f(void);
4  int x = 7;
5  int y = 5;
```

```
1  //prog4.c
2  double x;
3  void f( ) {
4       x = -0.0;
5  }
```

```
6 int main( ) {
7     f( );
8     printf("x = %x, y=%x\n",x,y);
9     return 0;}
```

prog3 中定义了一个初始化为 7 的变量 x，那么在其相应目标文件中符号 x 是强符号，prog4 中定义了一个未初始化的变量 x，则在其相应目标文件中的符号 x 是弱符号，根据规则 2，对符号 x 的引用会与强符号定义关联。因此在 prog4.c 的第 4 行中对 x 的引用，链接器认为在其目标文件中是与 prog3.c 的第 4 行对应的强符号的引用，即 prog3.c 中输出的 x 值实际是在 prog4.c 第 4 行所赋的值，但是由于 prog4.c 中的 x 值是 8 字节（double 类型的数据长度），而 prog3.c 的 x 是 4 字节（int 类型的数据长度），因此 4 字节的空间容纳不下 8 字节的值，那么其邻近 4 字节也会被挤占填充，即 y 的 4 字节内容也会被修改，因此编译链接后会有如下输出：

```
>gcc prog3.c prog4.c
>./a.out
> x = 0x0   y = 0x80000000
```

3）出现两个或两个以上的弱符号，如下面的示例代码：

```
1  //prog5.c
2  #include <stdio.h>
3  void f(void);
4  int x;
5  int main( ) {
6      x = 15 ;
7      f();
8      printf ("x= %d\n", x);
9      return 0;
10 }
```

```
1  //prog6.c
2  double x;
3  void f(void) {
4      x = 0.0 ;
5  }
```

则编译链接后，其运行结果为

```
x=0
```

根据规则 3，出现多重定义，且均为弱符号时，在 GCC 环境下处理 C 语言代码时，会任意选择一个弱符号定义与符号引用关联，这就带来了极大的不确定性。

从以上代码示例可以看出，违反链接器的规则会引发各种链接时才出现的报错，这些报错与代码语法错误不同，难以直接定位。为了避免这类链接时发生的问题，建议尽可能少地出现全局符号，即在编程的时候应尽量避免使用全局变量。如果难以避免，则尽可能在声明全局变量时就进行初始化；且只要有可能，就应用 static 修饰相应变量；如果使用的是其他模块定义的全局变量，那么在本模块中进行变量声明时，用 extern 显式地修饰该变量。

7.7.2　链接静态库

至此，我们讨论的链接器的输入都是可重定位目标文件。对于广泛使用的标准输入 / 输出、字符串操作或数学运算，每个目标文件中对应的标准化 C 源代码文件都需要自行编写实现，这样做的效率是很低的，也不符合模块化编程的目标。

静态链接库
扫描上方二维码
可观看知识点
讲解视频

一个看起来可行的思路就是把上述标准 C 函数都放到一起，形成一个单独的可重定位目标文件，并将其命名为 stdlib.o。每次需要使用这些标准函数时，只要将 stdlib.o 与程序员编写的代码形成的目标文件共同作为链接器输入即可。这样做的优点是可以实现用户个性化应用编程与标准函数的分离编译，但缺点也非常明显：一方面通过静态链接，每一个可执行文件都包含一份标准函数集合的副本，每一个正在运行的可执行文件也会将这些标准函数的副本放到存储器中，这对存储空间是巨大的浪费；另一方面，标准函数的任何一点改动都会需要对整个标准函数文件重新编译生成一次，这项操作是很耗费时间的，将导致对于标准函数的开放与维护更加复杂。

还有另一个替换思路，即可以给每个标准函数创建一个独立的可重定位目标文件，将它们放在一个公共的目录中，供所有用户应用程序使用。这就要求编程者在形成可执行文件时，需要显式地链接每一个自己编写程序所需的标准函数目标文件，这个过程耗时而且容易出错。

一个更好的折中方案是将标准函数分类，相关的函数被编译为单独的目标文件，再封装为独立的库文件，即所谓的静态库。其“静态”的体现在于，相关标准库函数一样是通过静态链接生成库，它以一种被称为存档（Archive）的特殊文件格式存放在磁盘中，文件后缀通常为 .a。链接时，静态库文件与用户编写的代码形成的目标文件一起作为链接器输入，构建完全链接后形成可执行目标文件。

静态库的形成过程如图 7-13 所示。设有与输入 / 输出有关的三个标准函数形成的 C 语言代码文件 atoi.c、printf.c 和 random.c，希望能够形成一个静态库。那么就需要对 atoi.c、printf.c 和 random.c 进行分离编译，各自独立地经过预处理、编译和汇编等过程，形成相应的目标文件 atoi.o、printf.o 和 random.o，使用下面的归档 ar 命令，即形成静态库文件 libcc.a。

```
$ ar rcs libcc.a atoi.a printf.o random.o
```

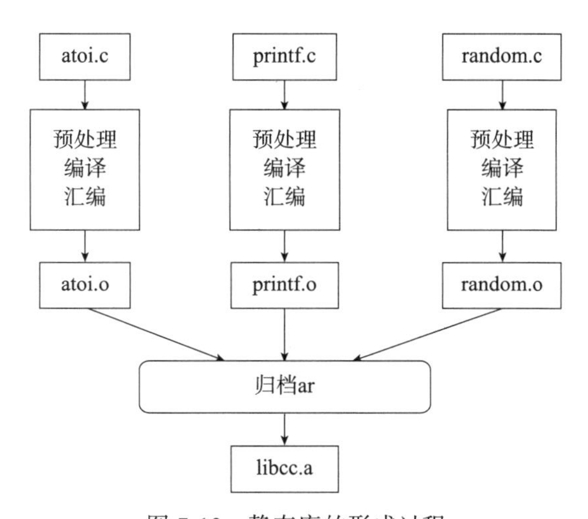

图 7-13 静态库的形成过程

在上述 ar 命令中：

- 参数 r 表示在库中插入模块，当插入的模块名已经在库中存在，则替换同名的模块；如果若干模块中有一个模块并不存在，ar 显示一个错误消息，并不替换其他同名模块。默认情况下，新的成员增加在库的结尾处。这也就意味着，静态库支持增量开发。
- 参数 c 表示创建一个静态库，不管命令行中的库名是否已存在，都将创建。
- 参数 s 表示创建目标文件索引，这在创建较大的库时能提高效率。

如果试图查看静态库中到底有哪些目标文件，使用 ar -vt libcc.a 命令即可查看 libcc.a 静态库中包括的目标文件，objdump -a libcc.a 命令有同样的功能。

现有如图 7-14 所示的示例代码，链接时，与静态库链接的过程如图 7-15 所示。

```
#include <stdio.h>
#include "geo.h"
 int main() {
     int a_result=add(0xa, 0xb);
     printf("Addresult=%d\n",a_result);
 return 0;  }
```

```
// geo.h
 int add(int, int);
 int mul(int, int);
```

```
//addgeo.c
int sum_geo=0;
int add(int a, int b)  {
    sum_geo=a+b+1;
    return sum_geo; }
```

```
//mulgeo.c
int mul_geo=1;
int mul(int a, int b) {
    mul_geo=(a+1)*(b+1);
    return mul_geo; }
```

图 7-14　形成库示例代码

创建可执行文件 p，可以使用如下命令：

```
$gcc -c addgeo.c mulgeo.c
$ar rcs libgeo.a addgeo.o mulgeo.o
$gcc -o1 -c main.c
$gcc -static -o p main.o ./libgeo.a
```

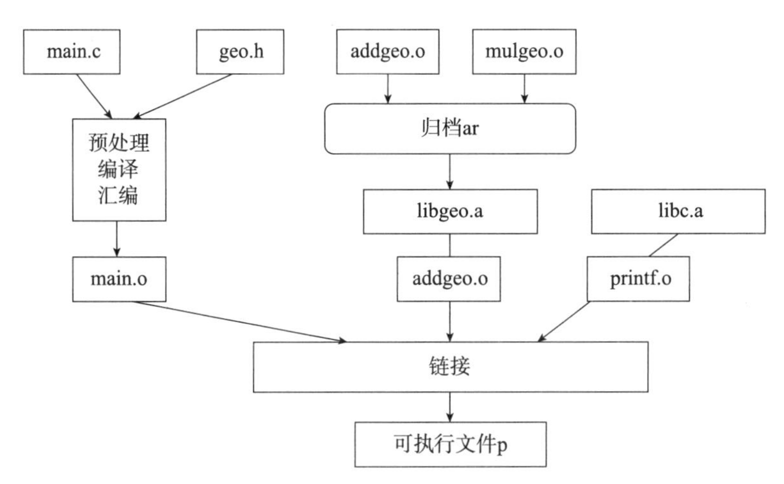

图 7-15　与静态库链接的过程

上述命令行中的参数 -static 表示链接器应该进行静态链接，即构建一个完全链接的可执行目标文件 p，它可以被加载到存储器并直接运行，无须加载时进行其他链接操作。其中 ./libgeo.so 表示生成的静态库文件保存在与 main.o 一致的当前路径下。链接器在链接时判定 addgeo 符号是否被 main.o 引用，因此将复制 addgeo.o 到可执行文件。由于 mulgeo.o 中定义的符号没有被引用，因此链接器不会复制 mulgeo.o 模块到可执行文件。C 标准库 libc.a 由用户在源代码文件中通过 include 引用，使用其中 printf.o 模块中的输出功能函数，所以在命令行中不需要包含 libc.a 标准库，但是在链接时 printf.o 模块被复制并加入可执行文件 p 中。

7.7.3　静态库解析引用的过程

到目前为止，正如图 7-15 所示，当需要用多个代码模块文件形成一个可执行文件时，每个源代码模块文件通过分别编译汇编后形成的目标文件，最终都需要经过链接器将它们“拼接”起来。当我们需要对两个或两个以上的目标文件进行链接时，ld 命令行后就要出现所有需要进行链接的 .o 文件名，各个 .o 文件之间可能出现符号引用和符号定义关联，那么链接器到底是如何进行这样的关联从而完成符号解析呢？

首先，链接器会维护以下三个集合。

- 已定义符号集合 *D*。
- （引用了但）未定义符号集合 *U*。
- 可重定位目标文件集合 *E*，集合 *E* 中的文件将会被“合并”形成可执行文件。

初始时，*D*、*U* 和 *E* 均为空集合。链接器按照命令行中出现的目标文件的顺序，自左向右依次扫描 .o 目标文件，进行以下工作。

1）判定是可重定位目标文件还是存档文件。

2）若是可重定位目标文件就将其加入集合 *E*，同时查找其符号表，并将未定义的符号添加到未定义符号集合 *U* 中；并将已定义的符号添加到已定义符号集合 *D* 中。

3）若是存档文件，那么链接器就尝试匹配集合 *U* 中未解析符号和存档文件中已定义的符号，若是存档文件中的成员 *m*，定义了一个符号关联解析了集合 *U* 中的一个符号引用，那么就将 *m* 加入结合 *E* 中，并将相应符号从集合 *U* 中删除，更新到集合 *D* 中；对该存档文件中的所有成员目标文件都重复这个过程，直到集合 *U* 和 *D* 均不再变化；不包括在集合 *E* 中的存档文件中的成员目标文件直接被丢弃。

4）链接器继续扫描处理下一个输入文件，重复以上过程。

5）当命令行中的输入文件都扫描完成后，如果未定义符号集合 *U* 不为空，则说明当前输入的目标文件集合中有未定义符号的错误，链接器报错，整个过程终止；否则会合并目标文件，链接器构建可加载的可执行文件。

上述过程看起来有些复杂，实际上只要每个目标文件所引用符号都能在本目标文件或其他目标文件中找到唯一的定义，整个链接过程就是正确的。

同时需要注意的是，以上链接器对静态库进行解析引用的过程，会使命令行中可重定位目标文件和静态库文件出现的顺序变得非常重要。例如，有如下命令行：

```
$gcc -static -o p ./libgeo.a main.o
```

链接器就会报错。这是因为在从左到右扫描命令行的输入文件时，首先遇到的是存档文件，此时集合 *U* 是空的，那么就不会有任何 libgeo.a 中的目标文件会被加入集合 *E*，因此对于 addgeo 的引用就不会被解析，最终在集合 *U* 中就会留下一个没有与定义关联的 addgeo 引用，从而导致链接失败，产生链接错误信息并终止。

对于静态库的链接，一般准则是将存档文件放在命令行的结尾。如果有多个静态库存档文件，且这些静态库的成员之间是互相独立的，那么对这些库在命令行中出现的相互顺序就没有什么要求，只要放置在可重定位目标文件后即可；如果静态库的成员之间不是相互独立的，那么如果 lib1.a 中的函数有对 lib2.a 中的函数调用，lib1.a 中符号引用需要关联 lib2.a 中的符号定义，那么在命令行中 lib2.a 就要出现在 lib1.a 的后面。

7.8 重定位

重定位
扫描上方二维码
可观看知识点
讲解视频

可执行文件的运行实际上就是不断从存储器中取指令和数据、执行指令、操作数据的过程。作为链接器的输出，可执行文件中的指令和数据都有其确定的存储器地址，但是作为链接器的输入，.o 文件中的指令和数据却只有相对地址，即相对于自身 ELF 文件首地址的偏移，编译后仅形成在该目标文件中函数与全局变量的相对地址，编译器不知道哪些目标文件需要进行链接，所以仅仅生成相对地址。只有链接器才知道哪些目标文件需要链接起来，从而确定可执行文件中的代码以及所需数据在执行时的实际地址，这个过程就是重定位（Relocation）。重定位分为以下两个步骤进行。

1）合并相同类型节。每一个作为链接器输入的目标文件都有自己的代码节、数据节、字符表节等，各节的地址都只是一个相对地址，即都是相对于各目标文件 ELF 头的偏移地址（此时，绝对地址尚无法确定，例如 .o 目标文件的起始地址设置为 0x0000000），而链接器就会如同摆放积木一样，把相同类型的节合并到一起，图 7-2 示例代码形成的目标文件的“同类合并”如图 7-16 所示。可执行文件的代码段包括了所有输入的 .o 目标文件的代码节，其他节也有类似合并处理。链接器再将运行时内存地址分配给合并形成的新段。若可执行文件加载后的起始地址是 0x080408000（32 位 Linux 系统中代码段的起始地址），那么根据各段的大小和相对偏移地址，就可以确定每个符号定义在执行时的唯一地址。

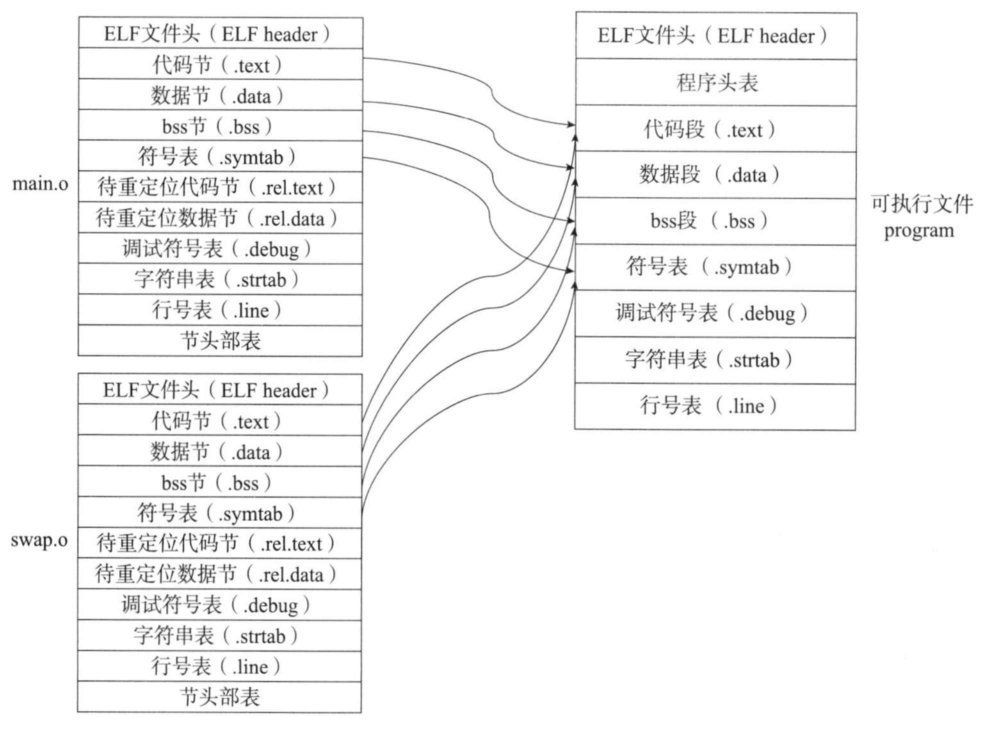

图 7-16 合并相同类型的节

2）符号引用的重定位。由于在符号解析中已经将符号引用和确定关联唯一的符号定义，且在前一步中也确定了符号定义的地址，那么在这一步，链接器修订在代码节和数据节中的每个符号引用，使它们均指向正确的运行时地址。此时，链接器会维护一个可重定位表，ELF 格式的目标文件中的待重定位代码节 .rel.text 和待重定位数据节 .rel.data 的内容就是可重定位表的表项条目，可重定位表项格式可在 7.4 节中找到。

7.8.1 重定位表项

汇编器并不关心数据和代码指令在执行时放在什么地方，也不会知道其他模块中被调用的函数或全局变量的具体地址，这些未知地址的引用就形成了可重定位表的内容。

32 位系统中 ELF 定义了 11 种重定位类型，如表 7-2 所示。

表 7-2 重定位类型

名称	值	条目字长	名称	值	条目字长
R_386_NONE	0	none	R_386_GLOB_DAT	6	word32
R_386_32	1	word32	R_386_JMP_SLOT	7	word32
R_386_PC32	2	word32	R_386_GOTOFF	8	word32
R_386_GOT32	3	word32	R_386_RELATIVE	9	word32
R_386_PLT32	4	word32	R_386_GOTPC	10	word32
R_386_COPY	5	none	—	—	—

本节只关注两种最基本的重定位类型。

- R_386_32。重定位一个使用 32 位绝对地址的引用。通常是针对相应为全局变量的符号引用。由于是绝对寻址，链接器直接将符号定义的 32 位地址作为有效地址，不需要其他修改。
- R_386_PC32。重定位一个使用 32 位 PC 相对地址的引用。这里的 PC 指的是程序计数器，它总是指向下一条将要执行指令的地址。PC 相对地址就是距离当前运行时 PC 所指地址的偏移量。当执行一条 PC 相对寻址的指令时，它将指令中编码的 32 位值与 PC 当前的值相加，得到有效地址。由此可见，相对地址寻址通常是针对相应为函数名的符号引用，即代码模块中出现函数调用时。

7.8.2 重定位符号引用

重定位符号引用的地址计算可以遵循如下公式：如果设定 A= 保存在被重定位的位置的值，P= 被重定位的位置（相对偏移量），S= 符号的实际地址，那么对于 R_386_32 绝对寻址，其重定位后的地址修订为 S+A，对于 R_386_PC32 相对寻址，其重定位后的地址修订为 S+A−P。

下面根据图 7-4 中源代码生成的目标文件的例子进行说明：

```
readelf -s program
08049154      4 OBJECT  GLOBAL DEFAULT    3 shared
objdump -d main.o
  11:   c7 44 24 04 00 00 00     movl   $0x0,0x4(%esp)
```

对于符号 shared 引用是绝对寻址的引用，其重定位地址计算为 S+A，其中 S 是符号 shared 的实际地址 08049154，A 是被重定位位置的值 0，因此重定位后的地址为 08049154。

```
objdump -d program
 80480a5:       c7 44 24 04 54 91 04    movl   $0x8049154,0x4(%esp)

readelf -s program
     7: 080480bc    58 FUNC    GLOBAL DEFAULT    1 swap

objdump -d main.o
 20:   e8 fc ff ff ff          call   21 <main+0x21>

objdump -r main.o
RELOCATION RECORDS FOR [.text]:
OFFSET   TYPE              VALUE
00000015 R_386_32          shared
00000021 R_386_PC32        swap

readelf -s program
    10: 08048094    39 FUNC    GLOBAL DEFAULT    1 main
```

此处根据前述公式，对于函数对应的符号名为 swap 的相对寻址修正是 S+A−P，其中 S 是符号 swap 的实际地址 080480bc，A 是被引用位置的值 fffffffc（即十进制的值为 −4，注意这里是小端法字节顺序），P 是被引用的位置，即 08048094+21=080480b5。因此重定位后的引用地址为：0480bc−4−080480b5=3。

```
objdump -d ab
    80480b4:       e8 03 00 00 00           call   80480bc <swap>
```

再理顺一遍相对地址引用的重定位地址的计算步骤。

1）根据 rel.text 中待重定位表项的内容，明确待进行相对地址引用的重定位的符号、offset 偏移值，以及引用的当前值，这些信息均可以在由该函数所在的代码模块文件编译形成的目标文件（.o 文件）中找到，通过查找调用该函数的 call 指令所在的行信息即可获得；明确函数名对应的符号定义的绝对地址。

2）将调用该函数的目标模块对应的代码文件的首地址加上步骤 1 中确定的 offset，得到相应符号引用的运行时地址。

3）被调用函数对应符号定义的绝对地址加上步骤 1 中获得的引用的当前值，减去步骤 2 获得引用的运行时地址，即为 PC 相对偏移量。

那么在用 call 指令调用相应函数时，当前 PC 值加上上述步骤 3 获得的相对偏移量，即得到实际函数名对应的符号定义处的地址，完成函数调用时的符号引用与符号定义的关联。

7.9　共享库

可执行文件
与共享库
扫描上方二维码
可观看知识点
讲解视频

在 7.7 节中讨论的静态库依然存在一些缺陷，对静态库进行定期维护和更新后，如果程序设计者要使用新的库版本，则需要了解库的更新情况，再显式地将自己编写的程序文件与更新后的库重新链接，这对程序设计者而言是非常麻烦的。同时，如果使用静态库，静态库中的成员目标文件在使用该库的程序中都会被复制一遍，即所有使用到静态库的程序在运行时，都会产生静态库成员的拷贝，在现代计算机系统中普遍同时运行数十个进程的情况下，这是对存储空间极大的浪费。

相对于以上静态库的缺陷而言，共享库（shared library）是一个更好的可选方案。共享库可以被视为一个目标模块，在运行时，才被加载到存储空间，与存储器中的程序完成链接。由于这样的链接是在运行时，才最终完成，相对于 7.3 节中完全链接形成可加载执行目标文件的静态链接，我们称其为动态链接，是由**动态链接器**来执行的。

共享库在 UNIX/Linux 系统中通常以 .so 后缀形式的文件来表示，对应于 Windows 操作系统中的动态链接库（Dynamic Link Library, DLL）。

共享库，其名称中的“共享”意味着所有引用该 .so 库文件的可执行目标文件都共享该 .so 文件中的代码与数据，而不是像静态库一样，被复制并嵌入引用它们的可执行文件中，可能会出现多个静态库副本。与共享库的动态链接过程如图 7-17 所示。相应生成共享库的命令如下：

```
$ gcc -shared -fPIC -o libgeo.so addgeo.c multgeo.c
```

选项 -shared 表示要创建一个共享的目标文件，-fPIC 表示生成与位置无关代码，本节最后将详细讨论有关内容。

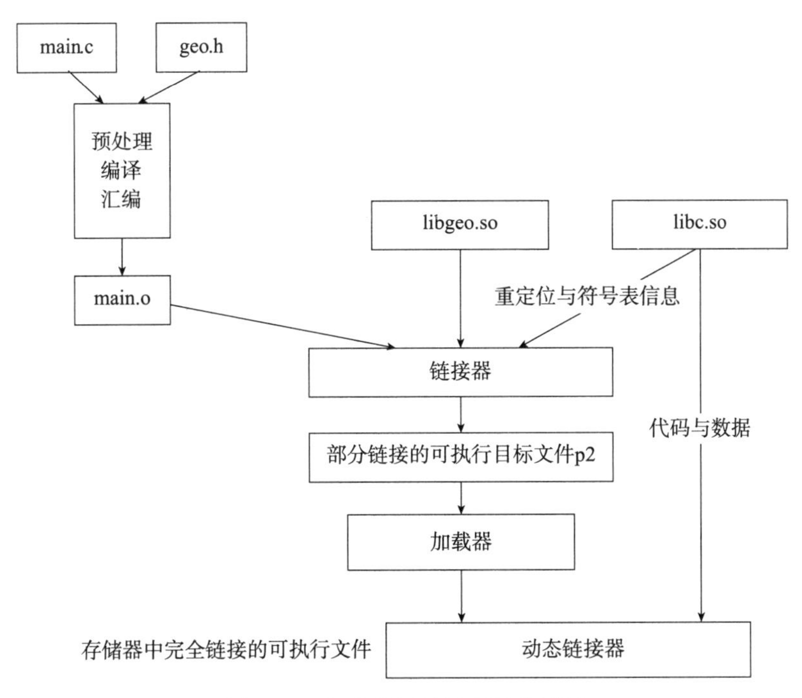

图 7-17　与共享库的动态链接过程

成功创建共享库后，使用如下命令就可以使用这个刚刚生成的共享库 libgeo.so 了：

```
$gcc -o p2 main.o ./libgeo.so
```

其中 ./libgeo.so 表示生成的共享库文件保存在与 main.o 一致的当前路径下。

如此创建的可执行目标文件 p2 在运行时与 libgeo.so 完成链接的所有工作，即在链接器工作时，只有共享库中的重定位和符号表信息进入链接器，执行一部分静态链接的工作。请注意，此时共享库中的代码和数据节没有被复制到可执行文件 p2 中；在程序加载执行时，才完成动态链接共享库中的代码和数据，将这些共享库中的代码和数据重定位到具体的存储器地址，并重定位 p2 对共享库中所定义的符号引用，从而完成整个链接过程。

回顾 7.8 节的内容，如果在程序中引用了外部定义的函数或者全局变量，就要求在链接时进行重定位，那么多个程序共享一个共享库拷贝就意味着需要一种高效的方法来引用，与具体程序执行所分配的存储地址无关，因此不需要链接器修改库内的代码，就可以在任何地址加载和执行库代码，即生成与位置无关的代码（Position-Independence Code，PIC）。那么前述生成共享库的命令应修改如下：

```
$ gcc -shared -fPIC -o libgeo.so addgeo.c multgeo.c
```

这里的 -fPIC 表示要生成与位置无关的代码。此时使用如下命令即可使用生成的共享库。

链接前述生成的共享库，生成可执行文件，可以使用如下命令：

```
$gcc -o p2 -g main.o ./libgeo.so
```

其中 -g 用于后面使用 objdump 来查看相关内容。

最后解读一下引用 PIC 的过程。

（1）对全局变量的 PIC 引用

可执行文件被加载后，其地址空间的分布是基本一致的，数据段（.data）总是紧邻代码段（.text）之后，即代码段中的任何指令与数据段中的任何变量之间的相对距离（地址间隔）是固定的，与代码段和数据段最终映射到存储器的具体位置无关（参见第 10 章的图 10-14）。基于这个事实，编译器会在数据段开始（低地址）的地方，创建一个全局偏移量表（Global Offset Table, GOT），如图 7-18 所示。GOT 中的每一个条目对应一个被引用的全局变量，编译器为每一个条目生成一个重定位记录。在加载时，动态链接器会重定位 GOT 中的每个条目，使其包含正确的绝对地址。注意，每个引用全局变量的条目在可执行文件中都会有自己的 GOT，即通过 GOT **间接地引用**每个全局变量。

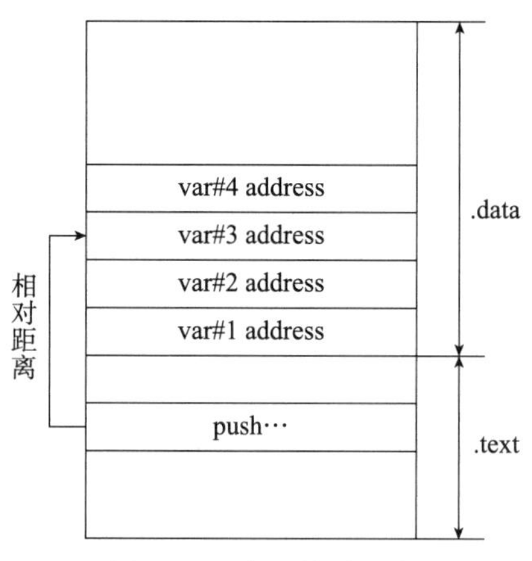

图 7-18　全局偏移量表

使用如下指令，查看可执行文件的段头表信息，如图 7-19 所示。

```
$readelf -l p2
```

```
Elf 文件类型为 EXEC (可执行文件)
入口点 0x8048490
共有 9 个程序头，开始于偏移量 52

程序头:
  Type           Offset   VirtAddr   PhysAddr   FileSiz MemSiz  Flg Align
  PHDR           0x000034 0x08048034 0x08048034 0x00120 0x00120 R E 0x4
  INTERP         0x000154 0x08048154 0x08048154 0x00013 0x00013 R   0x1
      [Requesting program interpreter: /lib/ld-linux.so.2]
  LOAD           0x000000 0x08048000 0x08048000 0x00758 0x00758 R E 0x1000
  LOAD           0x000f00 0x08049f00 0x08049f00 0x00120 0x00124 RW  0x1000
  DYNAMIC        0x000f0c 0x08049f0c 0x08049f0c 0x000f0 0x000f0 RW  0x4
  NOTE           0x000168 0x08048168 0x08048168 0x00044 0x00044 R   0x4
  GNU_EH_FRAME   0x000660 0x08048660 0x08048660 0x0002c 0x0002c R   0x4
  GNU_STACK      0x000000 0x00000000 0x00000000 0x00000 0x00000 RW  0x10
  GNU_RELRO      0x000f00 0x08049f00 0x08049f00 0x00100 0x00100 R   0x1

 Section to Segment mapping:
  段节...
   00
   01     .interp
   02     .interp .note.ABI-tag .note.gnu.build-id .gnu.hash .dynsym .dynstr .gnu.version .gnu.version_r .
rel.dyn .rel.plt .init .plt .plt.got .text .fini .rodata .eh_frame_hdr .eh_frame
   03     .init_array .fini_array .jcr .dynamic .got .got.plt .data .bss
   04     .dynamic
   05     .note.ABI-tag .note.gnu.build-id
   06     .eh_frame_hdr
   07
   08     .init_array .fini_array .jcr .dynamic .got
```

图 7-19　段头表信息

可见 .data 与 .got、.got.plt 处于一个段，即 .data 段；而 .text 与 .plt、.plt.got 处于一个段，即 .text 段。使用如下指令，可以看到类似如图 7-20 所示的节头信息及相应各节头地址。

```
$readelf -SW p2
```

```
  [Nr] Name              Type            Addr     Off    Size   ES Flg Lk Inf Al
  [ 0]                   NULL            00000000 000000 000000 00      0   0  0
  [ 1] .interp           PROGBITS        08048154 000154 000013 00   A  0   0  1
  [ 2] .note.ABI-tag     NOTE            08048168 000168 000020 00   A  0   0  4
  [ 3] .note.gnu.build-id NOTE            08048188 000188 000024 00   A  0   0  4
  [ 4] .gnu.hash         GNU_HASH        080481ac 0001ac 00003c 04   A  5   0  4
  [ 5] .dynsym           DYNSYM          080481e8 0001e8 0000e0 10   A  6   1  4
  [ 6] .dynstr           STRTAB          080482c8 0002c8 0000dc 00   A  0   0  1
  [ 7] .gnu.version      VERSYM          080483a4 0003a4 00001c 02   A  5   0  2
  [ 8] .gnu.version_r    VERNEED         080483c0 0003c0 000030 00   A  6   1  4
  [ 9] .rel.dyn          REL             080483f0 0003f0 000008 08   A  5   0  4
  [10] .rel.plt          REL             080483f8 0003f8 000018 08  AI  5  24  4
  [11] .init             PROGBITS        08048410 000410 000023 00  AX  0   0  4
  [12] .plt              PROGBITS        08048440 000440 000040 04  AX  0   0 16
  [13] .plt.got          PROGBITS        08048480 000480 000008 00  AX  0   0  8
  [14] .text             PROGBITS        08048490 000490 0001a2 00  AX  0   0 16
  [15] .fini             PROGBITS        08048634 000634 000014 00  AX  0   0  4
  [16] .rodata           PROGBITS        08048648 000648 000016 00   A  0   0  4
  [17] .eh_frame_hdr     PROGBITS        08048660 000660 00002c 00   A  0   0  4
  [18] .eh_frame         PROGBITS        0804868c 00068c 0000cc 00   A  0   0  4
  [19] .init_array       INIT_ARRAY      08049f00 000f00 000004 00  WA  0   0  4
  [20] .fini_array       FINI_ARRAY      08049f04 000f04 000004 00  WA  0   0  4
  [21] .jcr              PROGBITS        08049f08 000f08 000004 00  WA  0   0  4
  [22] .dynamic          DYNAMIC         08049f0c 000f0c 0000f0 08  WA  6   0  4
  [23] .got              PROGBITS        08049ffc 000ffc 000004 04  WA  0   0  4
  [24] .got.plt          PROGBITS        0804a000 001000 000018 04  WA  0   0  4
  [25] .data             PROGBITS        0804a018 001018 000008 00  WA  0   0  4
  [26] .bss              NOBITS          0804a020 001020 000004 00  WA  0   0  1
  [27] .comment          PROGBITS        00000000 001020 00002d 01  MS  0   0  1
  [28] .shstrtab         STRTAB          00000000 0016ea 00010a 00      0   0  1
  [29] .symtab           SYMTAB          00000000 001050 000460 10     30  47  4
  [30] .strtab           STRTAB          00000000 0014b0 00023a 00      0   0  1
```

图 7-20　节头信息及相应各节头地址

（2）对函数的 PIC 引用

编译器此时使用“延迟绑定”技术来实现 PIC 代码解析外部引用，即第一次对某个外部定义的函数进行调用的时候，才将引用与相应函数定义的地址进行绑定，此时运行时开销很大；随后的每次对同一外部函数的调用则不再需要像第一次调用那么大的开销，只需要一次间接引用即可。

延迟绑定基于两个数据结构实现——GOT 和过程链接表（Procedure Linkage Table，PLT）。如果一个 .o 文件需要调用共享库中的任何函数，那么其 ELF 文件则同时有自己的 GOT 和 PLT 两个表，其中 PLT 处于 .text 段，如图 7-19 所示。PLT 是一个数组，使用如下命令查看 PLT 内容，如图 7-21 所示。

```
$ objdump -d --section=.plt p2
```

可见有 4 个 PLT 条目，其中后三个分别是 p2 中调用的 libgeo.so 中的 add 函数、main 函数和 stdio 中的 printf 函数分别对应的 PLT[1] ~ PLT[3] 条目。条目 PLT[0] 是一个特殊条目，跳转到动态链接器，动态链接器本身是一个共享对象。

```
Disassembly of section .plt:

08048420 <add@plt-0x10>:
 8048420:       ff 35 04 a0 04 08       pushl  0x804a004
 8048426:       ff 25 08 a0 04 08       jmp    *0x804a008
 804842c:       00 00                   add    %al,(%eax)
        ...

08048430 <add@plt>:
 8048430:       ff 25 0c a0 04 08       jmp    *0x804a00c
 8048436:       68 00 00 00 00          push   $0x0
 804843b:       e9 e0 ff ff ff          jmp    8048420 <_init+0x30>

08048440 <printf@plt>:
 8048440:       ff 25 10 a0 04 08       jmp    *0x804a010
 8048446:       68 08 00 00 00          push   $0x8
 804844b:       e9 d0 ff ff ff          jmp    8048420 <_init+0x30>

08048450 <__libc_start_main@plt>:
 8048450:       ff 25 14 a0 04 08       jmp    *0x804a014
 8048456:       68 10 00 00 00          push   $0x10
 804845b:       e9 c0 ff ff ff          jmp    8048420 <_init+0x30>
```

图 7-21 PLT 内容

断点设定在 main 函数中，在 gdb 中第一次查看图 7-20 所示的 0x8049ffc 之后的内容，结合图 7-20 和图 7-21，可得表 7-3。

表 7-3 GOT 条目信息

地址	条目	内容	描述
0x804a000	GOT[0]	0x8049f0c	.dynamic 地址
0x804a004	GOT[1]	0xb7ff918	链接器标识信息
0x804a008	GOT[2]	0xb7feff00	动态链接器的入口
0x804a00c	GOT[3]	0x8048436	PLT[1] 中 push 的地址（add）
0x804a010	GOT[4]	0x8048446	PLT[2] 中 push 的地址（printf）

据此可以看到，首次调用 add 函数时：

```
8048583:    e8 a8 fe ff ff            call    8048430 <add@plt>
```

1）首先调转到 0x8048430，由图 7-21 可知，来到了 PLT[1] 的第一条指令。

2）在 gdb 中使用命令 x/1x 0x804a00c，发现该地址中的内容为 0x8048436，即这条 jmp 指令只是跳转到了 PLT[1] 的第二条指令 push 0x0，表示将符号 add 的 ID 入栈。PLT[1] 的第三条 jmp 指令又跳转到 0x8048420。

3）由图 7-21 可见，0x8048420 就是 PLT[0] 的地址，其将链接器的标识信息入栈，随后实际跳转到了 GOT[2]（地址 0x804a008 中保存的就是 0xb7feff00），即调用动态链接器开始进行动态链接操作，确定函数 add 的加载位置，覆盖 GOT[3]，并开始调度执行 libgeo.so 中定义的函数 add。

整个过程如图 7-22 所示。除了第一次调用函数 add 是按照前述步骤进行之外，后面再调用函数 add 时，将控制传递给 PLT[1] 后，直接通过 GOT[3] 的内容间接跳转到库中的函数 add 执行即可。因此延迟绑定的运行开销只有在第一次调用时会相对较大。

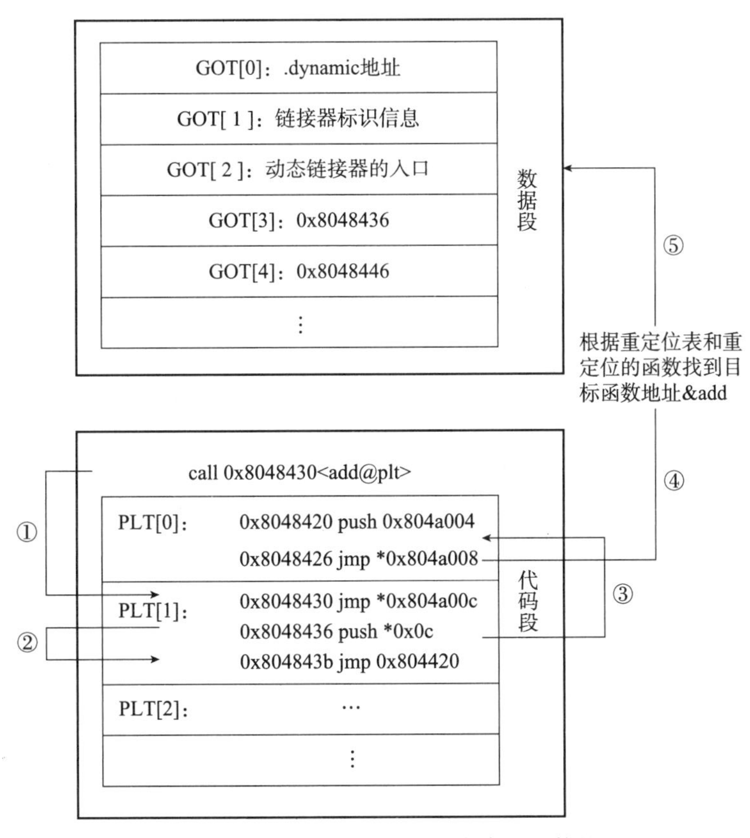

图 7-22 延迟绑定第一次调用共享库内函数的过程

小结

结合本章内容，进一步厘清源代码编写中常见的关键字。

- extern：说明被修饰的变量或函数是在其他代码文件中定义的，需要将该符号放到未定义符号表中。
- static：如果该关键字用于修饰全局函数或者变量，表明相应的符号不能在其他编译单元中使用；如果是修饰的是局部变量，则该变量的存储方式和全局变量一样，是在本文件中定义并使用的符号。这样不同的单元文件在编译时可以拥有同样名称的符号。

• const：默认在单元文件内部定义与使用，在外部不可见。

回顾本章开始时提及的 undefined reference 错误，来看看链接器是如何发现这样的典型错误的。

1）链接器发现了源代码代中引用了外部定义的某个函符号（这是通过检查目标文件中的符号表得到的信息），所以链接器开始查找该符号到底是在哪里定义的。

2）链接器转而去相应目标文件的符号表中查找，没有找到相应符号的定义。

3）链接器继续去其他目标文件符号表中查找，同样没有找到该符号的定义。

4）链接器在查找所有目标文件的符号表后，都没有找到该符号的定义，链接器就停止工作并打印错误 undefined reference to' 符号名 '。

如果再遇到 undefined reference 这样的错误，相信读者应该可以很从容地解决这类问题了。

我们见到的所有应用程序，小到自己实现的 hello world 程序，大到复杂如浏览器、网络服务器等，都是链接器将一个个所需要用到的目标文件汇集起来最终形成一个可以执行的应用程序。若将最终的应用程序想象成一座房子，构建房子最基本的原材料就是砖，而目标文件就好比构建房子时的砖。无论多么复杂、庞大的应用程序，对于链接器来说最基本的构建材料都是目标文件。链接器将目标文件以及程序依赖的各种库进行链接，最终形成可执行文件。

习题

1. 如下代码片段中：
   （1）符号有哪些？强符号和弱符号各自有哪些？
   （2）如果不写 file2.c 中的 extern 语句会有什么后果？

```
/* file1.c */
#include
int glob = 100;
int main()
{
    file2Fun();
    printf("%d", glob);
    return 0;
}
```

```
/*file2.c*/
extern int glob;
void file2Fun()
{
    glob = 200;
}
```

2. 如果需要查看第 1 题中代码编译和汇编后形成的 ELF 可重定位目标文件的内容，应该使用什么工具？请根据本章介绍的 ELF 组成部分，列出你查看到的相应 ELF 各部分内容。
3. 有如下代码片段：

```
//main.c
#include<stdio.h>
int main(int)
{
    extern char i;
    printf ("%c ", i);
    outputxt();
    return 0;
}
```

```
//extern.c
char i = 'A';
void outputxt()
{
    printf ("I Love China\n");
}
```

解答如下问题：

（1）为什么在extern.c中定义的变量i和函数outputxt在main.c中可以直接被使用？

（2）以上代码段中有哪些符号？哪些符号是全局符号，哪些符号是局部符号？

（3）如果在extern.c中定义的变量i和函数outputxt前面加上static前缀，会发生什么情况？相应地对符号的全局/局部属性有什么影响？为什么？

4. 有如下代码段，

```
// foo.h
#ifndef FOO_H__
#define FOO_H__
extern void foo(void);
#endif  // FOO_H__
```

```
// foo.c
#include <stdio.h>
static void bar(void){
        puts("I'm bar()"); }
  void foo(void) {
        puts("I'm foo()");
           bar(); }
```

```
// main.c
   #include "foo.h"
   int main( ) {
        foo();
     return 0;}
```

（1）写出其运行结果，并解释为什么会有这样的结果。

（2）识别该代码中的符号有哪些，并指出各个符号的属性。

（3）联系本章ELF各节内容，识别各个符号分别在ELF的哪些部分。

5. 运行如下代码：

```
// in lib2.c
double x;
void f()
{
   x = -0.0;
}
```

```
// in main2.c
#include<stdio.h>
void f(void);
int x = 1234;
int y = 1235;
int main () {
    f ();
    printf("x=0x%x y=0x%x \n", x, y);
    return 0;}
```

（1）请问为什么会出现如下信息？

```
ld: warning: tentative definition of '_x' with size 8 from 'obj/Debug/lib2.o' is
being replaced by real definition of smaller size 4 from 'obj/Debug/main2.o'
```

（2）那么会有什么样的执行结果呢？请解释。

6. 有如下代码：

```
// main.c
#include <stdio.h>
int gvar;
int main(){
     printf("shared var is %d\n",gvar);
     return 0;}
```

```
// aux.c
   int gvar = 5;
```

（1）运行命令

```
gcc -o test main.c test.c
```

会得到什么结果？请解释。

（2）运行命令

```
gcc -o test test.c main.c
```

会得到什么结果？请解释。

7. 对于第 3 题中的符号相应的重定位类型进行区别，并比较所有符号在重定位前后的地址，填入下表中。

符号名	重定位类型	重定位前地址	重定位后地址

8. 对于第 4 题中的符号相应的重定位类型进行区别，并比较所有符号在重定位前后的地址，填入下表中。

符号名	重定位类型	重定位前地址	重定位后地址

9. 考虑如下 C 语言代码片段：

```
int main() {
     extern int func( );
     int a= 0;
     int *bp = &a;
     int func1(int x) { return x++ ;}
     void func2 ( ) {func1(*bp+func();}
     return 0; }
```

```
int func ( ){
     char bp[] = "mine";
     int a = sizeof(bp);
     return a;}
```

使用诸如 objdump 之类的工具，获取可重定位目标文件 .text 节和 data 节的内容。

（1）确定模块被重定位时，链接器将修改 .text 节中的哪些指令——对于每一条指令，列出这些指令的重定位条目中的信息，包括节偏移、重定位类型、符号名。

（2）确定模块被重定位时，链接器将修改 .data 节中的哪些指令——对于每一条指令，列出这些指令的重定位条目中的信息，包括节偏移、重定位类型、符号名。

（3）尝试使用本章给出的重定位符号引用计算方法，来检查 .rel.text 中的内容在重定位前后的变化。

10. 考虑如下 C 代码：

```
// main.c
     #include <stdio.h>
     void grades (char g);
     int main () {
          char grade;
          scanf("%c", &grade);
          grades (grade);
          return 0;
     }
```

```
//grades.c
void grades (char g){
  switch(grade) {
    case 'A' :
          printf("Excellent!\n" );
          break;
    case 'B' :
           printf("Good" );
           break;
    case 'C' :
          printf("Well done\n" );
               break;
    case 'D' :
          printf("You passed\n" );
          break;
    case 'E' :
       printf("Better try again\n" );
         break;
    default :
       printf("Invalid grade\n");}
```

使用诸如 objdump 之类的工具，获取可重定位目标文件 .text 节和 data 节的内容。

（1）确定模块被重定位时，链接器将修改 .text 节中的哪些指令——对于每一条指令，列出这些指令的重定位条目中的信息，包括节偏移、重定位类型、符号名。

（2）确定模块被重定位时，链接器将修改 .data 节中的哪些指令——对于每一条指令，列出这些指令的重定位条目中的信息，包括节偏移、重定位类型、符号名。

（3）尝试使用本章给出的重定位符号引用计算方法，来检查 .rel.text 中的内容在重定位前后的变化。

11. 某一个 C 语言代码工程，还有如下两个代码文件 main.c 和 pro.c，请静态链接这两个文件，执行完毕后执行结果是什么？并尝试跟踪执行过程，注意观察变量所在的相应存储地址中保存内容的变化，解析为什么会出现相应的执行结果。

```
1  #include <stdio.h>
2  int d=1;
3  int x=2;
4  void p1(void);
5  int main( )  {
6      p1();
7      printf("d=%d, x=%d\n",d, x);
8      return 0;}
```

```
1  double d;
2
3  void p1  ( )
4  {
5       d=1.0;
6  }
```

第 8 章　存储器层次结构

本章先介绍基本的存储技术（SRAM、DRAM、ROM、旋转机械硬盘和固态硬盘）以及这些存储器是如何被组织成层次结构的。接下来讨论什么是拥有良好局部性的程序，以及编写这样的程序需要注意的问题。然后开始探究本质，即为什么说拥有良好局部性的程序会执行得更快。本章要求读者理解存储的层次结构和高速缓存，并理解程序局部性的真正意义，从而使读者了解存储器的内部原理并能够编写高效的程序。

8.1　存储技术

8.1.1　存储器的分类

存储器有多种分类方法。

- 根据实现存储功能的存储器件的介质分类。存储器件要表示二进制代码的 0 和 1，就必须拥有相对稳定并且截然不同的两个物理状态，目前使用的存储器件主要有半导体器件、磁性材料和光介质。使用半导体器件（数字集成电路）组成的存储器称为半导体存储器，例如主存储器（主板内存储器，也称主存或内存）、闪存（Flash）等；使用磁性材料（磁记录原理）的存储器是磁表面存储器，包括机械硬盘、磁带、软盘等；使用光介质（激光刻录技术）的光存储器又称光盘。
- 根据存储器的读写属性来分类。存储器可以分为只读存储器（Read Only Memory，ROM）和读写存储器。只读存储器的特点是只能读出，不能随意写入数据，断电后所存数据也不会改变，常用于存储各种固定程序和数据，如存储 BIOS 的 ROM、光盘等。读写存储器用于存放可随时读取和修改的数据，如主存、FLASH、机械硬盘等。
- 根据存储器断电后是否能保存数据分类。存储器可以分为易失性存储器（Volatile Memory）和非易失性存储器（Nonvolatile Memory）。易失性存储器也称挥发性存储器，断电后原来保存的数据会丢失，如主存和高速缓存（Cache）等都是易失性存储器。非易失性存储器保存的数据可以一直保留，不需要电源维持，常见的非易失性存储器有 ROM、FLASH、机械硬盘、光盘等。

在计算机组成结构中，很多地方都使用了存储器，根据其在计算机系统中的存储位置，有处理器内部的寄存器和高速缓存、主板内部的主存储器、主板外部的辅助存储器、后备存储器等。这些存储器的物理特性、访问速度和单位容量的价格各有不同，形成了存储系统的多个层次结构，本章后面的部分将详细讨论这种层次结构。

8.1.2 半导体存储器

半导体存储器采用随机存取的方式，每一个可寻址的存储单元有唯一的地址，可以从任意位置开始读写。只要给出寻址的地址，就可以读写存储的内容，存取时间与存储位置无关，只和地址译码的时间相关。如果不考虑芯片内部的缓存，可以认为每个地址的访问时间是一个常数。半导体存储器分成读写存储器和只读存储器两类，半导体读写存储器通常被称为 RAM（Random Access Memory，随机存储器）。与随机存储器相对应的是 SAM（Sequential Access Memory，顺序存储器），顺序存储器必须按照存储单元的存储位置顺序读写，存取时间与数据存储位置紧密相关，磁带就是典型的顺序存储器，存取速度慢，但存储容量大。

随机存储器（RAM）又分为两大类，即 SRAM（Static Random Access Memory，静态随机存储器）和 DRAM（Dynamic Random Access Memory，动态随机存储器）。SRAM 比 DRAM 要快很多，但也更加昂贵。SRAM 一般用来作为高速缓存，集成在处理器芯片内部。DRAM 一般用来作为主存和图形系统的帧缓存。以当前的台式计算机为例，根据处理器的性能，SRAM 构成的高速缓存容量从几兆到十几兆字节（MB），而 DRAM 构成的主存和显存的容量有几千兆字节（GB）。

1. SRAM

SRAM 将每个位存储在一个双稳态的存储器单元里，每个单元由 6 ～ 8 个 MOS（Metal-Oxide-Semiconductor，金属 – 氧化物 – 半导体）结构的场效应晶体管构成，由于其结构占用硅片面积较大，导致功耗高、集成度低，因此价格昂贵。但是，它的晶体管电路具有双稳态特性，只要有电，就会永远保持存储的值；即使有干扰，当干扰消除时，电路就会恢复到稳定值。其读写速度快并且不需要刷新。考虑成本因素，SRAM 主要应用在高速缓存上，容量通常只有几兆字节。

2. DRAM

DRAM 将每个位存储在一个对干扰非常敏感的存储单元里，每个单元由 1 个 MOS 晶体管加 1 个电容构成，由于其在硅片上的布局面积较小、功耗较低、集成度较高，因此成本相对较低，价格更为便宜。然而，DRAM 通过对电容充电来存储数据，相对访问速度慢；当电容的电压被扰乱后，它就永远不会恢复了。因为漏电的原因，DRAM 单元在 10 ～ 100ms 内会失去电荷，需要通过定时读出然后重新写入来刷新存储器的每一位，一般 DRAM 的**刷新周期**为 2ms。DRAM 相对便宜，主要应用在主存以及图形系统的帧缓存，容量从几百兆到几千兆字节。

SRAM 和 DRAM 的主要特性对比如表 8-1 所示。SRAM 单元比 DRAM 单元使用的晶体管更多，因而密集度低，而且更贵、功耗更大。但是 SRAM 的存取比 DRAM 快 10 倍。只要有供电，SRAM 单元会保持不变，不需要刷新。DRAM 单元需要刷新才能保持数据。SRAM 对诸如光和电噪声这样的干扰不敏感，DRAM 对干扰非常敏感。

表 8-1 SRAM 和 DRAM 的主要特性对比

存储器	单位晶体管数目	相对访问时间	是否需要刷新	是否对干扰敏感	相对花费	应用场景
SRAM	6 ～ 8	1×	是	否	100×	高速缓存
DRAM	1	10×	否	是	1×	主存，帧缓存

3. ROM

SRAM 和 DRAM 都需要电来维持存储单元内的数据，如果断电，其中的信息就会丢失，因为它们都属于易失性存储器。ROM 只能读出，不能随意写入数据，断电后所存数据也不会改变，它属于非易失性存储器。ROM 在以前是只读存储器，只能读取里面存储的数据，无法向里面写数据。实际上以前向存储器写数据并不容易，所以这种存储器在出厂时，其中就写好了数据，后面不能再次修改。现在技术成熟了，也可以向 ROM 写数据。

ROM 要在特定的条件下才可写，根据它们能够被重写（编程）的次数和进行重编程的机制，ROM 又可以分为 MROM（Mask ROM，掩模式只读存储器）、PROM（Programmable ROM，可编程只读存储器）、EPROM（Erasable Programmable ROM，可擦写可编程只读存储器）、EEPROM（Electrically Erasable Programmable ROM，电子可擦除可编程只读存储器）和 FLASH（闪存）。

MROM 的内容是由半导体制造厂按用户提出的要求在芯片的生产过程中直接写入的，写入之后任何人都无法改变其内容。

PROM 出厂后用户只能编程一次。PROM 的每个存储器单元内部有行列式的熔丝，可用高电流将其熔断一次。PROM 在出厂时，存储的内容全为 1（或者全为 0），用户可以根据需要将其中的某些单元烧断熔丝以写入所需的资料，从而实现对其编程的目的。

EPROM 通过特殊的设备利用高电压将数据编程写入 0，擦除时将存储单元曝光于紫外线下，则数据被清空为 1，并且可重复使用。通常在封装外壳上会预留一个石英透明窗以方便曝光。EPROM 可擦除和写入的次数的数量级可以达到 10^3。EERPOM 的工作原理类似 EPROM，但是不需要石英透明窗，使用高电压来完成擦除和写入（读数据用低电压），EEPROM 可擦除和写入的次数可以达到 10^5 次。EEPROM 既具有 ROM 的非易失性，又具有 RAM 的随机读 / 写特性，只是擦除和写入内容的时间比较长，约为 10ms，但断电后能保存信息。EEPROM 重编程时间比较长，有效重编程次数也相对少，所以 EEPROM 并不能取代 RAM。

FLASH 是一种可以写入和读取的存储器，也叫闪存，是一种基于 EERPOM 的存储器。FLASH 的每一个存储单元都具有一个"控制栅极"与"浮动栅"，利用高电场改变浮动栅的临限电压即可进行编程操作。与 EEPROM 相比，FLASH 的存储容量更大，擦除 10^6 次才会产生磨损。FLASH 根据其晶体管的结构又分为 NOR（或非）型和 NAND（与非）型。NOR 型与 NAND 型闪存的区别很大，NOR 型闪存类似于主存，有独立的地址线和数据线，但价格比较贵，容量比较小；而 NAND 型更像机械硬盘，地址线和数据线是共用的 I/O 线，这类似于硬盘的所有信息都通过一条硬盘线传送，而且 NAND 型与 NOR 型闪存相比，成本要低一些，而容量大得多。闪存的速度比机械硬盘速度要快，现在的 U 盘和 SSD 固态硬盘都是 NAND FLASH。闪存已经广泛应用于数码相机、MP3、手机、笔记本计算机的存储器中。

8.1.3 主存储器

主存储器简称主存，用来存放计算机当前运行的程序和数据，主存由 DRAM 芯片构成。RAM 一般被封装成芯片形式，芯片的基本存储单位是单元（cell）。多个 DRAM 芯片包装在存储器模块中，构成了主存，插在主板的内存条插槽上。

1. DRAM 芯片结构

DRAM 在存取数据时首先要进行寻址，然后再传送相应地址的数据。信息通过引脚（PIN，是从 IC 芯片内部电路引出的与外围电路的接线）的外部连接器传入和传出芯片，每个引脚通过高低电平可以传送一位二进制的信号。引脚又分为地址引脚和数据引脚，地址引脚用来定位芯片内单元的地址，数据引脚传送数据。如果数据引脚的数量为 n，则一次可以从 DRAM 芯片中传送 n 位二进制数据，所以 n 个芯片单元组成了一个超元（supercell），作为数据传送的基本单位，电路设计者也称超元为"字"(word)，表示存储一次传输的单位。

DRAM 被分成 s 个超元，一个 $s \times n$ 的 DRAM 芯片可以存储 $s \times n$ 位信息。超元按照 r 行 $\times c$ 列的形式组织成一个二维阵列，$s=r \times c$。每个超元的地址用 (i,j) 表示，其中 i 表示行、j 表示列。

以 16×8 的 DRAM 芯片结构为例，图 8-1 中的 DRAM 芯片有 128 位，每个超元 n=8 位，由 s=16 个超元构成，r=4，c=4。带阴影的超元地址为 (2, 1)。图 8-1 中有两组引脚，2 位地址引脚和 8 位数据引脚；地址引脚通过复用的方式可以传送 2 位行或列超元的地址，数据引脚一次传送 8 位数据（一个字节）。芯片中还有一个内部行缓冲区（Internal Row Buffer），用来缓存指定行中每一列的数据，一般用 SRAM 器件来实现。

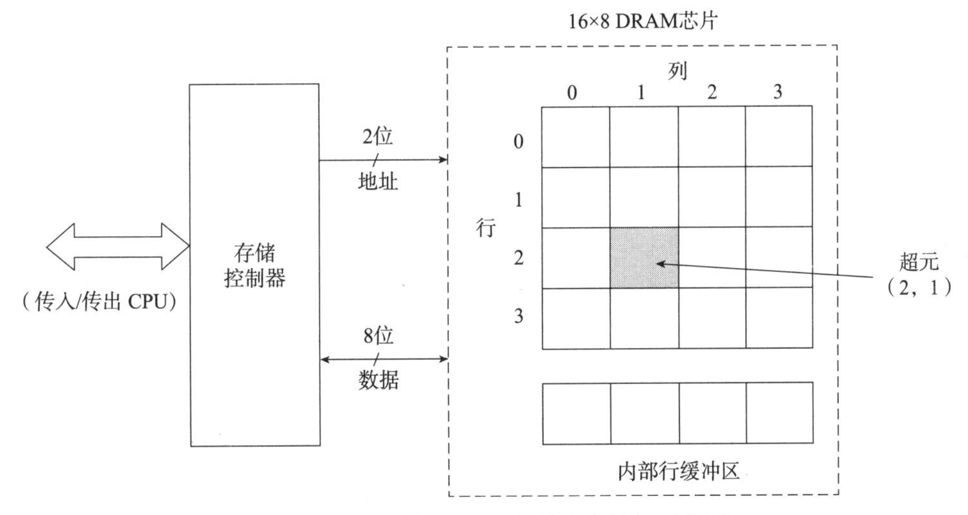

图 8-1　16×8 的 DRAM 芯片内部结构示意图

每个 DRAM 芯片连接到某个**存储控制器**的电路，这个电路可以从 CPU 一次传入 n 位二进制数到每个 DRAM 芯片，或者从每个 DRAM 芯片一次传出 n 位二进制数给 CPU。为了读取超元（i，j）的内容，存储控制器首先将**行地址** i 发送给 DRAM，然后发送**列地址** j。作为响应，DRAM 把超元（i，j）的内容返回给存储控制器。行地址 i 和列地址 j 分别在 RAS（Row Address Strobe，行地址选通）信号和 CAS（Column Address Strobe，列地址选通）信号控制下，通过相同的 DRAM 芯片地址引脚，依次分时送到 DRAM 芯片内部的行地址译码器和列地址译码器，以选中指定的超元进行读写。

我们可以模拟 DRAM 芯片读取数据的过程。例如，要从图 8-2 中 16×8 的 DRAM 芯片中读出超元（2，1）的数据，存储控制器通过地址线（引脚）首先发送行地址 2，如图 8-2a 所示。DRAM 收到 RAS 信号 2 后，将行 2 的整个内容都复制到内部行缓冲区。接下来，如

图 8-2b 所示，存储控制器发送列地址 1，DRAM 收到 CAS 信号 1 后，从行缓冲区复制出超元（2，1）中 8 位数据，然后通过数据线（引脚）把它们传送到存储控制器。

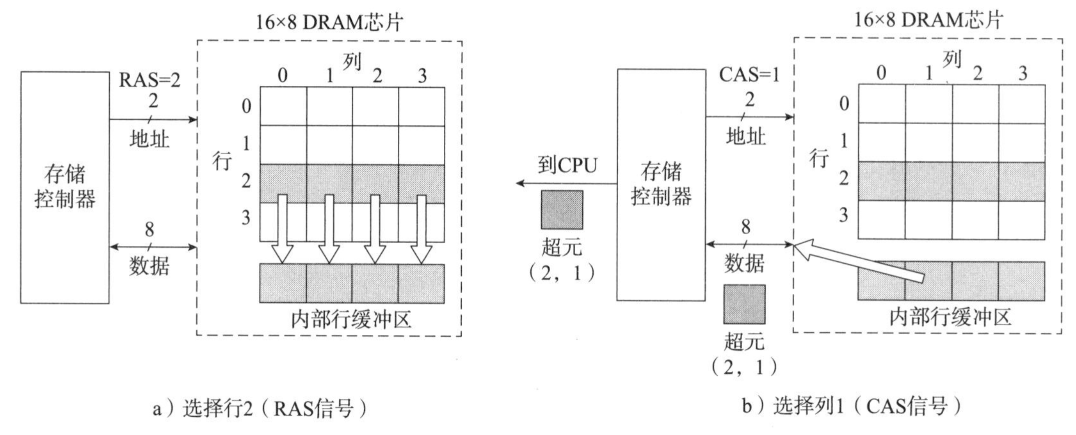

图 8-2 DRAM 芯片读写过程示意图

为什么将 DRAM 组织成二维阵列而不是线性数组呢？这样组织的主要原因是降低芯片上地址引脚的数量，从而简化硬件设计。例如，示例中 128 位的 DRAM 有 16 个超元，采用二维阵列方式时，每个超元都有行和列两个地址。行和列地址编码都是 0 ～ 3，行和列通过地址复用技术分两次寻址，只需要 2 位二进制表示，也就是 2 个引脚；如果将 DRAM 组织成线性数组，采用线性地址，地址编码是 0 ～ 15，需要 4 位二进制表示，所以需要 4 个引脚。二维阵列的组织形式可以极大地减少引脚的数量，不过代价是必须分两步发送地址，增加了访问时间。

2. 存储器模块

存储器模块是多个 DRAM 芯片的组合，多个 DRAM 芯片并排封装在一块基板上，基板上有多个引脚，基板插在主板的内存扩展槽上，也就是俗称的“内存条”。内存芯片早期是直接焊接到主板上的，一旦某块内存 IC 坏了，必须焊下来才能更换，维修非常麻烦。后来，出现了模块化的条装内存，每条内存上集成了多块内存 IC，相应地，在主板上设计了内存插槽，这样，就可按需拆卸内存条了，从此，内存的维修和扩充都变得非常方便。

内存条通过基板上的引脚（金手指）与主板连接，在内存条的正反两面都带有金手指。常见的存储器模块的封装有 SIMM（Single Inline Memory Module，单列直插式存储模块）和 DIMM（Dual Inline Memory Module，双列直插式存储模块）两种。SIMM 提供了 32 位数据通道，有 72 个引脚，两侧金手指互通，都提供相同的信号，工作电压一般为 5V。DIMM 提供了 64 位的数据通道，有 168 个引脚，两侧金手指各自独立传输信号；金手指每面为 84Pin，金手指上有两个卡口，用来避免插入插槽时，错误地将内存反向插入而导致烧毁，工作电压一般为 3.3V。

通过将 DRAM 芯片组合起来构成存储器模块，再把多个存储器模块连接到存储控制器，聚合构成了计算机系统的主存储器。当内存控制器收到一个地址 A 时，控制器首先选择包含 A 的模块 k，将 A 转换成芯片内的超元地址（i，j）的形式，再将（i，j）发送到模块 k。

图 8-3 展示了读取存储器模块数据的基本流程。图中是一个由 8 个 8MB × 8 的 DRAM

芯片构成的 64MB（兆字节）存储器模块，每个 DRAM 芯片存储 8MB 的数据，芯片编号为 DRAM0 ～ DRAM7。每个超元存储主存的一个字节（8 位），用 8 个超元来表示主存中的 64 位双字，将每单个芯片的超元映射成主存地址的各个字段。DRAM0 存储第一个（低位）字节，DRAM1 存储下一个字节，以此类推。

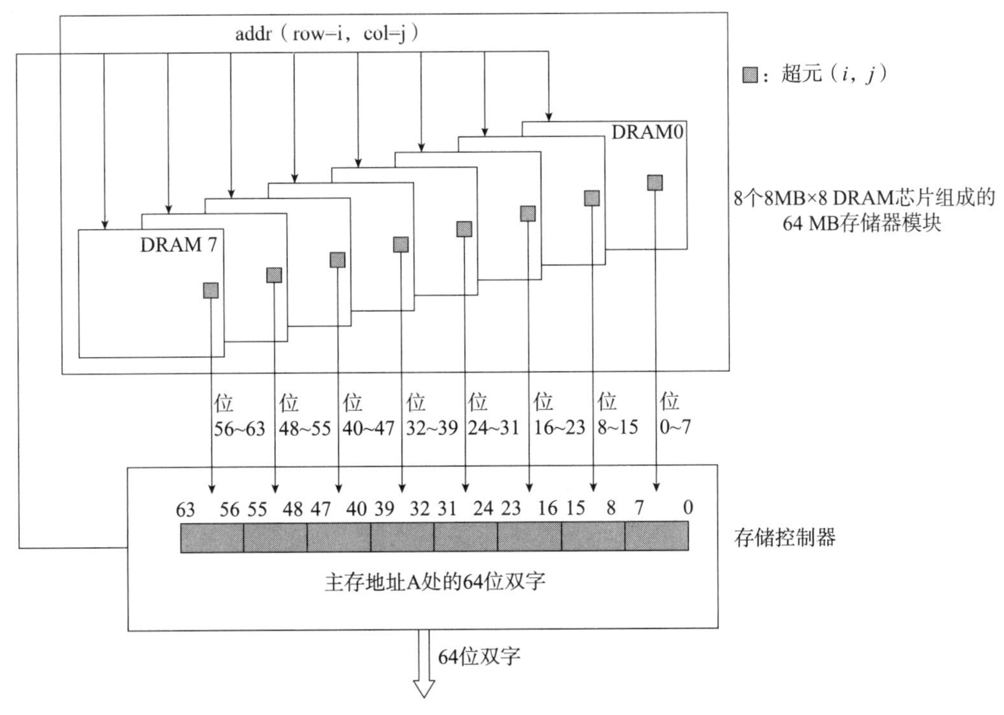

图 8-3 读取存储器模块数据的基本流程

要取出主存地址 *A* 处的一个 64 位双字，存储控制器收到一个主存地址 *A* 的时候，将地址 *A* 转换成超元地址（*i*，*j*）的形式并发送到存储器模块，存储器模块然后将 *i* 和 *j* 发送到 8 个 DRAM 芯片中，DRAM 响应地址请求，返回它的超元（*i*，*j*）的数据，存储器模块中的电路汇总这些输出，将它们合并成一个 64 位的双字，再返回给存储控制器，这样就完成了一个 64 位主存地址 *A* 处数据的读取过程。

3. 增强的 DRAM 芯片技术

DRAM 芯片自 1966 年被发明后，基本的 DRAM 结构就未发生变化。1970 年，Intel 将其商业化后对 DRAM 的改进主要在于更好的交互逻辑接口与更快的 I/O。

早期的 SIMM 包括 FPM DRAM（Fast Page Mode DRAM，快速页面模式 DRAM）和 EDO DRAM（Extended Data Output DRAM，扩展数据输出 DRAM）。

- FPM DRAM：工作电压为 5V、带宽为 32 位、基本速度 60ns 以上。FPM DRAM 之所以称为快速页面模式 DRAM，因为它以 4 字节突发模式传送数据，这 4 字节来自同一列或者同一页。传统的 DRAM 将一整行超元复制到它的内部行缓冲区中，只使用其中一个，然后丢弃剩余的。FPM DRAM 允许连续访问同一行，可以直接从行缓冲区得到服务，而不必频繁地重新指定这一行。例如，要从一个传统的 DRAM 的行 *i* 中读 4 个超单元，存储控制器必须发送 4 个 RAS/CAS 请求，即使行地址 *i* 在每个情况中都是一样的。要从一个 FPM DRAM 的同一行中读取超元，存储控制器发送第一个 RAS/CAS 请求，后面跟三个 CAS 请求，当列地址控制器（CAS）信号变为要读取一系列邻近的记忆单元时，行地址控制器（RAS）信号仍然保持有效。初始的 RAS/CAS 请求将行 *i* 复制到行缓冲区，并返回 CAS 寻址的那个超单元，接下来三个超元直接从行缓冲区获得，这样减少了访问时间并且降低了电能需求。

- EDO DRAM：工作电压为 5V、带宽为 32 位、基本速度 40ns 以上。传统的 DRAM 和 FPM DRAM 在存取每一位数据时必须输出行地址和列地址并使其稳定一段时间，然后才能读写有效的数据，而下一个位的地址必须等待这次读写操作完成才能输出。EDO DRAM 不必等待数据的读写操作是否完成，只要规定的有效时间一到就可以准备输出下一个地址，因此缩短了存取时间，效率比 FPM DRAM 高 20% ～ 30%。EDO DRAM 具有较高的性价比，因为它的存取速度比 FPM DRAM 快 15%，而价格才高出 5%。

DRAM 芯片目前基本采用 DIMM 封装，包括 SDRAM（Synchronous DRAM，同步 DRAM）和 DDR SDRAM（Double Data Rate Synchronous DRAM，双倍数据速率同步 DRAM）。

同步 DRAM（SDRAM）是有一个同步接口的 DRAM。通常 DRAM 有一个异步接口与存储控制器连接，这样它可以随时响应控制输入的变化。而 SDRAM 有一个同步接口，使用传统时钟信号而非异步控制，在响应控制输入前会等待一个时钟信号，这样就能与计算机的系统总线同步。时钟被用来驱动一个有限状态机，对进入的指令进行管线操作。这使得 SDRAM 与没有同步接口的异步 DRAM 相比，可以有更复杂的操作模式。最终效果就是 SDRAM 能够比那些异步的存储器更快地输出超元的内容。SDRAM 的时钟频率就是数据存储的频率，SDRAM 内存用时钟频率命名，如 PC100、PC133 表明时钟频率为 100MHz 或 133MHz，数据读写速率也为 100MHz 或 133MHz。

双倍数据速率同步 DRAM（DDR SDRAM）是 SDRAM 的增强版本。SDRAM 在一个时钟周期内只传输一次数据，它在时钟上升沿进行数据传输；DDR SDRAM 的寻址与控制信号则与 SDRAM 相同，仅在时钟上升沿传送，但一个时钟周期内可传输两次数据，在时钟信号的上升沿与下降沿均可进行数据处理，因此其数据传输率达到 SDRAM 数据传输率的 2 倍，而且 DDR SDRAM 采用了预读取技术来提升数据传输的等效频率。DDR SDRAM 到现在更新了四代，分别是 DDR1、DDR2、DDR3 和 DDR4，它们以预取缓冲区（小容量）的位宽来划分不同类型；DDR1 预读取 2 位，DDR2 预读取 4 位，DDR3 预读取 8 位，DDR4 预读取 16 位。DDR 内存的核心频率目前主要有 133MHz、166MHz、200MHz 三种，由于 DDR 内存具有双倍速率传输数据的特性，因此 DDR 内存的工作频率是核心频率乘以 2，分别是 266MHz、332MHz、400MHz。DDR 数据传输的等效频率等于工作频率，DDR2 是两倍，DDR3 是四倍，DDR4 是八倍，因此 DDR 内存以数据传输的等效频率命名，同时在 DDR 后面加上数字以表示第几代。以 200MHz 核心频率的 DDR SDRAM 内存为例，这四代 DDR 内存分别命名为 DDR1 400、DDR2 800、DDR3 1600、DDR4 3200。

这些增强的 DRAM 技术都基于传统的 DRAM 单元的改进和优化，以提升访问 DRAM 单元的速度，内存的生产厂家为了跟上处理器速度的提升，不断推出基于新技术的内存。在 1995 年之前，PC 内存主要采用 FPM DRAM 技术，1996—1999 年，EDO DRAM 在市场上占据了主流。SDRAM 最早在 1995 年出现，到 2002 年，大部分的 PC 使用 SDRAM 和 DDR SDRAM 技术。在 2010 年之前，多数服务器和桌面系统均使用 DDR3 SDRAM，第一代的

Intel Core i7 只支持 DDR3 SDRAM。到了 2019 年，市场上主流的内存采用 DDR4 SDRAM，而下一代 DDR5 SDRAM 的内存规格也已经确定，即将量产上市。

4. 主存储器与 CPU 的连接

主存的数据通过称为总线（Bus）的共享电子电路与 CPU 进行交换。每次主存与 CPU 之间的数据传输都是通过一系列步骤来完成的，这些步骤称为总线事务（Bus Transaction）。总线事务包括读事务和写事务：读事务（Read Transaction）从主存读数据到 CPU，写事务（Write Transaction）从 CPU 写数据到主存。

访问主存
扫描上方二维码
可观看知识点
讲解视频

事务（Transaction）是一系列对系统中数据进行访问与更新的操作所组成的一个不可再分的逻辑单元。事务具有 ACID 特性。

- 原子性（Atomicity）：要么全部成功执行，要么全部不执行。
- 一致性（Consistency）：事务执行的结果必须是使系统从一个一致性状态转变到另一个一致性状态。
- 隔离性（Isolation）：不同的事务并发操纵相同的数据时，每个事务都有各自完整的数据空间。
- 持久性（Durability）：事务一旦提交，它对对应数据的状态变更就应该是永久性的。

总线是计算机系统各种功能部件之间传送信息的公共通信干线，它是由一组并行的导线组成的传输线束，能携带地址、数据和控制信号。按照其所传输的信息种类，总线可以被划分为地址总线（Address Bus）、数据总线（Data Bus）和控制总线（Control Bus），分别用来传输数据地址、数据和控制信号。

根据总线的设计，地址和数据信号可以共享同一总线，也可以使用不同的总线。控制线携带的信号会同步事务，并标识出当前正在被执行的事务的类型。总线由多个设备共享，事务占用总线。如图 8-4 所示，计算机的各部件之间通过总线相连。当 CPU 和主存之间传输数据时，CPU 通过总线接口部件把总线控制信息和地址信息分别送到控制总线和地址总线，数据则通过数据总线进行传输。

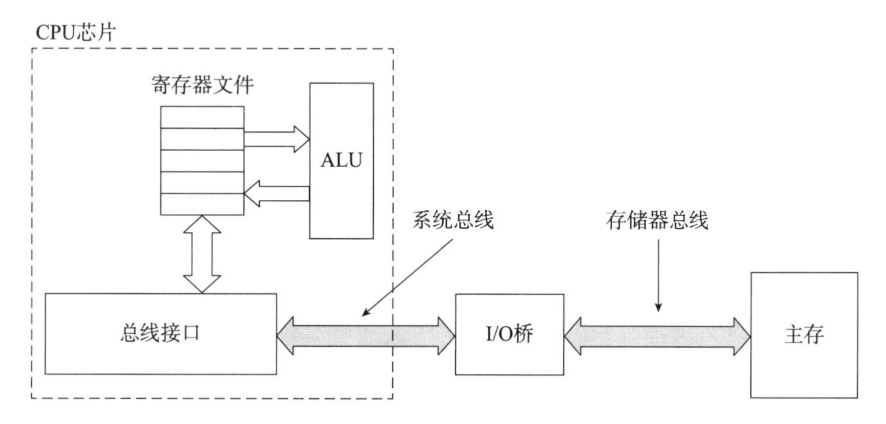

图 8-4　连接主存与 CPU 的总线结构示意图

图 8-4 展示了一个计算机系统的配置。计算机系统的主要部件是 CPU 芯片、I/O 桥的芯片组（其中包括存储控制器），以及组成主存的 DRAM 存储器模块。这些部件由一对总线连

接起来：系统总线（System Bus）连接 CPU 和 I/O 桥，存储器总线（Memory Bus）连接 I/O 桥和主存。I/O 桥中包括北桥和南桥芯片组，分别用来连接系统总线和存储器总线及其他 I/O 总线，I/O 桥将系统总线的电子信号翻译成存储器总线的电子信号，存储控制器一般包含在 I/O 桥中，内存条插槽就是存储器总线。

当 CPU 向主存发送数据时，CPU 通过总线接口部件把总线控制信息和地址信息分别送到控制总线和地址总线，数据则通过数据总线进行传输，通过系统总线发送给 I/O 桥，I/O 桥收到 CPU 发送的信号后，再通过存储器总线发送给主存。

5. 存储器读写事务的执行过程

存储器访问指令主要有两种：load（装载）指令和 store（存储）指令。load 指令将存储单元的内容读入 CPU 的寄存器中，例如 IA32 指令“movl A，%eax”，其中 A 表示存储单元的地址；store 指令将 CPU 寄存器的内容写入存储单元，例如 IA32 指令“movl %eax，A”。

当 CPU 执行一个 load 操作“movl A，%eax”时，地址 A 的内容会被加载到寄存器 %eax 中，CPU 芯片上的总线接口发起一个读事务，分为以下三个基本步骤。

1）CPU 将 A 的地址信号放到系统总线上，I/O 桥作为中转点，将地址信号传送到存储器总线（如图 8-5a 所示）。

2）主存感觉到了存储器总线上的地址信号，从存储器总线上读地址；并从主存中取出相应的数据 x，将其写入存储器总线；I/O 桥将数据传递到系统总线（如图 8-5b 所示）。

3）CPU 感觉到了系统总线上的数据，将数据复制到寄存器 %eax 中。（如图 8-5c 所示）。

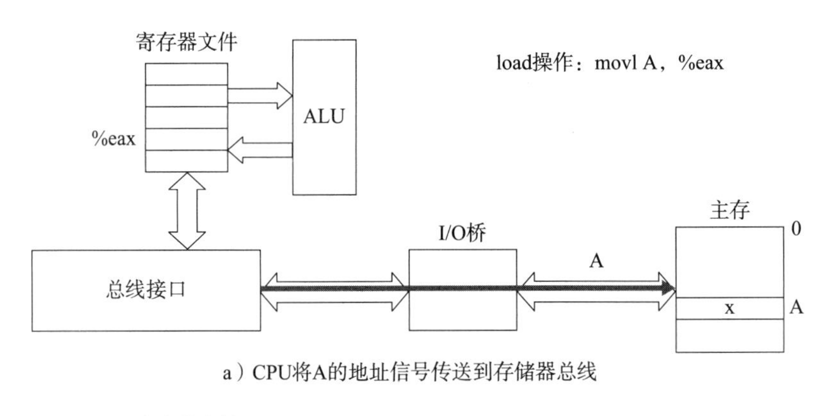

a）CPU将A的地址信号传送到存储器总线

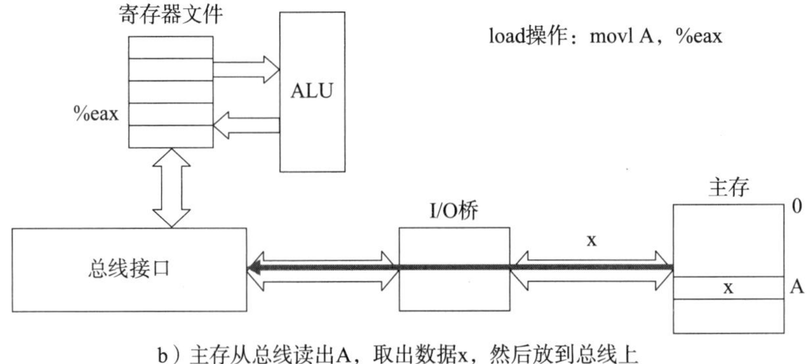

b）主存从总线读出A，取出数据x，然后放到总线上

图 8-5 存储器读事务的执行过程

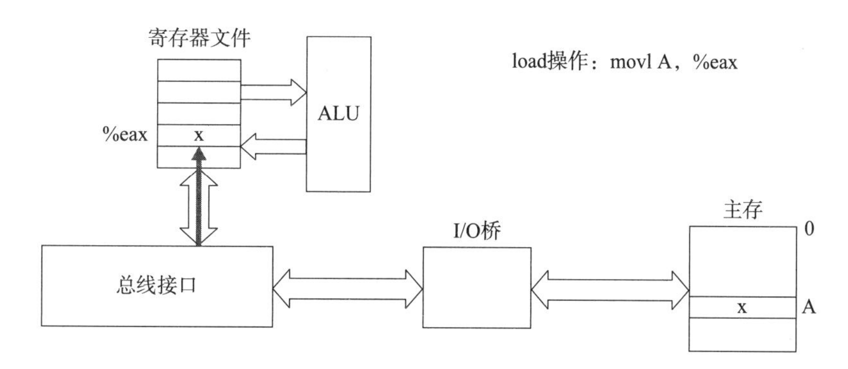

c）CPU从系统总线读出x，然后复制到寄存器%eax

图 8-5　存储器读事务的执行过程（续）

I/O 桥作为中转，将地址信号从系统总线传送到存储器总线，然后又将数据从存储器总线传送到系统总线。在这个过程中，CPU 始终是从系统总线上发送地址，读取数据，主存始终是从存储器总线上接收地址并发送数据。

当 CPU 执行 store 指令“ mov1 %eax，A”时，存储器写事务是读事务的逆向过程，同样分为以下三个步骤。

1）CPU 将地址 A 放到系统总线上，主存从存储器总线读出该地址，并等待数据字（如图 8-6a 所示）。

2）CPU 将数据字 y 放到系统总线上（如图 8-6b 所示）。

3）主存将数据字 y 从存储器总线读出，并将其存储到 DRAM 的地址 A（如图 8-6c 所示）。

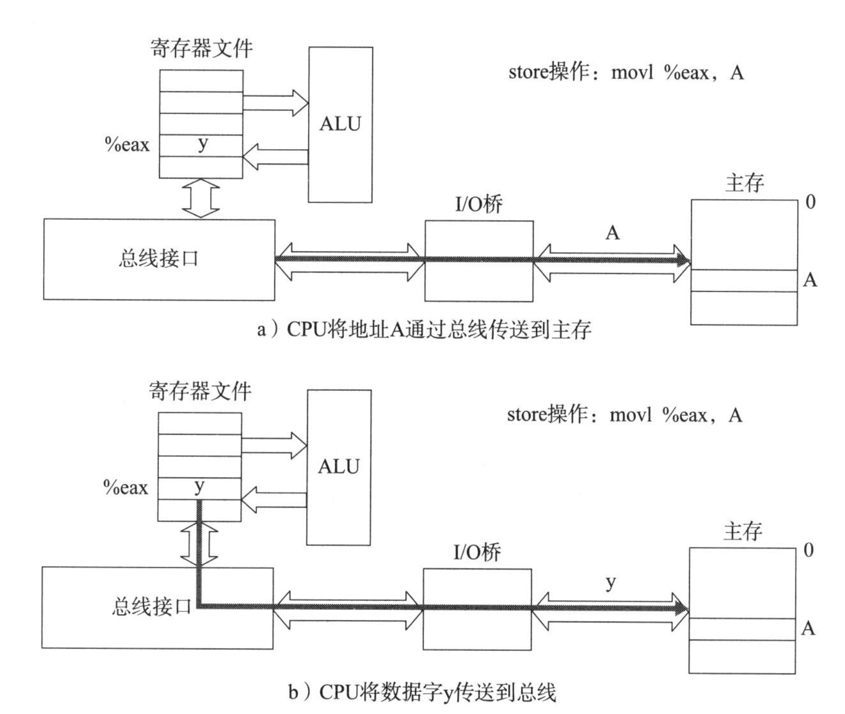

a）CPU将地址A通过总线传送到主存

b）CPU将数据字y传送到总线

图 8-6　存储器写事务的执行过程

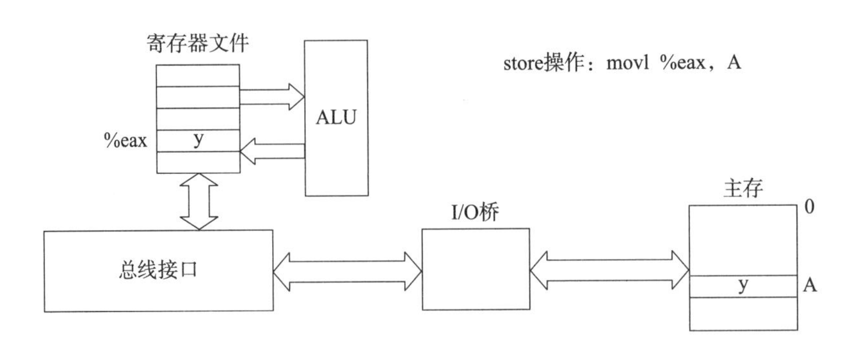

c）主存从总线上读出数据字y，并将其存储到地址A

图 8-6　存储器写事务的执行过程（续）

8.1.4　磁盘存储器

磁盘存储器是以磁盘为存储介质的存储器，它是利用磁记录技术在涂有磁记录介质的旋转圆盘上进行数据存储的辅助存储器，具有存储容量大、数据传输率高、存储数据可长期保存等特点。早期的磁盘存储器包括软盘和硬盘，现在的磁盘存储器都是指硬盘（Hard Disk Drive，HDD），使用坚硬的旋转盘片为基础的非易失性存储器。磁盘存储器主要用于保存大量数据，存储数据的数量级可以达到几百到几千兆字节（GB），而基于 RAM 的存储器只有几百或几千兆字节。不过，从磁盘上读取数据的时间为毫秒级，从 DRAM 读取数据比从磁盘读取数据快 10 万倍，从 SRAM 读取数据比从磁盘读取数据快 100 万倍。

1. 磁盘基本结构

典型的磁盘主要由多张盘片、主轴和主轴驱动电机、磁头和磁头臂及其驱动电机、读出 / 写入电路、伺服定位电路和控制逻辑电路等部分组成。图 8-7 是一个真实磁盘存储器的内部结构。当主轴电机带动盘片旋转时，副电机带动一组**磁头**到相对应的**盘片**上并确定读取正面还是反面的**表面**，磁头悬浮在盘面上画出一个与盘片同心的圆形轨道（**柱面**），这时由磁头的磁感线圈感应盘片上的磁性与使用硬盘厂商指定的读取时间或数据间隔定位**扇区**，从而得到该扇区的数据内容。

磁盘结构
扫描上方二维码可观看知识点讲解视频

磁头臂　主轴　盘片
驱动电机
磁头
SCSI 连接器
电子器件（包括处理器和内存）

图 8-7　真实的磁盘存储器内部结构

磁盘内部包括一组叠放在一起的盘片（Platter），每个盘片都有 2 个表面（Surface），表面覆盖了磁性记录材料。盘片中央有一个可以旋转的主轴（Spindle），使盘片以固定的速率旋转，转速通常是 5400 ～ 15 000 RPM（Revolution Per Minute，转每分钟）。一个或多个这样的盘片与磁头一起被密封在磁盘内。磁盘有一个过滤气孔，用来平衡工作时产生的热量导致的磁盘内外的气压差。磁头是磁盘中对盘片进行读写工作的工具，是磁盘中最精密的部位之一（每个表面配一个磁头），磁盘的磁头是用线圈缠绕在磁芯上制成的。

图 8-8a 展示了一个典型的磁盘表面的结构，每个表面由一组称为磁道（Track）的同心圆组成，每个磁道划分成一组扇区（Sector），所有盘片表面相同编号的磁道构成了一个柱面（Cylinder）。

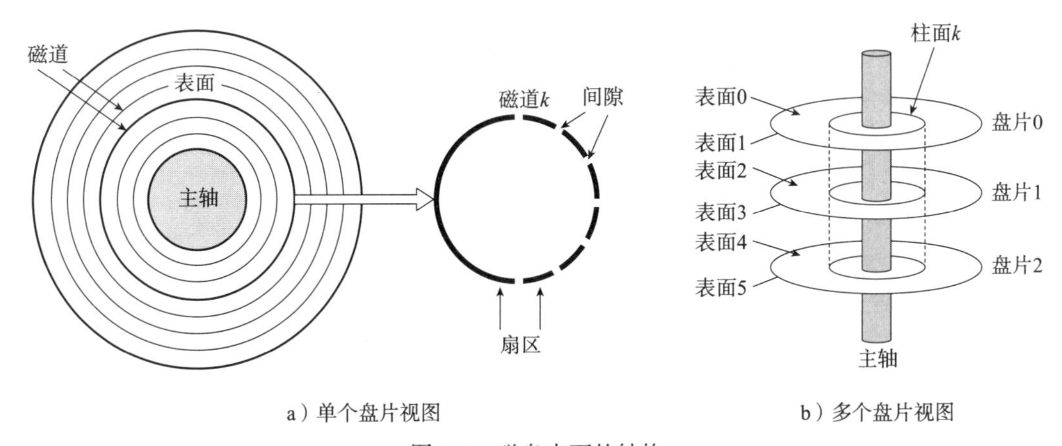

图 8-8　磁盘表面的结构

当磁盘旋转时，磁头若保持在一个位置上，则每个磁头都会在磁盘表面划出一个圆形轨迹，这些圆形轨迹称为磁道，每个表面上有若干同心环状的磁道。这些磁道用肉眼是根本看不到的，因为它们只是盘面上以特殊方式磁化了的一些磁化区，磁盘上的信息便是沿着这样的轨道存放的。相邻磁道之间并不是紧挨着的，这是因为磁化单元相隔太近时磁性会相互产生影响，同时也为磁头的读写带来困难。

磁盘上的每个磁道被间隙（Gap）等分为若干个弧段，这些弧段便是磁盘的扇区，每个扇区包含相等的数据位（通常是 512 字节），磁盘以扇区为单位读取和写入数据。间隙不存储数据位，只保存标识扇区的格式化位。

磁盘内部通常由重叠的一组盘片构成，每个表面都被划分为数目相等的磁道，并从外缘的“0”开始编号，具有相同编号的磁道形成一个圆柱，称为磁盘的柱面。如图 8-8b 所示，磁盘由三个盘片对应六个表面，每个表面的磁道编号相同，柱面 k 是六个磁道 k 的集合。磁盘的柱面数与一个表面上的磁道数是相等的。由于每个表面都有自己的磁头，因此，表面数等于总的磁头数。磁盘的参数 CHS 即指 Cylinder（柱面）、Head（磁头）、Sector（扇区）。

2. 磁盘容量

一个磁盘的容量是它可以保存的最大位数，即最大容量。随着磁盘技术的进步，磁盘容量不断扩充，磁盘的容量主要由单个盘片的存储密度和磁盘内封装的盘片数量来决定。单个盘片的存储密度取决于如下因素。

- 记录密度（Recording Density）（位 / 英寸）：磁道一英寸的段中可放入多少二进制信息

的位数。

- 磁道密度（Track Density）（道 / 英寸）：自盘片中心出发半径为一英寸的段内可以有多少磁道数。
- 面密度（Areal Density）（位 / 平方英寸）：记录密度与磁道密度的乘积。

磁盘制造商通过不懈的努力来提高面密度（从而增加容量），而面密度每隔几年就会翻倍。早期的磁盘面密度低、容量小，每个盘面上的每个磁道都划分为等量的扇区，扇区数目由最内侧磁道能容纳的扇区数来决定，越往外侧的磁道，扇区间隙越大。这样设计的优点是便于读取数据，但也有缺点，随着磁盘面密度的不断增长，而外侧磁道的周长要大于内道，外侧磁道因为固定扇区的间歇过大造成空间的浪费，外道的记录密度要远低于内道。新的大容量硬盘采用了多区记录（Multiple Zone Recording）的技术来改进这个缺点，多区记录技术将磁盘不同的磁道划分为多个记录区（Recording Zone），同一记录区的磁道具有等量的扇区，扇区数由该记录区最内侧的磁道包含的扇区数确定。采用多区记录技术可以使位于盘面外侧记录区的磁道划分的扇区数量要比内侧记录区的多，从而提高记录密度。

磁盘的容量可以用如下公式进行计算：

磁盘容量 = 磁头数 × 柱面数 × 平均扇区数 × 每扇区字节数

假设我们有一块磁盘，该磁盘包含 5 个盘片，每个盘片有 2 个表面（磁头），每个表面上有 20 000 条磁道，每条磁道平均有 300 个扇区，每个扇区为 512 字节，那么这个磁盘的容量是：

$$
\begin{aligned}
\text{磁盘容量} &= (5 \times 2) \times 20\,000 \times 300 \times 512 \\
&= 30.72 \times (10^9)\text{B} \\
&= 30.72\text{GB}
\end{aligned}
$$

目前磁盘厂家通常以千兆字节（GB）为单位描述磁盘容量，1GB 等于 10^9B。

3. 磁盘操作

磁盘访问时间
扫描上方二维码
可观看知识点
讲解视频

磁盘使用磁头（读 / 写头）来读写存储在磁性表面的位，磁头与磁头臂及伺服定位系统是一个整体。伺服定位系统由磁头臂后的线圈和固定在底板上的电磁控制系统组成。由于定位系统的限制，磁头臂只能在盘片的内外磁道之间移动。因此，不管开机还是关机，磁头总在盘片上；不同的是，关机时磁头停留在盘片启停区，开机时磁头“飞行”在磁盘片上方。磁头在磁头臂（传动臂）的一端，如图 8-9a 所示。通过沿着半径方向移动，磁头臂可以将磁头定位在盘面上的任何磁道上，这个机械运动称为寻道（Seek）。一旦磁头被定位到目标磁道上，当磁道上的每个位通过它的下面时，磁头可以感知到这个位的值（读该位），也可以修改这个位的值（写该位）。有多个盘片的磁盘针对每个盘面都有一个独立的磁头，如图 8-9b 所示。磁头垂直排列，行动一致。在任何时刻，所有的磁头都位于同一个柱面上。

磁盘不工作时，磁头停留在启停区，当需要从硬盘读写数据时，磁盘开始旋转。旋转速度达到额定的高速时，磁头就会因盘片旋转产生的气流而抬起，这时磁头才向盘片存放数据的区域移动。盘片旋转产生的气流相当强，足以使磁头托起，并与盘面保持一个非常微小的距离。这个距离越小，磁头读写数据的灵敏度就越高，对硬盘各部件的要求也越高。磁头保持在盘面上方 0.1 ～ 0.3μm 处飞行，气流既能使磁头脱离盘面，又能使它保持在离盘面足够近的地方，非常紧密地跟随着磁盘表面呈起伏运动，使磁头飞行处于严格受控状态。磁头必须飞行在盘面上方，而不是接触盘面，这种位置可避免擦伤磁性涂层，更重要的是不让磁性涂层损伤磁头。但是，磁头也不能离盘面太远，否则，就不能使盘面达到足够强的磁化，难以读出盘上的磁化翻转（磁极转换形式是磁盘上实际记录数据的方式）。

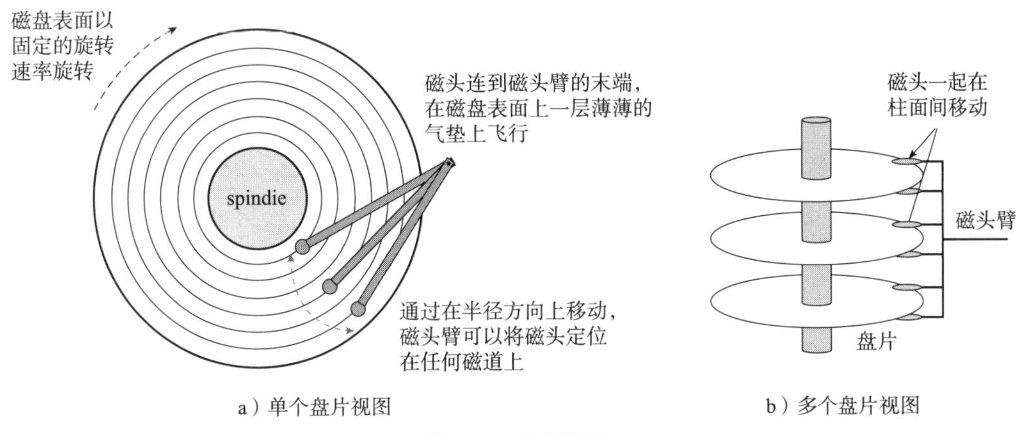

a）单个盘片视图　　b）多个盘片视图

图 8-9　磁盘操作

磁盘存储器磁头的飞行悬浮高度低、速度快，在这样小的间隙里，盘面上一粒微小的灰尘都像一块巨石。如果磁头碰到了这样的巨石，就会停下来，撞到盘面，这被称为磁头冲撞（head crash），可能造成数据丢失，形成坏块，甚至造成磁头和盘体的损坏。所以，磁盘系统的密封一定要可靠，在非专业条件下绝对不能开启硬盘密封腔，否则，灰尘进入后会加速磁盘的损坏。另外，磁盘存储器磁头的寻道伺服电机多采用音圈式旋转或直线步进电机，在伺服跟踪的调节下精确地跟踪盘片的磁道，所以，磁盘工作时不要有冲击碰撞，搬动时要小心轻放。

这种硬盘就是采用温切斯特技术制造的硬盘，所以也被称为温盘，其结构特点如下。

- 磁头、盘片及运动机构被密封在盘体内。
- 磁头在启动、停止时与盘片接触，在工作时因盘片高速旋转，带动磁头“悬浮”在盘片上面呈飞行状态（空气动力学原理），“悬浮”的高度约为 0.1 ～ 0.3μm，这个高度非常低。
- 磁头工作时与盘片不直接接触，所以，磁头的加载较小，磁头可以做得很精致，检测磁道的能力很强，可大大提高位密度。
- 磁盘表面非常平整光滑，可以做镜面使用。

磁盘以扇区为单位来读写数据，对扇区的访问时间由三个部分组成：寻道时间（Seek Time）、旋转时间（Rotational Time）、传送时间（Transfer Time）。

寻道时间：指磁头臂将磁头移动，定位到包含目标扇区的磁道上方的时间。寻道时间 T_{seek} 依赖于磁头以前的位置和磁头臂在盘面上移动的速度。现代驱动器中平均寻道时间 T_{avg_seek} 是通过几千次对随机扇区的寻道求平均值来测量的，通常为 3 ～ 9ms。一次寻道的最大时间 T_{max_seek} 可以高达 20ms。

旋转时间：指等待目标扇区第一位数据到达磁头下部的时间。盘面逆时针旋转，使磁头能位于目标扇区上方，如果磁头臂移动到对应磁道的时候读写位置刚过，就要等磁盘旋转一圈之后再读取，这是最坏情况，因此最大旋转时间（秒）为：

$$T_{max\_rotation} = \frac{1}{RPM} \times \frac{60secs}{1min}$$

平均旋转时间 $T_{avg\_rotation}$ 为 $T_{max\_rotation}$ 的一半（寻道时间和旋转延迟大致相当）。

传送时间：当目标扇区第一个位处于磁头的时候，读写该扇区的时间。很明显与旋转速度和每条磁道的扇区数目有关。因此，可以粗略地估计一个扇区以秒为单位的平均传送时间：

$$T_{avg\_transfer} = \frac{1}{RPM} \times \frac{1}{(avg\_sectors/track)} \times \frac{60secs}{1min}$$

访问一个磁盘扇区内容的平均时间为平均寻道时间、平均旋转延迟和平均传送时间之和。

$$T_{access} = T_{avg\_seek} + T_{avg\_rotation} + T_{avg\_transfer}$$

假设磁盘参数如下：磁盘旋转速度为 7200RPM，T_{avg_seek} 为 9ms，每磁道的平均扇区数为 400。

则平均访问时间计算如下：

$T_{avg\_rotation}$ = 1/2 × (60 secs/7200 RPM) × 1000 ms/sec = 4 ms。

$T_{avg\_transfer}$ = 60/7200 RPM × 1/400 secs/track × 1000 ms/sec = 0.02 ms。

T_{access} = 9 ms + 4 ms + 0.02 ms=13.02ms。

请注意：

- 访问时间主要由寻道时间和旋转时间确定。
- 扇区中的第一位是最为“昂贵”的，剩下的同扇区其他位都是“免费”的。
- 对存储在 SRAM 中的双字（8 字节）访问时间大约是 4ns，DRAM 大约是 60 ns。因此，从存储器中读一个 512 字节扇区大小的块的时间对 SRAM 来说大约是 256ns，对 DRAM 来说大约是 4000ns。而磁盘访问时间大约 10ms，可知磁盘的访问速度比 SRAM 慢 40 000 倍，比 DRAM 慢 2500 倍。

4. 逻辑磁盘块

现代磁盘构造复杂，有多个盘面，这些盘面上有不同的记录区。为了对操作系统隐藏这样的复杂性，现代磁盘将其复杂的扇区结构简单抽象为：

- 一组可用的扇区被视为一个逻辑块序列，编号为 0，1，2，…。
- 磁盘控制器维护着逻辑块号和实际（物理）扇区之间的映射关系。
- 磁盘控制器是一个硬件 / 固件设备。
- 控制器上的固件执行一个快速表查找，将一个逻辑块号翻译成（盘面，磁道，扇区）三元组，以唯一表示对应的物理扇区。

假设我们要打开驱动器 C 上的一个文件，控制器就会执行一个快速表查找，将该处的内容翻译成（盘面、磁道、扇区），等到磁头臂移动到正确的位置时，将内容读到一个缓冲区，然后复制到主存中去。

控制器会给每一个区预留一组柱面作为备用，当一个扇区不能访问的时候，磁盘控制器启用备用扇区，这样磁盘就不会因为一个或多个柱面损坏而不能使用，这就是格式化容量比最大容量要小的原因。

5. 连接到 I/O 设备

计算机系统的图形卡、监视器、鼠标、键盘和磁盘这样的输入 / 输出（I/O）设备，都是通过 I/O 总线连接到 I/O 桥，然后连接到 CPU 和主存的。系统总线和存储器总线是与 CPU 相关的，I/O 总线设计成与底层 CPU 无关。图 8-10 展示了一个典型的 I/O 总线结构，它连接了 CPU、主存和 I/O 设备。

虽然 I/O 总线比系统总线和存储器总线传输速度慢，但是它可以容纳种类繁多的第三方 I/O 设备。图中有多种类型的设备连接到总线。

- USB（通行串行总线）可以连接多个不同设备（打印机、鼠标、键盘），传送 600MB/s 的数据（USB3.0）。
- 图形卡（GPU）代替 CPU 在显示器上进行像素显示。
- 多个磁盘通过主机总线适配器与 I/O 总线相连。
- 其他设备网络适配器可以通过主板上的扩展槽与 I/O 总线相连。

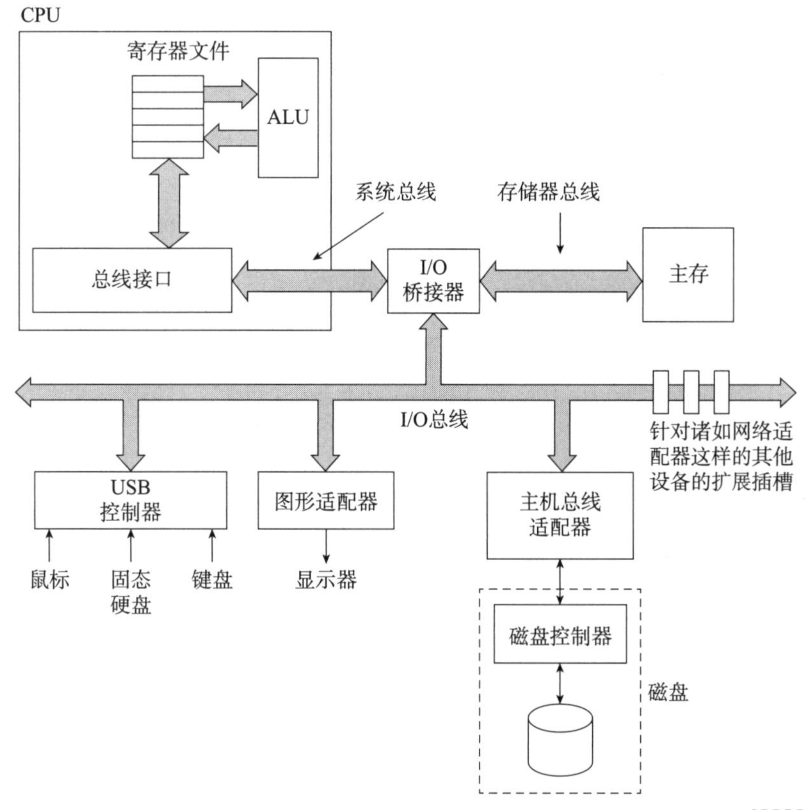

图 8-10 典型的 I/O 总线结构

6. 访问磁盘

计算机系统对磁盘的数据访问并不是直接从磁盘到 CPU，而是以存储器为桥梁，实现快速访问的目标。图 8-11 总结了 CPU 从磁盘读取数据的三个步骤。

磁盘访问过程

扫描上方二维码
可观看知识点
讲解视频

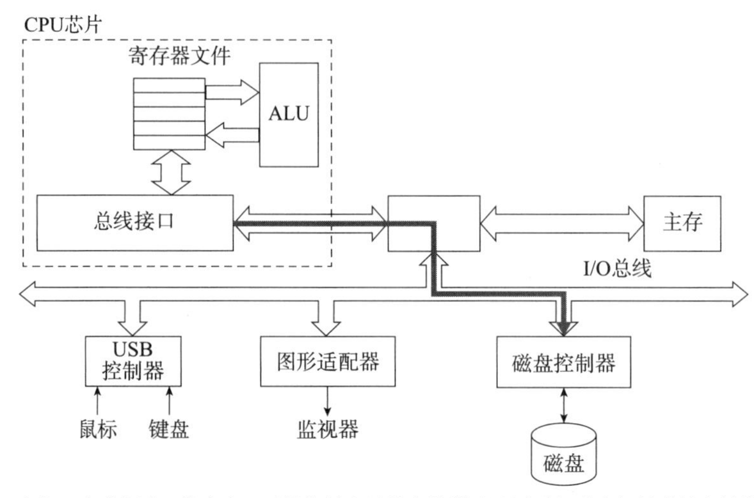

a）CPU 发起一个磁盘读，将命令、逻辑块号和目的存储器地址写到与磁盘相关联的存储器映射地址

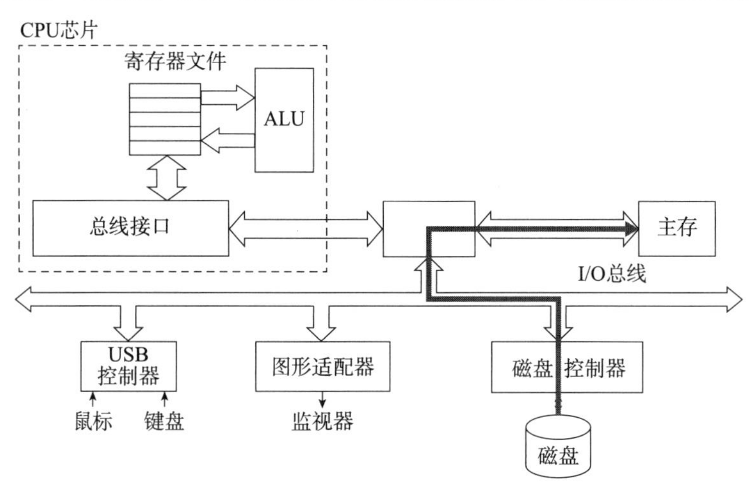

b）磁盘控制器读扇区，并执行到主存的DMA传送

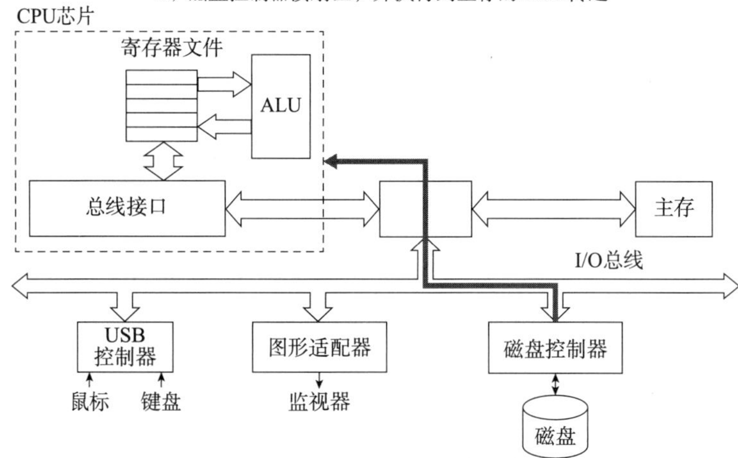

c）当DMA 传送完成后，磁盘控制器用中断的方式通知CPU

图 8-11　CPU 从磁盘读取数据的三个步骤

CPU 采用存储器映射 I/O（Memory-Mapped I/O）的技术向 I/O 设备发送命令。内存地址空间中有一块地址用于与 I/O 设备通信，这块地址被称为内存的 I/O 端口。设备连接到总线后，该设备与内存的一个或多个 I/O 端口相关联（由 CPU 帮助完成），从而实现映射。

假设磁盘控制器被映射到端口 0xa0，CPU 对地址 0xa0 发出三条指令，发起磁盘读：

1）发送一个命令字，要求读磁盘内容，要求读完以后报告给 CPU（中断）。

2）指明要读取的具体逻辑块号码。

3）指明复制到主存的地址。

磁盘控制器异步读取磁盘数据到主存，通过中断信号来通知 CPU 读取操作完成，这样高速 CPU 不用一直等待低速的外设读取。设备可以自己执行读或写总线事务，不需要 CPU 干涉的过程，这个过程就是 DMA（直接存储器访问），如图 8-11b 所示。

CPU 没有干预磁盘到主存的数据传送过程，而是通过中断来完成，为什么要使用中断？一个 1GHz 的 CPU 时钟周期是 1ns，在读磁盘的 16ms 的时间内，CPU 可以在内部执行 1600 万条指令，这个时间如果只是等待的话就太浪费了。所以 CPU 发起读指令以后，等到磁盘控制器将内容全部复制到主存中，磁盘控制器发起一个中断，告诉 CPU 已经将之前读指令要求的磁盘内容全部读到主存中去了，如图 8-11c 所示。中断会发信号到 CPU 芯片的一个外部引脚上，这会导致 CPU 暂停当前正在做的工作，跳转到一个操作系统程序。这个程序会记录下 I/O 已经完成，然后将控制返回到 CPU 被中断的地方。

8.1.5　固态硬盘

固态硬盘（Solid State Disk，SSD）是一种基于闪存的存储技术。固态硬盘的基本结构如图 8-12 所示，一个 SSD 由一个或多个闪存芯片和闪存翻译层（Flash Translation Layer）组成，闪存芯片用来替代传统旋转磁盘中的机械驱动器，闪存翻译层是一个硬件 / 固件设备，扮演着磁盘控制器的角色，将对逻辑块的请求翻译成对底层物理设备的访问。一个闪存由 B 个块组成，每块的大小为 16 ～ 512KB；每个块由 P 页（32 ～ 128 页）组成，每页大小为 512B ～ 4KB；数据以页为单位读写。在写数据之前需要擦除（所有位都被设置为 1），只有在一页所属的块整个被擦除之后，才能写这一页，一个块被擦除了，块中的每一页都可以写一次而不需要再进行擦除。在 100 000 次重复写后，块会发生磨损，一旦一个块磨损坏之后，就不能再使用了。

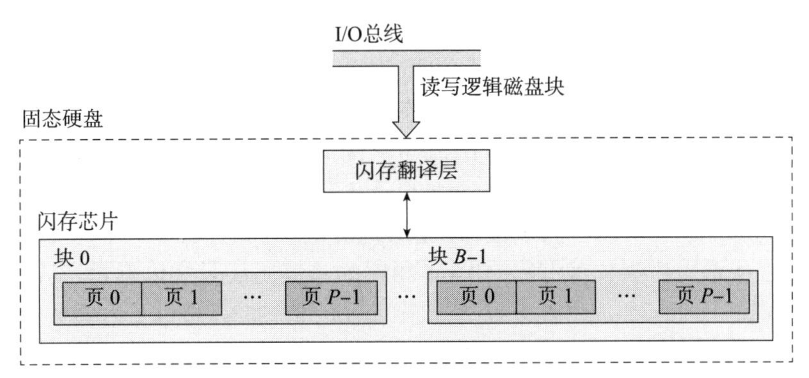

图 8-12　固态硬盘的基本结构

固态硬盘有着与传统的机械硬盘不同的性能特性。以 Intel X25-E SATA 固态硬盘为例，其性能参数如图 8-13 所示。顺序读和写（CPU 按顺序访问逻辑磁盘块）性能相当，顺序读比顺序写稍微快一些。不过，当按照随机顺序访问逻辑块时，写比读慢一个数量级。

读		写	
顺序读吞吐量	250 MB/s	顺序写吞吐量	170 MB/s
随机读吞吐量	140 MB/s	随机写吞吐量	14 MB/s
随机读访问时间	30 us	随机写访问时间	300 us

图 8-13 Intel X25-E SATA 固态硬盘性能参数

随机写速度慢有两个原因。第一，读是微秒级，而擦除块需要相对较长的时间（大约 1ms），比读高一个数量级。第二，写操作试图更新已包含数据的页 P，块中所有带有用数据的页必须事先被复制到一个新（擦除过的）块，然后进行对页 P 的写操作。虽然闪存翻译层中实现了复杂的逻辑，试图抵消擦写块的高昂代价，最小化内部写的次数，但是随机写的性能不太可能和读一样好。

和旋转（机械）硬盘对比，固态硬盘有很多优势：无机械的移动部件，随机访问更快、能耗更低、更结实。固态硬盘也有自己的缺点：固态硬盘可能会磨损。为了改善这个问题，闪存翻译层中的平均磨损逻辑试图将擦除平均分布在所有块上来最大化每个块的寿命，例如，Intel X25 保证 1PB（2^{50}B）随机写之前不磨损。另外固态硬盘每字节比机械硬盘要贵 100 倍，不过这个差价在逐步降低。固态硬盘的应用已经非常广泛，从音乐播放器、智能手机到笔记本计算机，如今台式计算机和服务器上也开始使用 SSD。虽然机械磁盘还会继续存在，但是显然，SSD 是一项重要的新的存储技术。

8.1.6 存储技术趋势

存储技术发展趋势

扫描上方二维码可观看知识点讲解视频

从我们对存储技术的讨论中，可以总结出以下三点。

- 不同的存储技术有不同的价格和性能折中。SRAM 比 DRAM 快一点，而 DRAM 比磁盘要快很多。另一方面，快速存储总是比慢速存储贵。SRAM 每字节的造价比 DRAM 高，DRAM 的造价又比磁盘高得多。SSD 的价格位于 DRAM 和旋转磁盘的价格之间。
- 不同存储技术的价格和性能属性以截然不同的速率变化着，成本在不断下降。表 8-2 ～表 8-4 总结了 1985 年以来各项存储技术的价格和性能。自 1985 年以来，SRAM 技术的成本和性能基本上是以相同的速度改善的，访问时间大约下降为原来的 1/115，而每兆字节的成本下降为原来的 1/116，如表 8-2 所示。不过，DRAM 和磁盘的变化趋势更大，而且更不一致。DRAM 每兆字节的成本下降为原来的 1/44 000（超过了四个数量级），而 DRAM 的访问时间大约只下降为原来的 1/10，如表 8-3 所示。磁盘技术有和 DRAM 相同的趋势，甚至变化更大。从 1985 年以来，磁盘存储的每兆字节成本约暴跌为原来的 1/3 333 333（超过了六个数量级），但是访问时间约只下降为原来的 1/25，如表 8-4 所示。这些惊人的长期趋势突出了存储器和磁盘技术的一个基本事实：增加密度（从而降低成本）比降低访问时间更容易。
- DRAM 和磁盘的性能提升远远滞后于 CPU 的性能提升。如表 8-5 所示，从 1985—2015 年，CPU 时钟周期时间提高了 500 倍，而 SRAM 的访问时间只提高了 115 倍，

DRAM 的访问时间提高了 10 倍，磁盘的访问时间提高了 25 倍。CPU 性能曲线在 2003 年附近的突然变化反映的是计算机历史上的转折点，设计者遇到了 CPU 的能量墙（Power Wall）问题。因为芯片的功耗和散热无法通过提升处理器频率而提升处理器性能，解决方法是用多个小处理器核（Core）取代单个大处理器，从而提高性能，每个完整的处理器能够独立地、与其他核并行地执行程序。从这以后处理器从单核转向多核，在这个分割点之后，单个核的周期时间实际上增加了一点点，然后又开始下降，不过比以前的速度要慢一些。如果定义有效周期时间（Effective Cycle Time）为一个单独的 CPU（处理器）的周期时间除以它的处理器核数，那么从 1985 年到 2015 年的提高还要大一些，为 2075 倍。

表 8-2 SRAM 发展趋势

度量标准	1985 年	1990 年	1995 年	2000 年	2005 年	2010 年	2015 年
价格（美元 /MB）	2900	320	256	100	75	60	25
访问时间 /ns	150	35	15	3	2	1.5	1.3

表 8-3 DRAM 发展趋势

度量标准	1985 年	1990 年	1995 年	2000 年	2005 年	2010 年	2015 年
价格（美元 /MB）	880	100	30	1	0.1	0.06	0.02
访问时间 /ns	200	100	70	60	50	40	20
典型大小 /MB	0.256	4	16	64	2000	8000	16 000

表 8-4 旋转磁盘发展趋势

度量标准	1985 年	1990 年	1995 年	2000 年	2005 年	2010 年	2015 年
价格（美元 /GB）	100 000	8000	300	10	5	0.3	0.03
访问时间 /ms	75	28	10	8	4	3	3
典型大小 /GB	0.01	0.16	1	20	160	1500	300

表 8-5 CPU 发展趋势

度量标准	1985 年	1990 年	1995 年	2000 年	2003 年	2005 年	2010 年	2015 年
Intel CPU	80286	386	Pentium	P-III	P-4	Core 2	Core i7	Core i7
时钟频率 /MHz	6	20	150	600	3300	2000	2500	3000
时钟周期 /ns	166	50	6	1.6	0.3	0.50	0.4	0.33
核数	1	1	1	1	1	2	4	4
有效时钟周期 /ns	166	50	6	1.6	0.3	0.25	0.10	0.08

虽然 SRAM 的性能滞后于 CPU 的性能，但是 SRAM 的性能还是在保持增长。然而，DRAM 和磁盘性能与 CPU 性能之间的差距实际上是在增大的。直到 2003 年左右多核处理器的出现，这个性能差距都是延迟的一个函数，DRAM 和磁盘的访问时间比单个处理器的周期时间提高得更慢，如图 8-14 所示。

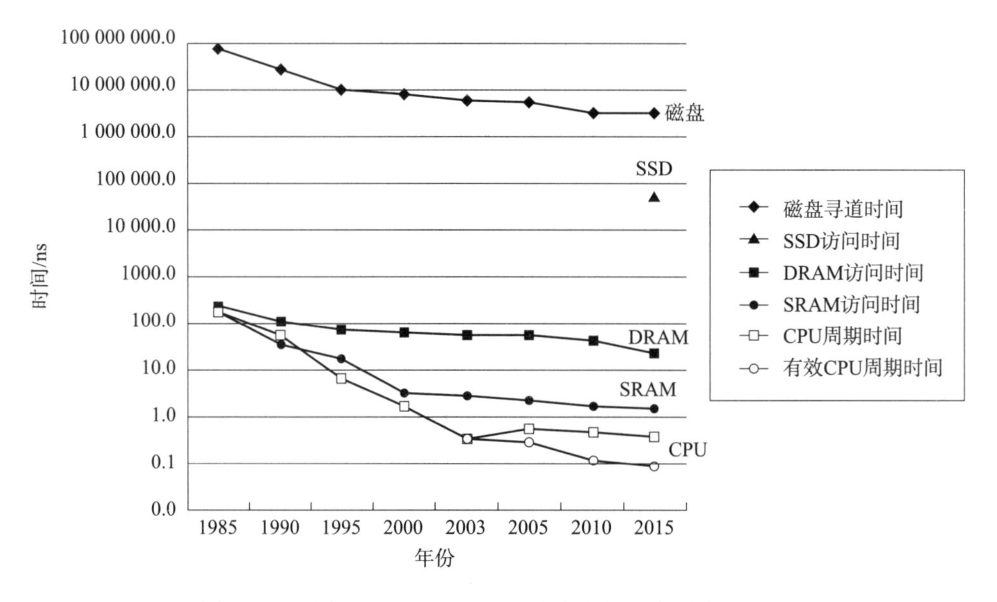

图 8-14　磁盘、DRAM 和 CPU 速度之间逐渐增大的差距

8.2　局部性

在讨论存储器体系结构之前先来理解局部性的概念。一个编写良好的程序倾向于引用最近引用过的数据本身，或者引用邻近于其最近引用过的数据项，这种倾向性称为**局部性原理**（Principle of Locality）。局部性对硬件和软件系统的设计和性能都有着极大的影响。简而言之，主存实际上是为了加快访问磁盘文件速度的一个高速缓存，在这一时刻访问的磁盘的数据在下一时刻可能也会被访问，这一位置被访问的数据，其相邻位置的数据也可能会被访问。这就是我们通常说的**时间局部性**（Temporal Locality）和**空间局部性**（Spatial Locality）。在一个具有良好时间局部性的程序中，最近被引用过的存储器位置（数据）很可能很快会被多次引用。在一个具有良好空间局部性的程序中，一个存储位置被引用了一次，很可能很快其附近存储位置会也被引用。

程序员应该深刻理解局部性原理，因为一般而言，有良好局部性的程序比局部性差的程序运行得更快。现代计算机系统的各个层次，从硬件到操作系统再到应用程序，它们的设计都利用了局部性。在硬件层，局部性原理允许计算机设计者通过引入高速缓存这种小而快速的存储器来保存最近被引用的指令和数据项，从而提高对主存的访问速度。在操作系统层，局部性原理允许系统使用主存作为虚拟地址空间最近被引用块的高速缓存。类似地，操作系统用主存来缓存磁盘文件系统中最近被使用的磁盘块。局部性原理在应用程序的设计中也扮演着重要的角色。例如，网页浏览器将最近被引用的文档放在本地磁盘上，这利用的就是时间局部性。大量的 Web 服务器将最近被请求的文档放在前端磁盘高速缓存中，这些缓存能满足对这些文档的请求，而不需要服务器的任何干预。

8.2.1　程序数据引用的局部性

如图 8-15 中所示为对一个数组的元素求和的简单函数。这个程序有良好的局部性吗？

为了回答这个问题，我们来看看每个变量的引用模式。在这个例子中，变量 sum 在每次循环迭代中被引用一次，因此，对于 sum 来说，有好的时间局部性。另外，对于 sum 来说，没有空间局部性。数组 a 的元素是被一个接一个地按照它们存储在存储器中的顺序读取的。因此，对于变量 a，函数有很好的空间局部性，但是时间局部性很差，因为每个数组元素只被访问一次。因为对于循环体中的每个变量，这个函数要么有好的空间局部性，要么有好的时间局部性，所以 sumarray 函数有良好的局部性。

```
int sumarray(int a[N]) {
    int sum = 0 ;
    for (int i = 0; i < N; i++)
        sum += a[i];
    return sum;
}
```

图 8-15　一个具有良好局部性的函数

像 sumarray 这样顺序访问一个数组中每个元素的函数，具有步长为 1 的引用模式（相对于元素的大小）。有时我们称步长为 1 的引用模式为顺序引用模式（Sequential Reference Pattern）。一个连续数组中，每隔 *k* 个元素进行访问，就被称为步长为 *k* 的引用模式（Stride-*k* Reference Pattern）。步长为 1 的引用模式是程序中空间局部性常见和重要的来源。一般而言，随着步长的增加，空间局部性会逐渐下降。

对代码的局部性定性评估是专业程序员应具备的关键能力。对于引用二维数组的程序来说，步长也很重要。如图 8-16 所示，对于二维数组的元素求和程序，使用两种不同的循环引用方式，程序空间局部性的差异很大。

```
int sumarrayrows(int a[M][N])
{
    int i,j,sum = 0;

    for (i = 0; i < M; i++)
        for (j = 0;j < N; j++)
            sum += a[i][j];
    return sum;
}
```

Address	0	4	8	12	16	20
Contents	a_{00}	a_{01}	a_{02}	a_{10}	a_{11}	a_{12}
Access order	1	2	3	4	5	6

a）按行优先顺序的程序和元素的访问顺序

```
int sumarraycols(int a[M][N])
{
    int i,j,sum = 0;

    for (i = 0; i < N; j++)
        for (i = 0;i < M; i++)
            sum += a[i][j];
    return sum;
}
```

Address	0	4	8	12	16	20
Contents	a_{00}	a_{01}	a_{02}	a_{10}	a_{11}	a_{12}
Access order	1	2	3	4	5	6

b）按列优先顺序的程序和元素的访问顺序

图 8-16　二维数组求和

考虑图 8-16a 中的函数 sumarrayrows，它对一个二维数组的元素求和。遍历数组 a 中的每个元素求和，这样的 sum 变量有很好的时间局部性，因为我们访问过一次该变量，接下来继续访问该变量。双重嵌套循环按照行优先顺序读取数组中的元素，内层循环读取第一行的元素，然后读取第二行的元素，以此类推。函数 sumarrayrows 具有良好的空间局部性，因为它按照数组被存储的行优先顺序来访问该数组。其结果是得到一个步长为 1 的引用模式和良好的空间局部性。

如果程序按照列的顺序访问，如图 8-16b 中的函数 sumarraycols，只是交换 i 和 j 的循环位置，使得程序按照列的方式求和，那么程序的空间局部性就变得很差。因为二维数组是按照行的顺序存储的，而函数以步长为 N 按列求和（如图 8-16 所示）。但对于 sum 变量来说，仍有很好的时间局部性。

8.2.2　指令引用的局部性

因为程序指令是存放在存储器中的，CPU 必须引用（读出）这些指令，所以我们也能够评价一个程序关于指令引用的局部性。例如，图 8-15 中 for 循环体中的指令是按照连续的存储器**顺序执行（空间）**的，因此循环有良好的空间局部性。因为循环体会被**重复执行（时间）**多次，所以它也有很好的时间局部性。代码区别于程序数据的一个重要属性是在运行时它是不能被修改的。当程序正在执行时，CPU 只从存储器中读出它的指令。CPU 决不会重写或修改这些指令。

8.2.3　局部性小结

本节介绍了局部性的基本思想，还给出了量化评价一个程序中局部性的简单原则。

- 重复引用同一个变量的程序有良好的时间局部性。
- 对于步长为 k 的引用模式的程序，步长越小，空间局部性越好。具有步长为 1 的引用模式的程序有很好的空间局部性。在存储器中以大步长跳来跳去的程序，其空间局部性会很差。
- 对于指令引用来说，循环有好的时间和空间局部性。循环体越小，循环迭代次数越多，局部性越好。

本章后面在介绍高速缓存以及它们是如何工作的之后，还会介绍如何用高速缓存命中率和不命中率来量化局部性的概念。读者会了解为什么有良好局部性的程序通常比局部性差的程序运行得更快。尽管如此，看一眼源代码就能获得对程序中局部性的高层次的认识，是程序员要掌握的一项有用且重要的技能。

8.3　存储器层次结构

存储器层次结构
扫描上方二维码
可观看知识点
讲解视频

从存储技术的角度来看：不同存储技术的访问时间差异很大。速度较快的存储技术每字节的成本要比速度较慢的存储技术高，而且存储容量较小，也需要更多能耗。CPU 和主存之间的速度差距在逐渐增大。从计算机软件的角度来看：一个编写良好的程序倾向于展示出良好的局部性。

这些硬件和软件的基本属性形成完美的互补。这使人想到一种组织存储器系统的方法，称为存储器层次结构（Memory Hierarchy）。现代计算机系统中都使用了这种方法。图 8-17 展示了一个典型的存储器层次结构。

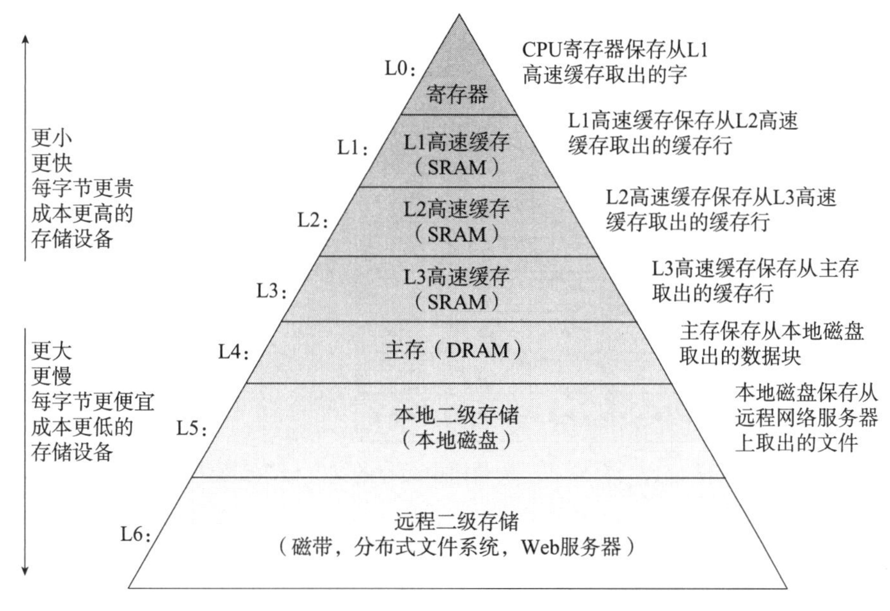

图 8-17 典型的存储器层次结构

在存储器层次结构中，越往上，访问速度越快，存储容量越小，价格也越高；越往下，访问速度越慢，存储容量越大，价格越便宜。在最高的 L0 层是少量快速的 CPU 寄存器，CPU 可以在一个时钟周期内访问它们。下层是一个或多个小型到中型的基于 SRAM 的高速缓存，可以在几个 CPU 时钟周期内访问它们。CPU 寄存器是 L1 的高速缓存，L1 是 L2 的高速缓存，以此类推。然后是基于 DRAM 的主存，可以在几十到几百个时钟周期内访问它们。再下一层是慢速但是容量很大的本地磁盘。在最后一层，有些系统甚至包括附加的远程服务器上的磁盘，要通过网络来访问它们，例如网络文件系统（Network File System，NFS）这样的分布式文件系统，允许程序访问存储在远程的网络服务器上的文件。类似地，因特网允许程序访问存储在世界上任何地方的 Web 服务器上的远程文件。

8.3.1 存储器层次结构中的缓存

在存储器层次结构中的高速缓存（Cache）是一个小而快的存储设备，它可作为存储在更大、更慢的设备中的数据对象的缓冲区域。使用高速缓存的过程称为缓存（Caching）。

存储器层次结构的基本思想是：对于每个 k，位于第 k 层的更快、更小的存储设备作为位于第 k+1 层的更大、更慢的存储设备的缓存。层次结构中的每一层都缓存来自低一层的数据对象。存储器层次结构为什么有效？因为局部性，相对于第 k+1 层的数据，程序趋向于更频繁地访问第 k 层的数据，因此，第 k+1 层的存取速度可以慢一些，空间更大，位价格更便宜。所以，存储器层次结构创建了一个价格接近最底层存储层次的大容量存储，而读取数据速率接近最顶层存储层次的存储方式。

图 8-18 展示了存储器层次结构中缓存的基本概念和原理。任意一层的存储器被划分成连续的数据对象，称为块（Block）。每个块都有一个唯一的地址或名字，使之区别于其他的块，块通常具有固定大小。

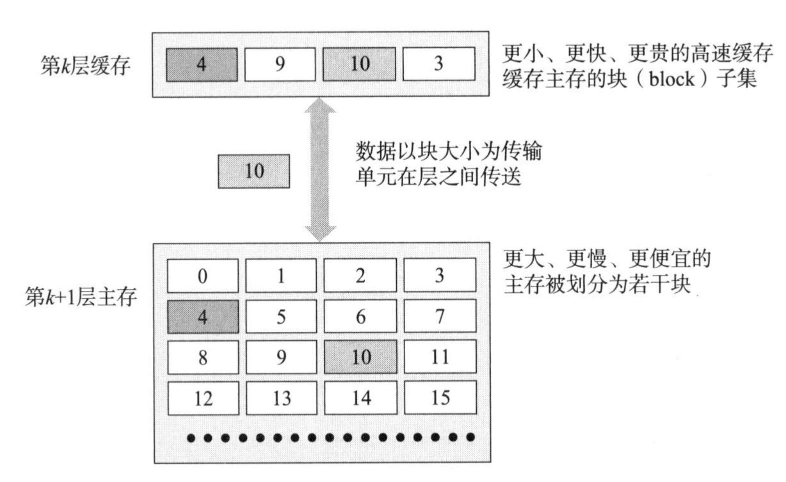

图 8-18　存储器层次结构中缓存的基本概念和原理

图中第 k+1 层存储器被划分成 16 个固定大小的块，编号为 0 ～ 15。类似地，第 k 层的存储器被划分成较少的块的集合，每个块的大小与 k+1 层的块的大小一样。在任何时刻，第 k 层的缓存包含第 k+1 层块的一个子集的拷贝。例如，在图 8-18 中，第 k 层的缓存只有 4 个块的空间，当前包含块 4、9、10 和 3 的拷贝。如果把第 k+1 层理解为主存，那么可以把第 k 层理解成 L3 高速缓存，任何时刻 L3 高速缓存都保存了主存中的一个子集。

数据总是以块大小为传送单元在第 k 层和第 k+1 层之间来回拷贝。虽然在层次结构中任何一对相邻的层次之间块大小是固定的，但是其他的层次对之间可以有不同的块大小。例如，在图 8-17 中，L1 和 L0 之间的传送通常使用 1 个字的块。L2 和 L1 之间（以及 L3 和 L2 之间、L4 和 L3 之间）的传送通常使用 8 ～ 16 个字的块。而 L5 和 L4 之间的传送使用大小为几百或几千字节的块。

1. 缓存命中

如图 8-19 所示，当程序需要第 k+1 层的数据块 14 的时候，程序会在当前存储的第 k 层寻找块 14 的数据，如果数据块 14 刚好在第 k 层，则称为缓存命中，这比从第 k+1 层读取块的速度要快很多。

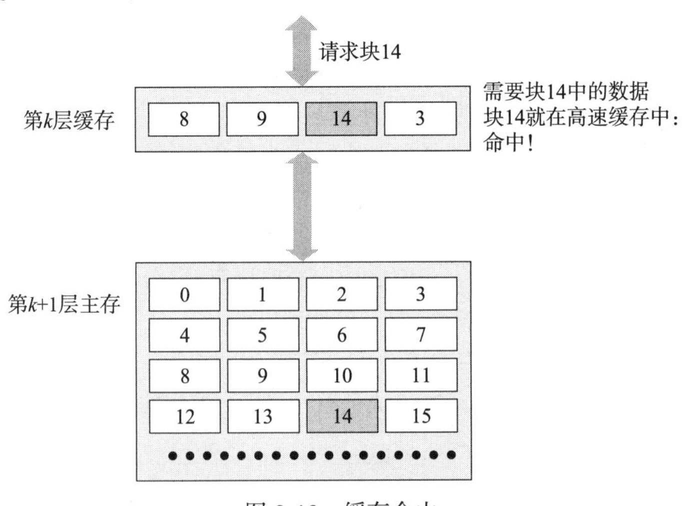

图 8-19　缓存命中

2. 缓存不命中

如图 8-20 所示，当程序需要访问块 12 的时候，在第 k 层没有该数据块，则称为**缓存不命中**，这时就会从第 k+1 层中读取块 12 将其替换到第 k 层的一个数据块（覆盖一个已有的数据块）。程序仍然从第 k 层来访问块 12。

覆盖一个现存的块的过程称为替换或驱逐这个块。被驱逐的块被称为牺牲块。决定该替换哪个块是由缓存的替换策略来控制的。例如，一个具有**随机替换策略**的缓存会随机选择一个牺牲块。一个具有**最近最少被使用（LRU）替换策略**的缓存会选择那个最后被访问的时间距现在时间最长的块。

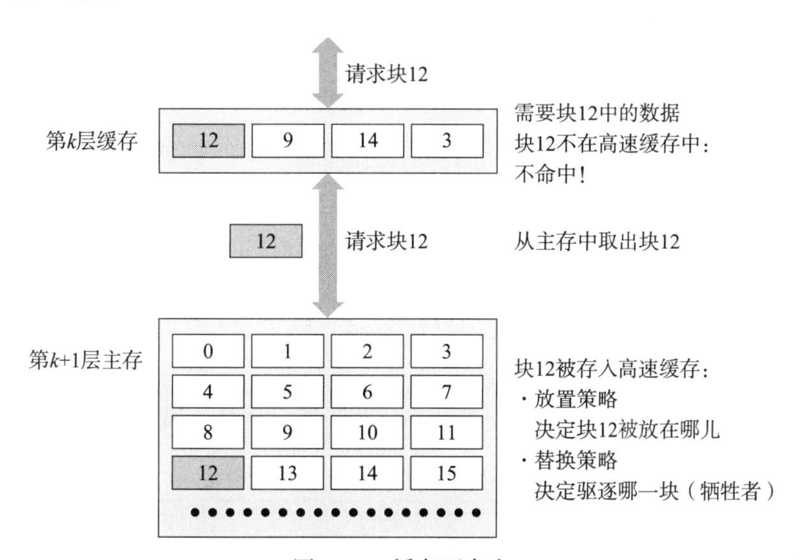

图 8-20　缓存不命中

3. 缓存不命中的分类

区分不同种类的缓存不命中有时候是很有帮助的。缓存不命中可以分为冷不命中、冲突不命中和容量不命中三种。

- 冷不命中（Cold Miss）：又称强制不命中，如果第 k 层的缓存是空的，则对任何数据的访问都是不命中的，属于短暂事件。
- 冲突不命中（Conflict Miss）：当发生不命中时，第 k 层的缓存就必须执行某个放置策略，确定把它从第 k+1 层中取出的块放在哪里。最灵活的替换策略是允许来自第 k+1 层的任何块放在第 k 层的任何块中。但这个策略实现起来通常很昂贵，因为随机地放置块，定位的代价很高。因此，一般采用限制性的放置策略，第 k+1 层的某个块被限制放置在第 k 层块的一个小的子集中（这个子集可以只是一个块）。

例如，图 8-20 中第 k+1 层的块 i 被限制必须放在 k 层的（i mod 4）块中，所以，第 k+1 层的块 0、4、8 和 12 会映射到第 k 层的块 0，块 1、5、9 和 13 会映射到块 1，以此类推。这种严格的放置策略会导致即使缓存够大，但是所需的多个数据块都被映射到同一个缓存块中，导致一直不命中，这种不命中被称为冲突不命中。例如，图 8-20 中，块 0 和块 8 映射到同一个缓存块，程序如果反复引用块 0, 8, 0, 8, 0, 8, …，在第 k 层的缓存中，即使缓存可以容纳 4 个块，但对这两个块的每次引用都会产生冲突，导致不命中。

- 容量不命中（Capacity Miss）：如果程序在某个阶段（例如循环）需访问相对稳定不变的数据集合，这个块的集合称为这个阶段的工作集，当工作集的大小超过缓存大小，即缓存不够处理工作集时，就会导致容量不命中。

4. 管理缓存

存储器层次结构的本质是，每一层存储设备都是低一层存储设备的缓存。在每一层上，通过某种形式的逻辑来管理缓存，将缓存划分成块，在不同的层之间传送块，判定是命中还是不命中，并处理它们。管理缓存的逻辑一般通过硬件或者软件来实现，或是两者的结合。

8.3.2 概念小结

基于缓存的存储器层次结构之所以能够有效地工作，是因为较慢的存储设备比较快的存储设备更便宜，而且程序具有局部性。

- 时间局部性：由于时间局部性，同一数据对象可能会被多次使用。一旦一个数据对象在第一次不命中时被复制到缓存中，就期望后面对该目标有一系列的访问命中。因为缓存比低一层的存储设备更快，对后面命中的服务会比最开始的不命中快很多。
- 空间局部性：块通常包含多个数据对象。由于空间局部性，期望后面对该块中其他对象的访问能够补偿不命中后复制该块的花费。

缓存在现代计算机系统中无处不在。CPU 芯片、操作系统、分布式文件系统中和因特网上都使用了缓存，各种硬件和软件的组合构成和管理着缓存，如表 8-6 所示。

表 8-6 现代计算机系统中的各种缓存

类型	缓存内容	缓存的位置	延迟（周期数）	由谁管理
寄存器	4 字节或 8 字节的字	处理器的核	0	编译器
TLB	地址转换	片上的 TLB	0	硬件 MMU
L1 高速缓存	64 字节块	片上的 L1 高速缓存	4	硬件
L2 高速缓存	64 字节块	片上 / 片外的 L2 高速缓存	10	硬件
L3 高速缓存	64 字节块	片上 / 片外的 L3 高速缓存	50	硬件
虚拟内存	4KB 页	主存	200	硬件 + 操作系统
缓冲区缓存	部分文件	主存	200	操作系统
磁盘缓存	磁盘扇区	磁盘控制器	100 000	控制器固件
网络缓存	部分文件	本地磁盘	10 000 000	AFS/NFS 客户
浏览器缓存	Web 页	本地磁盘	10 000 000	Web 浏览器
Web 缓存	Web 页	远程服务器磁盘	1 000 000 000	Web 代理服务器

表中的专业术语解释如下。

- TLB：翻译后备缓冲器（Translation Lookaside Buffer）。
- MMU：存储器管理单元（Memory Management Unit）。
- AFS：安德鲁文件系统（Andrew File System）。
- NFS：网络文件系统（Network File System）。

8.4　高速缓存

早期计算机系统的存储器层次结构只有三层：CPU 寄存器、DRAM 主存储器和磁盘存储。随着 CPU 和主存之间逐渐增大的差距，在 CPU 寄存器文件和主存之间插入了一些小且快的 SRAM，称为高速缓存。高速缓存频繁访问主存的数据块，其保存的内容是主存数据的子集，用来加速 CPU 对内存的访问。

高速缓存是集成在 CPU 内部的一个部件，现代 CPU 通常包含 L1、L2、L3 三级缓存。Ll 高速缓存的访问速度几乎和寄存器一样快，典型的是 2 ～ 4 个时钟周期，容量小；L2 高速缓存访问时间大约在 10 个时钟周期内，容量大；L3 高速缓存在存储器层次结构中，它位于 L2 高速缓存和主存之间，访问时间大约为 30 或者 40 个时钟周期，容量更大。以 Intel Sandy Bridge 处理器为例，L1 高速缓存的大小为 64KB，由 32KB 指令高速缓存加 32KB 数据高速缓存构成；L2 高速缓存大小为 256KB ；L3 高速缓存大小为 3 ～ 20MB。

高速缓存的总线结构如图 8-21 所示。CPU 首先在 L1、L2 和 L3 三级高速缓存中寻找所需数据，若找不到再访问主存。对于后续的讨论，我们会假设一个简单的存储器层次结构，CPU 和主存之间只有 L1 高速缓存。

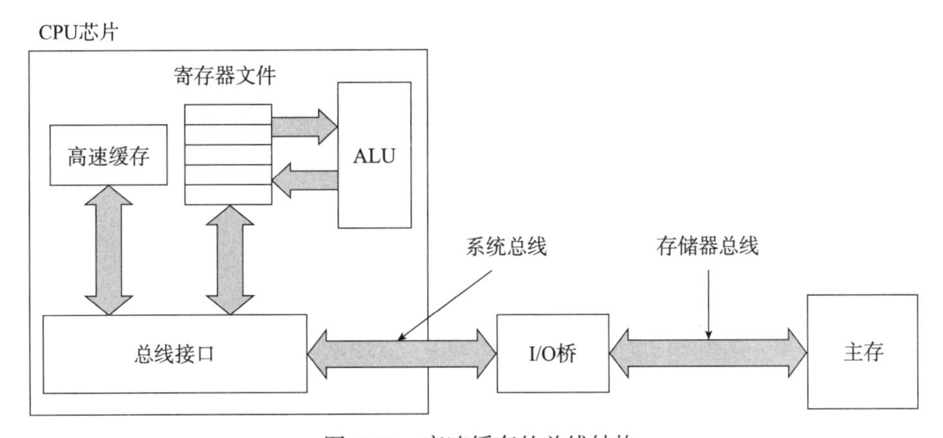

图 8-21　高速缓存的总线结构

8.4.1　高速缓存的组织结构

考虑一个计算机系统，其中每个存储器地址为 m 位，形成 $M=2^m$ 个唯一的地址（系统可寻址空间范围为 $[0, M-1]$）。例如 32 位的 CPU，其中 32 位是 CPU 的一个参数，指 CPU 操作总线的数据宽度（地址表示），为 32 位一次操作最大可执行 32 位的计算，32 位 CPU 能够处理的地址数量是 $M=2^{32}$。如果地址从 00000000 开始，则在 00000000 ～ FFFFFFFF 范围内的地址共有 2^{32}= 4 294 967 296 个，即我们常说的 4G（2^{32}）个地址。CPU 处理地址中的值时，每个地址对应一个字节大小的存储空间，一个字节由 8 个位构成，也就是说，每个地址代表 8 位存储空间，因此共有 4GB 存储空间。

高速缓存总是比内存小得多，L1 高速缓存通常只有几十上百 KB，那么 CPU 的 32 位地址怎么使用呢？高速缓存既然小，一定是被地址空间所共享的，4GB 中的任何一个字节都可能被缓存在 L1 中，因此，需要有办法进行区分。要对高速缓存进行有效的管理，就需要给高缓存分组，组里面还可以有行，行里面可以有不同的字节串。因此，高速缓存的通用组织结构如图 8-22 所示。

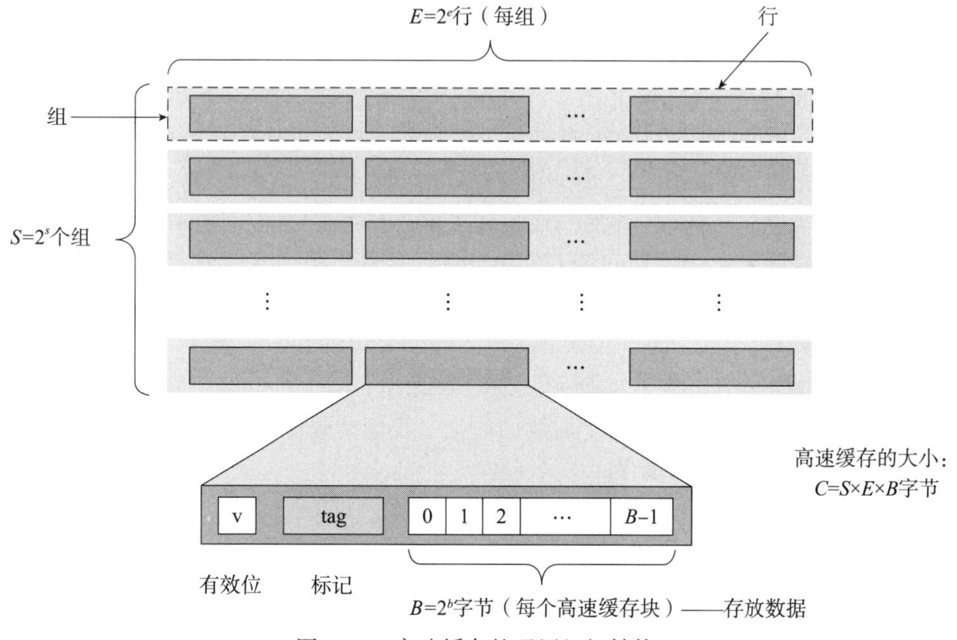

图 8-22　高速缓存的通用组织结构

高速缓存被组织成一个高速缓存组的数组，每个组包含一个或多个行，每个行包含一个有效位、一些标记位，以及一个数据块。如图 8-22 所示，高速缓存被划分成 S 组，每个组有 E 行数据，每行中都有一个高速缓存块，每个高速缓存块的大小是 B 字节。一般高速缓存的结构可以用元组（S, E, B, m）来描述。高速缓存的大小（或容量）C 指的是所有块的大小的和，标记位和有效位不包括在内。因此，高速缓存的存储容量 $C = S \times E \times B$ 字节。

CPU 该如何访问高速缓存存储空间中的各个字节呢？基本思路是，首先找到组，然后找到行，接着找到块，最后再通过偏移找到块中的具体字节。CPU 在访问高速缓存时，需要寻找上述信息，那么在定义高速缓存的地址概念时，就必须用相应的字段来标识。

对于 m 位 CPU 数据宽度，有 $M=2^m$ 个地址，可标识 M 字节的存储空间。要定位到高速缓存的中的某个字节，首先要标识组，要在 S 个高速缓存组中找出唯一的一个组信息，需要占用 m 位地址表示（CPU 数据宽度）的多少位呢？如果 $S=2^s$，那就需要在 m 位地址表示中划分出 s 位来标识组信息；然后再标识高速缓存行，每组有 E 行，因此在 m 位地址表示中划分 t 位来唯一标识行信息，同时在每行中额外设置了一个有效位（Valid Bit），指明该行是否包含有意义的信息；最后标识块字节偏移，即行中的缓存块字节偏移，每行包含一个 B 字节高速缓存数据块，每块有多个字节，既然有 $B=2^b$ 字节，也就是说还要从 m 位地址表示中分配 b 位来标识在块中的字节偏移。

就这样，存储器的 m 位地址表示被划分成了 t 个标记位、s 个组索引位和 b 个块偏移位，其中 $t=m-s-b$，如图 8-23 所示。t 位标记位的作用是唯一标识组内的行，只有当该行设置了有效位，并且标记位与内存地址 A 中的标记位相匹配时，组中这行才包括地址 A 中存储的字［一次存取、加工和传送的数据长度称为字（Word），一个字通常由一个或多个字节构成］。

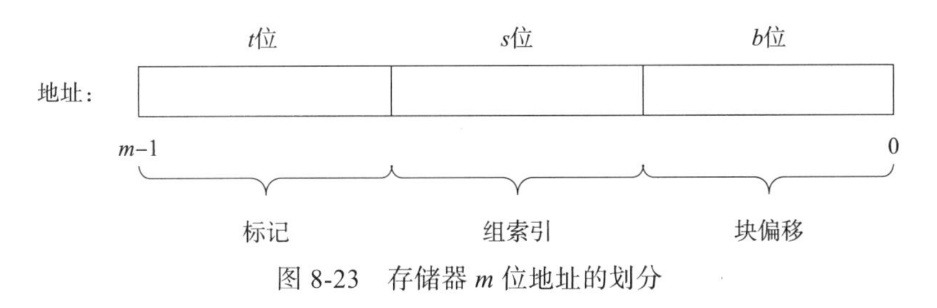

图 8-23　存储器 m 位地址的划分

下面以一个简单存储器体系结构的系统为例来分析高速缓存的工作过程，该系统由一个 CPU、一个寄存器文件、一个 L1 高速缓存和一个主存组成。当 CPU 执行一条读存储器字 w 的指令时，它向 L1 高速缓存请求这个字。如果 L1 高速缓存有 w 的一个缓存的拷贝，那么 L1 高速缓存命中，高速缓存会很快抽取出 w 并将它返回给 CPU，否则就是缓存不命中，当 L1 高速缓存向主存请求包含 w 的块的一个拷贝时，CPU 必须等待。当被请求的块最终从存储器到达时，L1 高速缓存将这个块存放在它的一个高速缓存行里，从被存储的块中抽取出字 w，然后将它返回给 CPU。高速缓存确定一个请求是否命中并抽取出请求字的过程，可以分为以下三个步骤，如图 8-24 所示。

1）组选择：根据存储器字 w 地址中的 s 位组索引（Set Index）定位到某个高速缓存行所在的组。

2）行匹配：检查组内任意行的标记位是否与存储器字 w 地址中 t 位标记位（Tag）匹配。

3）字抽取：如果匹配并且该行有效，则命中，然后通过 b 位偏移量（Block Offset）定位到起始的目标数据块。

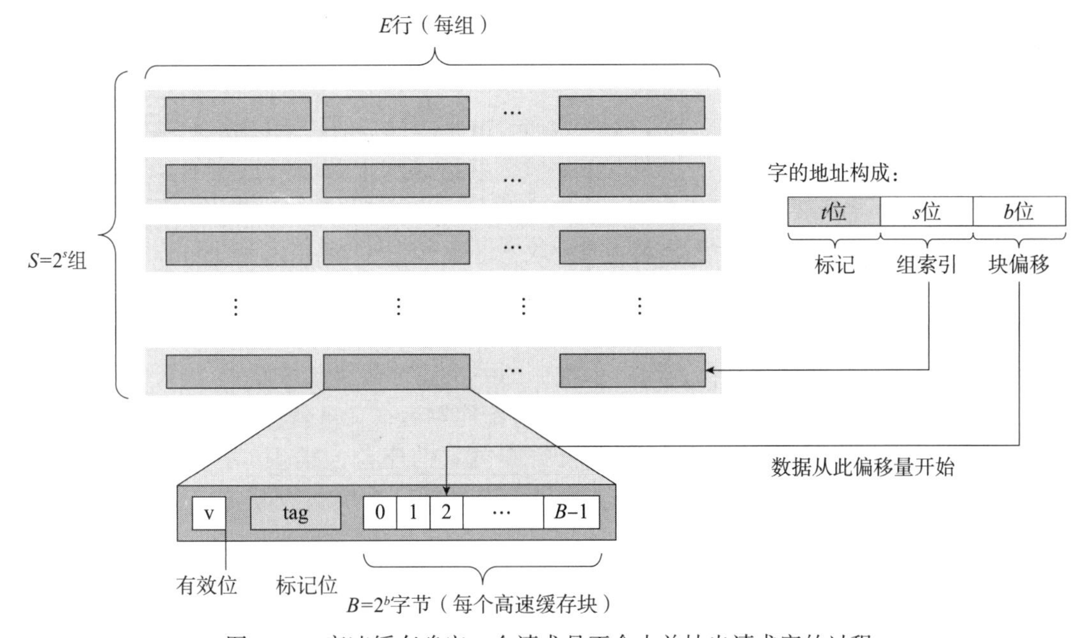

图 8-24　高速缓存确定一个请求是否命中并抽出请求字的过程

高速缓存参数相关符号如表 8-7 所示。

表 8-7　高速缓存参数相关符号

基本参数	
参数	描述
$S=2^s$	组数
E	每个组的行数
$B=2^b$	块大小（字节）
$m=\log_2(M)$	（主存）物理地址位数

衍生出来的量	
参数	描述
$M=2^m$	存储器地址的最大数量
$s=\log_2(S)$	组索引位数量
$b=\log_2(B)$	块偏移位数量
$r=m-(s+b)$	标记位数量
$C=B\times E\times S$	高速缓存大小（字节，不包括有效位和标记位）

8.4.2　存储器层次结构的四个问题

在了解不同的高速缓存结构之前，我们先来看看存储器层次结构中要考虑的四个问题。

高速缓存的映射规则

扫描上方二维码可观看知识点讲解视频

- 映射规则：当把一个块调入高一层（靠近 CPU）存储器时，可以放在哪些位置？
- 查找算法：当所要访问的块在高一层存储器中时，如何找到该块？
- 替换算法：当发生失效时，应替换哪一块?
- 写策略：当进行写访问时，应执行哪些操作？

主存的块映射到高速缓存的映射规则有三种。第一种是直接映射，主存中的每一块只能被放置到高速缓存中唯一的一个固定位置，按照主存的地址顺序循环分配，当高速缓存中的位置分配完以后，又重新开始分配，映射关系如图 8-25 所示。高速缓存中的块就好像学校的阅览室的座位，学生（主存）被分配固定座位（位置），这种映射规则的特点是空间利用率最低，冲突概率最高，但硬件实现最简单。

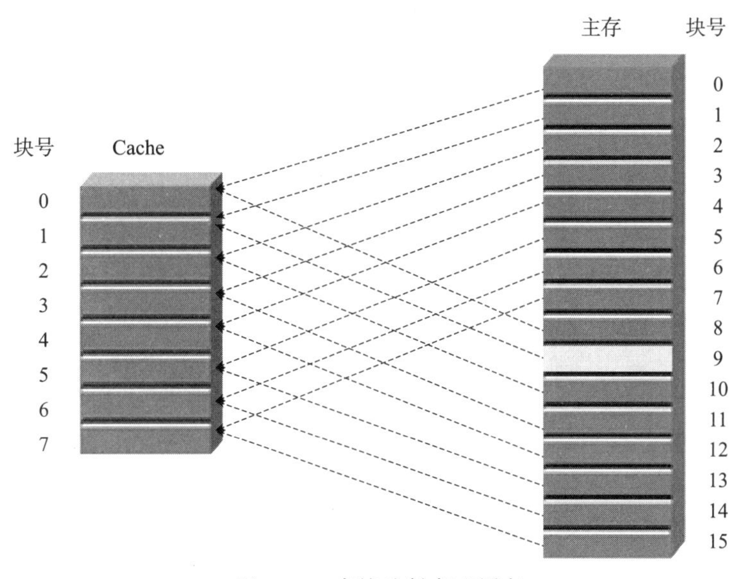

图 8-25 直接映射高速缓存

第二种是全相联映射，主存中的任一块可以被放置到高速缓存中的任意一个位置，如图 8-26 所示。仍然把高速缓存的块比作阅览室的座位，学生（主存）可以随便坐哪个座位，这种映射规则的特点是空间利用率最高，冲突概率最低，但是硬件实现最复杂。

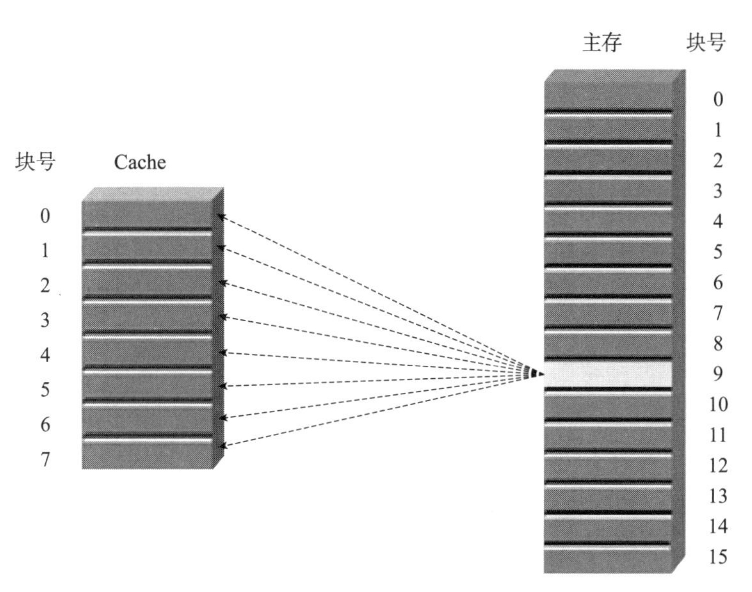

图 8-26 全相联映射高速缓存

第三种是组相联映射，主存中的每一块可以被放置到高速缓存中唯一的一个组中的任何一个位置，如图 8-27 所示。组相联是直接映射和全相联映射的折中。

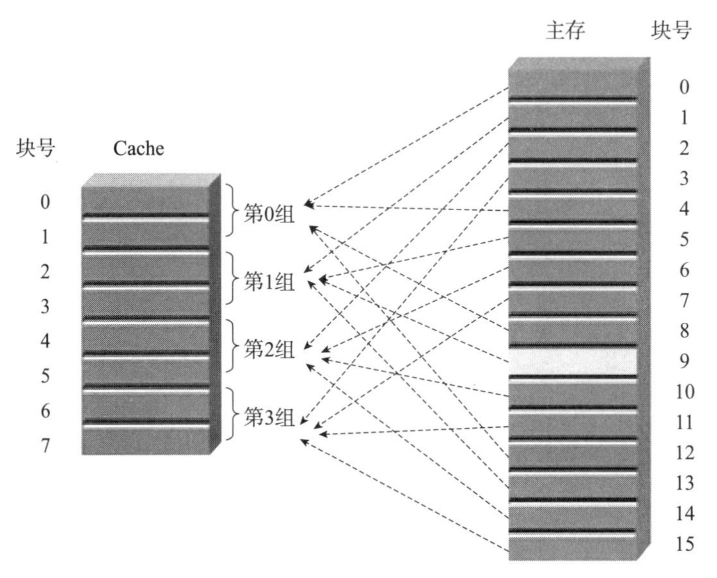

图 8-27　组相联映射高速缓存

通用高速缓存的结构可以用（*S*, *E*, *B*, *m*）四元组来描述，不同的映射规则决定了高速缓存 *E*（每个组的高速缓存行数）和 *S*（组数）参数，因此高速缓存可以分成以下三类。

- 直接映射高速缓存（Direct-Mapped Cache）：每个组只有一个高速缓存行（E=1）的简单访问模式。
- 组相联高速缓存（Set Associative Cache）：每组有大于一个的高速缓存行（$E \geqslant 2$）。
- 全相联高速缓存（Fully Associative Cache）：只有一个组（S=1）的高速缓存。

8.4.3　直接映射高速缓存

每个组只有一行（E=1）的高速缓存称为直接映射高速缓存。直接映射高速缓存抽取请求字的实现过程最容易理解，如前所述，CPU 向 L1 高速缓存请求存储器字 *w* 的过程分成组选择、行匹配和字抽取三步。

直接映射高速缓存抽取请求字的过程就像我们投递快件一样，组索引就像是邮政编码，根据邮政编码找到所在的组，即投递的大概位置（市 / 县），然后看具体是哪个小区的哪栋楼（标记位），并且核实该地址是否有效（有效位 1），两项都满足条件以后将该快件给快递员投递，快递员到达具体某小区某栋楼的时候再根据门牌号（偏移位）送达快件。

1. 组选择（直接映射高速缓存）

首先，高速缓存根据 *w* 地址位中的 *s* 位组索引匹配高速缓存中的组，这些位被解析成一个对应于一个组号的无符号整数。如果我们把高速缓存看成是一个关于组的一维数组，那么这些组索引位就是一个到这个数组的索引。如图 8-28 所示，组索引 0…01 解析为选择组 1。

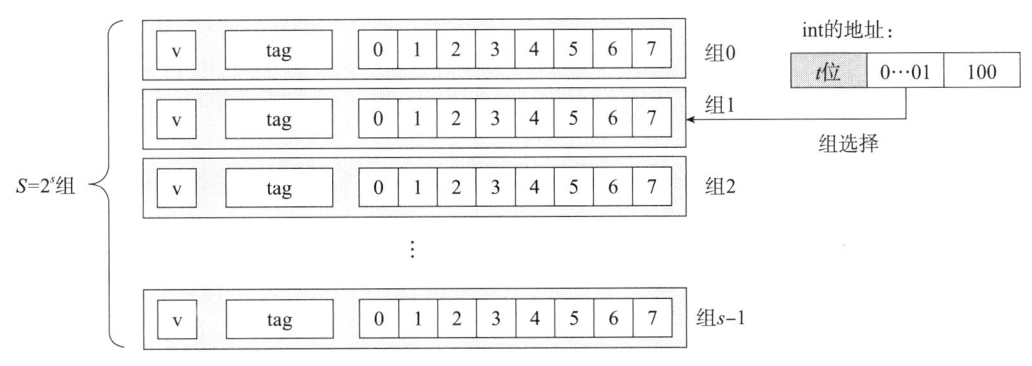

图 8-28　组选择（直接映射高速缓存）

2. 行匹配（直接映射高速缓存）

既然已经选择了组 1，接下来就要确定是否有字 w 的一个拷贝存储在组 1 包含的一个高速缓存行中。在直接映射高速缓存中这很容易，而且很快，因为每个组只有一行。如果有效位为 1，并且高速缓存行中的标记位与 w 的地址中的标记位相匹配，这就是命中，这一行中包含了 w 的一个拷贝。

图 8-29 展示了直接映射高速缓存中行匹配是如何工作的。在这个例子中，选中的组中只有一个高速缓存行。如果将该行的有效位设置为 1，表示行中的标记和块中的位是有意义的。再判断这个高速缓存行中的标记位与地址中的标记位是否匹配。如果匹配，就得到一个缓存命中，请求的字 w 的一个拷贝确实存储在这个行中；如果没有设置有效位，或者标记不匹配，那么就得到一个缓存不命中。

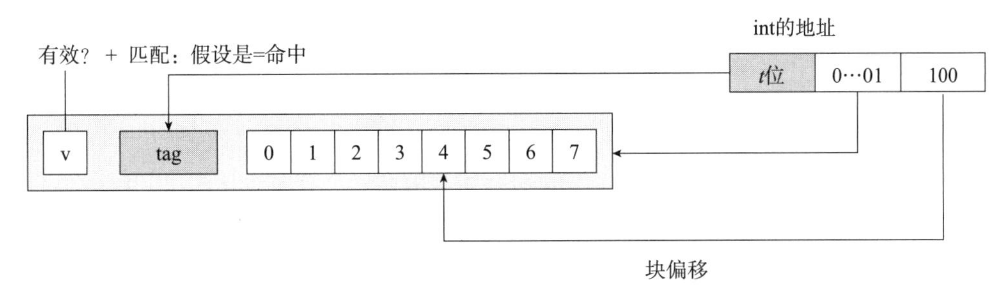

图 8-29　行匹配（直接映射高速缓存）

3. 字抽取（直接映射高速缓存）

如果命中，就可以知道 w 就在这个块中的某个地方。最后确定所需要的字在块中是从哪里开始的。如图 8-30 所示，块偏移位提供了所需要的字的起始字节的偏移。就像把高速缓存看成一个行的数组一样，我们把块看成一个字节的数组，而字节偏移是到这个数组的一个索引。在该示例中，块偏移位是 100，它表明 w 的拷贝是从块中的字节 4 开始的（假设 int 字长为 4 字节，高速缓存块大小为 8 字节）。在该高速缓存行中，字节 4 表示字 w 的低位字节，字节 5 是下一个字节，以此类推。

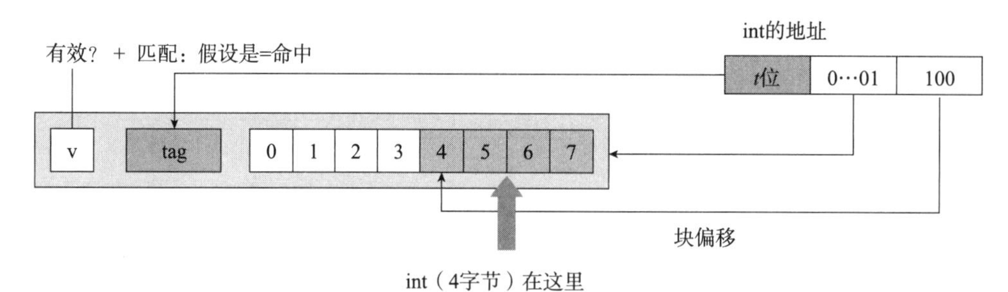

图 8-30 字抽取（直接映射高速缓存）

4. 不命中时的行替换（直接映射高速缓存）

如果缓存不命中，那么它需要从存储器层次结构中的下一层取出被请求的块，然后将新的块存储在组索引位指示的组中的一个高速缓存行中。如果组中高速缓存行都是有效的，那么必须要驱逐出一个现存的行。对于直接映射高速缓存来说，每个组只包含一行，替换策略非常简单：旧行被驱逐并被新行替换。

5. 直接映射高速缓存运行过程模拟

高速缓存选择组和标识行的机制并不复杂，硬件在几个纳秒的时间内就可以完成这些工作。不过，用这种方式来处理位是很令人困惑的。下面通过一个简单的高速缓存运行过程模拟示例来解释该过程。假设有一个直接映射高速缓存，描述如下：M=16 字节内存（4 位地址），S=4 组，E=1（直接映射，每组 1 行），B=2 字节 / 块，每个字是单字节，用四元组描述该直接映射高速缓存的参数就是 $(S, E, B, m) = (4, 1, 2, 4)$。

为了更好地理解高速缓存的运行机制，我们列举出该高速缓存整个地址空间并划分成不同的位，如表 8-8 所示。我们可以观察到以下几个特征。

- 标记位和索引位一起唯一地标识了存储器中的每个块。例如，块 [0] 是由地址 0 和 1 组成的，块 [1] 是由地址 2 和 3 组成的，块 [2] 是由地址 4 和 5 组成的，以此类推。
- 有 8 个存储器块，但是只有 4 个高速缓存组，因此，会有多个块映射到同一个高速缓存组（即这些块具有相同的组索引）。组索引的重复分配采用依次循环的方式，例如，块 [0] 和 [4] 都映射到组 0，块 [1] 和 [5] 都映射到组 1，等等。
- 映射到同一个高速缓存组的存储器块由标记位唯一地标识。例如，块 [0] 的标记位为 0，块 [4] 的标记位为 1，块 [1] 的标记位为 0，而块 [5] 的标记位为 1，以此类推。

因此我们可以画出高速缓存的组和主存的映射关系，如图 8-31 所示。

表 8-8 示例直接映射高速缓存的 4 位地址空间

地址（十进制）	地址位			块号（十进制）
	标记位（t=1）	索引位（s=2）	偏移位（b=1）	
0	0	00	0	0
1	0	00	1	0
2	0	01	0	1

（续）

地址（十进制）	地址位			块号（十进制）
	标记位（t=1）	索引位（s=2）	偏移位（b=1）	
3	0	01	1	1
4	0	10	0	2
5	0	10	1	2
6	0	11	0	3
7	0	11	1	3
8	1	00	0	4
9	1	00	1	4
10	1	01	0	5
11	1	01	1	5
12	1	10	0	6
13	1	10	1	6
14	1	11	0	7
15	1	11	1	7

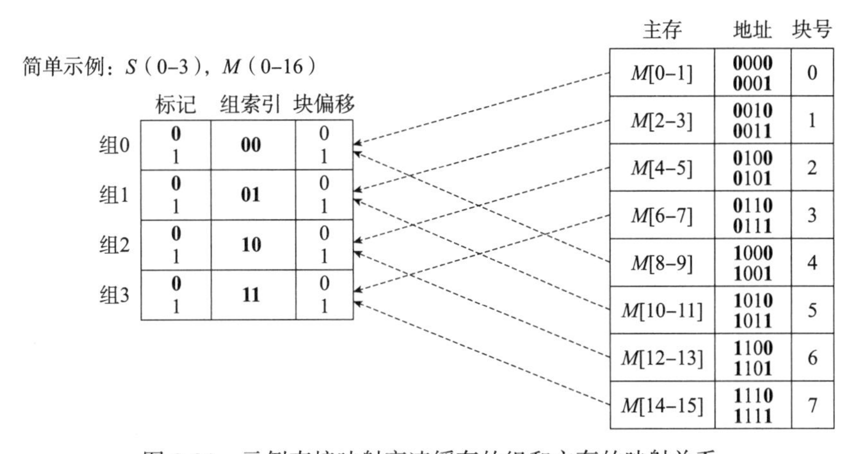

图 8-31　示例直接映射高速缓存的组和主存的映射关系

接下来，我们来模拟当 CPU 执行一系列读的时候，高速缓存的执行情况。假设 CPU 读 1 字节的字。最开始，高速缓存是空的，即每个有效位都是 0。

	有效	标记	块
组0：00	0	?	?
组1：01			
组2：10			
组3：11			

1）读地址 0 的字，$M[0]=[0\underline{00}0_2]$。因为组 0 的有效位是 0，所以缓存冷不命中。高速缓存从存储器（或低一层的高速缓存）取出块 [0]，并把这个块存储在组 0 中。然后，高速缓存返回新取出的高速缓存行的块 [0] 的 $M[0]$（存储器地址 0 的内容）。

	有效	标记	块
组0：00	1	0	$M[0-1]$
组1：01			
组2：10			
组3：11			

2）读地址 1 的字，$M[1]=[0\underline{00}1_2]$。块 [0] 已经加载到了高速缓存，这次读取高速缓存命中。高速缓存立即从高速缓存行的块 [0] 中返回 $M[1]$，高速缓存的状态没有变化。

3）读地址 7 的字，$M[7]=[0\underline{11}1_2]$。由于组 3 中的高速缓存行不是有效的，所以缓存冷不命中。高速缓存把块 [3] 加载到组 3 中，然后从新的高速缓存行的块 [1] 中返回 $M[7]$。

	有效	标记	块
组0：00	1	0	$M[0-1]$
组1：01			
组2：10			
组3：11	1	0	$M[6-7]$

4）读地址 8 的字，$M[8]=[1\underline{00}1_2]$。组 0 的有效位为 1，但标记为 0，与地址 8 的标记位不匹配，缓存不命中。高速缓存将块 [4] 加载到组 0 中（替换读地址 0 时读入的那一行），修改标记位为 1，然后从新的高速缓存行的块 [0] 中返回 $M[8]$。

	有效	标记	块
组0：00	1	1	$M[8-9]$
组1：01			
组2：10			
组3：11	1	0	$M[6-7]$

5）读地址 0 的字，$M[0]=[0\underline{00}0_2]$。又会发生缓存不命中，因为在前面引用地址 8 时，刚好替换了块 [0]。这就是冲突不命中的一个例子，也就是说，尽管有足够的高速缓存空间，但是交替地引用映射到同一个组的块。

	有效	标记	块
组0：00	1	0	$M[0-1]$
组1：01			
组2：10			
组3：11	1	0	$M[6-7]$

6. 为什么组索引使用中间位

细心的读者可能会疑惑，为什么高速缓存用中间的位来作为组索引，而不是用高位。这是有原因的。如图 8-32 所示，在地址位中选择索引位有两种方法，即中间位用作索引和高位用作索引。

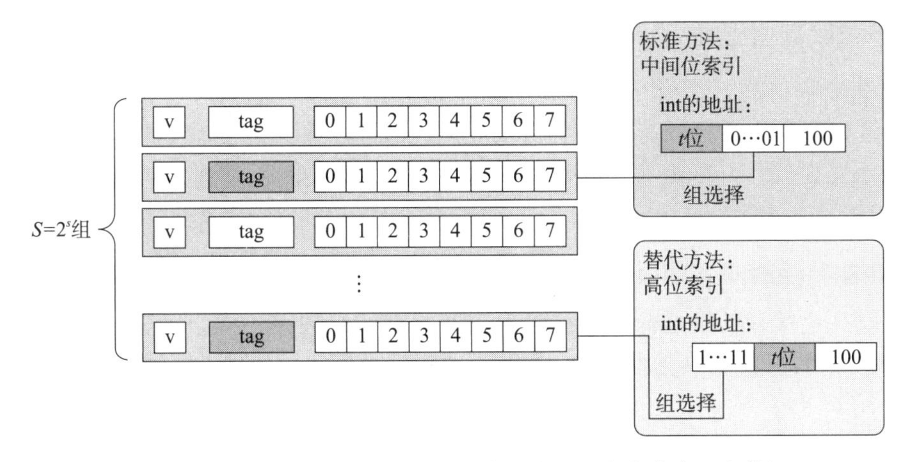

图 8-32　直接映射高速缓存的组索引方法（块大小为 8 字节）

以一个 64 字节的存储器为例来讨论，假设有一个直接映射高速缓存，描述如下：M=64 字节内存，地址为 m=6 位，16 字节直接映射高速缓存，块大小 B=4 字节，组 S=4。该直接映射高速缓存的四元组参数为 (S, E, B, m) = (4，1，4，6)。6 位地址位由 2 位标记位、2 位索引位和 2 位块偏移构成。

如图 8-33 所示，如果使用高位作为索引，那么一些连续的存储器块就会映射到相同的高速缓存块。例如，在图 8-33 中，最开始的四个块映射到第一个高速缓存组，第二组四个块映射到第二个组，依此类推。如果一个程序有良好的空间局部性，顺序扫描一个数组中的元素，那么在任何时刻高速缓存都只保存着一个块大小的数组内容。这样对高速缓存的使用效率很低。相比较而言，以中间位作为索引，相邻的块交错映射到不同的高速缓存行。在这种情况下，高速缓存能够存放整个大小为 C 的数组片，这里 C 是高速缓存的大小。

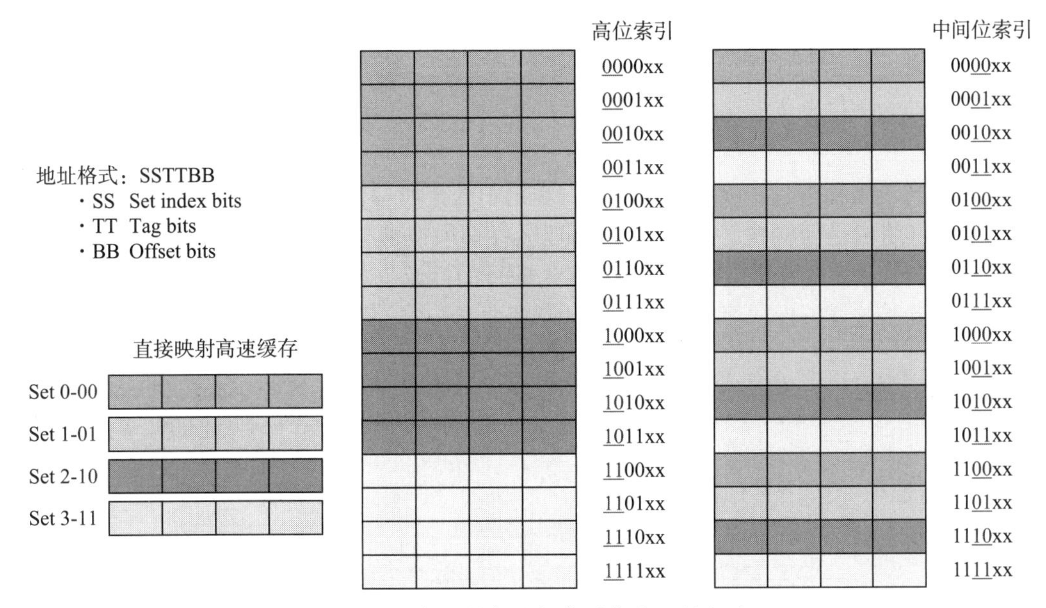

图 8-33　高速缓存选择索引位的两种方法

8.4.4 组相联高速缓存

造成直接映射高速缓存中的冲突不命中的原因是每个组只有一行（E=1）。组相联高速缓存没有这个限制，每个组都可以保存多于一个的高速缓冲行（$E\geqslant 2$）。每组有E行的高速缓冲称为E路相联高速缓冲（$C/B>E\geqslant 2$）。

E路组相连高速缓存

扫描上方二维码可观看知识点讲解视频

1. 组选择（组相联高速缓存）

组相联高速缓存的组选择与直接映射高速缓存的组选择一样，根据地址位中的组索引匹配高速缓存中的组。以E=2的高速缓存为例，如图8-34所示。

2. 行匹配（组相联高速缓存）

组相联高速缓存中的行匹配比直接映射高速缓存中的更复杂，因为它必须检查多个行的标记位和有效位，以确定所请求的字是否在集合中。可以把组相联高速缓存中的每个组都看成一个（key, value）对，key是标记和有效位，而value就是块的内容。

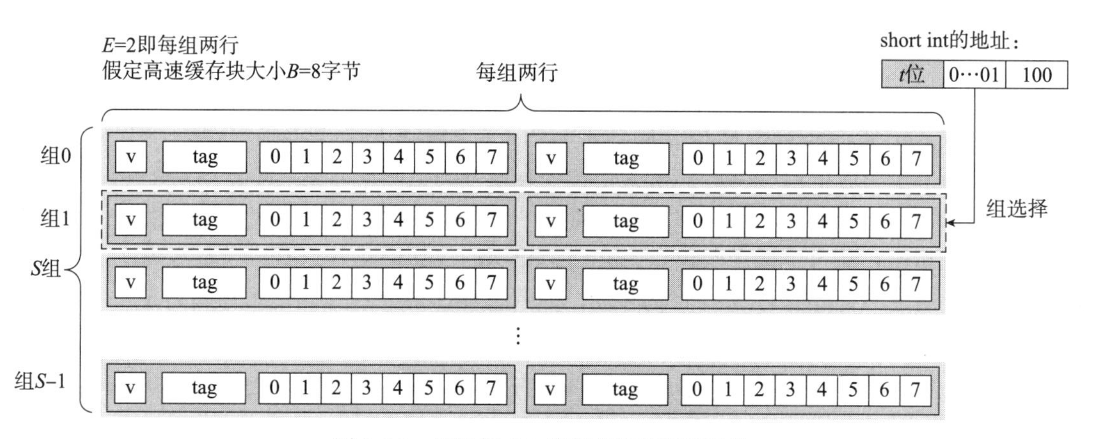

图8-34　组选择（2路组相联高速缓存）

组相联高速缓存中行匹配的重要思想就是组中的任何一行都可以包含任何映射到这个组的存储器块（组内是随机映射的）。所以高速缓存必须搜索组中的每一行，首先检查组内各行有效位是否为1，然后再检查组内满足条件的行的标记位与高速缓存中的标记位是否相匹配，如果找到了这样一行，那么就命中。其原理如图8-35所示。

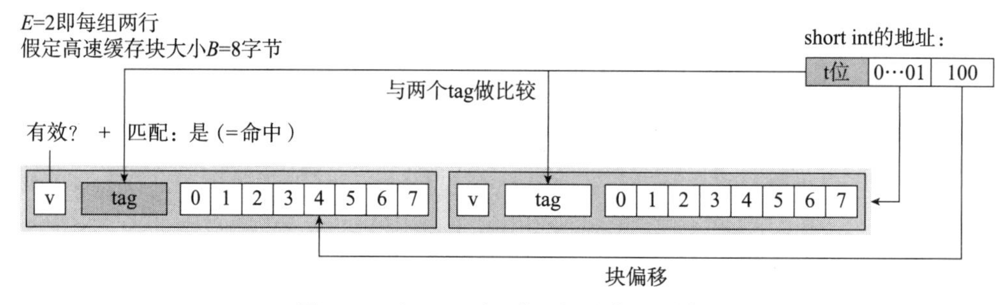

图8-35　行匹配（2路组相联高速缓存）

3. 字选择（组相联高速缓存）

如果有效位和标记位都满足条件，那么高速缓存命中，再进行字选择，从块偏移选择起始字节，如图 8-36 所示。

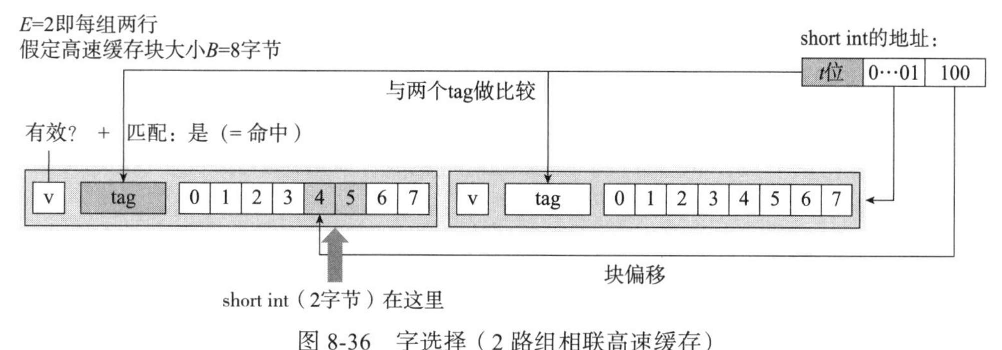

图 8-36 字选择（2 路组相联高速缓存）

4. 不命中时的行替换（组相联高速存储）

如果在组中找不到匹配的行，那么就是缓存不命中，高速缓存从内存中取出块进行替换。在替换行的时候，如果有一个空行，那么它就是个很好的候选。但是如果该组中没有空行，那么我们必须从中选择一个非空的行进行替换。最简单的替换策略是随机选择要替换的行。其他更复杂的策略利用了局部性原理，以使在比较近的将来引用被替换的行的概率最小。例如，最不常使用（Least-Frequently-Used，LFU）策略会替换在过去某个时间窗口内引用次数最少的那一行。最近最少使用（Least-Recently-Used，LRU）策略会替换最后一次访问时间最久远的那一行。

8.4.5 全相联高速缓存

全相连高速缓存
扫描上方二维码
可观看知识点
讲解视频

全相联高速缓存只有一个组（$E=C/B$），该组内包含所有高速缓存行。

1. 组选择（全相联高速缓存）

全相联高速缓存中的组选择非常简单，因为只有一个组，如图 8-37 所示。注意地址中没有组索引位，地址只被划分成了一个标记和一个块偏移。

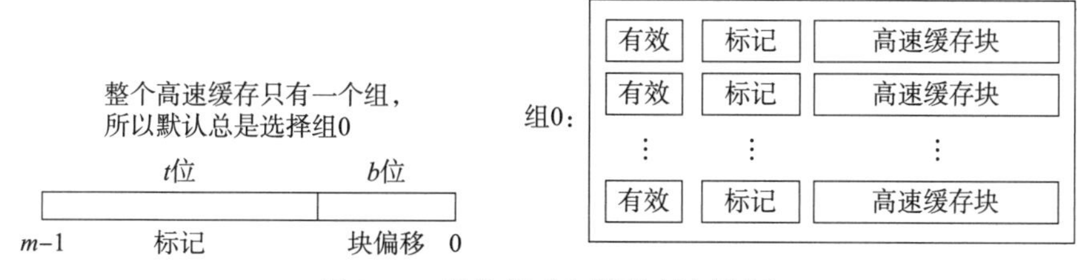

图 8-37 组选择（全相联高速缓存）

2. 行匹配和字选择（全相联高速缓存）

全相联高速缓存中的行匹配和字选择与组相联高速缓存中的是一样的，它们之间的区别主要是个规模大小的问题。因为规模越大，硬件电路的造价越高，所以全相联高速缓存只适合小规模的高速缓存，例如虚拟存储器系统中的 TLB（Translation Lookaside Buffer，翻译后备缓冲器）。

8.4.6 高速缓存中的写

在存储器层次结构中，高一层高速存储器中会缓存低一层低速存储器的数据，这就导致 CPU 的三级高速缓存、主存储器和硬盘中的数据存在多重的拷贝，在读写时要考虑同步的问题。

高速缓存关于读的操作相对简单。首先，在高速缓存中查找所需字 w 的拷贝。如果命中，立即返回字 w 给 CPU。如果不命中，从存储器层次结构中较低层中取出包含字 w 的块，将这个块存储到某个高速缓存行中（可能会驱逐一个有效的行），然后返回字 w。

写的情况则比较复杂。如果要写一个已经在高速缓存中缓存的字 w，即**写命中（Write Hit）**。在高速缓存更新它的 w 的拷贝之后，如何更新 w 在存储器层次结构中低一层中的拷贝呢？有两种方法：**直写（Write Through）**和**写回（Write Back）**。

- 直写顾名思义，就是立即将 w 的高速缓存块写回到低一层存储器中，直写方法在硬件上实现简单，但它的缺点是每次写都会增加总线流量。
- 写回，尽可能延迟写回存储器，只有当替换算法要驱逐更新过的块时，才把它写到低一层的存储器中。由于局部性原理，写回能显著地减少总线流量，但它的缺点时增加了复杂性。高速缓存在每行上需要一个额外的修改位（Dirty Bit），表示这个高速缓存块是否被修改过，如图 8-38 所示。

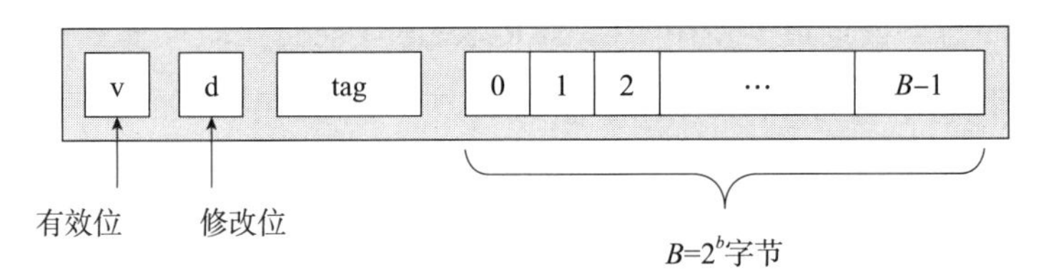

图 8-38 增加了修改位的高速缓存行

如果要写一个没有在高速缓存中缓存的字 w，即**写不命中**，也有两种方法：**写分配（Write Allocate）**和**非写分配（Not-Write Allocate）**。

- 写分配：加载相应的低一层存储器中的块到高速缓存，然后更新高速缓存，若空间局部性好，则性能好。缺点是每次不命中都会导致一个块从低一层存储器中传送到高速缓存。
- 非写分配：不加载到高速缓存，到直接写到低一层的主存中。

高速缓存写命中和写不命中策略的典型组合有两种。直写高速缓存采用非写分配，主要在存储器层次结构中的较高层次使用。写回高速缓存采用写分配，由于传送时间较长，在存储器层次结构中较低层次的缓存更可能使用写回，例如从主存到磁盘。

8.4.7 Intel Core i7 高速缓存层次结构

高速缓存除了可以保存数据，还可以保存指令。只保存指令的高速缓存称为指令高速缓存（i-cache）。只保存程序数据的高速缓存称为数据高速缓存（d-cache）。既保存指令又包括数据的高速缓存称为统一的高速缓存（unified cache）。现代处理器包括独立的 i-cache 和

d-cache。因为有两个独立的高速缓存，处理器能够同时读一个指令字和一个数据字。i-cache 通常是只读的，其设计相对 d-cache 简单一些。这两个高速缓存可以用不同的访问模式来优化，它们可以有不同的块大小、相联度和容量。

以 Intel Core i7 处理器为例，其高速缓存层次结构如图 8-39 所示，一个 CPU 芯片上有 4 个核，每个核有自己私有的 L1 i-cache、L1 d-cache 和 L2 unified cache，所有核共享 L3 unified cache。Intel Core i7 处理器的 3 级高速缓存的参数如表 8-9 所示。

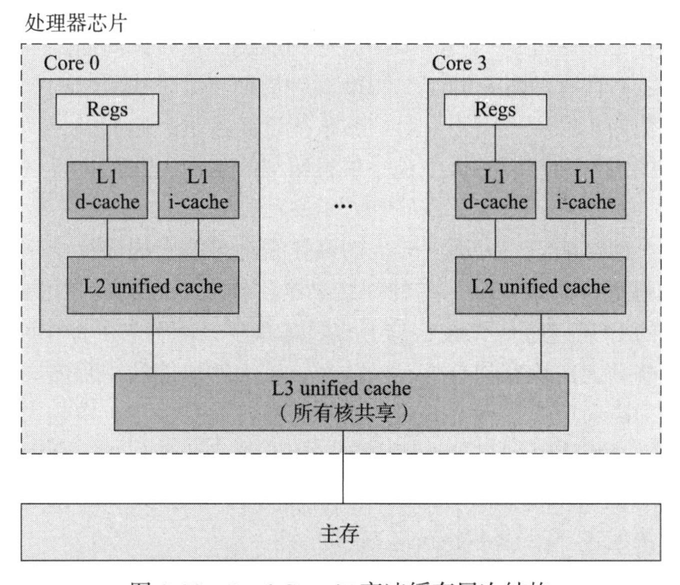

图 8-39 Intel Core i7 高速缓存层次结构

表 8-9 Intel Core i7 处理器的 3 级高速缓存的参数

高速缓存类型	高速缓存大小（C）	组数（S）	相联度（E）	块大小（B）	访问时间（周期）
L1 cache	32KB	64	8	64B	4
L2 cache	256KB	512	8	64B	11
L3 cache	8MB	8192	16	64B	30 ～ 40

8.4.8 高速缓存的性能指标

写入与性能指标
扫描上方二维码
可观看知识点
讲解视频

衡量高速缓存的性能指标主要包括**不命中率**、**命中率**、**命中时间**和**不命中处罚**。

- 不命中率：程序执行期间存储器引用不命中的比率，即不命中数量 / 引用数量。L1 高速缓存的不命中率一般为 3% ～ 10%，L2 高速缓存的不命中率更小（小于 1%）。
- 命中率：存储器引用命中的比率，命中率 =1−不命中率。
- 命中时间：从高速缓存传送一个字到处理器所需时间，包括组选择、行确认和字选择的时间。L1 高速缓存的命中时间一般为 4 个时钟周期，L2 高速缓存的命中时间一般为 10 个时钟周期。

- 不命中处罚：由于不命中所需的额外时间。L1 高速缓存的不命中处罚从 L2 取得数据一般为 10 个时钟周期，从 L3 取得数据一般为 40 个时钟周期，从主存则需要 50 ～ 200 时钟周期。

由于高速缓存不命中处罚代价很高，因此高速缓存命中和不命中之间的性能有很大的差异，若只考虑 L1 高速缓存和主存两级结构，其时间差异可达 100 倍。如果以命中率来衡量高速缓存的性能，99% 命中率比 97% 命中率要好两倍，假设高速缓存命中时间是 1 个时钟周期，则其不命中处罚时间达到 100 个时钟周期，这两种命中率的平均访问时间计算如下。

- 97% 命中率：1 时钟周期 + 0.03 × 100 时钟周期 = 4 时钟周期。
- 99% 命中率：1 时钟周期 + 0.01 × 100 时钟周期 = 2 时钟周期。

所以我们通常使用不命中率而不是命中率来衡量高速缓存性能。

优化高速缓存的成本和性能的折中是一项很精细的工作，我们主要从以下几个方面讨论一些定性的折中。

- 高速缓存大小的影响。一方面，较大的高速缓存可能会提高命中率。另一方面，使大存储器运行得更快总是要难一些的。结果是，较大的高速缓存可能会增加命中时间。对于芯片上的 L1 高速缓存来说，这一点尤为重要，因为它的命中时间必须短。
- 块大小的影响。大的块有利有弊。一方面，较大的块能利用程序中可能存在的空间局部性，帮助提高命中率。不过，对于给定的高速缓存大小，块越大就意味着高速缓存行数越少，这会损害时间局部性比空间局部性更好的程序中的命中率。较大的块对不命中处罚也有负面影响，因为块越大，传送时间就越长。现代系统通常会进行折中，使高速缓存块包含 32 ～ 64 字节。
- 相联度的影响。这里的问题是参数 E 的选择的影响，E 是每个组中高速缓存行数。较高的相联度（也就是 E 的值较大）的优点是降低了高速缓存由于冲突不命中出现抖动的可能性。不过，较高的相联度会造成较高的成本。较高的相联度实现起来很昂贵，而且很难使速度变快。较高的相联度会增加命中时间，还会增加不命中处罚。相联度的选择最终变成了命中时间和不命中处罚之间的折中。L1 高速缓存选择较低的相联度（这里的不命中处罚只是几个时钟周期），而在不命中处罚比较高的较低层上使用比较高的相联度。
- 写策略的影响。直写高速缓存比较容易实现，而且能使用独立于高速缓存的写缓冲区，用来更新存储器。此外，读不命中开销没这么大，因为它们不会触发存储器写。另一方面，写回高速缓存引起的传送比较少。越往层次结构的下层，传送时间越长，减少传送的数量就变得更加重要。一般而言，高速缓存越往下层，越可能使用写回而不是直写。

8.4.9 编写高速缓存友好的代码

8.2 节中介绍了局部性的思想，而且定性地讨论了什么会具有良好的局部性。我们已经明白高速缓存是如何工作的了，局部性比较好的程序更容易有较低的不命中率，而不命中率较低的程序往往比不命中率较高的程序运行得更快。

从具有良好局部性的意义上来说，好的程序员总是应该试着去编写高速缓存友好的代码。下面是用来确保代码高速缓存友好的基本方法。

- 让最常见的情况运行得快。通常做程序性能分析的时候可以发现，程序大部分时间都花在少量的核心函数上，而这些函数通常把大部分时间都花在了少量循环上。因此，我们主要关注核心函数的内循环。

- 最大限度地减少内循环中的未命中。在其他条件（例如加载和存储的总次数）相同的情况下，不命中率较低的循环运行得更快。

从 8.2.1 节 sumarray 函数的示例中我们可以发现，编写高速缓存友好的代码要尽可能运用局部性原理，总结如下。

- 利用时间局部性，尽可能重复引用变量。
- 利用空间局部性，采用步长为 1 的引用模式，对多维数组的访问要注意使用行优先模式。

通过对高速缓存的理解，我们对局部性的定性概念就可以通过程序进行量化的分析。

小结

基本存储技术包括随机存储器（RAM）、非易失性存储器（ROM）和磁盘。RAM 有两种基本类型。静态 RAM（SRAM）快一些，但是也贵一些，它既可以用于 CPU 芯片上的高速缓存，也可以用于芯片外的高速缓存。动态 RAM（DRAM）慢一些，也便宜一些，常用于主存和图形帧缓冲区（显存）。非易失性存储器，也称为只读存储器（ROM），即使是在关闭电源后，其中的信息也能保持，它们用来存储固件。旋转磁盘是机械的非易失性存储设备，以每个位很低的成本保存大量的数据，但是访问时间比 DRAM 更长。固态硬盘（SSD）基于非易失性的闪存，正逐渐成为旋转磁盘的替代产品。

一般而言，较快的存储技术每个位的价格会更高，而且容量较小。这些技术的价格和性能属性正在以显著不同的速度变化着。特别地，DRAM 和磁盘访问时间远远大于 CPU 周期时间。系统通过将存储器组织成存储设备的层次结构来弥补这些差异，在存储器层次结构中，较小、较快的设备在顶部，较大、较慢的设备在底部。因为编写良好的程序具有好的局部性，大多数数据都可以从较高层得到服务，结果就是存储系统能以较高层的速度运行，但却有较低层的成本和容量。

程序员可以通过编写有良好空间和时间局部性的程序来显著地改进程序的运行时间。利用基于 SRAM 的高速缓存特别重要。主要从高速缓存取数据的程序比主要从存储器取数据的程序运行得快得多。

习题

1. 已知一块机械硬盘的物理参数如下：

参数	值
盘片	5
柱面	60 000
平均扇区数（每磁道）	500
字节数（每扇区）	512

请计算该磁盘容量（以 GB 为单位）。

2．已知一块机械硬盘的物理参数如下：

参数	值
旋转速率	10 000 RPM
平均寻道时间	4ms
平均扇区（每磁道）	500

请计算该磁盘的平均访问时间（以 ms 为单位）。

3．已知高速缓存参数如下，对于每个高速缓存，填写出表中缺失的字段。其中 m 是物理地址的位数，C 是高速缓存大小（数据字节数），B 是以字节为单位的块大小，E 是相联度，S 是高速缓存组数，t 是标记位数，s 是组索引位数，b 是块偏移位数。

高速缓存	m	C	B	E	S	t	s	b
1	32	1024	4	1				
2	32	1024	16	8				
3	32	1024	32	32				
4	32	2048	32	16				

4．假设有一个具有如下属性的系统。

- 存储器是字节寻址的。
- 存储器访问是 1 字节的字。
- 存储器大小为 8KB。
- 高速缓存是两路组相联，块大小为 4 字节，有 8 个组。

考虑下面的高速缓存状态。所有的地址、标记和值都以十六进制表示。每组有两行，索引列包含组索引。标记列包含每一行的标记值。有效列包含每一行的有效位。字节 0 ～ 3 列包含每一行的数据，标号从左向右，字节 0 在左边。

2 路组相联高速缓存

索引	有效	标记	字节 0 ～ 3	有效	标记	字节 0 ～ 3
0	1	F0	ED 32 0A A2	1	8A	BF 80 1D FC
1	0	BC	03 3E CD 38	0	A0	16 7B ED 5A
2	1	BC	54 9E 1E FA	1	B6	DC 81 B2 14
3	0	BE	2F 7E 3D A8	1	C0	27 95 A4 74
4	1	7E	32 21 1C 2C	1	8A	22 C2 DC 34
5	0	98	A9 76 2B EE	0	54	BC 91 D5 92
6	0	38	5D 4D F7 DA	1	BC	69 C2 SC 74
7	1	8A	04 2A 32 6A	0	9E	Bl 86 56 0E

（1）该高速缓存的大小是多少字节？存储器地址中的标记位、组索引和块偏移字段分别占几位？

（2）下面的图给出了一个地址的格式（每个小框表示一位），指出用来确定下列信息的字段（在图中标号出来）：

- CO 高速缓存块偏移
- CI 高速缓存组索引
- CT 高速缓存标记

12	11	10	9	8	7	6	5	4	3	2	1	0

5. 假设程序使用第 4 题中的高速缓存，引用位于地址 0x1152 处的 1 字节字，用十六进制写出它所访问的高速缓存的标记位、组索引和块偏移，并指明是否发生了高速缓存不命中，如果命中写出返回的高速缓存字节值。
6. 列出第 4 题在组 3 中命中的所有存储器地址，以十六进制表示。
7. 考虑下面的矩阵转置函数：

```
typedef int array [2][2];

void transpose(array dst,,array src)
{
     int i, j;
     for (i = 0; i < 2; i++) {
          for (j = 0; j < 2; j++) {
                dst[j][i] = src[i][j];
          }
     }
}
```

假设这段代码运行在一台具有如下属性的机器上。

- sizeof (int)== 4。
- 数组 src 从地址 0 开始，而数组 dst 从地址 16 开始（十进制）。
- 只有一个 L1 高速缓存，它是直接映射、直写、写分配的，块大小为 8 字节。
- 这个高速缓存总共有 16 个数据字节，初始为空。
- 对 src 和 dst 数组的访问分别是读和写不命中的唯一来源。

对于每个 row 和 col，填写下表，指明对 src [row] [col] 和 dst[row] [col] 的访问是命中（H）还是不命中（M）。

例如，读 src[0] [0] 会不命中，写 dst[0][0] 也不命中。

dst 数组

	列 0	列 1
行 0	M	
行 1		

src 数组

	列 0	列 1
行 0	M	
行 1		

8. 对于一个大小为 32 字节的高速缓存，重复练习题第 7 题。

dst 数组

	列 0	列 1
行 0		
行 1		

src 数组

	列 0	列 1
行 0		
行 1		

9. 考虑下面的位置计算函数：

```
struct algae_position {
     int x;
     int y;
};
```

```
struct algae_position grid[16][16];
int total_x = 0, total_y = 0;
int i, j;
```

假定：

- 块大小为 16 字节（B=16）。
- 高速缓存是直接映射的，大小为 1024 字节。
- sizeof(int) == 4。
- grid 从存储器地址 0 开始。
- 这个高速缓存开始时是空的。
- 唯一的存储器访问是对数 grid 的元素的访问。变量 i、j、total_x 和 total_y 存放在寄存器中。

请确定下面代码的高速缓存性能：

```
for (i = 0; i < 16; i++) {
     for (j = 0; j < 16 ; j++) {
          total_x += grid[i][j].x;
     }
}
for (i = 0; i < 16; i++) {
     for (j = 0; j < 16; j++) {
            total_y += grid[i][j].y ;
   }
}
```

（1）读总数是多少？

（2）缓存不命中的读总数是多少？

（3）不命中率是多少？

10. 给定第 9 题的假设，确定下列代码的高速缓存性能：

```
for (i = 0; i < 16; i++){
     for (j = 0; j < 16; j++) {
          total_x += grid[j][i].x ;
          total_y += grid[j][i].y;
     }
}
```

（1）读总数是多少？

（2）高速缓存不命中的读总数是多少？

（3）不命中率是多少？

（4）如果高速缓存有两倍大，那么不命中率会是多少？

第 9 章　异常控制流

本章从硬件和操作系统交互的角度讨论异常控制流，引出计算机领域最重要的概念之一——进程。现代计算机系统中总是有多个任务同时执行，每个任务都需要占用处理器执行运算，同时也要占用存储单元以保存指令及所需的数据等，即任务的运行都需要属于自己的计算和存储资源，进程这一抽象概念应运而生。结合进程如何产生、消亡，以及如何进行消息交换，本章阐释了源自系统硬件底层的异常、操作系统层面软件形式的异常——信号，以及相关异常处理。

9.1　异常

异常与进程的基本概念

扫描上方二维码可观看知识点讲解视频

对于程序员来说，异常并不是一个陌生的概念，catch、throw、try 这些抛出、捕获异常的语句属于应用层面的异常处理。本节讨论的异常则是处于机器硬件与操作系统交界层面的概念，是异常控制流的一种形式。

控制流是指控制转移序列——程序执行的过程就是指令不断执行的过程，即指令序列I_1，I_2,⋯，I_k，I_{k+1},⋯，I_n，处理器从I_k到I_{k+1}的执行过程称为控制转移，指令序列执行的过程就是控制流——不断发生的控制转移过程。最简单的控制流是顺序执行指令产生的控制转移，从指令I_k到I_{k+1}，二者在存储地址上也是相邻的，这样的控制流是一种“平滑”的序列。然而在实际的指令执行过程中，控制流可不会一直这么“平滑”，指令I_{k+1}与其前续指令I_m在地址上不是相邻的，这种情况称为“平滑流突变”。从程序设计的角度来看，跳转语句、函数调用与返回都可能引发这种突变，这是程序运行时其自身内部状态变化所引发的。

本章将聚焦于系统状态变化所引发的平滑流突变。本章中的异常概念并不等同于错误，而是指为了响应处理器状态变化而产生的控制流突变。如图 9-1 所示，当前指令执行时，发生外部事件引发了处理器状态变化，这个事件可能与当前指令执行有关，例如算术溢出，也可能与当前指令并没有关系，比如用户发起一个输入 / 输出请求。异常一旦发生，则当前正在占用处理器执行的应用程序就被暂时停止（假设为单处理器平台），由系统执行一个异常处理程序，以响应异常并对其进行相应处理。异常处理程序执行完毕之后，根据引发异常的事件的不同，可能会有下列不同的返回后续行为。

- 异常处理程序执行完毕，将对处理器的控制权返还给“当前指令”，即外部事件发生时正在执行的指令，使其重新从被暂停处开始执行。
- 异常处理程序执行完毕，将对处理器的控制权返回给“下一条指令”，即从外部事件发生时与“当前指令”相邻的下一条指令继续执行。
- 应用程序直接终止执行。

图 9-1 中的虚线箭头演示了处理完成上述三种异常后的后续行为。

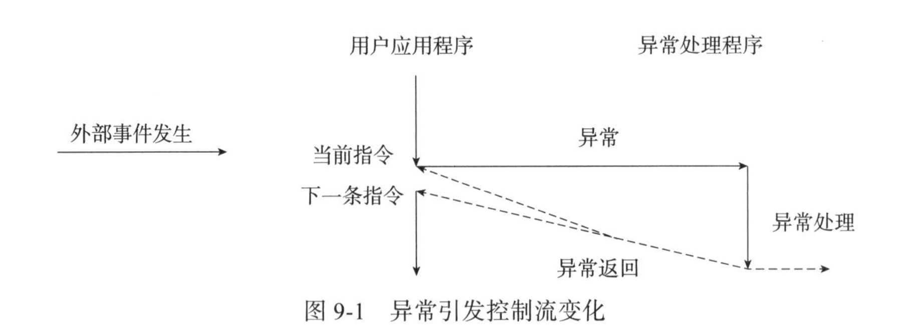

图 9-1　异常引发控制流变化

9.1.1　异常处理

一旦出现外部事件引发异常，就需要有相应的异常处理程序对该异常进行处理，即异常与相应的异常处理程序是一一对应的关系。系统设计者（包括处理器的设计者和操作系统内核的设计者）对各种类型的异常都进行了预编号，即**异常号**，每个异常都有唯一的非负整数的编号。一旦系统加电启动，就会由操作系统初始化一个常驻内存的“异常表”，表内的条目 *k* 保存着对应异常号 *k* 的异常处理程序地址，异常表结构如图 9-2 所示。在 Linux/IA32 系统中异常表的条目可达 256 个。

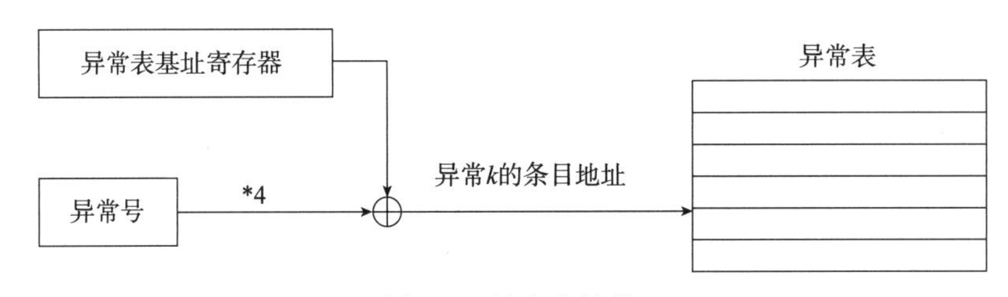

图 9-2　异常表结构

异常表基址寄存器是一个特殊寄存器，其中记录的是异常表的起始地址。一旦检测到某个外部事件发生，就可以确定相应的异常号，处理器触发异常，如图 9-2 所示，通过计算获得相应异常处理程序的地址，调用这个异常处理程序并执行。虽然从表面看起来，异常处理的调用与程序设计中的过程调用非常相似，但是二者存在以下不同。

- 返回地址不同。过程（函数）调用时，处理器会首先将返回地址入栈（参见第 6 章），通常是调用者当前指令的下一条指令的地址；而异常处理会根据异常类型，发生不同的返回，即异常处理完毕，可能返回到异常发生时的下一条指令继续执行，可能返回到异常发生时的当前指令重复执行，也可能终止执行。
- 工作模式不同。异常处理程序通常处于内核模式，即从用户应用程序切换到执行异常处理程序，实际上是一个从用户模式（User Mode）到内核模式（Kernel Mode）的切换，两种工作模式有不同的系统资源访问权限。用户编写程序中的过程调用及其返回，则总是处于用户模式。

内核模式与用户模式是处理器的两种工作模式。在内核模式下执行的代码具有对硬件的所有控制权限：可以执行所有 CPU 指令，可以访问任意地址的内存。大家熟悉的 Linux、Windows 等操作系统核心代码就是在内核模式下执行的。内核模式下的任何异常对于系统都是灾难性的，将会导致机器停机。在用户模式下执行的代码没有对硬件的直接控制权限，只能访问用户地址空间。与用户地址空间对应的就是内核空间，即操作系统内核运行的地址空间。用户模式下运行的程序只能以一种间接的方式访问内核空间中的数据或间接执行内核空间中的代码。在这种保护模式下，即使程序崩溃也是可以恢复的。在计算机内大部分程序都是在用户模式下运行的。处理器通常使用控制寄存器中的某一个模式位来描述当前正在执行的程序享有的权限，如果该模式位被置位（从 0 变成 1），则表示当前运行在内核模式中。

由于异常发生，从用户应用程序执行转换到异常处理程序执行，以及异常处理程序执行完毕再返回用户应用程序执行的过程，正是发生了从用户模式到内核模式以及从内核模式再回到用户模式的切换过程，这个过程被称为**上下文切换**。异常的出现意味着模式切换将发生。

9.1.2　异常分类

根据产生异常的外部事件与当前用户执行程序是否同步，大致可将异常分为异步异常和同步异常两类。

1. 异步异常

异步异常即中断，来自处理器外部的设备，例如网络适配器、磁盘控制器等输入 / 出设备，发出相应信号到处理器芯片的相应引脚，引发该引脚的电压发生变化，异常信号被发送到系统总线，从而触发中断。中断不是由当前执行的用户程序指令造成的，无法被用户程序预计是否发生、什么时候发生，因此称中断是异步的。由于这种中断信号由硬件发出，因此也被称为硬件中断（请读者区分在程序设计课程中涉及的软中断的概念）。

中断一旦发生，就会发生模式切换，调用相应的中断处理程序对其进行处理。中断处理程序执行完毕后，会返回到被中断的那一条指令的下一条指令，继续执行被中断的应用程序，如图 9-3 所示。

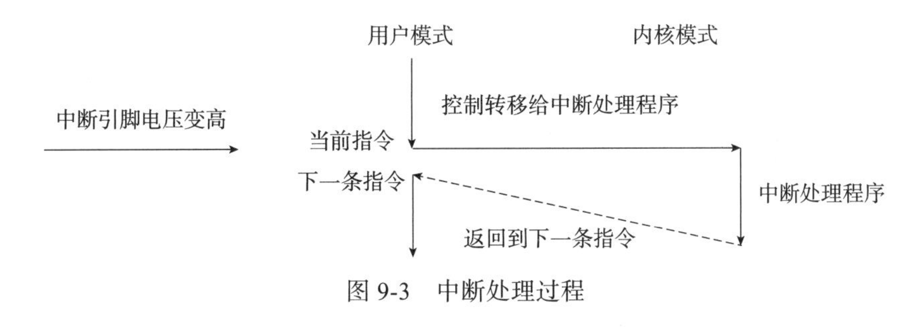

图 9-3　中断处理过程

2. 同步异常

同步异常的发生是当前程序指令运行的结果，是同步产生的。根据其返回行为，可分为陷阱、故障和终止三种。

- 陷阱。产生自一条程序指令执行的结果，是一种有意为之的异常，目的是为用户程序提供一种向内核请求服务的接口，即系统调用。比如读取一个文件、加载一个新的程序、终止当前进程等，这些都是用户应用程序向操作系统内核请求服务，C 代码程序通过 syscall n 指令进行系统调用，其中 n 是请求服务号。陷阱处理过程如图 9-4 所示。

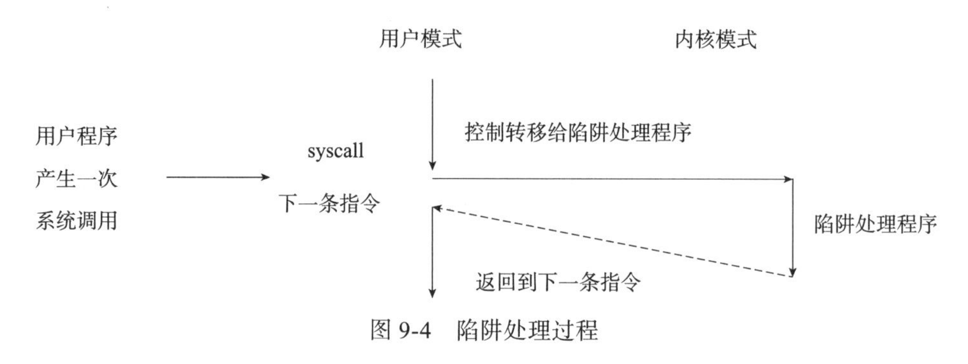

图 9-4　陷阱处理过程

请注意，系统调用与程序设计中的函数调用看起来虽然相似，但是二者存在重要不同：函数调用与被调用函数的执行均发生在用户模式，而系统调用运行在内核模式，两种模式对系统资源的访问权限是不同的。C 代码程序采用了一个预定义的程序库，库程序执行一条特定指令——int n 陷阱指令（请注意这里 int 指的是 interrupt，陷阱异常号 n 通常是 128），使工作模式切换到内核模式。在 Linux/IA32 中的系统调用超过一百种，本章稍后会讲述的进程的创建、结束、进程号获取等都属于常见的系统调用。

- 故障。程序执行中出现错误情况会引发故障，相应的故障处理程序可以对其进行修正处理。该错误情况被修正后，会将控制返回到引起故障的指令，重新执行这一条程序指令；如果故障处理程序不能修正，则引起故障的用户程序会被直接终止执行。这一点与前面讨论的中断和陷阱均不同。故障处理过程如图 9-5 所示。

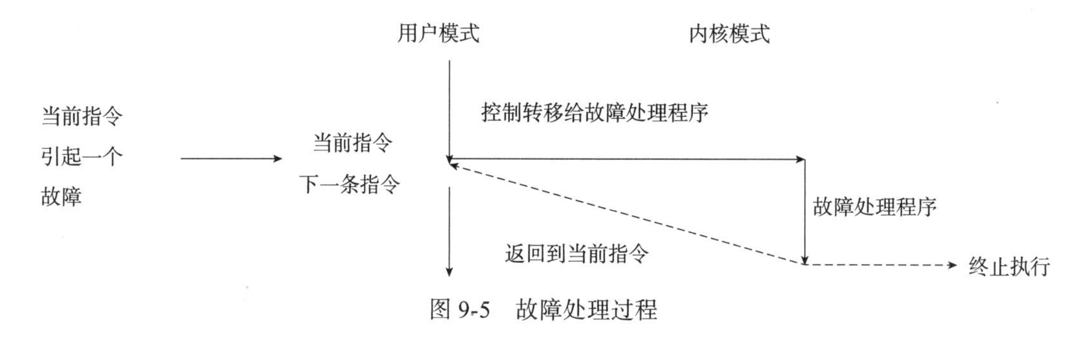

图 9-5　故障处理过程

Linux 中常见的故障包括：除法错误，即出现除数为零的情况，异常号为 0；程序试图写一段只读的区间或程序引用了一块未定义的虚存空间，这些均会触发一般保护故障，异常号为 13；第 10 章讨论的缺页也是一种常见的故障，异常号为 14。

- 终止。终止是指致命错误造成不可恢复的结果，一般是诸如内存数据位被损坏时发生的奇偶错误等硬件错误造成的。终止处理程序不会将控制返回给用户应用程序，通常是直接终止其执行。Windows 用户遇到的蓝屏问题就属于终止。终止处理过程如图 9-6 所示。

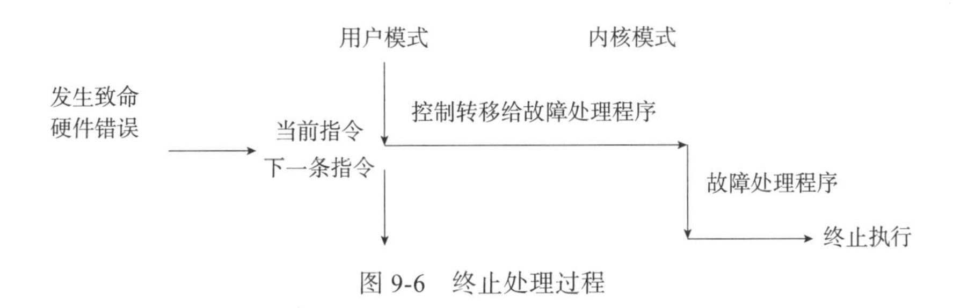

图 9-6　终止处理过程

Linux 中终止的异常号被设定为 18，其处理程序通常是执行机器自检。

9.2　进程

编写好的代码形成的可执行程序以二进制的形式静态保存在硬盘上，不会占用处理器、内存等系统运行时资源。一旦程序开始执行，系统就会为其分配所需的内存空间，占用处理器进行运算，这样一个正在运行的程序实例称为**进程**（Process）。进程是动态的，图 9-3 ～图 9-6 中当前指令所属的正在执行的应用程序就是一个进程，它由程序指令、从文件与其他程序中读取的数据或系统用户的输入组成。每个程序都运行在某个进程的**上下文**（Context）中，而上下文是由程序正确运行所需的状态组成的，这个状态包括存放在存储器中的程序代码和数据，它的栈内容、通用寄存器、程序计数器、环境变量以及打开的文件描述符的集合。每次用户运行一个程序，系统就会创建一个新的进程，在这个新进程的上下文中运行可执行目标文件。应用程序也可以创建新进程，再在新进程的上下文中运行它们自己的代码或其他程序。可以有多个进程关联到同一个程序，它们同时执行不会互相干扰，譬如同时打开两个浏览器窗口。

在 Linux 中使用 ps -le 命令可以查看系统当前进程的全部信息，图 9-7 中仅显示了部分内容。各列输出信息的含义如表 9-1 所示。

```
hld@hld-VirtualBox:~$ ps -le
F S   UID   PID  PPID  C PRI  NI ADDR SZ WCHAN  TTY          TIME CMD
4 S     0     1     0  3  80   0 -  6094 -      ?        00:00:01 systemd
1 S     0     2     0  0  80   0 -     0 -      ?        00:00:00 kthreadd
1 S     0     3     2  0  80   0 -     0 -      ?        00:00:00 ksoftirqd/0
1 S     0     4     2  0  80   0 -     0 -      ?        00:00:00 kworker/0:0
1 S     0     5     2  0  60 -20 -     0 -      ?        00:00:00 kworker/0:0H
1 S     0     6     2  0  80   0 -     0 -      ?        00:00:00 kworker/u8:0
1 S     0     7     2  0  80   0 -     0 -      ?        00:00:00 rcu_sched
1 S     0     8     2  0  80   0 -     0 -      ?        00:00:00 rcu_bh
1 S     0     9     2  0 -40   - -     0 -      ?        00:00:00 migration/0
5 S     0    10     2  0 -40   - -     0 -      ?        00:00:00 watchdog/0
5 S     0    11     2  0 -40   - -     0 -      ?        00:00:00 watchdog/1
1 S     0    12     2  0 -40   - -     0 -      ?        00:00:00 migration/1
1 S     0    13     2  0  80   0 -     0 -      ?        00:00:00 ksoftirqd/1
1 S     0    14     2  0  80   0 -     0 -      ?        00:00:00 kworker/1:0
1 S     0    15     2  0  60 -20 -     0 -      ?        00:00:00 kworker/1:0H
5 S     0    16     2  0 -40   - -     0 -      ?        00:00:00 watchdog/2
1 S     0    17     2  0 -40   - -     0 -      ?        00:00:00 migration/2
1 S     0    18     2  0  80   0 -     0 -      ?        00:00:00 ksoftirqd/2
1 S     0    19     2  0  80   0 -     0 -      ?        00:00:00 kworker/2:0
1 S     0    20     2  0  60 -20 -     0 -      ?        00:00:00 kworker/2:0H
5 S     0    21     2  0 -40   - -     0 -      ?        00:00:00 watchdog/3
1 S     0    22     2  0 -40   - -     0 -      ?        00:00:00 migration/3
1 S     0    23     2  0  80   0 -     0 -      ?        00:00:00 ksoftirqd/3
1 S     0    24     2  0  80   0 -     0 -      ?        00:00:00 kworker/3:0
1 S     0    25     2  0  60 -20 -     0 -      ?        00:00:00 kworker/3:0H
5 S     0    26     2  0  80   0 -     0 -      ?        00:00:00 kdevtmpfs
1 S     0    27     2  0  60 -20 -     0 -      ?        00:00:00 netns
1 S     0    28     2  0  60 -20 -     0 -      ?        00:00:00 perf
1 S     0    29     2  0  80   0 -     0 -      ?        00:00:00 khungtaskd
1 S     0    30     2  0  60 -20 -     0 -      ?        00:00:00 writeback
1 S     0    31     2  0  85   5 -     0 -      ?        00:00:00 ksmd
1 S     0    32     2  0  99  19 -     0 -      ?        00:00:00 khugepaged
```

图 9-7　进程表

表 9-1 进程表各列信息的含义

表头	含义
F	即 Flag，进程标志，表示进程的权限，例如：1 表示进程可被复刻，但未执行；4 表示进程为超级用户权限（内核）；5 表示前述两种标志结合
S	即 Status，进程状态，例如 S 表示当前进程处于睡眠状态，可被唤醒
UID	运行此进程的用户 ID，UID 的 0 保留给 root 用户
PID	进程号
PPID	父进程号
C	此进程的 CPU 使用率，以百分比计
PRI	此进程的优先级。数值越大表示优先级越低
NI	Nice 值，取值为 −20 ～ 19，数值越小，优先级越高，用于调整调度优先级
ADDR	此进程在主存中的地址
SZ	此进程占有主存空间大小
WCHAN	此进程是否正在运行。“-”表示正在运行
TTY	此进程相关联的终端
TIME	此进程占用 CPU 的总执行时间
CMD	产生此进程的命令 / 可执行程序

进程提供给程序以下两种抽象。

（1）每一个程序都好像在独占处理器运行，提供了独立的逻辑控制流

现代计算机系统是多任务系统，总是有许多程序同时在运行，每一个正在执行的程序都是一个进程，从系统使用者角度来看，每个进程在执行时似乎均独占了处理器。然而实际上，这些进程以分时的方式轮流占用处理器。

假设一个系统运行在单处理器平台，当前有三个进程正在运行，如图 9-8 所示。从各进程自身角度来看，如图 9-8a 所示，三个进程同时在系统内执行，即在时间上这三个控制流是相互重叠的，呈现并发执行的状态，但是这只能被称为逻辑上的并发，实际上各个进程对处理器的占用是按照时间片来分时共享的，如图 9-8b 所示。进程 A 在第一个时间片占用处理器，随后处理器控制权被转移给进程 C，进程 C 执行一段时间后，进程 B 在下一个时间片开始占用处理器执行，之后继续由进程 A 占用处理器运行一段时间，再继续在处理器上执行进程 B。因此进程是轮流使用处理器的，每个进程执行其控制流的一部分，执行控制流的这段时间就是时间片，时间片会被抢占，该进程暂时挂起，即暂停执行，其他进程开始执行。回想 9.1 节中的异常与异常处理程序，异常发生时，当前指令所在程序暂停，切换到异常处理程序执行，这实际上就是一个进程（当前执行的应用程序）被另一个进程（当前异常对应的异常处理程序执行）抢占的过程，进程之间的抢占与被抢占也有类似的上下文切换过程。

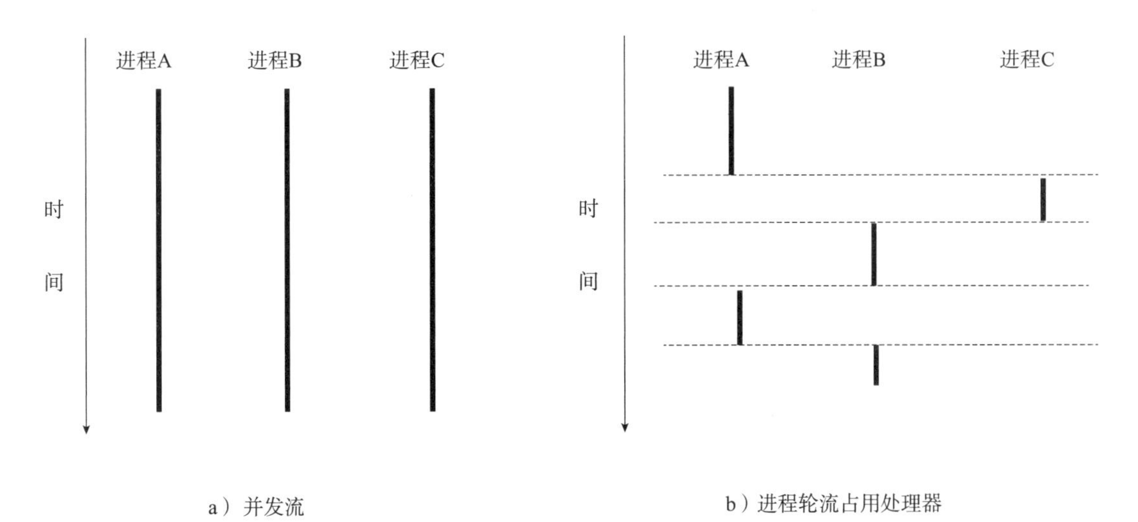

图 9-8　逻辑控制流

进程之间的切换发生得非常快速，一个进程一般而言只运行一个时间片，而一个时间片的数量级通常为 10 ～ 100ms，在 1s 内，处理器可能运行多个进程，但是严格来说在任何一个瞬间，一个处理器只能运行一个进程。这是由处理器的极高执行速度与其余计算机设备的运行速度之间的差异造成的。这种多任务系统中多个进程的逻辑并发流有时也被称为“伪并行”，以区分多处理器或多核系统中，各处理器或内核并行执行多个进程的真正硬件级并行。

（2）每一个程序都好像在独立地使用存储系统，提供了私有的地址空间

进程为每个正在执行的程序提供它自己的私有地址空间，一般而言，与这个空间内的地址相关联的存储器字节是受保护的，不能被其他程序读或写。这就是所谓的地址空间的私有属性。

尽管每个私有地址空间相关联的存储器的内容一般是不同的，但是每个这样的空间都有一致的通用结构。如图 9-9 所示，在 32 位的 Linux 系统中，对于一个进程，其地址空间的底部（低位地址部分）是留给用户程序的，包括数据、代码、堆栈和堆等部分，其代码段的起始地址一般是 0x08048000，请注意堆栈和堆的增长方向是相向的，即堆栈是从高位地址向低位地址方向增长，堆则是从低位地址方向往高位地址方向增长，这样的相向增长可以让堆和栈充分利用空闲的地址空间。地址空间的顶部是预留给操作系统内核的，诸如系统调用执行时所用的内核代码、数据和栈均保存在这部分，且对于用户应用程序代码，内核地址空间是不可见的，可以确保内核数据的安全性。

正如 9.1 节所述，进程从用户模式切换到内核模式只有在中断、故障或陷阱这样的异常发生时产生，相应能看到的数据、代码和栈的内容与地址在模式切换前后都是不同的。

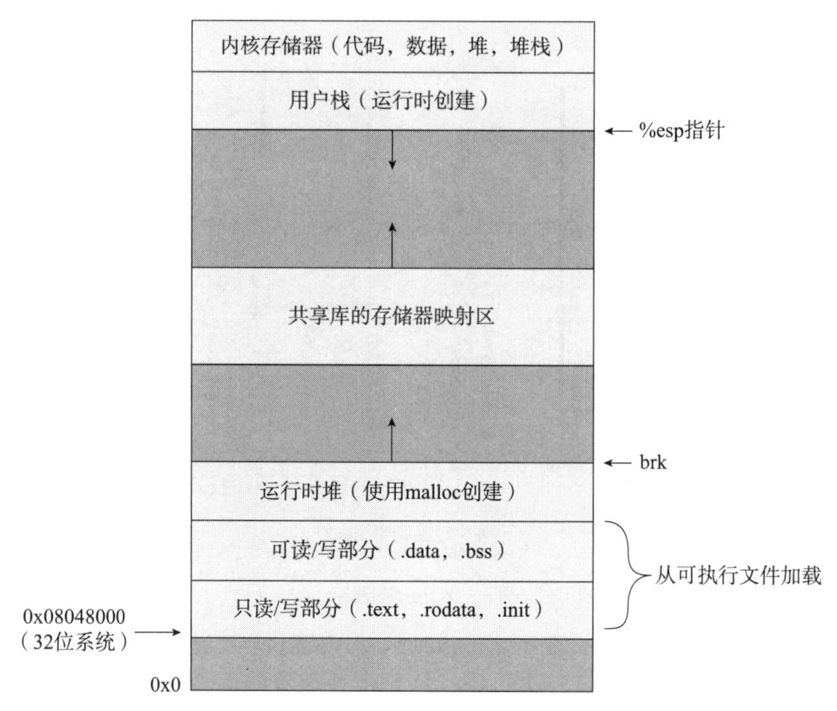

图 9-9　进程的私有虚拟地址空间

9.3　进程控制

Linux 提供了许多方法，能够有效管理和追踪所有正在运行的进程，这些方法都以系统调用的函数形式出现，用户可以据此完成相应的进程管理。

9.3.1　获取进程标识符

要进行进程管理，首先要能区分不同进程。在计算机系统内，每一个进程都有唯一的（非零）正整数编号，称为**进程标识符**（Process Identifier，PID）。PID 的范围是 2 ～ 32 768。当一个进程生成并启动的时候，PID 值会从 2 开始分配，因为 1 是为 init 进程保留的。init 进程是由内核启动的用户级进程。本章中所述内核是指操作系统 Linux 的内核，它在加电开机后被载入内存，开始运行，并初始化所有的设备驱动程序和数据结构等。内核启动后通过在用户空间启动一个用户级进程 init，完成系统初始化。所以 init 进程始终是第一个进程，常被称为 1 号进程，是系统中所有其他用户进程的祖先进程。

通过函数 pid_t getpid(void) 可以获取本进程的 ID，所属头文件是 unistd.h。如下面的代码示例：

```
#include <unistd.h>
int main ( ) {
     printf ("pid=%d\n", getpid( ));
     return 0; }
```

某次执行结果是 pid=1494。请注意每次执行这段代码，其结果都是不一样的，因为每个程序的一次执行都会产生一个新进程，那么当前进程 PID 就是不一样的。

如果想获得当前进程的父进程的 PID，则使用函数 pid_t getpid(void)。

实际上，每个进程除了自己的进程标识符 PID 之外，还有一个进程组 ID，即每个进程都属于一个且只属于一个进程组，进程组 ID 是一个正整数。使用函数 getpgrp 可以获得当前进程所属的进程组 ID：

```
#include <unistd.h>
pid_t getpgrp(void);    // 返回值为调用该函数的进程所属的进程组 ID
```

默认情况下，子进程和其父进程属于同一个进程组。每个进程组可以有一个组长进程，组长进程的 ID 即为该进程组 ID，组长进程可以创建进程组以及该组中的进程，进程组的创建从第一个进程（组长进程）加入开始，进程组的组号取第一个加入组的进程（组长进程）编号。使用函数 setpgid，进程可以修改自己或者其他进程所属的进程组：

```
#include <unistd.h>
int setpgid(pid_t pid, pid_t pgid);     // 若修改成功则返回 0，否则返回 -1
```

其中参数 pid 是需要修改所属进程组 ID 的进程号，若该参数为 0，则表示使用当前进程的 PID；参数 pgid 即为修改后的进程组 ID，若 pgid 为 0，则用 pid 表示的进程 PID 作为进程组 ID。

9.3.2 进程的创建

上一节中提及了所有应用程序进程的祖先——1 号进程，1 号进程将作为父进程产生子进程，其子进程再产生相应的子进程，即系统中当前运行的进程以树形结构的方式产生，可以通过 pstree 命令可视化当前系统内进程的树状结构图，如图 9-10 所示。

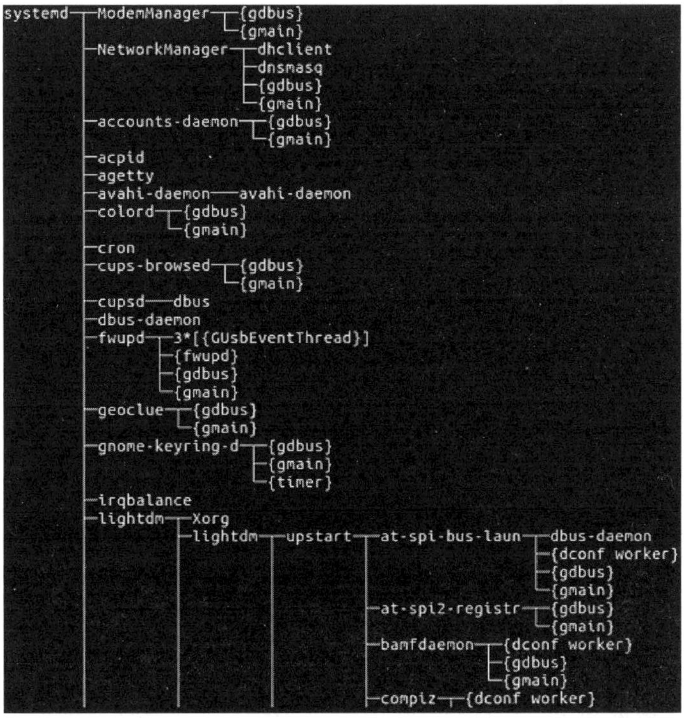

```
systemd─┬─ModemManager─┬─{gdbus}
        │              └─{gmain}
        ├─NetworkManager─┬─dhclient
        │                ├─dnsmasq
        │                ├─{gdbus}
        │                └─{gmain}
        ├─accounts-daemon─┬─{gdbus}
        │                 └─{gmain}
        ├─acpid
        ├─agetty
        ├─avahi-daemon───avahi-daemon
        ├─colord─┬─{gdbus}
        │        └─{gmain}
        ├─cron
        ├─cups-browsed─┬─{gdbus}
        │              └─{gmain}
        ├─cupsd───dbus
        ├─dbus-daemon
        ├─fwupd─┬─3*[{GUsbEventThread}]
        │       ├─{fwupd}
        │       ├─{gdbus}
        │       └─{gmain}
        ├─geoclue─┬─{gdbus}
        │         └─{gmain}
        ├─gnome-keyring-d─┬─{gdbus}
        │                 ├─{gmain}
        │                 └─{timer}
        ├─irqbalance
        ├─lightdm─┬─Xorg
        │         ├─lightdm─┬─upstart─┬─at-spi-bus-laun─┬─dbus-daemon
        │         │         │         │                 ├─{dconf worker}
        │         │         │         │                 ├─{gdbus}
        │         │         │         │                 └─{gmain}
        │         │         │         ├─at-spi2-registr─┬─{gdbus}
        │         │         │         │                 └─{gmain}
        │         │         │         ├─bamfdaemon─┬─{dconf worker}
        │         │         │         │            ├─{gdbus}
        │         │         │         │            └─{gmain}
        │         │         │         ├─compiz─┬─{dconf worker}
```

图 9-10 进程树状结构图

自 2 号进程开始，所有进程都是由其父进程创建的，相应的系统调用就是使用 fork 函数。对于初学者来说，fork 函数常令人迷惑，它与 C 语言学习者之前遇到的所有函数都不一样。调用 fork 函数一次，它会返回两次：一次是从调用 fork 函数的进程，即父进程中返回；一次是从新产生的子进程中返回。

```
#include <unistd.h>
pid_t fork (void);
```

fork 函数使用示例如图 9-11 所示，其运行结果为：

```
this is child process, pid 5579
this is parent process, pid 5578
```

从这个示例可以发现调用 fork 函数具有以下特点。

1）调用一次，返回两次，即有两个返回值。如图 9-11 中的第 6 行，调用 fork 函数，fpid 中保存的是 fork 函数的返回值。从输出结果看，第 10 行和第 12 行均得到了执行，即得到了两个 fpid 值，一个是 0（第 9 行），另一个是非零值（第 11 行）。那么一个变量怎么可能有两个值呢？这是因为同变量名不同值的 fpid 有两个，分别属于子进程和父进程：在子进程中，fork 函数返回 0（输出的第 1 行）；在父进程中，fork 函数返回非零值（输出的第 2 行），且这个值就是其创建的子进程的 PID。

```
1 #include <unistd.h>
2 #include <stdio.h>
3
4 int main () {
5     pid_t fpid;
6     fpid = fork();
7     if (fpid < 0) {
8         printf("error in fork!");
9     } else if (fpid == 0) {
10        printf("this is child process, pid %d\n",getpid());
11     } else {
12        printf("this is parent process, pid %d\n",getpid());   }
13    return 0; }
```

图 9-11 fork 创建一个新进程

2）父进程和子进程并发执行。一旦调用 fork 函数成功，新生成的子进程就与父进程“各自为政”地独立执行，互不干扰，（单处理器）内核以任意方式交替执行它们。作为程序设计人员，无法对两个 printf 函数中的哪一个先运行做出预测或假设。但在 Ubuntu 中实际运行本示例时，读者会发现总是“ this is parent process”先输出，而在 UNIX 系统中运行时，总是“this is child process”先输出，笔者推测对于特别短小的代码，不同操作系统的内部调度机制有差异。但是每次运行图 9-11 中的程序对应的可执行代码时，相应的父子进程号都是随机产生的，并不相同。调用 fork 函数之后，产生的子进程和父进程各自运行的独立性是确定的。

3）内容相同、相互独立的地址空间。一旦调用 fork 函数，立刻就会在系统中产生一个新的进程，该子进程与调用 fork 的父进程有相同的用户栈、相同的本地变量值、相同的堆、相同的全局变量值和相同的代码。如图 9-12 所示，本地变量 x 的值在父子进程中均为 1，且分别处于父子进程自己的私有地址空间里。那么父子进程对于变量 x 值的改变也是独立的，因此在图 9-12 的第 7 行，子进程中的 x 值从 1 自加 1 变为 2；图 9-12 的第 9 行，父进程的 x 在父进程地址空间中，其值不受子进程操作的影响，从 1 自减 1 变为 0。这就是会有如下输出的原因。

```
Parent has x = 0
Child has x = 2
```

或者输出：

```
Child has x = 2
Parent has x = 0
```

```
1 #include <stdio.h>
2 #include <sys/types.h>
3 #include <unistd.h>
4 void forkexample()  {
5     int x = 1;
6     if (fork() == 0)
7         printf("Child has x = %d\n", ++x);
8      else
9         printf("Parent has x = %d\n", --x);  }
10 int main()  {
11     forkexample();
12     return 0;  }
```

图 9-12　fork 函数使用示例

请注意，由于父子进程这种相同的运行状态，我们只能通过 fork 函数的返回值来区分父进程和其生成的子进程。返回值为零，就是子进程；返回值非零，就是父进程。

4）共享文件。图 9-11 和图 9-12 的示例代码中，父子进程将它们的输出均显示在屏幕上，其原因是子进程在创建时继承了父进程所有的已打开文件——父进程在调用 fork 函数时，文件 stdout 是被打开的，并指向屏幕，子进程就继承了这个打开的 stdout 文件，因此子进程的输出也是指向屏幕的。

当多次迭代使用 fork 函数时，相应的子孙进程会呈现树状结构，请思考图 9-13 所示的示例代码会产生什么样的输出，这些输出对应的父子关系分别是什么？

```
1 #include <stdio.h>
2 #include <sys/types.h>
3 int main() {
4     fork();
5     fork();
6     fork();
7     printf("hello\n");
8     return 0;  }
```

图 9-13　多次调用 fork 函数

图 9-13 中的代码会向屏幕输出连续 8 行 hello，与 3 次调用 fork 后，总共正在执行的进程数一致。相应的进程生成的树状结构如图 9-14 所示。后面，我们将系统当前正在执行的进程称为活跃进程。

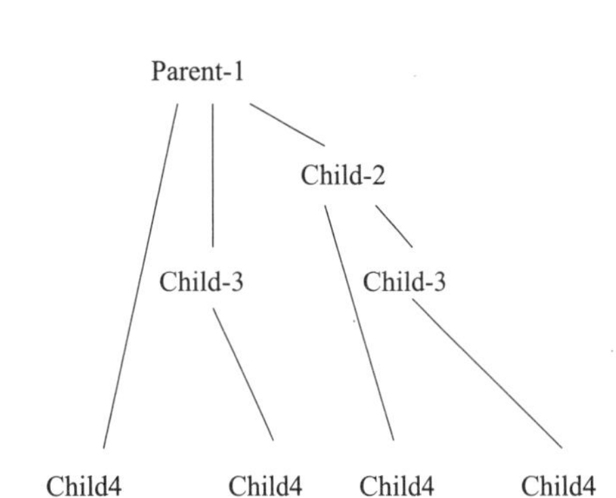

//main函数开始执行，一代父进程

//第4行的fork函数产生了一个二代子进程

//第5行的fork函数在原父进程和子进程中分别执行，各自又产生一个新的（三代）子进程

//第6行的fork函数又分别以现有进程为父进程，各生成一个子进程

图 9-14　进程生成的树状结构

9.3.3　进程的终止

进程在创建之后，就开始运行，直至完成其工作。万事有始有终，进程也一样，进程最终会终止，释放其所占用的资源。进程会终止的情况大致分为以下几类。

（1）正常退出（自愿的）

多数进程是由于完成了它们的工作而终止，系统调用 exit 函数来终止进程。

```
#include <stdlib.h>
void exit(int status);
```

传递给 status 的参数若为 0，则表示进程正常退出，否则（通常为 1 或 −1）表示非正常退出。exit 函数终止进程前，还会检查文件的打开情况，将文件缓冲区中的内容写回文件，即“清理 I/O 缓冲”，以保证数据的完整性。

（2）出错退出（自愿的）

这实际上就是 9.1.2 节介绍的“终止”中异常处理程序执行时，其进程的执行。

（3）严重错误（非自愿）

这是在 9.1.2 节中介绍的，用户应用程序执行时相应的进程由于发生除零等故障，异常处理程序终止其执行的情况。

（4）被其他进程杀死（非自愿）

某个进程执行一个系统调用，通知内核杀死某个其他进程。在 Linux 中，这个系统调用是 kill 函数。

```
#include <sys/types.h>
#include <signal.h>
int kill(pid_t pid, int sig);
```

有关 kill 函数的更多细节，请参见 9.4 节。

9.3.4　子进程回收

有时候，由于某些原因进程停止运行了，但是内核没有立即将它从系统中清除，导致该进程的进程号依然存在进程列表中，所占用的资源（例如存储空间）没有被释放，实际上它也不需再消耗额外资源，也不会再被运行，我们称这类进程为“僵死进程”。请注意，僵死进程是不能使用 kill

进程回收
扫描上方二维码
可观看知识点
讲解视频

函数清除掉的。因为 kill 函数只用来终止进程，而僵死进程已经停止运行了，只是它所占用的资源尚未释放。

一般而言，由父进程来回收已终止的子进程。这里请读者思考：既然子进程生成之后，与父进程相互独立地各自运行，那么子进程终止了，父进程是怎么知道的呢？稍后在 9.4 节可以找到这个问题的答案。

如果父进程在子进程终止之前就已经结束执行，那么只能由所有进程的祖先进程——1 号进程 init 来回收僵死子进程。为了尽量让父进程来完成回收工作，可以通过系统调用 waitpid 函数或 wait 函数来让父进程暂时挂起不终止，等待其子进程运行完毕，正确回收子进程资源后，再终止。

```
#include <sys/types.h>
#include <sys/wait.h>
 pid_t waitpid (pid_t pid, int *status, in options);
 pid_t wait (int *status);
```

函数 wait(&status) 等价于 waitpid(-1,&status,0)，所以可将 wait 函数视为 waitpid 函数的简约版。

对于 waitpid 函数的参数 pid，如果 pid>0，则表示等待标识为该 pid 的子进程结束；如果 pid=−1，则表示等待该父进程的所有子进程全部结束，进行回收。

waitpid 函数的参数 status 保存进程的退出状态。借助以下宏函数可进一步判断进程终止的具体原因。宏函数可分为以下三组。

- WIFEXITED(status) 为非 0 时，则进程正常结束。若宏 WIFEXITED 为真，使用宏 WEXITSTATUS(status) 以获取进程退出状态（即 exit 的参数）。
- WIFSIGNALED(status) 为非 0 时，则进程异常终止。若宏 WIFSIGNALED 为真，使用宏 WTERMSIG(status) 以取得使进程终止的那个信号的编号（信号相关内容，请参见 9.4 节）。
- WIFSTOPPED(status) 为非 0 时，进程处于暂停状态。若宏 WIFSTOPPED 为真，使用 WSTOPSIG(status) 以取得使进程暂停的那个信号的编号。WIFCONTINUED(status) 为真时，进程暂停后已经继续运行了。

waitpid 函数的参数 option 默认为 0 值，或者是以下常量的组合。

- WNOHANG。如果没有任何已经结束的子进程则立即返回（返回值为 0），不予以等待。默认行为是挂起调用进程，直到其有子进程终止。若在等待子进程终止时想做一些有用的工作，该选项可用。
- WUNTRACED。调用进程被挂起，暂停执行，直到等待集合中至少一个子进程变成已终止或被停止。返回的 PID 就是导致返回的已终止或被停止的子进程标识符。默认行为是只返回已终止的子进程。若需要检查已终止或被停止的子进程有哪些，该选项可用。

一个使用 waitpid 进行子进程回收的代码示例如图 9-15 所示。

```
1 #include <stdio.h>
2 #include <sys/types.h>
3 #include <unistd.h>
4 #include <stdlib.h>
5 #include <sys/wait.h>
6
7 int main ( ){
8      int pid;
9      int status;
10     printf("Parent: %d\n", getpid());
11     pid = fork();
12     if (pid == 0) {
13          printf("Child %d\n", getpid());
14          sleep(2);
15          exit (EXIT_SUCCESS); }
16
17     waitpid(pid, &status, 0);  // 父进程等待标识为 pid 的子进程终止
18     if (WIFSIGNALED(status)){
19          printf("Error\n"); }
20     else if (WEXITSTATUS(status)){
21          printf("Exited Normally\n"); }
22     printf("Parent: %d\n", getpid());
23     return 0; }
```

图 9-15　子进程回收的代码示例

9.3.5　加载并运行程序

在当前进程的上下文中加载并执行一个新的程序，需要使用内核的系统调用函数 execve。如果说使用 fork 是产生了“分身”，那么调用 execve 则是发生了“变身”——fork 用来产生一个和当前进程一样的进程（仅私有地址空间不同），execve 系统调用则是把当前程序替换成要执行的程序。如果你需要执行另一个程序，而同时保留原程序继续执行，那么就需要先使用 fork 产生一个新进程，再使用 execve 在新产生的进程上加载执行新程序。

```
#include<unistd.h>
int execve(const char *filename, char *const argv[ ], char *const envp[ ]);
```

第一个参数 filename 所代表的文件路径下的程序就是 execve() 要加载执行的目标文件；第二个参数 argv 是命令行参数列表，其数据结构是一个以空指针 (NULL) 结束的指针数组，每一个指针指向一个参数串，其中 argv[0] 就是可执行目标文件的名字；第三个参数 envp 保存的环境变量列表，也是以空指针结束的指针数组，每一个指针指向一个环境变量串，其总是以“名字 = 值”的形式出现。execve 函数执行成功时没有返回值，执行失败时的返回值为 -1。

可以称调用 execve 的程序为原程序，一旦调用 execve 成功，这个函数并没有返回值，而是将其第一个参数所指明的目标文件在当前进程中加载并执行，即我们称之为的新程序，并用 argv 和 envp 的参数来更新新程序开始时用户栈的相应内容。

execve 的使用示例如图 9-16。此例演示了 Linux 交互程序 shell 命令 ls 的执行，其中第

7 行的环境变量 STEPLIB 是为新进程设定的。

```
1 #include <sys/types.h>
2 #include <unistd.h>
3 #include <stdio.h>
4 int main() {
5   pid_t pid;
6   char *const parmList[] = {"/bin/ls", "-l", "/u/userid/dirname", NULL};
7   char *const envParms[2] = {"STEPLIB=SASC.V6.LINKLIB", NULL};
8
9   if ((pid = fork()) ==-1)
10              perror("fork error");
11  else if (pid == 0) {
12              execve("/u/userid/bin/newShell", parmList, envParms);
13  printf("Return not expected. Must be an execve error.n"); }
14  return 0; }
```

图 9-16　execve 使用示例

第 9 行调用 fork 函数产生新进程，第 11 行判定 fork 函数返回值为 0，则表示此时是新产生的子进程，第 12 行调用 execve 函数，在子进程上执行目标文件“/u/userid/bin/newShell”，其参数列表为 parmList，环境变量为 envParms，其组织结构分别如图 9-17 和图 9-18 所示。

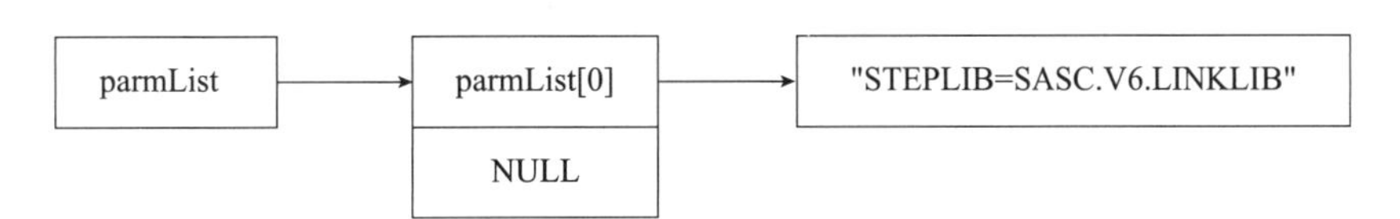

图 9-17　execve 使用示例中参数列表组织结构

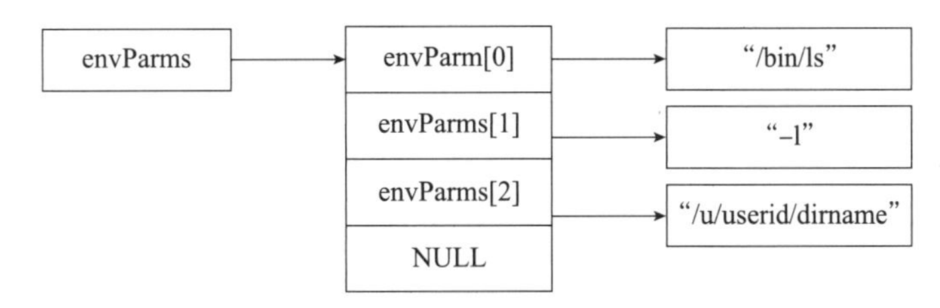

图 9-18　execve 使用示例中环境变量列表组织结构

9.4　信号

本章前半部分解析了低层的硬件异常如何由内核异常处理程序处理，异常控制流中的进程上下文切换实现了用户模式下的进程与内核模式下的进程之间的转换。在本节中，我们将认识一种更高层次的软件形式的异常——信号，即软中断信号（也被称为“软中断”），它是进程之间传送的“小消息”，其中“小”是指信号内容短小简单。它通知进程系统中发生了某一种类型的异步事件（即进程不知道信号何时会到达），允许中断进程。信号是进程控制的重要部分。请注意，信号只是用来通知某个进程发生

信号的概念
扫描上方二维码
可观看知识点
讲解视频

了什么事件，并不向进程传递任何实际数据。在 Linux 终端，使用 kill -l 可以查看所有的信号。表 9-2 展示了 Linux 系统支持（POSIX.1a）的不同类型的信号。表中的“生成核心转储”（core dump），指的是当程序运行过程中发生异常退出时，由操作系统将程序当前的内存状况存储在一个 core 文件中，可用于调试参考。

表 9-2 Linux 系统支持的不同类型的信号

序号	名称	解释	默认行为
1	SIGHUP	用户终端连接结束，即终端控制进程结束	终止
2	SIGINT	程序终止，用户键入 Ctrl+C 时	终止
3	SIGQUIT	程序退出，用户键入 Ctrl+\ 时	终止
4	SIGILL	执行了非法指令	终止
5	SIGTRAP	由断点或陷阱指令产生，由 debugger 使用	终止并生成核心转储
6	SIGABRT	由函数 abort 发出的信号	终止并生成核心转储
7	SIGBUS	非法内存访问，出现总线错误	终止
8	SIGFPE	产生致命算术运算错误（浮点运算错、溢出、除零等）	终止并生成核心转储
9	SIGKILL	kill 信号，用来立即结束运行	不能被忽略、处理和阻塞
10	SIGUSR1	用户信号 1	终止
11	SIGSEGV	试图访问未分配给自己的内存或向没有写权限的内存写数据等无效内存访问	终止并生成核心转储
12	SIGUSR2	用户信号 2	终止
13	SIGPIPE	管道破损，没有读端的管道写数据	终止
14	SIGALRM	alarm 函数使用的时钟定时信号	终止
15	SIGTERM	终止信号，通常在程序自己正常退出时产生（注意和 SIGKILL 的差别）	终止
16	SIGSTKFLT	栈溢出	终止
17	SIGCHLD	子进程退出时父进程会收到此信号	默认忽略
18	SIGCONT	让一个停止的进程继续执行	默认忽略，不能被阻塞
19	SIGSTOP	进程并未结束而是暂停执行	不能被忽略、处理和阻塞，停止直到下一个 SIGCONT
20	SIGTSTP	进程停止，用户键入 Ctrl+Z 时发出此信号	停止直到下一个 SIGCONT
21	SIGTTIN	进程停止，后台进程从终端读数据时	停止直到下一个 SIGCONT
22	SIGTTOU	进程停止，后台进程向终端写数据时	停止直到下一个 SIGCONT
23	SIGURG	I/O 有紧急数据到达当前进程	默认忽略
24	SIGXCPU	进程的 CPU 时间片到期	终止
25	SIGXFSZ	文件的大小超出上限	终止
26	SIGVTALRM	虚拟定时器超时	终止
27	SIGPROF	剖析定时器超时	终止

（续）

序号	名称	解释	默认行为
28	SIGWINCH	窗口大小改变	默认忽略
29	SIGIO	文件描述符准备就绪，可以进行 I/O 操作	终止
30	SIGPWR	关机	终止
31	SIGSYS	非法的系统调用	终止

根据表 9-2，可总结如下。

- 程序不可捕获、阻塞或忽略的信号有：SIGKILL，SIGSTOP。
- 不能恢复至默认动作的信号有：SIGILL，SIGTRAP。
- 默认会导致进程被终止，并导致核心转储的信号有：SIGABRT，SIGQUIT，SIGSEGV，SIGTRAP，SIGFPE。
- 默认会导致进程终止的信号有：SIGHUP，SIGINT，SIGILL，SIGBUS，SIGKILL，SIGUSR1，SIGUSR2，SIGPIPE，SIGALRM，SIGTERM，SIGXCPU，SIGXFSZ，SIGVTALRM，SIGPROF，SIGIO，SIGPWR，SIGSYS。
- 默认会导致进程停止（但可再被唤醒）的信号有：SIGSTOP，SIGTSTP，SIGTTIN，SIGTTOU。
- 默认进程忽略的信号有：SIGCHLD，SIGPWR，SIGURG，SIGWINCH。
- SIGCONT 在进程挂起时是继续，否则是忽略，不能被阻塞。

9.4.1　信号术语

既然信号是从一个进程发送到另一个进程的“小消息”，那么我们称接收信号的进程为目的进程。信号传送的过程大致可分为两步。

1）发送信号。内核通过更新目的进程上下文的状态，将一个信号投递到目的进程。发送信号的原因包括但不限于：内核检测到一个系统事件，比如除零错误或子进程终止（可参考表 9-2）；或者是进程调用了函数 kill，显示地要求内核发送一个信号给目的进程。请注意，一个进程可以自己给自己发送信号。

2）接收信号。目的进程会以某种方式对信号的发送做出反应，即称为目的进程接收信号。正如表 9-2 中所示，默认情况下，进程可以忽略、终止信号，或者通过执行一个用户级函数——信号处理程序来捕获相应信号，即用户可以用自己希望的方式来处理相应的信号。信号处理程序的执行与中断处理程序的执行非常类似，其信号处理程序会返回给当前指令的下一条指令继续执行，如图 9-19 所示。

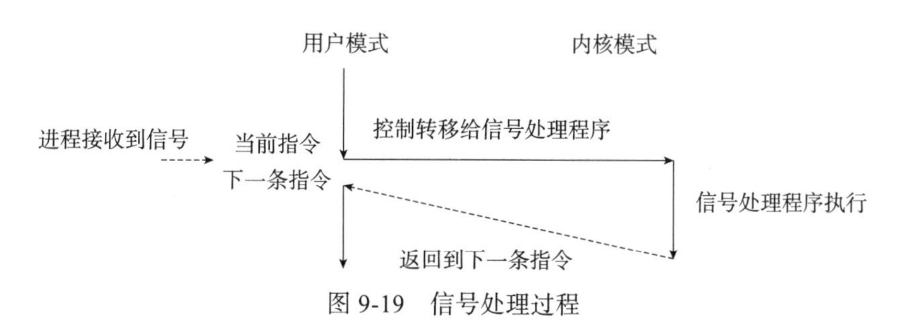

图 9-19　信号处理过程

一个信号如果只是被发出，但是没有被接收，那么称该信号被**挂起**。对于表 9-2 中列出的信号，在任何时刻，对于一个目的进程，一种类型的信号至多只有一个被挂起的待处理信号，即这些信号不支持排队。如果一个进程有了一个类型为 *k* 的待处理信号，那么这种类型的信号再发送给这个进程，只会被简单丢弃，而不会排队等待。

一个进程可以有选择地阻塞某种信号。当一种信号被阻塞时，它可以继续被发送，但相应的待处理信号不会被接收，直至进程取消对此类信号的阻塞。

一个待处理信号最多只能被接收一次。内核为每个进程在其挂起（pending）位向量中维护待处理信号集合，在阻塞（blocked）位向量中维护被阻塞的信号集合。若一个类型为 *k* 的信号被发送出去，则内核就是设置 pending 中的第 *k* 位，若是一个类型为 *k* 的信号被接收，则内核会清除 pending 中的第 *k* 位。也就是说，每个类型的信号只有一位挂起或阻塞向量与之对应，这也是信号不能排队的原因。

9.4.2 信号的发送

Linux 系统提供了许多向目的进程发送信号的机制，所有这些机制都是基于进程组进行的。

1. 使用 Linux 的 /bin/kill 应用程序发送信号

在 Linux 的目录 /bin 中放置了系统的必备执行文件，bin 即 binary，这些执行文件均为二进制执行文件，作为常用命令的 kill 就在该目录中。在交互执行终端，使用如下命令：

```
kill -9 14992
```

表示发送一个 SIGKILL 信号（参照表 9-2，SIGKILL 信号的编号为 9）给 PID 为 14992 的进程，那么该进程立即结束。SIGKILL 信号不仅可以被发送给一个进程，还可以被发送给一个进程组：

```
kill -9 -14992
```

这表示 SIGKILL 信号被发送给进程组 ID 为 14992 的所有进程，则该进程组的所有进程均被终止，进程组将不再存在。请注意只要进程组中还有一个进程存在，进程组就存在，与组长进程是否终止无关。进程组的生命周期从被创建开始到其中所有进程终止或离开该组。回想之前讨论的僵死进程、回收进程的内容，我们可以发现对整个进程组发送信号 SIGKILL 来批量化杀死进程比较方便，如果没有进程组，就需要手动地一个个去杀死这些进程，还需要按照进程间父子顺序以避免资源没有被完全释放；向整个进程组发送 SIGKILL 信号后，这些进程的终止都会严格有序地得到执行。

2. 从键盘发送信号

在 Linux 系统中，与进程组相关的一个概念是作业（job），一个作业包括一个或多个进程。在交互式终端 shell 中，作业的概念可以被抽象为读一个命令行而产生的一组或多组进程。如果要区别作业和进程组，则可认为如果作业中的某个进程又创建了子进程，则子进程不属于作业。在 UNIX/Linux 系统中，作业总是与交互终端控制有关，shell 通过前台和后台来控制的不是进程而是作业。任何时刻，shell 可以运行一个前台作业和任意多个或零个后台作业，一个前台作业可以由多个进程组成，一个后台作业也可以由多个进程组成。需要与用户交互并进行及时响应的作业均为前台作业。图 9-20 显示了一个前台作业和两个后台作业的 shell 组织结构。

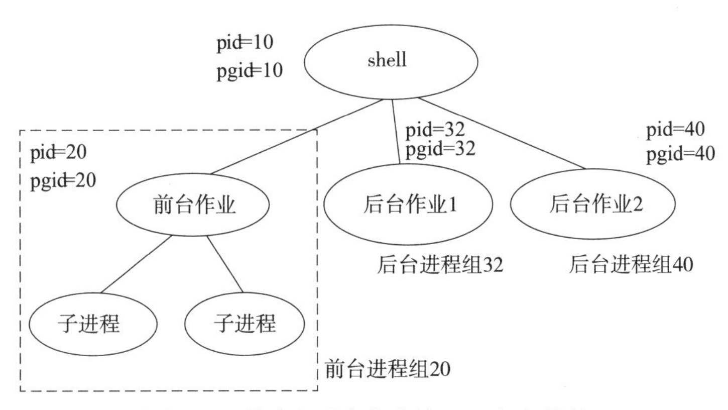

图 9-20 前台与后台作业的 shell 组织结构

从键盘输入 Ctrl+C 组合键会导致信号 SIGINT 被发送到 shell，这个信号会被发送到前台进程组中的每个进程，导致前台作业终止。类似地，如果键盘输入 Ctrl+Z 组合键，信号 SIGSTP 会通过 shell 被发送到前台每个进程，导致前台作业被挂起，处于暂停状态，并被放到后台，这与终止的差别就是被挂起的进程依然占有资源，且可被激活为活跃状态。

3. 使用函数发送信号

可以发送信号的主要函数包括 kill()、raise()、alarm()、setitimer() 以及 abort()。它们实际上都属于系统调用。

（1）kill 函数

```
#include <sys/types.h>
#include <signal.h>
 int kill(pid_t pid,int sig);  // 调用成功返回 0；否则返回 -1
```

参数 pid 大于零时，即为目标进程 PID；pid 等于零时，表示目标进程为同一个进程组的进程；pid 为 −1 时，其目标进程是除发送进程自身外所有进程 ID 大于 1 的进程；pid 小于零时，比如为 −289，则表示进程组 ID 为 289 内的所有进程均为目标进程。参数 sig 是信号值，当 sig 为 0 时（即空信号），实际不发送任何信号，但照常进行错误检查，因此，kill 函数可用于检查目标进程是否存在，以及当前进程是否具有向目标发送信号的权限。kill 函数的使用示例如图 9-21 所示。这段代码执行完毕之后在前台查找到其相应的进程号，将该进程号替代第 5 行的 0 值，那么再执行此程序后，将找不到之前相应的进程号，因为该进程已经被“杀死”了。

```
1 #include <sys/types.h>
2 #include <stdio.h>
3 #include <signal.h>
4 int main(){
5      pid_t pid=0;
6      printf("The aim prosess is:");
7      scanf("%d", &pid);
8      kill(pid, SIGINT);
9      while(1);
```

图 9-21 kill 函数使用示例

```
10     return 0;      }
```

图 9-21　kill 函数使用示例（续）

（2）raise 函数

```
#include <signal.h>
 int raise(int sig);    // 调用成功返回 0; 否则, 返回 -1
```

进程向自身发送信号，参数 sig 就是即将发送的信号值。实际上 raise 函数等价于函数 kill(getpid( ), sig)。

（3）alarm 函数

```
#include <unistd.h>
 unsigned int alarm(unsigned int seconds);
```

这是一个专门为 SIGALRM 信号设定的函数。在指定的参数 seconds 设定的秒数后，将由内核向进程自身发送 SIGALRM 信号，即闹钟。进程调用 alarm 后，任何以前的 alarm() 调用都将无效，任何被挂起的闹钟也会被取消。如果参数 seconds 被设置为零，那么进程内将不再包含任何闹钟时间。

如果调用 alarm 函数前，进程中已经设置了闹钟时间，则函数返回上一个闹钟在发送 SIGALRM 信号前的剩余时间，否则返回 0。

alarm 函数的使用示例如图 9-22 所示。其中第 9 行调用函数 alarm(10)，这使信号 SIGALRM 在经过 10s 后传送给 main 函数执行所在的进程；第 10 行的 sleep(15) 又让其挂起 / 暂停 15s，那么在暂停到 10s 的时候 SIGALRM 信号的处理程序 sig_alarm() 就执行第 6 行语句 exit(0) 使程序退出，所以第 11 行的打印语句并没有被执行。这段示例代码没有任何输出。

```
1 #include <unistd.h>
2 #include <stdio.h>
3 #include <stdlib.h>
4 #include <signal.h>
5 void sig_alarm()   {
6        exit(0); }
7 int main(int argc, char *argv[]) {
8        signal(SIGALRM, sig_alarm);
9        alarm(10);
10       sleep(15);
11       printf("Hello World!\n");
12       return 0; }
```

图 9-22　alarm 函数使用示例

（4）setitimer 函数

```
#include <sys/time.h>
int setitimer(int which, const struct itimerval *value, struct itimerval
*ovalue));
// 调用成功返回 0, 否则返回 -1
```

setitimer 函数比 alarm 函数功能更为强大，支持以下三种类型的定时器。

- ITIMER_REAL：数值为 0，执行时计时器的值递减，内核将发送 SIGALRM 信号给调用 setitimer 的本进程。
- ITIMER_VIRTUAL：数值为 1，设定程序执行时间，执行时计时器值递减，经过指定的时间后，内核将发送 SIGVTALRM 信号给本进程。
- ITIMER_PROF：数值为 2，设定进程执行以及内核因本进程而消耗的时间和，经过指定的时间后，内核将发送 SIGPROF 信号给本进程。

setitimer() 函数的第一个参数 which 指定定时器类型（上述三种类型之一）；第二、第三个参数是结构 itimerval 的一个实例，结构 itimerval 形式如下。

```
struct itimerval {
     struct timeval it_interval;        // 计时器重启动的间隔时间
     struct timeval it_value;           //计时器安装后首先启动的初值
  };
struct timeval {
     long tv_sec;                       //秒
     long tv_usec;                      //微秒
       };
```

当需要精度较高的定时功能时，需要使用 setitimer 函数。

（5）abort 函数

```
#include <stdlib.h>
 void abort(void);
```

内核向某个进程发送 SIGABORT 信号，默认情况下，该进程会异常退出，也可定义自己的信号处理函数。即使 SIGABORT 被进程设置为阻塞信号（参见 9.4.3 节），调用 abort() 后，信号 SIGABORT 仍然能被进程接收。该函数无返回值。

信号处理

扫描上方二维码可观看知识点讲解视频

9.4.3　信号的接收

当内核准备将控制转移给某个进程 *k* 时，首先会检查进程 *k* 的未被阻塞的待处理信号集合（pengding& ～ blocked）。若这个集合为空，则内核将控制传递给进程 *k* 所在控制流的下一条指令；若这个集合不为空，则内核就会选择集合中的某个信号 *s*（一般按照信号值从小到大的顺序），并且强制进程 *k* 接收信号 *s*。收到这个信号后，会触发进程某种行为。每种信号类型都有一个预定义的默认行为（如表 9-2 所示），如下所示。

- 进程终止。
- 进程终止并生成核心转储。
- 进程停止直到 SIGCONT 信号重启它。
- 进程忽略该信号。

当然，这些默认行为是可以修改的，这就需要使用 signal 函数。

```
#include <signal.h>
 typedef void (*sighandler_t)(int);
 sighandler_t signal(int signum, sighandler_t handler));
```

signal 函数可以为指定的信号安装一个（非默认行为的）新的信号处理函数。signum 参数指定信号的值，handler 参数指定针对前面信号值的处理，可以忽略该信号（设定为 SIG_IGN）；可以采用系统默认方式处理信号（设定为 SIG_DFL）；也可以自己实现处理方式（参数指定信号处理函数地址）。如果 signal() 调用成功，则返回最后一次收到信号 signum 而调用 signal 时的 handler 值；失败则返回 SIG_ERR。图 9-23 给出了 signal 函数的使用示例。

```
1 #include <stdio.h>
2 #include <signal.h>
3 typedef void (*signal_handler)(int);
4
5 void signal_handler_fun(int signum) {
6     printf("catch signal %d\n", signum); }
7
8 int main(int argc, char *argv[]) {
9     signal(SIGINT, signal_hander_fun);
10    while(1);
11    return 0;  }
```

图 9-23　signal 函数使用示例

这段代码在执行时，在键盘上按下 Ctrl+C 组合键，将会执行自定义的信号处理函数，即第 5 ～ 6 行定义的打印信号编号函数，在按下 Ctrl+\ 的时候打印结果作为最后一行。执行结果如下：

```
catch signal 2
catch signal 2
catch signal 2
catch signal 2
=退出
```

信号处理程序中断 main 函数的执行，看起来与底层异常处理程序中断当前应用程序的控制流的方式很类似。由于信号处理程序的逻辑控制流与主函数的逻辑控制流重叠，即信号处理程序与主函数看起来是并发执行的。

小结

本章从异常控制流的讨论开始引出进程的相关讨论。异常控制流是计算机系统提供并发的基本机制，可能发生在系统的各个层次上。在硬件层面，异常是处理器中的事件触发的控制流突变。无论是同步异常（中断）还是异步异常（故障、陷阱和终止），均有相应的异常处理程序对其进行响应，同时发生用户模式和系统模式之间的切换。

在操作系统层面，内核用异常控制流提供进程的概念。进程是逻辑控制流，从每一个程序的角度看来，它似乎独占处理器执行；进程还是地址空间资源分配的基本单位，每一个程序似乎都独占主存。Linux 提供了丰富的进程控制方式。信号是 Linux 进程之间的通信方式之一，用以通知进程发生了什么事件，并转入相应的信号处理函数，是软件层面的一种异步通信方式，实际上也是用户空间进程和内核空间进程之间的交互。

习题

1. 根据本章内容，比较程序、进程二者的概念，并指出下面的哪些进程并发执行。

进程	开始时间	结束时间
A	1	6
B	4	5
C	2	7
D	3	8

2. 根据本章对四种异常的阐释，回顾你自己在编程设计、计算机系统使用过程中遇到的中断、陷阱、故障和终止的实例情况。
3. 如下包含 fork 函数的代码片段中，其输出多少行“hello world”？

```
#include <stdio.h>
#include <unistd.h>
int main() {
      int i;
    fork (i=0; i < 10; ++i){
      fork();
      printf("hello world\n");
      exit (0);}
```

4. 如果想查看第3题中代码编译和汇编后形成的 ELF 可重定位目标文件的内容，应该使用什么工具？请根据本章列出的 ELF 组成部分，列出你查看到的相应 ELF 各部分内容。
5. 请读如下代码，并直接写出其执行结果，同时说明为什么有这样的执行结果。

```
#include <stdio.h>
#include <stdlib.h>
#include <string.h>
int main(int argc, char *argv[]) {
     fork();
     fork();
     fork();
     puts("hi");
     return 0;}
```

6. 有如下代码片段，请问其输出是什么？并尝试描述其中的父子进程关系。

```
#include <stdio.h>
#include <unistd.h>
int main() {
     if (fork() || fork())
         fork();
     printf("A");
     return 0; }
```

7. 有如下代码片段，请问其输出是什么？

```
#include <unistd.h>
#include <stdio.h>
int main(){
 int i;
 for (i=10; i>0; i--){
    pid_t fpid= fork();
    if (fpid==0){
         printf("%d child %2d %2d %2d/n", i, getpid(), getppid(), fpid);
    else
```

```
        printf("%d parent %2d %2d %2d/n", i, getpid(), getppid(), fpid);
        }
        return 0;}
```

8. 读如下代码，写出其执行结果，并描述其中的父子进程关系。

```
#include <stdio.h>
#include <sys/types.h>
#include <unistd.h>
int main() {
     pid_t pid1, pid2, pid3;
     pid1=0, pid2=0, pid3=0;
     pid1= fork();
     if(pid1==0){
         pid2=fork();
         pid3=fork();
     } else {
         pid3=fork();
           if(pid3==0) {
               pid2=fork();    }
           if((pid1 == 0)&&(pid2 == 0))
               printf("Level 1\n");
           if(pid1 !=0)
               printf("Level 2\n");
           if(pid2 !=0)
              printf("Level 3\n");
           if(pid3 !=0)
              printf("Level 4\n");
         return 0;}}
```

9. 读如下代码，写出其执行结果，并解释其中 wait 函数的作用。

```
#include <sys/types.h>
#include <stdio.h>
#include <unistd.h>
#define SIZE 5
int nums[SIZE] = {0,1,2,3,4};
int main()
{
     int i;
     pid_t pid;
     pid = fork();
     if (pid == 0) {
         for (i = 0; i < SIZE; i++) {
              nums[i] *= -i;
              printf("CHILD: %d ",nums[i]); }
     }
     else if (pid > 0) {
         wait( );
         for (i = 0; i < SIZE; i++)
             printf("PARENT: %d ",nums[i]);
     }
     return 0;}
```

10. 请问如下代码作用是什么？其结果是什么？

```
#include <sys/types.h>
```

```
#include <sys/wait.h>
#include <unistd.h>
#include <time.h>
#include <stdio.h>
 #include <stdlib.h>
  int main( ){
      int i, status;
      pid_t childID, endID;
      time_t when;
      if ((childID = fork()) == -1) {
         perror("fork error");
         exit(EXIT_FAILURE); }
      else if (childID == 0) {
         time(&when);
         printf("Child process started at %s", ctime(&when));
         sleep(10);
         exit (EXIT_SUCCESS); }
      else {  time(&when);
         printf("Parent process started at %s", ctime(&when));
         for(i = 0; i < 15; i++) {
            endID = waitpid(childID, &status, WNOHANG|WUNTRACED);
            if (endID == -1) {
               perror("waitpid error");
               exit(EXIT_FAILURE); }
            else if (endID == 0) {
               time(&when);
               printf("Parent waiting for child at %s", ctime(&when));
               sleep(1); }
            else if (endID == childID) {
                 if (WIFEXITED(status))
                      printf("Child ended normally.n");
                   else if (WIFSIGNALED(status))
                      printf("Child ended because of an uncaught signal.n");
                   else if (WIFSTOPPED(status))
                      printf("Child process has stopped.n");
                   exit(EXIT_SUCCESS);}
            }
         }
     }
```

11. 读如下代码，分析其执行结果是什么。

```
#include<stdio.h>
#include<signal.h>
#include<unistd.h>

void sig_handler(int signo){
  if (signo == SIGINT)
    printf("received SIGINT\n");}

int main( ) {
  if (signal(SIGINT, sig_handler) == SIG_ERR)
      printf("\n can’t catch SIGINT \n");
  while(1)
    sleep(1);
  return 0; }
```

12．有如下代码：

```
#include <stdio.h>
#include <unistd.h>

int main (int argc, char *argv[])
{
     fork();
     execv("./prcs1", &argv[1]);
     fork();
     execv("./prcs2", argv);
     printf("EXECV Failed\n");
}
```

请指出这个代码的执行会出现什么问题，为什么会出现这样的问题?

13．请使用信号写一个简单的闹钟程序：在当前时间的 3s 之后产生 SIGALRM 信号，并且每隔 3s，就进行 alarm 提示，直至用户输入“S”时为止。

14．通过使用父子进程之间的信号发送和接收，尝试写一个从 10 倒数到 0 的 C 程序。

15．尝试改写 fgets 函数，接收输入不变，但如果用户在 10s 之内不输入 5 个字母（不可以是数字或其他字符），则返回 NULL，如果用户在 10s 内输入完毕，则返回一个指向该输入内容的指针。

第 10 章　虚拟存储

现代计算机系统中，总是存在多个任务同时执行，若将每个任务视为一个程序的一次执行，打开计算机的“任务管理器”，你会看到桌面系统、输入法、浏览器、文档编辑器、社交媒体软件、自己编写的 helloworld 程序等都是同时在运行的。每个程序的执行都需要占用主存空间，正如第 8 章中所述，所有由 CPU 待处理和已处理的数据以及指令总是要先放到主存。但机器的主存空间总是有限的——你的计算机内存条大小可能是 8GB、16GB、64GB，也许更大——这与可能需要在系统中执行的多任务所需的主存空间相比依然供不应求。一方面对主存空间的需求很可能会超过实际物理主存空间的大小，另一方面，对于如何为不同任务提供足够且互不干扰的主存空间的问题，通过虚拟存储器也能得到完美解决。

本章将从虚拟存储器（本章后续简称为“虚存”）的功能开始介绍，阐释虚拟地址的翻译过程、存储器映射，并结合实际案例研究虚拟存储器系统，最后将分析在 C 语言编程中那些与存储器有关的典型错误，便于消除读者在学习 C/C++ 指针时产生的编程困扰。

10.1　地址空间

地址空间实际上是一个存储器的抽象概念。其形式上是一组非负整数表示的地址序列，例如可以用类似 {0,1,2,3，…} 的形式对地址按单元进行编址，当然，实际上是以二进制形式编址的。这样一组地址序列中的整数是连续的，可称为“线性地址空间”。我们总是假设使用的是线性地址空间。

虚拟存储器的
基本概念
扫描上方二维码
可观看知识点
讲解视频

一旦有了地址空间的概念，就可以清楚地区分数据和数据在存储空间中的属性，即地址。程序执行过程中所需的或产生的每个数据都有其独立的地址，这样才能将这些数据在存储空间中相互区分。

10.1.1　物理地址空间

处理器能够直接访问的主存一般被组织成一个线性数组，它有 M 个连续单元，每个单元都是一个字节（Byte）大小，例如一根容量为 8GB 的内存条，逻辑上可视之为有 8×1024MB 字节的大数组，如图 10-1 所示。这里每一个数组单元，即每一个字节（8 位）都有唯一的物理地址。

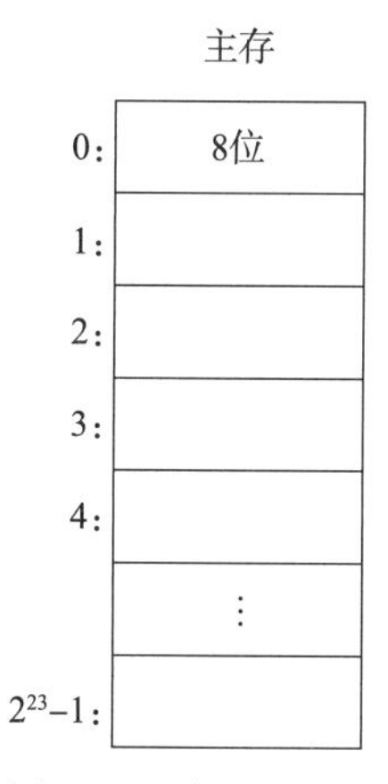

图 10-1　物理地址

如果使用一条加载指令，处理器通过直接访问物理地址来获取相关主存单元存储的内容，称为物理寻址。

实际上，在计算机发展的早期，由于处理器执行速度较慢，主存空间相对也不大，使用的都是物理寻址，即直接按照物理主存的地址进行数据读写操作。如今，只有诸如数字信号处理器、嵌入式微处理器以及 Cray 早期的超级计算机依然使用对物理地址进行直接寻址的方式，绝大部分的现代计算机系统均已采用虚拟寻址方式。

10.1.2 虚拟地址空间

32 位操作系统可寻址空间为 2^{32} 比特，即 4GB［注意按字节进行编址，即每一位地址对应 8 位（一字节）的内容］。当前主流的操作系统是 64 位的，那么是不是直接访问的地址空间可达 2^{64} 比特，即达到惊人的 16EB 呢？这只是理论上的。实际上现代 x86 处理器的地址总线只有 46 位，即寻址空间是 2^{46} 比特，也就是 8TB 左右。这与目前主流的 8GB、16GB 甚至 64GB 的主存在存储空间上依然存在着很大差异（1TB=1024GB）。

正如 10.1.1 节所述，现代处理器使用的不是物理寻址而是虚拟寻址，通过生成一个虚拟地址来访问主存。在多任务操作系统中，每一个正在执行的任务实际上都运行在虚拟地址空间中，它以远大于主存物理空间的大小进行近似于主存访问速率的存取。

如图 10-2 所示，处理器上有一个专用硬件——存储器管理单元（Memory Management Unit，MMU），进行从虚拟地址到物理地址的地址翻译工作。

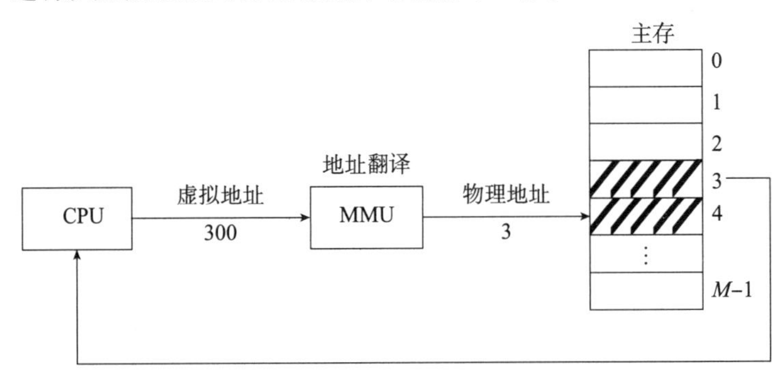

图 10-2 虚拟寻址

这样，依据虚拟存储器的基本思想——对于主存中的每一个字节，实际上都有一个来自物理地址空间的物理地址和至少一个来自虚拟地址空间的虚拟地址，那么程序中的每一个数据对象都有多个独立地址，每一个地址都来自不同的地址空间。

10.2 虚存的功能

虚存的功能

扫描上方二维码
可观看知识点
讲解视频

逻辑上，虚存也可以被视为一个连续的、按字节划分单元、大小为 N 的一维线性数组，每个字节都有唯一的虚拟地址。虚存中的“虚”，即指它只是一种主存管理方式，它从硬盘上划分出一块空间（可以称为交换文件），以大小固定的页的方式进行分割，作为物理主存的直接后备空间。本节从虚存的缓存功能、虚存的存储管理功能和虚存的存储保护功能三方面，来阐释虚存的功能。

10.2.1 虚存的缓存功能

由于虚存空间远大于主存的物理存储空间，而 CPU 只对主存进行直接访问，那么硬盘上的数据在需要时就交换到物理主存上。此时进行数据交换的单位是页，物理主存按照物理页为单位进行组织，物理页的大小和与虚拟存储器的页（后文简称为“虚拟页”）大小完全一致，如图 10-3 所示。

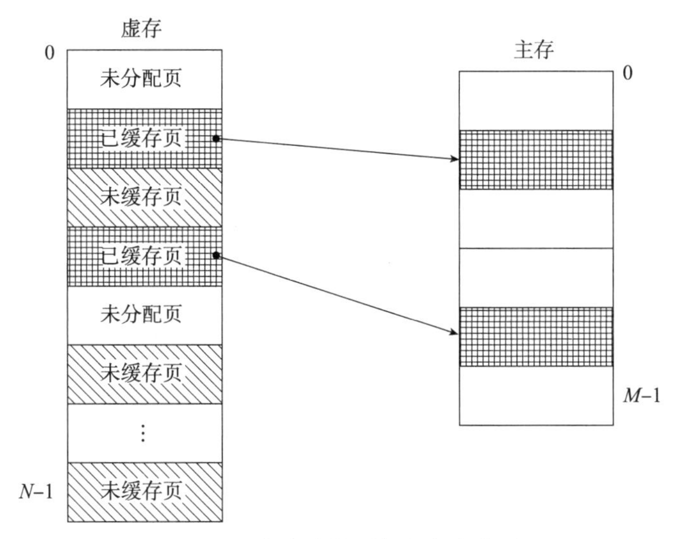

图 10-3 虚存中的页与主存中的页

虚拟页集合包括三个互不相交的子集，即未分配的页集合 UD、已缓存的页集合 BF，以及未缓存的页集合 UB：

$$\mathrm{VM} = \mathrm{UD} \cup \mathrm{BF} \cup \mathrm{UB}$$

$\mathrm{UD} \cup \mathrm{BF} = \varnothing$且$\mathrm{BF} \cup \mathrm{UB} = \varnothing$且$\mathrm{UD} \cup \mathrm{UB} = \varnothing$。

其各自含义如下。

- **未分配页**。尚未创建或者没有分配的页，这些未分配页没有与任何数据相关联，因此也不占用任何硬盘空间，如图 10-3 中的□。
- **已缓存页**。已经分配的页，数据已缓存在相应主存中，如图 10-3 中的▦。
- **未缓存页**。已经分配的页，但数据尚未缓存到主存中，如图 10-3 中的▧。

虚拟存储器需要有一个方法来判断一个虚拟页是否已经被缓存到主存中，并且映射到哪一个物理页，即具体在主存的什么位置。如果虚拟页已分配但尚未缓存到主存中，则需要判断其存放在硬盘的哪个位置，若主存还有空页位置，则缓存到主存，若主存没有空页位置，则需要从主存选择一页被换出，这一页被称为牺牲页，虚存将虚拟页缓存到牺牲页原来所在的物理页位置。

前文所述的“方法”由操作系统、存储器管理单元等软硬件联合提供，其核心为**页表**——一个常驻主存的数据结构，页表包含虚拟页映射到物理页设定的相关信息。图 10-4 所示是一个空页表，页表的基本组织结构实际上是一个由若干页表条目（图 10-4 中所示的 PTE0 ～ PTE7）组成的线性数组。

虚拟地址空间中的每个虚拟页在页表中都有一个相应的页表条目，每一个页表条目包括一个有效位和一个长度为 n 的地址字段。如果有效位被置位（从 0 被置为 1），则表示相应虚拟页已经被缓存到主存中，且相应页表条目中的地址字段就是对应物理页的起始位置，该物理页的内容即为此虚拟页的内容。如果有效位没有被置位且页表条目中的地址字段为空，则表示相应虚拟页是未分配页。如果有效位没有被置位，但页表条目中的地址字段不为空，则表示相应虚拟页是未缓存页，没有与物理页产生映射，即该页的数据还没有到主存中，仅在硬盘中存在，该地址字段是此虚拟页在硬盘上的起始位置。

	有效位	地址字段
PTE0	0	null
PTE1	0	null
PTE2	0	null
PTE3	0	null
PTE4	0	null
PTE5	0	null
PTE6	0	null
PTE7	0	null

图 10-4　页表的基本组织结构

图 10-5 展示了一个页表示例，该页表包括 8 个虚拟页和 4 个物理页。页表中的深色页表项对应的 VP2、VP3、VP4、VP6 是已缓存页，均已缓存到相应主存中的物理页，注意对应的有效位均为 1（已置位）；剩下的 VP0 的地址字段为空，且 PTE0 的有效位为 0（未置位），此页为未分配页；VP1、VP5、VP7 相应有效位均为 0，但是地址字段不为空，对应到硬盘上的地址，它们都是未缓存页。值得注意的是，虚拟存储空间与主存空间之间的映射是全相连的——任意虚拟页都可以映射（缓存）到任意物理页。

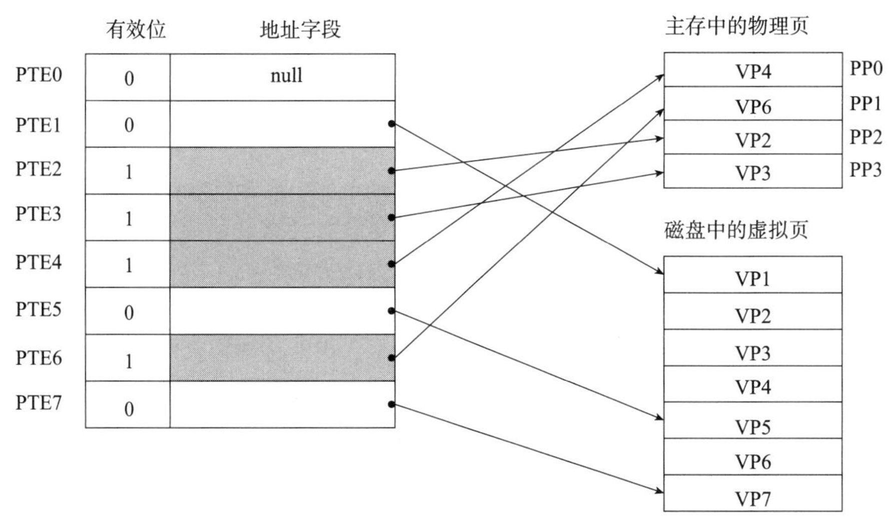

图 10-5　页表示例

若系统需要访问或写入地址 0x8049456，那么这个地址由 CPU 交给 MMU 进行地址翻译，这里可能出现以下两种情形。

（1）页命中

MMU 经过地址翻译，发现相应页表条目的有效位已置位，即对应的该虚拟地址的虚拟页已经被缓存到主存中，于是将页表条目中的物理页号读取出来，根据相关偏移计算即可获取相应的主存地址。此时称为所需虚拟页命中，如图 10-6 所示。

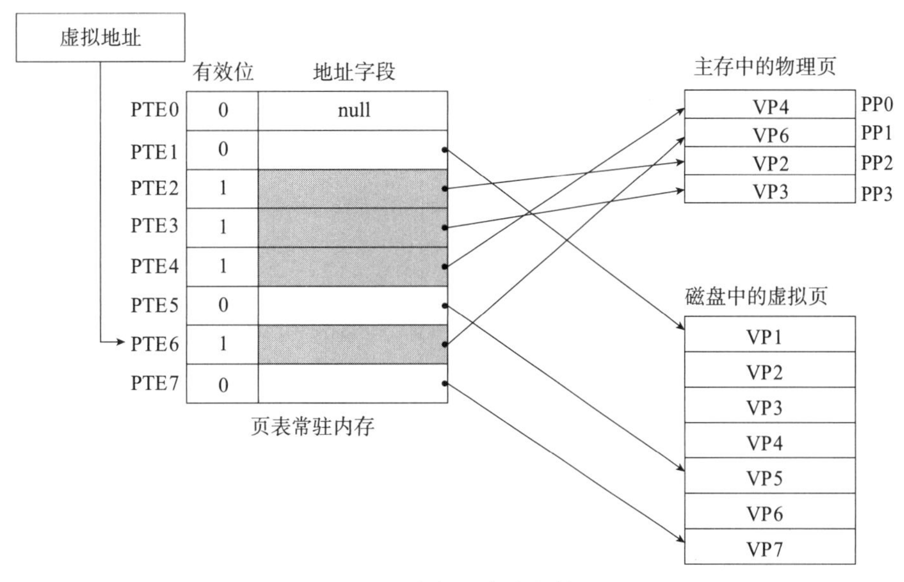

图 10-6　虚拟页命中的情况

（2）页不命中

与前述虚拟地址翻译过程中页命中相对应的另一种情况是页不命中，即 MMU 经过地址翻译，发现相应页表条目的有效位未置位，如果此时该页表条目中的地址字段不为空，那么则意味着这是一个未缓存的页，系统会触发一个缺页异常（请回顾第 9 章，思考缺页异常属于哪种类型的异常，应该如何处理该异常）。如果此时主存尚有空间，如图 10-7 中所示，尚有一个物理空页 PP4，则将未缓存页 VP7 缓存到这个物理页中，并将相应页表条目置位，使该条目对应页成为一个已缓存页即可。如果此时主存空间已满，那么就需要根据某种规则选择一个牺牲页被换出，重新缓存当前所需的页，被换出的牺牲页对应的页表条目则不再被置位，成为未缓存页，如图 10-8b 所示。

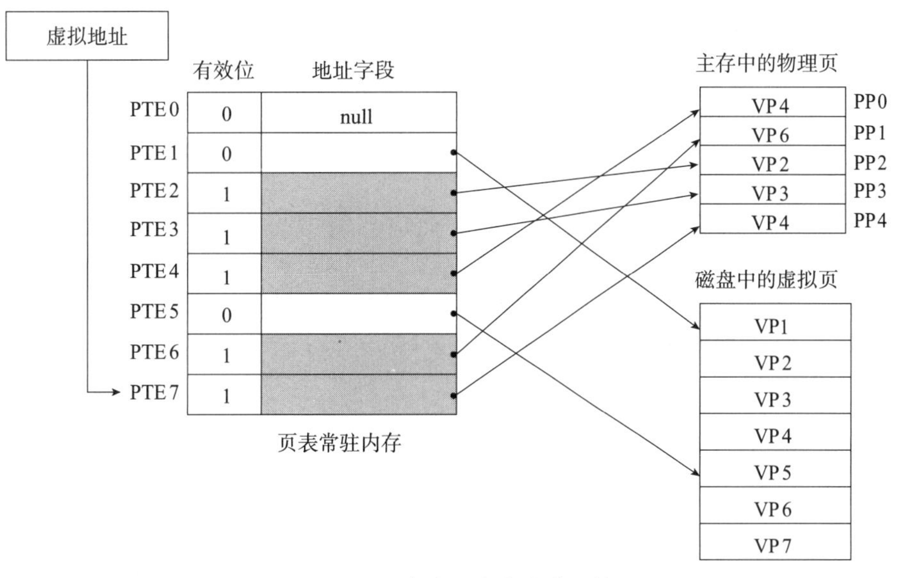

图 10-7　页不命中且主存未满的情况

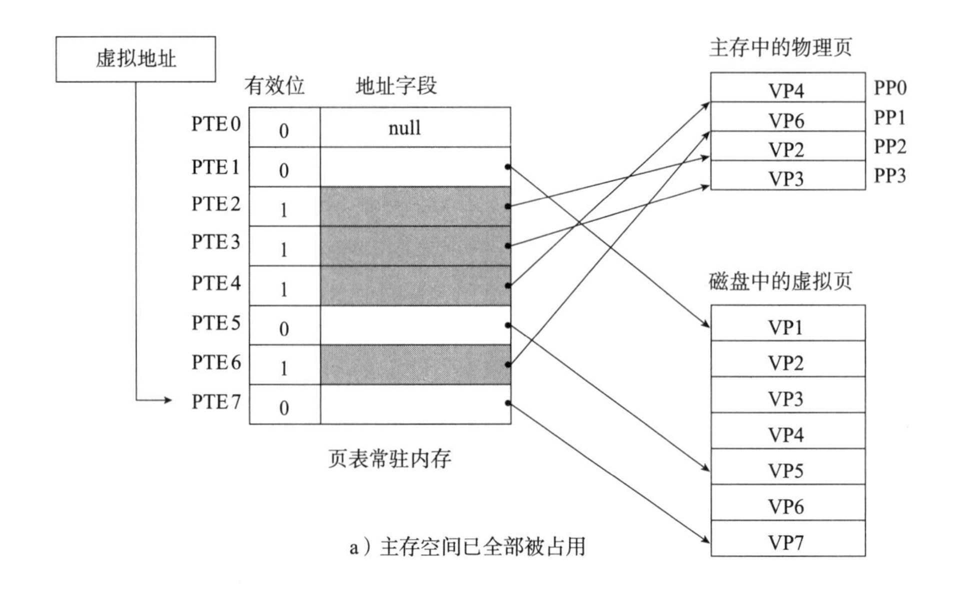

a）主存空间已全部被占用

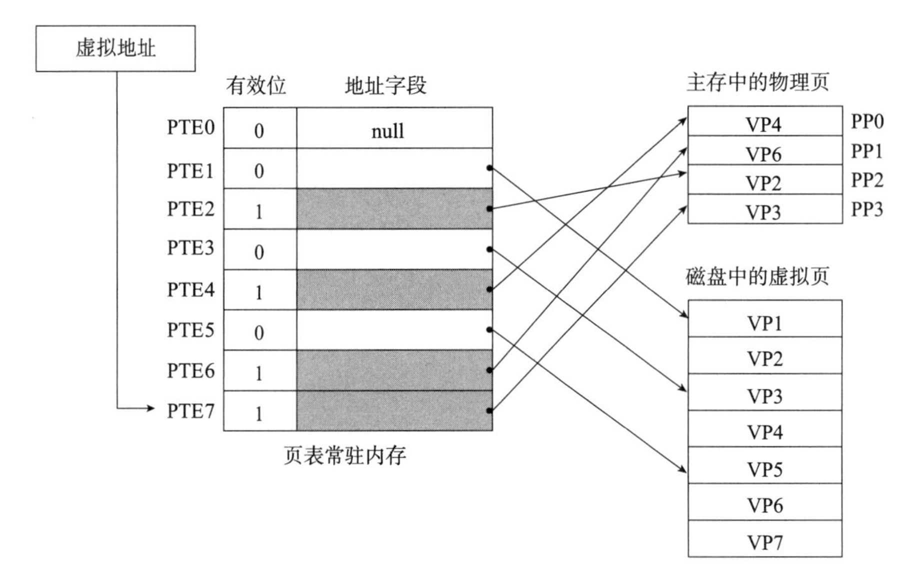

b）牺牲页PP3将被替换为VP7

图 10-8　页不命中且主存已满

还需要考虑第三种情况，如果 MMU 地址翻译后，在页表条目中找不到相应虚拟页信息，那么说明相应的虚拟页未分配，需要进行分配处理并更新页表信息，如图 10-9 所示。

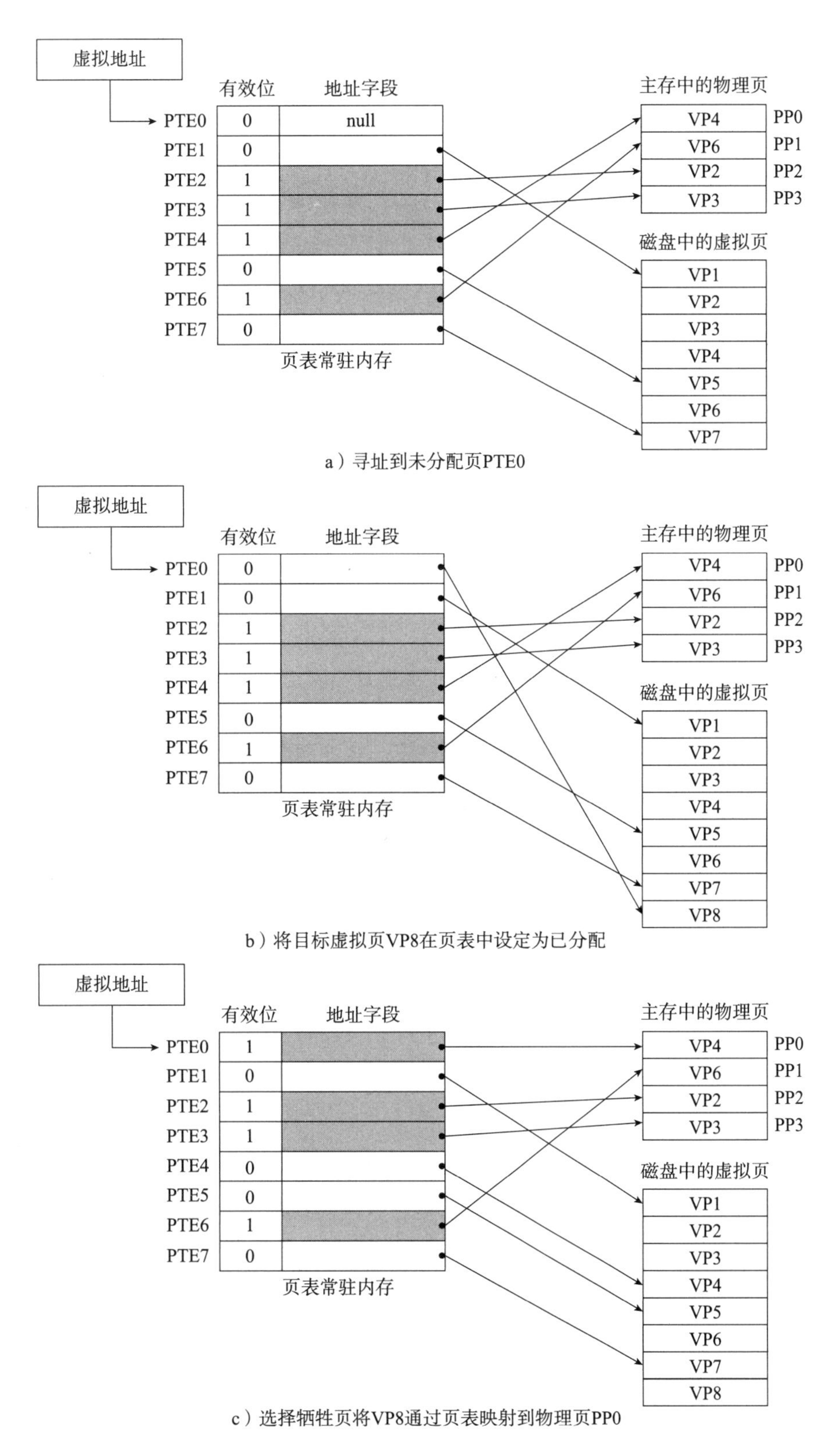

a）寻址到未分配页PTE0

b）将目标虚拟页VP8在页表中设定为已分配

c）选择牺牲页将VP8通过页表映射到物理页PP0

图 10-9　页不命中且虚拟页未分配

请注意，虚存的工作机制和高速缓存的工作机制非常类似，只是虚存以“页”为单位进行硬盘和主存之间的数据交换，高速缓存则以“块”为单位进行高速缓存与主存之间的数据交换。硬盘和主存之间传送页的活动常被称为页面调度或页交换——从硬盘换入页（页面调入）到主存，从主存换出页（页面调出）到硬盘。由前文中“页不命中”的描述可见，只有发生页不命中时，才换入所需页，这种策略称为“按需页面调度”，是当前几乎所有现代计算机系统的通用工作方式。

也许有读者会对虚存这种工作方式产生“是否效率不高”的质疑——硬盘读写速度与处理器运算速度的巨大差异会导致不命中产生的（时间）处罚是很大的，页面调度是不是会破坏程序的性能呢？结论是：由于局部性，虚存工作效果相当好。程序所具有的（时间 / 空间）局部性，使程序运行时所涉及的活动页面集合即工作集并不大。在执行的初始阶段，工作集页面就被调度到主存中，之后的程序执行并不会产生额外的硬盘读写。

因此，只要让编写的程序具有良好的局部性，虚存的工作效率总是很不错的。但是当工作集的大小超过主存的物理空间时，程序执行过程中就会发生页面不断调入和调出的情况，即产生“颠簸”。如果程序执行得特别慢，程序员就可以从是否发生颠簸来寻找原因了。

10.2.2　虚存的存储管理功能

从存储空间来说，虚拟存储器包括主存和一部分硬盘空间，来获得比主存物理空间更大但是存取速度又与主存一致的缓存。同时，正如第 9 章对进程的阐释，每一个进程都有自己独立的虚拟地址空间，而多个虚拟页可以映射到同一个由多个进程共享的物理页面上，例如共享库。如此一来，虚存系统按需进行页面调度，而每个进程有相对独立的虚拟地址空间，这两个特性结合使得链接与加载、共享代码与数据、应用程序的存储器分配等工作，都能够相对容易地实现。

1. 简化链接

正如第 7 章中描述的，Linux 系统中的每个进程都呈现标准主存映像布局——对于 32 位地址空间，代码段（.text）总是从地址 0x08048000 处开始，数据段（.data）和 bss 段紧邻代码段在随后的高地址出现，栈占据了进程地址空间中最高地址的部分，并向低地址方向增长。这样的一致性极大简化了链接器的设计与实现，使得链接器生成的可执行文件均具有独立于物理存储器（主存）中的代码和数据的最终位置。

2. 简化加载

虚存的存在使得向存储器加载可执行文件与共享文件容易实现。在第 7 章中已指出，ELF 可执行文件中的代码段和数据段是相邻的，将这些段加载到一个新生成的进程中，加载器分配虚拟页的一个连续的片，（对于 32 位地址空间）从地址 0x08048000 开始，将这些虚拟页设定为未被缓存（即有效位不置位），而页表条目则指向目标文件中的适当位置。请注意，加载器并不会从硬盘实际复制任何数据到主存中。每个页被初次引用时——或者是 CPU 取指令时的引用，或者是正在执行的一个指令引用一个存储器位置上的数据时产生的引用——虚存才会按照所需自动调入相应的数据页。

3. 简化共享

每个进程相对独立的地址空间为操作系统提供了管理用户进程和操作系统内核进程之间

的一种共享机制。一般情况下，每个进程都有自己的私有代码、数据、堆、栈等区域，不与其他进程共享私有内容。此时，操作系统创建页表，将相应的虚拟页映射到不同物理页。

但是，很多情况下，进程之间是需要（代码 / 数据）共享的。例如，每个进程都需要调用相同的操作系统内核代码，或者诸如 printf 这种标准 C 库中的函数会被几乎每个 C 程序调用。操作系统将不同进程的适当的虚拟页映射到相同的物理页，使得多个进程共享相应代码的同一个拷贝，而不是让每个进程都有一个自己的内核或标准库拷贝，提高了存储空间利用率。

4. 简化存储分配

虚存还向用户进程提供了一个简单的分配额外存储器的机制。当一个正在运行的用户进程需要额外的堆空间时（例如使用 malloc 函数），操作系统就会分配一个适量的连续虚存页面，并将它们映射到主存中任意位置的相同数目的物理页面。页表的工作机制，使得操作系统没必要分配连续的物理页面，而是可以分配随机分散的物理页面。

10.2.3　虚存的存储保护功能

正如前文所述，系统不允许用户进程对内核进程的代码和数据进行读写或修改，类似地，一个用户进程的只读段（.rodata）是不能被修改的。一个进程的私有内容应该受到保护，不被其他进程无授权读写。多个进程的共享页，若没有所有共享进程显式地共同允许，也不该由某一个共享该页的进程对其进行修改。操作系统需要有效的手段对存储系统访问进行控制。虚存正好可以作为这样的存储保护工具。

从虚拟地址到物理地址的地址翻译机制（细节参见 10.3 节）以一种自然的方式，提供了良好的私有存储访问控制。每次处理器生成一个虚拟地址时，地址翻译硬件都会读相应的页表条目，并在页表条目上添加一些额外的许可位，即可对相应虚拟页面的访问进行控制，如图 10-10 所示。

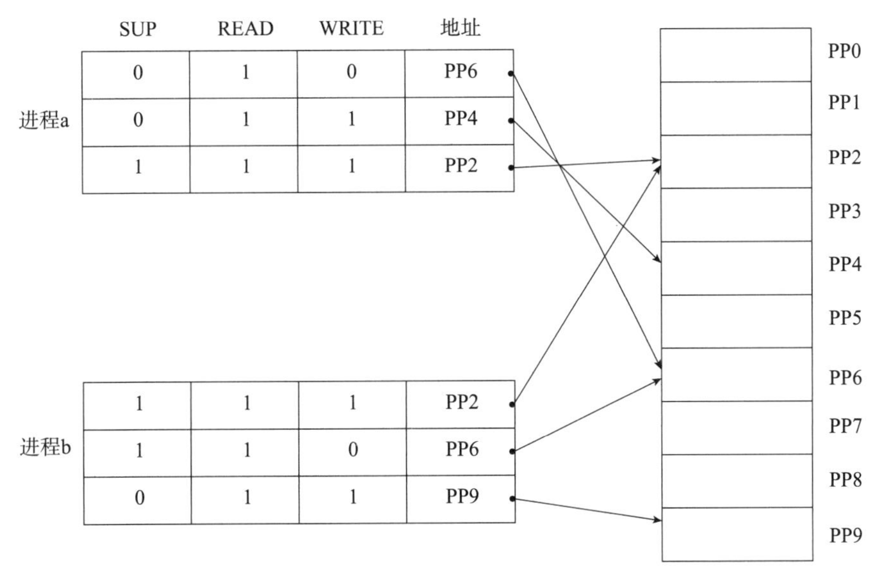

图 10-10　页表条目增加额外的许可位

许可位 SUP 表示对应页是否必须运行在内核模式下才可访问，即运行在用户模式下的进程只允许访问不置位 SUP（即 SUP=0）的页面。许可位 READ 和许可位 WRITE 则给出相应页面的读写访问权限，即置位则允许，否则不允许。例如，图 10-10 中进程 a 和进程 b 共享的物理页 PP2，就是内核模式下才可访问，且可读可写。

如果有某一条指令违反了这些许可，那么处理器就会触发一个故障，交由内核中的异常处理程序进行响应处理。Linux 中的这种异常就是触发段错误（segmentation fault）的原因之一。

10.3 从虚拟地址到物理地址

本节将主要介绍使用页表将虚拟地址映射到主存中物理地址的过程，即地址翻译过程。其他与时序相关的细节超出了本书的讨论范畴，本节并未涉及。

总体而言，地址翻译是一个从虚拟地址空间到物理地址空间的映射 f：

$$f(v)=p\cup\varnothing$$

其中 v 表示虚拟地址，p 表示物理地址，这个地址翻译的过程既有可能找到相应的物理地址，也有可能找不到，$f(v)$ 为 $\varnothing$ 时表示所需的数据尚未调入主存中，即图 10-3 中的“未缓存页”。

图 10-11 显示了存储管理单元利用页表实现地址翻译的过程。

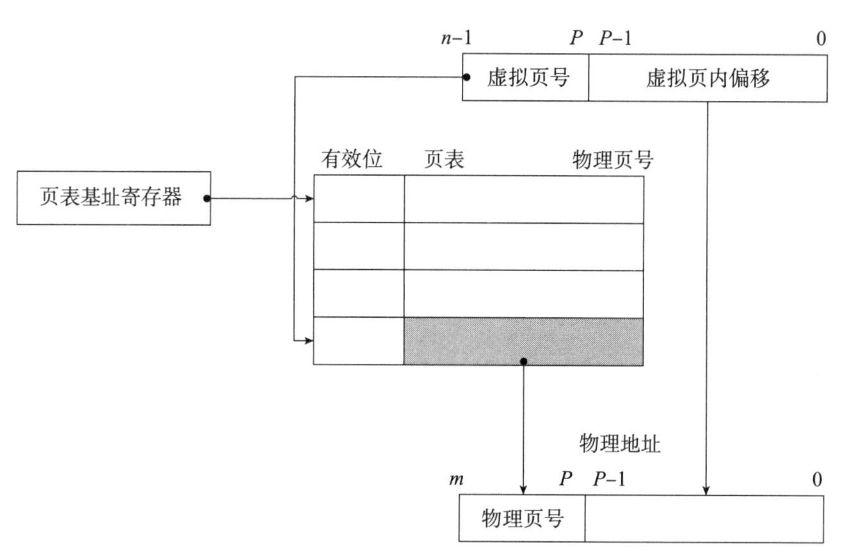

图 10-11 虚拟地址翻译到物理地址

图 10-11 中有两处值得注意。其一，正如本章开头所述，虚拟空间大于物理空间，因此虚拟地址的位数是大于物理地址的位数的，即图 10-11 中 $n>m$；其二，由于分页机制使用的是固定大小的数据单元，即页的大小是固定的，通常每页的大小为 4KB，物理页和虚拟页的大小是一样的，所以虚拟页内偏移的位数和物理页内偏移的位数是相同的。

整个地址翻译过程经过如下步骤实现。

1）处理器生成一个虚拟地址，将其送到存储器管理单元。

2）存储器管理单元上的地址翻译硬件开始工作：

a）取虚拟地址的高（$n-1-p$）位作为虚拟页号，实际上是一个相对地址偏移量；

b）从页表基址寄存器中取出页表初始地址；

c）页表起始地址和虚拟页号相加，形成主存中的对应页表条目地址。

3）如果相应页表条目的有效位被置位，则表示该页是已缓存的，相应页表条目中的内容就是物理页号，即页面命中，物理页号和虚拟页的低 ($p-1$) 位内容拼接在一起，即为所需主存物理地址。

4）如果相应的页表条目的有效位未置位，则说明出现了“缺页”异常，触发操作系统内核的相应异常处理程序。若主存不满，则将硬盘上所需数据所在的页面直接调入主存，并修改页表更新相应页表项；若主存已满，则确定牺牲页，若牺牲页未被修改过，则直接丢弃，若牺牲页被修改了，则需换出到磁盘更新相应页面，再将所需页面换入主存。

5）完成缺页异常处理后，返回用户进程，重新执行步骤 3 的过程。

6）将物理地址中对应的数据返回处理器。

结合第 8 章的内容，关于“缺页”异常有以下结论：其一，缺页处理会产生巨大的时间开销，缺页意味着需要从硬盘调入页面，即访问硬盘，而硬盘的读写延迟和主存读写延迟差异约为十万倍，这种巨大的时间代价导致设计时应该让页足够大（一次从硬盘读写的数据足够多），这也是为什么高速缓存与主存之间以相对较小的块（每块 64B）进行数据交换，而主存与硬盘之间交换的典型页大小是 4KB；其二，同样考虑到时间开销，因为要降低缺页比率，所以页以全相联的方式进行映射，且在牺牲页需要写回硬盘时，采用的是写回法。

10.3.1　高速缓存结合虚拟存储器

前文对“地址翻译”的描述中仅考虑了主存。高速缓存是存储器层次结构中的重要组成部分，那么进行虚拟地址翻译的时候，首先要在高速缓存中进行页表子集的查找，即根据局部性原理，当前常用的页表项组成的页表子集会被缓存到高速缓存中。只有在高速缓存中没有命中相应的页表项时，再去主存中进行访问，并更新高速缓存中的页表子集。类似地，在形成物理地址后，也是首先到高速缓存中进行访问，看看所需页表是不是已在高速缓存中，如果没有则需要访问主存并将相应物理页更新到高速缓存中。

10.3.2　快表

根据前述“地址翻译”过程，每次处理器需要读写数据时都需要先访问主存（暂不考虑高速缓存）以读取常驻主存的页表，若页命中，还需要再次访问主存以获得物理页中的相关数据；若页不命中，还需要访问硬盘。也就是说，至少需要两次主存访问才能获得所需的数据 / 地址，最糟糕的情况下，需要访问硬盘，因此时间代价可能高达数百个时钟周期。有没有什么方法能减少访问主存的次数，降低时间开销呢？

现代计算机系统在存储管理单元中设计了一个很小的缓存（4kB ～ 4MB），专门缓存当前最可能被访问的页表项，被称为翻译后备缓冲器（Translation Lookaside Buffer，TLB）。可以将 TLB 视为对页表的高速缓存，其缓存的是部分页表项的副本。只有在 TLB 中找不到所需页表项时，才会访问主存中的页表，由于局部性原理的作用，可将地址翻译过程中访问主存的次数减少 50%，而且 TLB 处于处理器上的存储管理单元中，执行速度与处理器处于同一个数量级，加快了地址翻译的速度，因此 TLB 更常被称为快表。

由于快表的出现，虚拟地址的组成会发生相应变化，如图 10-12 所示。

图 10-12　引入快表后的虚拟存地址格式

相较于图 10-11 中的虚拟地址，引入快表后，虚拟地址的低 p 位不变，因为虚页的大小无变化。但是高位的虚拟页号发生了变化——其中 p 位到（$p+t-1$）位是快表索引，最高的（$p+t$）位到（$n-1$）位是快表标记，这里 t 表示快表是 t 路组相连的。例如，快表中如果可以容纳 16 个页表条目，且按照四路组相连的方式进行组织，那么 t=4。

引入快表之后，是否命中的情况又增加了，需要考虑快表是否命中、（多级）高速缓存中的页表子集是否命中、高速缓存中物理页是否命中、主存中的页是否命中。值得注意的是，与高速缓存一样，快表也可以分成几级，还可以单独分为数据快表和指令快表。

10.3.3　多级页表

本章前半部分对页表的描述都是一个单独的页表进行地址翻译，这在实际系统中可能并不可行。例如，虚拟地址是 32 位，页面大小为 4KB，若使用单个页表，那么页表中将包括 $2^{32} \div 2^{12}=2^{20}$= 1MB 个页表项，若每个页表项大小为 4B，那么就会有大小为 4MB 的页表常驻主存，如果是 64 位地址，即使用 4MB 的大页，页表所需的存储空间也可能达到 TB 级别，远超当前主存常态容量。另外，现代计算机系统中通常有上百个进程同时运行，Linux 对存储器采用分页管理机制，即每个进程都有自己的页表，如果仅页表就有这样大量的主存存储需求，那么再大的物理主存都难以承受。

减少页表占用实际主存的常用方法是将页表按照层次结构再分页——多级页表。如图 10-13 所示，这是一个有 k 级页表的地址翻译过程。处于高地址位，单页表的虚页号被分成 k 段，分别表示 1 ～ k 级页表的页表项索引，1 ～（$k-1$）级的页表项内都是下一级页表的基地址，第 k 级页表的页表项内则是相应物理页号。

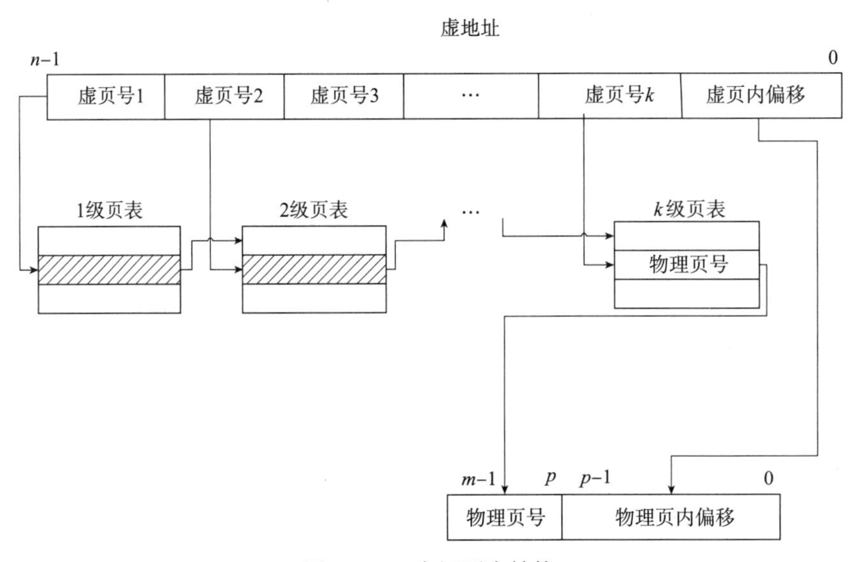

图 10-13　多级页表结构

在有 k 级页表的情况下，存储管理单元必须访问 k 个页表条目才能完成从虚拟地址到物理地址的映射过程。乍看起来会花更多时间，实际上并不会。由于快表的作用，各级页表均可以根据局部性原理在快表中缓存页表项子集，使多级页表的地址翻译过程并不比单级页表慢很多。

10.3.4 重看寻址过程

至此为止，我们已经对存储层次中的高速缓存、主存、快表有了一定的了解，此时我们可以重看并梳理从虚地址到物理地址在这一部分存储子层次中的整个寻址过程，在 Intel x86 硬件平台和 Linux 操作系统中，设若仅考虑一级高速缓存、快表和主存构成的存储子层次，寻址的详细过程如下。

1）处理器生成一个虚地址，需要向其中写或从其中读取数据，该虚地址传送到存储器管理单元。

2）存储器管理单元进行地址翻译工作，形成页表条目地址。

3）在快表 TLB 中首先查找页表子集，是否命中页表条目，如果页表条目命中（所需 K 级页表已经在快表中），则形成物理地址，到高速缓存中查找是否块命中。

4）如果在 TLB 中没有命中相应的页表条目，则会直接到主存中读取并更新 TLB 中的页表子集（多级页表的 K 级页表项），并再次从 TLB 中查找并页命中，形成物理地址，到高速缓存中查找是否块命中。

5）如果在高速缓存块命中，则根据块内偏移和所需数据信息，发送所需位数的数据给 CPU。

6）如果在高速缓存中块不命中，则需要到主存中获取所需数据块拷贝并根据 LRU 规则和映射规则，更新高速缓存的内容，被替换的块根据其脏位是否置位，确定是否写回内存。

7）如果依然主存不命中，即包括页表项的 K 级页表或者所需数据所在页在主存中依然不命中，那么就会触发页故障——“缺页”异常，如前文所述，引发从用户进程到操作系统内核进程的切换，由操作系统管理进行主存内的页更新处理，相应页表项也被更新，再返回用户进程，执行步骤 5。

10.4 Linux 的虚存系统

虚存系统实际上是硬件和内核软件之间密切协作共同实现的。在本节，我们仅对 Linux 的虚拟存储系统进行概要描述。

在 Linux 系统中，每个进程都有属于自己的单独的虚拟地址空间，大小为 0 ~ 4GB，如图 10-14 所示。Linux 系统的内核进程和用户进程所占虚存的比例大致是 1∶3，这意味着内核可以支配这么多的地址空间，根据所需将其映射到物理主存。

如图 10-14 所示，内核所占虚拟存储空间中包括内核的代码和数据，这些区域被映射到所有进程共享的物理页面。例如，每个进程都共享的内核代码和全局数据结构。另外，Linux 会将一组连续的虚拟页面映射到相应的一组连续的物理页面，这样，内核可以非常方便地访问物理主存中的任何既定位置。例如，如果需要访问页表，在特定的物理存储地址就可以找到页表基址。

内核所占虚拟存储空间中还包括每个进程的不同数据，如页表、内核在进程的上下文中执行代码时使用的栈、记录当前虚拟地址空间组织情况的各种数据结构等。

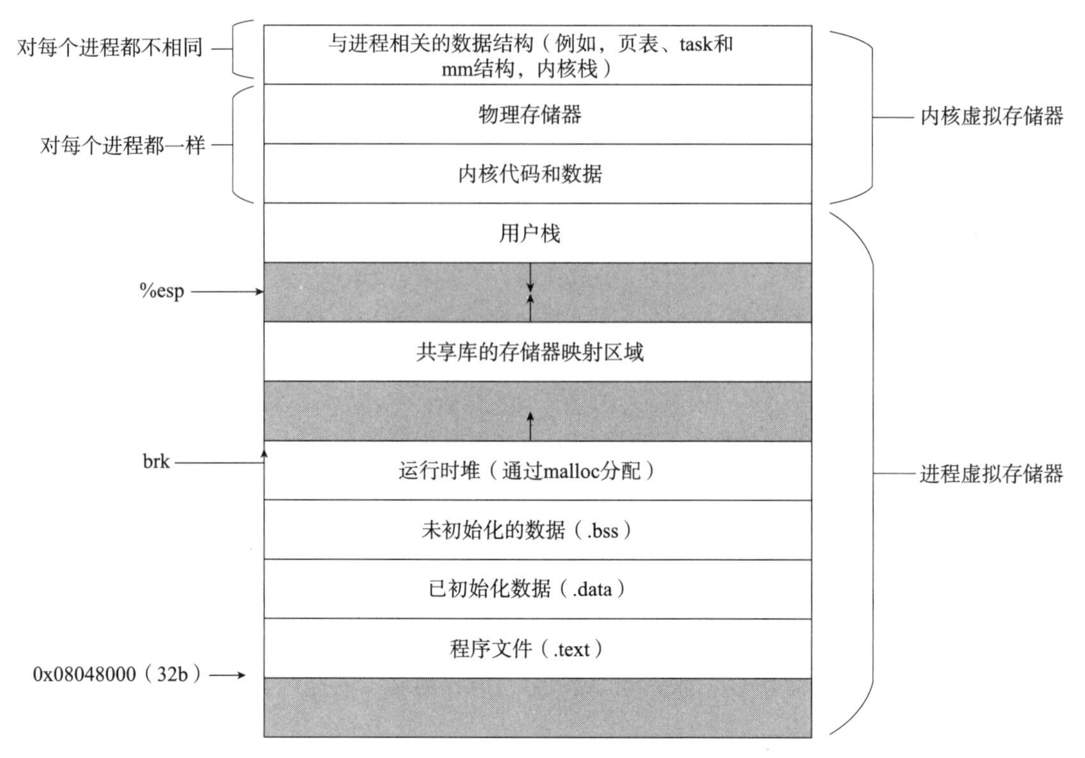

图 10-14　一个 Linux 进程的虚存内容

1. Linux 的虚拟存储空间

虚拟存储空间被组织成若干区域的集合，每个区域是**已分配**的虚拟存储中的连续片（chunk），可分为代码区域、数据区域、堆区域、共享库区域、用户栈区域等。每个虚拟页都存在于某个区域中，不存在不属于任何区域的虚拟页，这样的虚拟页也不能被任何进程引用。区域的存在使得虚拟空间中允许出现间隙。不存在的虚页既不会被内核记录，也不会占用实际存储空间。

如图 10-15 展示了一个进程的虚拟存储空间中的内核数据结构。内核为系统的每一个进程维护一个单独的任务结构 task_struct，该结构中的元素包括运行该进程所需的所有信息，如进程 PID、指向用户栈的指针、可执行目标文件名、程序计数器等，task_struct 被称为进程描述符。

task_struct 中包括字段 mm，对于普通用户进程，mm 字段指向虚拟地址空间的用户空间部分 mm_struct，而对于内核进程，mm 为空。每个进程只有一个 mm_struct 结构，它是对整个用户虚拟空间的描述。我们关注其中的 pgd 字段和 mmap 字段，pgd 字段指向第一级页表的基地址，mmap 字段指向一个链表 vm_area_struct，该链表的每个节点描述了当前虚拟空间中的一个区域。

- vm_start 指向一个区域的起始位置。
- vm_end 指向这个区域的结束位置。
- vm_port 描述这个区域内所含页的读写许可权限。
- vm_flag 描述这个区域内的页是否与其他进程共享。

- vm_next 指向链表的下一个节点。

内核运行该进程时，将 pgd 字段的内容存放到 CR3 控制寄存器——此寄存器专门用于存放页目录基址。

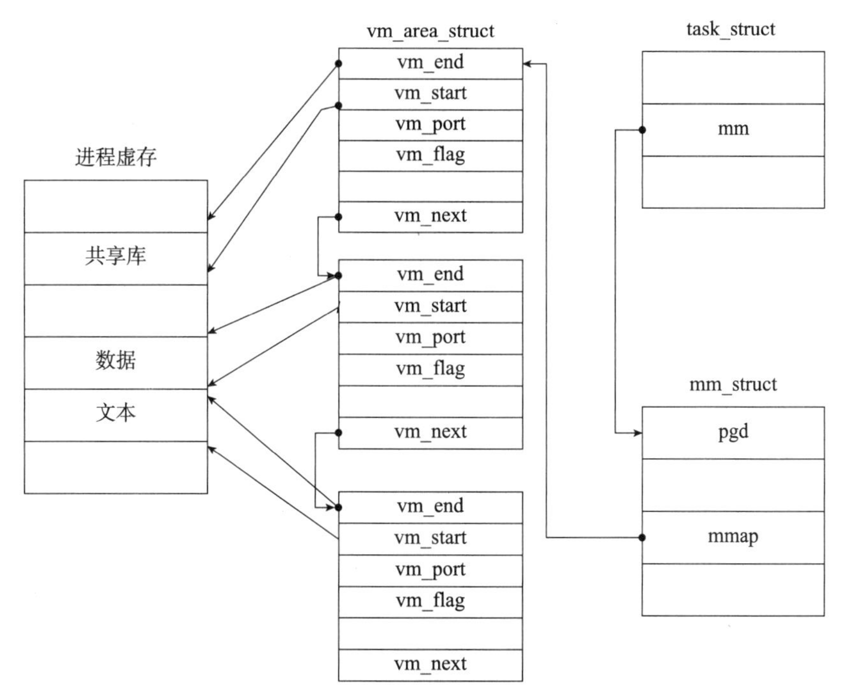

图 10-15　Linux 中进程的虚存内核数据结构

2. Linux 的缺页异常处理

若存储管理单元在翻译某个虚拟地址 v_A 时，引发了一个缺页异常，那么这个异常就会导致处理器控制权被转移到内核相应的缺页处理程序，该处理程序会执行如下过程。

1）判定虚拟地址 v_A 是否合法，即判断 v_A 是否在某个区域内。于是缺页异常处理程序就开始搜索 vm_area_struct，将虚拟地址 v_A 与每个区域中的 vm_start 和 vm_end 做比较。如果均不匹配，则缺页异常处理程序就发出一个 segfault（段错误），终止这个试图访问虚拟地址 v_A 的进程。这就是一个“访问不存在页面”错误。

2）判定访问存储空间是否合法，即判断当前进程是否有读、写或执行这个区域内页的权限。例如，试图对代码段中的只读页面进行写操作，或者运行在用户模式下的进程试图从内核存储空间中读取内容。这些不合法的访问会由缺页异常处理程序发出一个保护异常，终止当前进程。这就是一个“保护异常”。

3）判定所需页是否命中。这个缺页是对合法虚拟地址进行合法操作，但是若所需页并未被缓存，则需要选择一个牺牲页；若牺牲页已被修改，则需要换出到硬盘而不是简单丢弃，再将所需页面换入，同时更新页表。之后存储处理单元就能成功地将虚拟地址 v_A 映射到相应主存物理地址。这就是一个“正常的缺页”处理。

10.5 存储器映射

Linux 系统中，可以把存储映射理解为这样一个过程：将一块虚拟存储区域和硬盘上的一个对象在逻辑上关联起来，并初始化这个虚拟存储区域中的内容。这里涉及的硬盘上的对象大致可分为以下两类。

- 文件系统中的普通文件：一个虚拟存储区域映射到硬盘上具有连续地址的文件，例如一个可执行目标文件。文件以页为单位进行划分，其中包含了相应虚拟页面的起始地址。按需进行页面调度，即相应虚页只有在处理器首次需要访问时（处理器向存储管理单元发送一个虚拟地址，且该虚拟地址就在相应虚页范围内），才会交换进实际物理主存中。如果该虚拟存储区域大于文件大小，则用零进行填充。
- 匿名文件：由内核构建，其中全部是二进制零。当一个虚拟存储区域映射到匿名文件，处理器首次引用该虚拟存储区域内的页面内容时，内核就在物理主存中找到一个合适的牺牲页，用二进制零覆盖该牺牲页并更新页表，此页面驻留在主存中。此时硬盘并没有实际向主存传送数据。因此这种映射到匿名文件的虚拟存储区域的页也被称为“请求二进制零的页”。全部清零可以安全地将使用过的页重新分配给当前进程，保证进程数据的私有属性。注意，前述找到的牺牲页如果被修改，则需要换出到硬盘，不能直接丢弃。

无论是映射到哪种类型的对象，一旦一个虚页被初始化，就由内核维护的专用交换文件（swap file）管理该虚页的交换。有时候交换文件也被称为交换空间或交换区域。值得注意的是，任何时候，交换空间的大小将限制当前运行的进程可分配的虚拟页总数。

10.5.1 映射到共享对象

每个进程都有自己的虚拟地址空间，以避免其他进程的错误读写；同时，进程之间又有许多同样的只读文件区域，例如运行 tcsh 外壳程序的进程都有相同的文本区域，而且每个进程需要访问相同的代码部分，例如每个 C 语言程序都可能需要来自标准 C 语言库的 print 函数。如果每个进程都在物理主存中保存一份这些共享代码的拷贝，就是对存储空间的极大浪费。存储器映射提供了一种清晰的机制，可以让多个进程安全、高效地共享对象。

若一个硬盘上的文件可以被映射到多个进程的虚拟地址空间，且一个进程对其进行写操作，共享该文件的其他进程都可见，还会导致硬盘上该文件的修改，我们称这样的文件为共享对象。映射到共享对象的虚拟存储区域被称为共享区域。

若一个硬盘上的文件只能映射到一个进程的虚拟地址空间，且相应的改变对其他进程均不可见，还不会影响到硬盘上该文件的内容，我们称这样的文件为私有对象。映射到私有对象的虚拟存储区域被称为私有区域。

图 10-16 展示了硬盘上的共享对象如何在两个进程之间通过存储器映射共享。进程 1 将共享对象映射到自己的虚存空间，进程 2 也将相同对象映射到自己的虚存空间，内核可以根据每个对象唯一的文件名判定进程 1 之前已经映射了这个对象，需要进入共享区域，进程 2 的页表条目指向相同物理页面。请注意共享对象映射到不同进程的虚拟地址之间并没有什么关系。

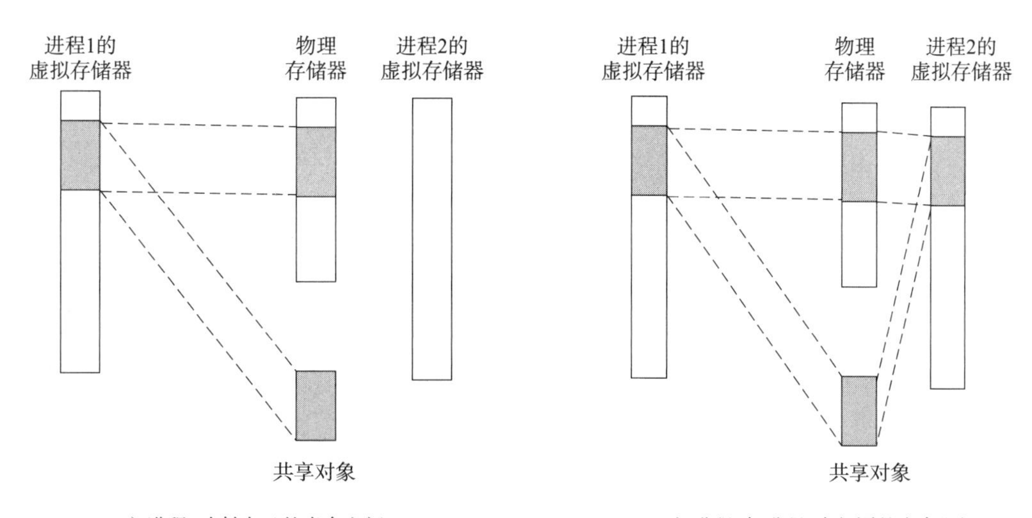

图 10-16　进程 1 和进程 2 通过存储器映射共享存储空间内容

可见，即使共享对象被映射到多个进程各自的虚存空间共享区域，在主存中只需要保留该共享对象的一份拷贝即可。

图 10-17 展示了私有对象映射到虚拟存储空间的方式。主存中只有私有对象的一份拷贝，进程 1 将该私有对象映射到自己的虚拟存储空间，之后由进程 1 生成新的进程 2，那么进程 2 就拥有了与进程 1 同样大小和内容的虚存空间，所以看起来私有对象同时也被映射到进程 2 的私有区域了，如果只是读该私有对象，那么这种多进程共享主存中该私有对象的一个拷贝的情况就会持续。但是，当进程 2 试图向自己虚存空间的该私有区域内进行写操作时，就会触发一个“写保护故障”。

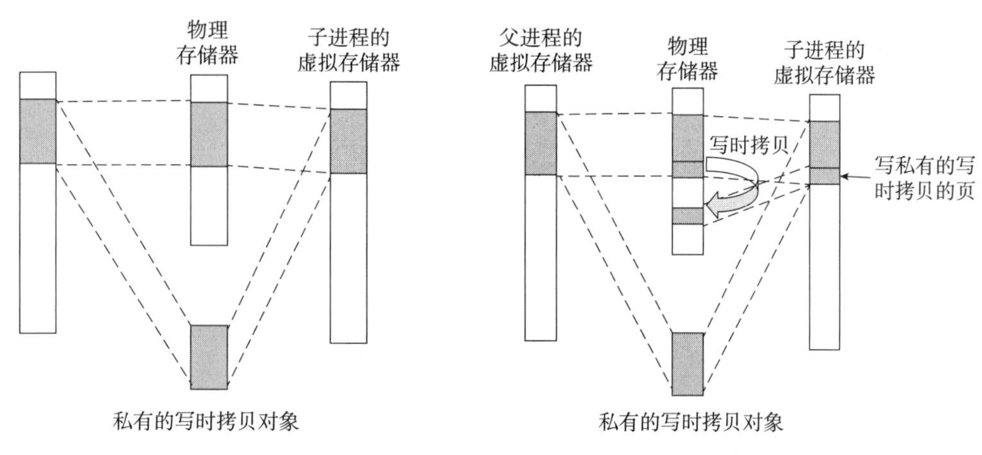

图 10-17　不同进程对私有存储空间的写时拷贝

相应的故障处理程序就会在主存中创建此页的新拷贝，并更新页表条目指向这个新页拷贝，再恢复这个页的可写权限。故障处理程序返回后，处理器就可以在新创建的页上执行写操作了。这就是“写时拷贝”。这种技术将创建私有对象的新拷贝尽量延迟到最迟可能的时候，提高了相对稀有的主存的利用率。

10.5.2　回顾 fork 函数与 execve 函数

现在让我们重新看看第 9 章中 fork 函数创建新进程的过程。

1）根据图 10-17 展示的写时拷贝技术，可以明确当调用 fork 函数时，内核为新进程创建各种数据结构，并分配一个唯一的进程号（PID）。同时将父进程的 mm_struct、区域结构和页表也复制一份给新进程。父子进程的每个页都标记为只读，区域结构均标记为写时拷贝。

2）fork 函数从新生成的子进程中返回时，父子进程就有了相同的虚存空间。

3）当父子进程中任意一个进程需要进行写操作时，写时拷贝机制就会为进行写操作的进程创建新页，使每个进程都保有其私有地址空间的抽象概念。

有了新进程，就可以通过 execve 函数加载执行程序了。在理解存储映射后，就可以理解 execve 函数是如何加载和执行程序的。例如，当前进程中的程序执行如下函数调用：

```
execve ("p.out". NULL, NULL);
```

即在当前进程中加载并执行名为 p.out 的目标文件。

1）删除已有的用户区域。删除继承自父进程的虚拟空间中用户区域已存在的区域结构。

2）映射私有区域。为新程序的文本、数据、bss 和栈区创建新的区域结构。这些新区域就是私有的、写时拷贝的。文本和数据区域就被映射为 p.out 文件中对应的文本和数据区域。bss 区域映射到匿名文件，是请求二进制零的页。栈和堆区域也是请求二进制零的，初始长度为零。图 10-18 显示了私有区域的映射。

3）映射共享区域。若 p.out 需要使用共享对象，那么这些对象均是先动态链接到这个程序，再映射到共享区域。

4）设置程序计数器。execve 函数最后会设置当前进程上下文中程序计数器寄存器的内容，使其指向文本区域的起始地址。当下一次调度这个进程时，就会从其文本区域（代码）的入口开始执行。Linux 会根据程序执行所需调度相应的代码和数据页面。

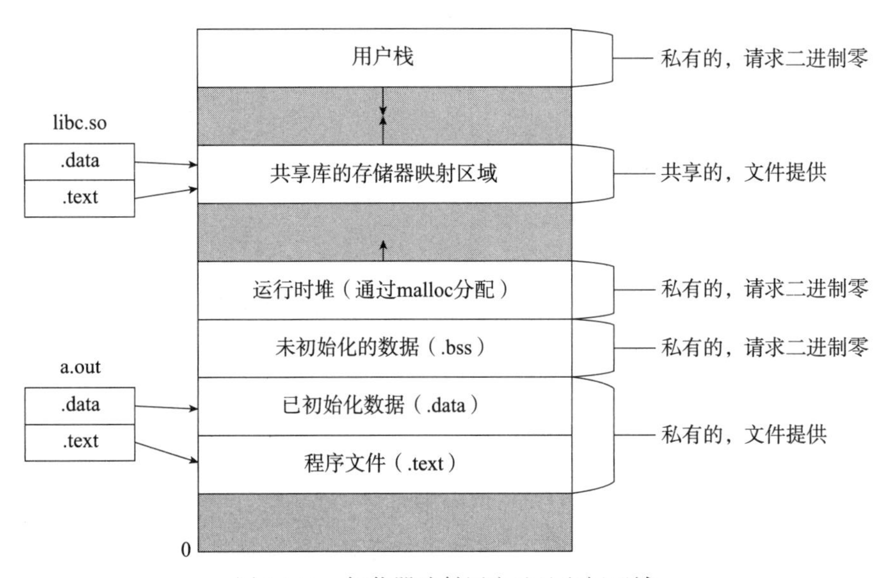

图 10-18　加载器映射用户地址空间区域

10.5.3 mmap 函数

mmap 函数是 Linux 的系统调用，被称为存储映射函数，其函数声明为：

```
void * mmap(void *start, size_t length, int prot , int flags, int fd, off_t offset);
```

其中：

- 参数 start 指向要映射到的物理主存区域的起始地址，通常都是 NULL，即 NULL 表示由内核来指定该主存地址。
- 参数 length 表示要映射的主存区域的大小。
- 参数 prot 表示期望的主存保护标志，不能与相应文件的访问模式冲突，可能是 PROT_EXEC（页内容可被执行）、PROT_READ（页内容可被读取）、PROT_WRITE（页可被写入）、PROT_NONE（页不可访问）。
- 参数 flags 指定映射对象的类型，映射选项和映射页是否可以共享，其可能的值为：
    - MAP_FIXED。使用指定的映射起始地址，如果由 start 和 length 参数指定的主存区重叠于当前的映射空间，重叠部分将被丢弃。如果指定的起始地址不可用，返回 MAP_FAILED。起始地址必须在页的边界上。
    - MAP_SHARED。对映射区域的写入数据会复制回文件内，并允许其他映射该文件的进程共享。
    - MAP_PRIVATE。建立一个写入时拷贝的私有映射。主存区域的写入不会影响到原文件。该标志和 MAP_SHARED 是互斥的，只能使用其中一个。
    - MAP_DENYWRITE。拒绝写入，可忽略。
    - MAP_EXECUTABLE。可执行，可忽略。
    - MAP_NORESERVE。不要为这个映射保留交换空间。当交换空间被保留时，对映射区的修改可能会得到保证。当交换空间不被保留且主存空间不足时，对映射区的修改会引起段错误。
    - MAP_LOCKED。锁定映射区的页面，防止页面被交换出主存。
    - MAP_GROWSDOWN。用于堆栈，告诉内核虚存系统，映射区可以向下扩展。
    - MAP_ANONYMOUS。匿名映射，映射区不与任何文件关联。
    - MAP_ANON。MAP_ANONYMOUS 的别称，已不再使用。
    - MAP_FILE。兼容标志，被忽略。
    - MAP_32BIT。将映射区放在进程地址空间的低 2GB，MAP_FIXED 指定时会被忽略。当前这个标志只在 x86-64 平台上得到支持。
    - MAP_POPULATE。为文件映射通过预读的方式准备好页表。设定该标志后，对映射区的访问不会被页访问超限信号阻塞。
    - MAP_NONBLOCK。仅和 MAP_POPULATE 一起使用时才有意义。不执行预读，只为已存在于主存中的页建立页表入口。
- 参数 fd 是文件描述符（由 open 函数返回）。
- 参数 offset 则表示被映射对象（即文件）从那里开始，通常都是 0。该值一般为页大小 PAGE_SIZE 的整数倍。

mmap 函数成功执行时，返回被映射区的指针；执行失败时，返回 MAP_FAILED，其值为 (void *)−1。

当普通文件存储器映射到进程的虚存空间后，mmap 提供了一种机制，让进程可以像读写主存一样对普通文件进行操作，通过映射同一个普通文件实现共享主存空间。mmap 函数的执行让内核创建一个新的虚存区域，最好是从 start 开始，并将文件描述符 fd 指定对象的一个连续的片映射到刚刚创建的新区域。连续的对象片大小为 length 字节，从距离文件开始偏移 offset 字节处起始。简而言之，mmap 函数将一个文件的内容在主存中形成了一个映像。映射成功后，用户对这段块主存空间的修改可以直接反映到内核空间；同样，内核空间对其修改也直接反映到用户空间。若内核空间与用户空间两者之间需要大量数据传输等操作，则会获得很高的执行效率。

Linux 还提供了 munmap 函删除虚存区域，取消内存映射，其函数声明为：

```
int munmap(void *start, size_t length);
```

其中：

- 参数 start 是要取消映射的主存区域的起始地址。
- 参数 length 是要取消映射的主存区域的大小。

调用 munmap 函数后，再试图引用相关已删除区域，就会引发段错误。

10.6 动态存储分配器

上一节描述了通过系统调用 mmap 函数和 munmap 函数来创建或删除虚存区域，而使用高级程序语言 C 语言的程序员则可以用动态存储分配器更方便地在运行时申请或释放额外虚存。

一个进程的虚存空间中的“堆”就是由动态存储分配器来维护的。可以假设堆是一个请求二进制零的区域，其紧邻着 bss 节，并从低地址向高地址方向增长。对于每一个进程，内核都会维护一个变量 brk，指向该进程的堆顶地址。

动态存储分配器将堆视为大小不同的**块**集合，每个块都是一个连续的虚拟存储空间的片（chunk），或者是已分配的，或者是空闲的。已分配的块显式地保留以供应用程序使用，空闲块则是可被分配。空闲块需要显式地被分配。已分配的块如果不再被应用程序使用，则应被释放——或者由应用程序显式地执行释放，或者由动态存储分配器隐式地执行释放。

根据是否显式释放已分配块，可将分配器分为两类，但是不管哪一类分配器都必须显式地对空闲块进行分配。

- 显式分配器，显式释放任何已分配的块。C 标准库就提供了 malloc 函数来进行块分配，free 函数来进行块释放。C++ 中对应的操作符 new 和 delete 分别与函数 malloc 和 free 执行类似功能。
- 隐式分配器，一旦检测到一个已分配的块不再被程序使用，那么就释放这个块。在以 Java 为代表的高级语言中称之为垃圾收集器，自动释放未被使用的已分配块的过程称为垃圾收集。

程序之所以使用动态存储分配器，其最重要的原因是通常直到程序实际执行时才知道某些数据结构的大小。例如，若编写一个 C 程序，读取一个整数链表，从 stdin 用户输入按每行一个整数存入一个 C 数组中。一个简单的思路是静态设定读入整数的个数，比如设定为 15213 个数组元素：

```
#define MAXN 15213
```

使用 MAXN 作为整数数组的大小，再将 stdin 读取的整数一个个保存到数组元素中。由于 MAXN 的值是任意的，与虚存的实际大小没有什么关系，如果程序的使用者想变更 MAXN 值，比如需要更大的值，那就只能修改 MAXN 的值，再重新编译这个程序。如果程序简单、比较短小，这样做也许没有问题；但是这种定值数组界限的方式，对于百万行级别的代码和巨大用户群的大型软件来说，其维护代价可能高到难以承受。

一种更好的方法是在运行时才获知所需保存的整数数量，动态分配相应数组大小，这样数组大小的最大值就只受限于虚存空间大小了。动态存储分配是一种有用且重要的编程技术，一些常见的编程错误可能就源于程序员对动态存储分配器如何工作不够了解。下面，我们将举几个典型的例子。

（1）读未初始化的存储空间

```
int *dynamicM(int **A, int *x, int n) {
     int i, j;
     int *y = (int *) malloc( n * sizeof(int));
     for (i = 0; i < n; i++)
          for (j = 0; j < n; j++)
               y[i] += A[i][j] * x[j];
          return y;  }
```

向量 y 指向用 malloc 函数动态分配的堆空间，并不会被自动初始化为 0，所以在进行 y[i] += A[i][j] * x[j]; 的运算后会得到无法预计的数值。这里需要显式地将 y[i] 初始化为 0。

（2）误解指针与所指向的对象大小相同

```
int **dynamicM(int n, int m) {
      int i;
      int **aP = (int **) malloc( n * sizeof(int));
      for (i = 0; i < m; i++)
           aP[i] = (int *) malloc( m * sizeof(int));
      return aP;  }
```

这段代码试图创建一个大小为 n 的指针数组，每个指针指向一个大小为 m 的整型数组。但是在 int **aP = (int **) malloc(n * sizeof(int)) 语句中，实际创建的只是一个整型数组，若要达到目标，此句应该改写为 int **aP = (int **) malloc(n * sizeof(int*))。

（3）未及时释放已分配的块

```
void leak(int n) {
     int *x = (int *)malloc(n * sizeof(int));
     return;  }
```

这个函数只包括 malloc 函数，没有对应的 free 函数，因此已分配的块未被使用却没有释放回堆中，长此以往，堆中就会产生大量垃圾——没被使用，但是因为没被释放，所以也不能再被分配的块，最糟糕的情况会使整个虚拟地址空间逐渐被占用，即所谓的存储器泄漏。所以对于显式分配器，例如 malloc 和 free，一定要成对调用分配与释放。

（4）出现错位错误

```
int **dynamicM(int n, int m) {
      int i;
      int **aP = (int **) malloc( n * sizeof(int*));
      for (i = 0; i < n; i++)
```

```
        aP[i] = (int *) malloc( m * sizeof(int));
    return aP;  }
```

这里在设定 for 循环上限变量时，误将 m 写成 n，若$m \neq n$，就会导致或者初始化越界数组，或者数组所有元素没有被初始化。

小结

虚拟存储器是对主存的一种抽象，在空间上结合使用一部分硬盘空间来获得与主存访问速度一致但比主存空间更大的存储结构。通过本章的学习，读者可以认识到处理器要求访存的地址实际上都是虚拟存储器地址，处理器上的存储管理单元和驻留在主存中的页表共同完成从虚拟地址到主存物理地址的映射。

虚拟存储器提供了三种功能。其一，在主存中自动缓存当前最近使用的虚页内容。若待访问的虚页尚未在主存缓存，即只保存在硬盘上，就会触发缺页异常，内核的缺页异常处理程序会将所需页从硬盘调入主存。如果主存已满，则需要选择牺牲页。其二，虚拟存储器简化了存储器管理，继而简化了进程间共享、进程的私有地址空间分配以及程序的加载。其三，虚拟存储器通过向页表项中增加保护位，简化了存储器访问保护。总体而言，虚存系统使用逻辑上连续的虚页达成了对主存上地址非连续物理页的管理。

位于处理器芯片上的存储管理单元中的小缓存——快表的存在，加快了虚拟地址到主存物理地址的翻译过程；页表多级化的层次结构则减少了页表对主存物理空间的占用。局部性原理继续在虚存管理中发挥作用。

存储器映射就是将虚存与硬盘上的文件按片进行关联，为进程间的共享、新进程的创建和程序加载提供了一种高效的机制。Linux 中的存储映射函数 mmap 和 munmap 可用于手工创建和删除虚拟地址空间区域。高级程序设计语言则大多依赖于动态存储分配器，例如 C 语言中的 malloc 函数和 free 函数，在进程的虚拟地址空间的堆上按需进行存储空间分配。本章最后列举了几个对 C 语言程序员来说，未能正确管理和使用动态存储分配的典型例子。

习题

1. 考虑一个计算机系统，在下列情形下，若处理器送出一个虚拟地址，需要向该地址进行写入时，尽可能考虑所有命中或不命中情况，尝试完整地分析地址翻译与数据写入的全过程（建议画图）。
   （1）其具有快表、主存、硬盘的存储层次，且只有单级页表时。
   （2）其具有快表、L1 ～ L3 三级高速缓存、主存、硬盘的存储层次，且只有单级页表时。
   （3）其具有快表、L1 ～ L3 三级高速缓存、主存、硬盘的存储层次，且具有三级页表时。
2. 考虑有一个输入文件 a.txt，它由字符串“abcdefg\n”组成。请尝试编写一个 C 语言程序，使用 mmap 函数将这个输入文件中的字符串改成“abcgfde\n”。
3. 尝试编写一个 C 语言程序，应用 mmap 函数将硬盘上一个任意大小的文件复制到 stdout，文件名作为命令行参数来传递。
4. 现在计算机系统中常见的页大小一般为 512B ～ 64KB，Linux 默认页大小是 4KB，请结合存储器层次结构思考：如果使用更大的页面，可能会有什么优点和缺点？
5. 32 位系统中，Linux 虚存占 1GB 的空间，对于每一个用户进程，内核都会将全部映射到该进程的地址空间的高位，这样做会带来什么好处？
6. 一个 32 位系统是一个包含若干虚页的虚存，页大小是 2KB。如果虚拟地址为 0x0030f40，请推断其包含多少虚页，以及该地址所在的虚页页号和页内偏移是多少？

7. 使用 TLB 和缓存有几种可能的未命中：TLB 未命中、缓存未命中、页面错误或这些错误的组合。请尝试列出所有可能的组合并指出它们各自在何种情况下会出现。
8. 如果允许进程可访问大小可达 2^{21}B 的物理地址空间，如果只有一级页表，请问页表最小尺寸是多大？
9. 64 位 x86-64 架构是 32 位 x86 架构的扩展，它使用 32 位虚拟地址和 32 位物理地址。但是在 64 位系统出现之前，英特尔曾以一种称为物理地址扩展（PAE）的更有限的方式扩展了 32 位 x86，其不同之处为：
   - PAE 允许 32 位机器访问最多 2^{52}B 的物理主存（大约 4 000 000 GB），即虚拟地址为 32 位，物理地址为 52 位。
   - x86-64 体系结构将 x86 体系结构扩展为 64 位字长。x86-64 指针是 64 位大小，不是 32 位。其中只有 48 位是有意义的：每个虚拟地址的高 16 位被忽略。因此，虚拟地址是 48 位。与 PAE 一样，物理地址是 52 位。

   请思考以下两种机器中哪种更适合高并发进程的情况。

   （1）使用 PAE 和 100GB 物理主存的 x86-32。

   （2）具有 20GB 物理主存的 x86-64。
10. 回想一下，在第 8 章中，高速缓存中可使用的块置换算法为 FIFO 和 LRU。设一个进程的执行可能至少需要访问 5 页，其运行一次访问的页面序列为 2,3,2,1,5,2,4,5,3,2,5,2，虚存可容纳 3 个虚页，请比较采用 FIFO 页面替换算法和采用 LRU 页面替换算法的缺页次数。

第 11 章　程序优化

本章探讨如何使用几种不同类型的程序优化技术来让程序运行得更快。编写高效程序需要考虑以下两个关键点：第一，算法和数据结构的高效性；第二，源代码的优化性，即编译器能生成高效的可执行机器代码。为了实现第二个关键点，理解编译器优化的能力和局限性是很重要的。

实现程序优化的步骤为：第一，减少不必要的内容，让代码尽可能有效地执行它期望的工作，这包括减少不必要的函数调用、条件测试和存储器（内存）引用，这些优化不依赖于目标机器的任何具体属性；第二，利用处理器提供的指令级并行（instruction-level parallelism）能力，同时执行多条指令；第三，本章后面讨论了大型程序的优化问题，描述了如何使用代码剖析程序（profiler）来找到代码中低效率的地方，并确定程序中应该着重优化的部分；最后基于 Amdahl 定律（Amdahl's law）量化分析对系统某部分进行优化带来的整体效果。

在本章的描述中，我们使代码优化看起来像按照某些特殊的顺序对代码进行一系列转换的简单线性过程。实际上，这项工作远非这么简单，还需要用相当多的试错法来试验。读者可以在理解这些理论的同时编写实际代码进行验证。

11.1　计算机系统的功能与性能

编译器的局限性
扫描上方二维码
可观看知识点
讲解视频

本节从计算机用户需求的角度思考两个评价计算机系统的指标。

- **功能**。功能是指在一般条件下所开发的程序能够为用户做什么、能够满足用户什么样的需求，重点在于所开发的程序完成了什么任务。
- **性能**。性能是衡量程序质量好坏的重要因素，其重点在于所开发的程序表现如何。

例如，开发一个邮件程序，支持收发以 30 种语言为标题和正文的邮件、支持粘贴 10MB 的邮件附件是功能需求，而能够在 2GB RAM/1GHz CPU 的服务器上支持 10 000 个注册用户同时使用、日均可处理 10 000 邮件、响应时间不超过 5 秒 / 封则是性能需求。

初级程序员基本能够完成功能需求，即解决了“做什么”的问题，而高级程序员则能在完成功能的基础上进行性能优化，即不仅懂得程序要“做什么”，而且要追求“做得如何”。

通过本章的学习，我们首先了解编译器的局限性，然后从高级语言的角度来优化程序性能（包括减少不必要的函数调用、减少条件测试、减少存储器引用等），还能够通过观察机器级代码来确定优化程序性能的方法（包括循环展开、提高并行性，以及提高存储器性能等）。

本章以 C 语言代码为例，介绍如何写出好的代码，来生成更高效（快速）的机器代码。目前来看，可能的实现方法包括算法与数据结构的组合、编译器优化及在多核平台运行多线程。

11.2　编译器优化代码

编译器（Compiler）的功能是把用某种高级语言编写的源程序翻译成与之等价的目标程序（汇编语言或机器语言）。现代编译器往往具有代码优化功能，它通过运用复杂精细的算法来确定一个程序中计算的是什么值，以及将如何使用这些值。然后通过简化表达式，编译器可实现在几个不同的地方使用同一方法计算，从而降低计算所执行的次数。因此，编译器本身是一个代码优化能力较强的工具，它能够优化程序员写的程序，优化过程可以在中间代码生成阶段进行（也可以在目标代码生成阶段进行），最终生成高效的目标代码。由于中间代码不依赖于具体的机器，因此此时所做的优化往往建立在对程序的控制流和数据流进行分析的基础上，而与具体的机器无关。但编译器所做的优化不是万能的，一些模糊或存在歧义的代码可能导致编译器生成的代码与程序员本身所写代码的意图不一致。因此，进行编译器优化时一定要保证正确性。

大多数编译器（包括 GCC）向用户提供了一些控制优化类型的操作，最简单的控制就是制定优化级别。例如，GCC 编译器提供了 5 个优化级别，可以使用不同的命令行标志调用 GCC 来执行不同级别的优化。如表 11-1 所示，-O0（字母 O 后面跟一个零）表示关闭所有优化选项；-O1 是最基础（默认）的优化级别，在该级别，编译器在不花费过多编译时间的同时，试图生成更快、更小的代码；而 -O2 级别则比 -O1 启用多一些标记，设置了 -O2 后，编译器会在不增加内存容量和占用大量编译时间的基础上试图提高代码性能（但是可能增加程序的规模，也可能使标准的调试工具更难对程序进行调试）；-O3 是最高、最危险的优化级别，一般不推荐使用。虽然对于大多数 GCC 用户来说，优化级别 -O2 已经成为被接受的标准，但是这里主要考虑以优化级别 -O1 所编译出的代码，以展示 C 语言函数的不同方法对编译器所产生代码的影响和效率差异。

表 11-1　GCC 编译器的优化级别

命令行标志	调用优化级别描述
-O0	关闭所有优化选项
-O1	最基础的优化级别，在该级别中，编译器尝试在更少的编译时间内生成运行更快和内存更小的代码
-O2	设置 -O2 级别后，编译器尝试在不增加内存容量和编译时间的前提下，提高代码的性能
-O3	最高、最危险的优化级别（不推荐）
-Os	优化代码大小

编译器必须很谨慎地对程序进行安全的优化，也就是说对于程序可能遇到的所有可能的情况，在 C 语言标准提供的保证之下，优化后得到的程序和未优化的版本有一致的行为，因此安全优化是一种保守且悲观的优化，也体现了一种基本的优化能力。相反，我们不希望编译器出现不安全的优化（也就是激进且乐观的优化），因为这可能导致优化后得到的程序和未优化的版本出现不一致的行为，即改变了程序员所写程序的本意。然而，安全的程序优化也意味着程序员必须花费更多的精力写出合理的程序，使编译器能够将之转换为有效的机器代码。为了判断程序转换是否安全及其所导致的后果，我们来看看图 11-1 中的函数 twiddle1 和 twiddle2。

```
1  void twiddle1(int *a,int *b)
2  {
3    *a+=*b;
4    *a+=*b;
5  }
6
7  void twiddle2(int *a,int *b)
8   {
9     *a+=2**b;
10  }
```

图 11-1　函数 twiddle1 和 twiddle2

从程序逻辑看，这两个函数似乎有相同的行为，它们都是将存储在指针 b 指示位置处的值两次加到指针 a 指示位置处的值上。从效率上看，函数 twiddle2 更好一些，因为它只要求 3 次存储器引用（读 *a，读 *b，写 *a），而 twiddle1 需要 6 次（2 次读 *a，2 次读 *b，2 次写 *a）。因此，为了实现同一功能，我们一般认为函数 twiddle2 比函数 twiddle1 能产生更有效的代码，并在实际程序中时使用函数 twiddle2。

但是，如果考虑 a 等于 b（指针指向相同地址）的情况，此时，函数 twiddle1 和函数 twiddle2 会分别执行图 11-2 中的计算。

```
1  *a+=*b;
2  *a+=*b;
3
4  *a+=2**b;
```

图 11-2　函数 twiddle1 和 twiddle2 的计算过程

最终 twiddle1 的结果是 a 的值会增加 4 倍，而 twiddle2 的结果是 b 的值会增加 3 倍，两者出现了不一致行为。由于编译器并不知道程序运行时函数 twiddle1 的输入参数值到底是什么，因此它必须假设所有可能的输入情况，其中就包括参数 a 和 b 可能会相等。因此，由于特殊情况下 twiddle1 与 twiddle2 所表现的不一致行为，我们并不能把 twiddle2 风格的生成代码作为 twiddle1 的优化版本。

上述两个指针可能指向同一个存储器位置的情况称为**存储器别名使用**（memory aliasing）问题。在只执行安全的优化中，编译器必须假设不同的指针可能会指向存储器中的同一位置，存储器别名使用问题严重限制了编译器产生优化代码的机会，它已成为影响优化的主要因素。

第二个妨碍优化的因素是**函数调用**。考虑图 11-3 中的两个函数 function1 和 function2。

```
1  int func();
2
3  int function1() {
4   return func() + func() + func() + func();
5  }
6
7  int function2() {
8   return func() * 4;
9  }
```

图 11-3　函数 function1 和 function2

从程序逻辑看，两个函数计算执行了相同的功能，预计会产生相同的结果，但是 function2 只调用了 1 次函数 func，而 function1 调用了 4 次函数 func。从优化的角度来看，我们期望以 function1 作为源来产生 function2 风格的代码。但是，若函数 func 的实现是如图 11-4 中所示的代码，则会产生不一致的结果。

```
1  int count = 0;
2
3  int func() {
4   return count++;
5  }
```

图 11-4　函数 func 的实现代码

上述 func 函数修改了全局程序（即全局变量 count）状态的一部分，这会产生副作用。例如，假设开始时全局变量 count 都设置为 0，对 function1 的调用会返回 0+1+2+3=6，而对 function2 的调用会返回 $4 \times 0=0$，由此可见，改变函数的调用次数可能会改变程序的行为。

大多数编译器不会判断一个函数是否有副作用，因此函数 function1 与 function2 都可能是优化的候选者，例如可以采用 function2 中的做法。在两个函数不一致的情况下，编译器应该以合理的方式保持 function1 与 function2 的调用不变，避免出现以 function1 作为源来产生 function2 风格的代码的情况。

总之，从上述两个简单的例子可以看出，编译器优化能力很强，但过度依赖编译器会带来意外与错误的结果。编译器优化只是辅助工作，只可以完成基本的优化，我们不能期望其对程序进行更“有进取心的”激进优化。因此，程序优化的关键还是在于程序员自己。程序员应该花费更多精力，以简化编译器生成高效代码的任务的方式来编写程序，使编译器能够将之转换为更有效的机器代码，程序员也可多观察编译器在不同优化级别下的结果，以提高自己的优化水平。

11.3　程序性能的度量

对于一个程序，我们需要一个评价指标来度量其性能。最简单、最直观的评价指标就是程序的**运行时间**，即一个程序完成其功能所需要的时间。对于实现了同样功能但实现过程不一样的两个程序，若它们运行在同一软硬件平台，则运行时间更短的程序性能更高。

我们将程序运行前后时间戳的差值作为程序的运行时间，例如，为了计算函数 func 的执行时间，我们会分别获取 func 函数执行前的时间戳 t_1 和执行后的时间戳 t_2，并将二者的差值（$t_1 - t_2$）作为函数 func 的执行时间。

我们提供了两种计算集合 a 的前置和的函数，如图 11-5 中的函数 psum1 和 psum2，它们计算的都是一个长度为 n 的集合的前置和。函数 psum1 在每次迭代中计算集合的一个元素，是常用的版本，容易理解，可读性很好。函数 psum2 使用了循环展开（loop unrolling）技术，在每次迭代中计算两个元素 out[i] 和 out[i+1]，从而减少循环次数。

```
1  /* 计算向量 a 的前置和 */
2  void psum1(float a[], float out[], long int size) {
3   long int i;
4   out[0] = a[0];
5   for (i = 1; i < size; i++)
6    out[i] = out[i - 1] + a[i];
7  }
8
9  void psum2(float a[], float out[], long int size) {
10  long int i;
11  float tmp;
12
13  out[0] = a[0];
14  for (i = 1; i < size - 1; i += 2) {
15   tmp = out[i - 1] + a[i];
16   out[i] = tmp;
17   out[i + 1] = tmp + a[i + 1];
18  }
19  /* 对于奇数 n, 完成剩下的元素 */
20  if (i < size)
21   out[i] = out[i - 1] + a[i];
22 }
```

图 11-5 前置和函数示例

在一台安装 Ubuntu 22.04.3 LTS 操作系统、处理器核心为 12th Gen Intel(R) Core(TM) i5-12500 的 12 核 PC 上，使用前文所述的方法，测试得到的 psum1 和 psum2 的执行时间如图 11-6 所示。

```
Execution time for psum1: 256438.000000 nanoseconds
Execution time for psum2: 207240.000000 nanoseconds
```

图 11-6 前置和函数的性能

11.4 一个程序的进化过程

高级语言层次优化程序性能

扫描上方二维码可观看知识点讲解视频

下面正式进入程序的优化阶段。为了说明一个程序如何被转换成更有效的代码，我们考虑图 11-7 所示的一个简单的结构体 vec_ptr。

```
1  typedef struct
2  {
3       long len;
4       data_t *data;
5  } vec_ ptr;
```

图 11-7 简单的结构体 vec_ptr

结构体 vec_ptr 声明中用数据类型 data_t 作为基本元素的数据类型，它可以是整数（C 语言中的 int 和 long），可以是单精度浮点数（C 语言中的 float），还可以是双精度浮点数（C 语言中的 double）。用 vec_ptr 代表所定义的类型（Class）。结构体 vec_ptr 实际上就是一个名为 data、长度为 len 的数组的封装。

11.4.1 函数 combine1——待优化函数

作为一个优化示例，考虑图 11-8 中所示的 combine1 函数，它根据某种运算将数组 v（也就是结构体中的 data）中所有的元素合并成一个值，即对于已知数组 v，循环遍历其所有元素，进行累加或累乘（即 OP），将最终结果赋值给 *dest。

```
1  /* 实现数据抽象化的最大化使用 */
2  void combine1(vec_ptr v, data_t *dest) {
3   long int i;
4   data_t ele;
5
6   *dest = IDENT;
7   for (i = 0; i < vec_length(v); i++) {
8    get_vec_element(v, i, &ele);
9    *dest = *dest OP ele;
10  }
11 }
```

图 11-8 合并运算初始实现

通过使用编译时常数 IDENT 和 OP 的不同定义，这段代码可以重编译成对数据执行累加或累乘操作。特别地，使用如下声明对数组的元素求和：

```
#define IDENT 0
#define OP +
```

使用如下声明对数组的元素求乘积：

```
#define IDENT 1
#define OP *
```

在本章，我们会对这段代码进行一系列的修改，写出函数 combine1 的不同版本。我们将一台安装了 Ubuntu 22.04.3 LTS 操作系统，处理器核心为 12th Gen Intel（R）Core（TM）i5-12500 的 12 核 PC 机称为参考机，并在这台机器上测量 combine1 函数以及其衍生函数的运行时间。测试方法如 11.3 所述。这些测量值刻画的是程序在某个特定的机器上的性能，并且测量时本身就存在一定误差，所以在其他机器和编译器组合上不能保证有完全一样的性能。

首先列出函数 combine1 运行在参考机上的运行时间（ns），我们以双精度浮点数相乘为例。表 11-2 中显示了函数 combine1 分别采用“-O0”优化级别和“-O1”优化级别的运行时间。

表 11-2 参考机实验

函数	方法	运行时间 /ns
combine1	-O0（关闭所有优化选项）	218727437
combine1	-O1（最基础的优化级别）	207030552

采用“-O0”意味着代码是未经优化的，即从 C 语言代码直接翻译到机器代码，通常效率低下。简单地使用命令行选项“-O1”，就会进行一些基本的优化。正如表 11-2 中所示，

程序员不需要做什么，就会显著地提高程序性能。在大部分情况下，“-O1”方法比“-O0”方法的程序运行时间少，即性能更优。

11.4.2 函数 combine2 ——代码移动

图 11-8 中，函数 combine1 调用函数 vec_length (v) 作为 for 循环的判断条件，在翻译成机器码时，每次循环迭代都必须对 vec_length (v) 求值。另外，数组的长度并不会随着循环的进行而改变。因此，我们只需要计算一次数组的长度，然后在判断条件中都使用这个值。图 11-9 是一个修改的版本，称为函数 combine2，它在第 5 行调用 vec_length 函数获得数组的长度，并将结果赋值给局部变量 length。

```
1  /* 将 vec_length 的调用移出到循环外 */
2  void combine2(vec_ptr v, data_t *dest) {
3   long int i;
4   long int length = vec_length(v);
5   data_t ele;
6
7   *dest = IDENT;
8   for (i = 0; i < length; i++) {
9    get_vec_element(v, i, &ele);
10   *dest = *dest OP ele;
11  }
12 }
```

图 11-9 改进循环测试的效率

把对函数 vec_length 的调用移出循环测试，无须每次迭代都执行该函数。如表 11-3 所示，对于双精度浮点数相乘的运算，combine2 中将 vec_length 函数移除每次循环，这个变换明显减少了程序运行时间。

表 11-3 参考机实验（combine1 与 combine2）

函数	方法	运行时间 /ns
combine1	-O0（关闭所有优化选项）	218727437
combine2	-O0，移出 vec_length	208093907

这种优化是一类常见的优化，称为**代码移动**（code motion）。这类优化包括识别要执行多次（例如在循环里）但是计算结果不会改变的计算代码。然后，可以将这类计算代码移动到代码前面不会被多次求值的位置。在本例中，我们将对函数 vec_length 的调用从循环内部移动到循环的前面，从而减少了对函数 vec_length 的调用次数，并优化了程序性能。

11.4.3 函数 combine3——减少函数调用

从 combine2 的代码（如图 11-9 所示）可以看出，每次循环迭代都会调用函数 get_vec_element 来访问数组的第 i 个元素。如图 11-10 所示，函数 get_vec_element 要把索引 i 与数组循环边界做比较，很明显会造成效率低下。

```
1  int get_vec_element(vec_ptr v, long int ele_index, dat_t *dest) {
2   if (ele_index < 0 || ele_index >= v->len)
3    return 0;
4   *dest = v->data[ele_index];
5   return  1;
6  }
```

图 11-10　索引 i 与数组循环边界做比较

在处理任意的数组访问时，边界检查确实有必要，但通过分析图 11-7 所示的结构体的数据结构，我们容易看出不进行边界检查也能够进行合法的访问。事实上，对于 combine2 代码，所有的引用都是合法的。

为了解决上述问题，我们增加一个函数 get_vec_start，这个函数返回数组的起始地址，如图 11-11 所示。基于函数 get_vec_start，我们就能得到图 11-11 中所示的函数 combine3，该函数中 for 循环里没有通过函数调用来获取数组的每个元素，而是直接访问数组。这样确实也能优化程序性能，但由于 combine3 删掉了原来的 get_vec_element 函数，因此会损害程序的模块化。

```
1  data_t *get_vec_start(vec_ptr v) {
2   return v->data;
3  }
4
5
6  /* 直接访问向量数据 */
7  void combine3(vec_ptr v, data_t *dest) {
8   long int i;
9   long int length = vec_length(v);
10  data_t *vec_data = get_vec_start(v);
11
12  *dest = IDENT;
13  for (i = 0; i < length; i++) {
14   *dest = *dest OP vec_data[i];
15  }
16 }
```

图 11-11　消除循环中的函数调用

如表 11-4 所示，combine3 相比 combine2 减少了程序运行时间，但还有别的因素制约了 combine3 的性能。这个因素就是 combine3 对 dest 这个指针变量迭代地进行读与写操作。由于 dest 是一个参数变量（即通过参数传入函数中），它是存储在内存中的（内存访问速度远低于 CPU 内寄存器），因此第 14 行将内存中的 dest 值初始化为 0 或 1（操作相乘为 0，相加则为 1），相当于对内存的写操作。在第 17 行，combine3 从内存中取出 dest 值进行 OP（相乘）操作后，又将结果保存到 dest 中（相当于再次写内存）。如此迭代地对 dest 进行 length 次的读与写操作，从而制约了程序的性能。

表 11-4　参考机实验（combine2 与 combine3）

函数	方法	运行时间 /ns
combine2	-O0，移除 vec_length	208093907
combine3	-O0，直接数据访问	207366317

接下来，我们通过查看 combine3 中 for 循环的汇编代码来了解其中的具体细节，图 11-12 给出了数据类型为 int、合并运算 OP 为乘法的 x86-64 代码。

```
1  combine3:data_t=int,OP=*
2  *dest=*dest OP vec_data[i];
3  .L8:
4  movq  -72(%rbp), %rax
5  movl  (%rax), %edx // 取 *dest
6  movq  -40(%rbp), %rax
7  leaq  0(,%rax,4), %rcx // 取 data
8  movq  -24(%rbp), %rax  // 取 i
9  addq  %rcx, %rax
10 movl  (%rax), %eax  // 取 vec_data[i]
11 imull  %eax, %edx //*dest * vec_data[i]
12 movq  -72(%rbp), %rax
13 movl  %edx, (%rax)
14 addq  $1, -40(%rbp)
```

图 11-12　combine3 中的 for 循环汇编代码

在这段循环代码中，对应于指针 dest 的地址存放在栈空间 −72（%rbp）中。在第 i 次迭代中，程序先读出 −72（%rbp）所指内存地址的值到 %edx 寄存器（第 5 行）。然后，%edx 寄存中的值与 vec_data[i]（第 10 行）相乘，计算后的结果又重新写入 −72（%rbp）所指的地址（第 13 行）。上述一次迭代相当于对内存进行了读与写操作，这样的读写很浪费时间，因为每次迭代开始时从 dest 读出的值就是上次迭代最后写入的值（重复读写浪费时间）。

11.4.4　函数 combine4——使用局部变量

为了解决 combine3 的问题，我们在 combine3 的基础上对代码再进行优化调整，得到如图 11-13 所示的函数 combine4。与 combine3 不同，combine4 一开始并不从内存中得到 dest 的值，而是引入一个局部变量 acc（第 6 行），用于临时存储累积计算出来的值。只有在整个循环完成之后，acc 的结果才写入 dest 中（第 11 行）。通过上述方式，从内存中读 dest 的值与将最终的 dest 值写入内存都只有一次。

```
1  /* 在局部变量中累积结果 */
2  void combine4 (vec_ptr v, data_t *dest) {
3   long int i;
4   long int length = vec_length(v);
5   data_t *vec_data = get_vec_start(v);
6   data_t acc = IDENT;
7
8   for (i = 0; i < length; i++) {
9    acc = acc OP vec_data[i];
10  }
11  *dest = acc;
12 }
```

图 11-13　在临时变量中存放结果

采用局部变量存储中间结果是一种提高性能的有效方法，因为有些 CPU 工作寄存器数量较多，若局部变量不多，可直接放在寄存器内，而不是放到内存里，这样能提高执行速度。一般地，局部变量被存放在 SP（Stack Pointer）寄存器，当然也可被存放在 CPU 的通用寄存器中。但我们看到程序性能只有略微的提高，如表 11-5 所示。

表 11-5 参考机实验（combine3 与 combine4）

函数	方法	运行时间 /us
combine3	-O0，直接数据访问	207366317
combine4	-O0，在临时变量中累积结果	206100919

相比 combine3，combine4 所有情况下的运行时间提升不大，这是因为其中 vec_data[i] 的值也需要从内存中读取，从图 11-14 中的汇编代码来看，从 vec_data[i] 中取值占程序运行过程的一大部分。此外，查看汇编代码 acc 的值并非理想情况下的存储在寄存器中（这个处理应该与编译器的版本有关），而是相比于 *dest 存储在内存中，acc 存储在栈空间。若是编译器将其放入空闲的寄存器中，那么 combine4 的性能还将大大提升。

```
1  combine3:data_t=int,OP=*
2  *dest=*dest OP vec_data[i];
3  .L8:
4  movq  -40(%rbp), %rax
5  leaq  0(,%rax,4), %rdx  // 取 data
6  movq  -24(%rbp), %rax  // 取 i
7  addq  %rdx, %rax
8  movl  (%rax), %eax // 取 vec_data[i]
9  movl  -44(%rbp), %edx  // 取 acc
10 imull  %edx, %eax
11 movl  %eax, -44(%rbp)
12 addq  $1, -40(%rbp)
```

图 11-14 combine4 中的 for 循环汇编代码

11.5 计算机体系结构与处理器

冯·诺伊曼体系结构
扫描上方二维码可观看知识点讲解视频

函数 combine2、combine3、combine4 的优化不依赖于机器的特性，若要更进一步优化，需要先了解计算机体系结构与处理器的知识。现代计算机发展所遵循的基本结构形式始终是冯·诺依曼体系结构，如图 11-15 所示。根据该体系结构，计算机由控制器（分析和执行机器指令并控制各部件的协同工作）、运算器（根据控制信号对数据进行算术运算和逻辑运算）、存储器（内存存储中间结果，外存存储需要长期保存的信息）、输入设备（接收外界信息）和输出设备（向外界输送信息）五大部件组成。

进一步分析该结构，它是存储程序计算机，即将程序指令存储在电子存储器中的计算机。其主要设计特点如下。

- 处理单元包含算术逻辑部件和处理器寄存器（可快速访问的数据存储）。
- 控制单元包含一个指令寄存器（保留当前正在执行或解码的指令）和程序计数器。
- 内存存储数据与指令。
- 外部大容量存储。
- 包含输入与输出机制。

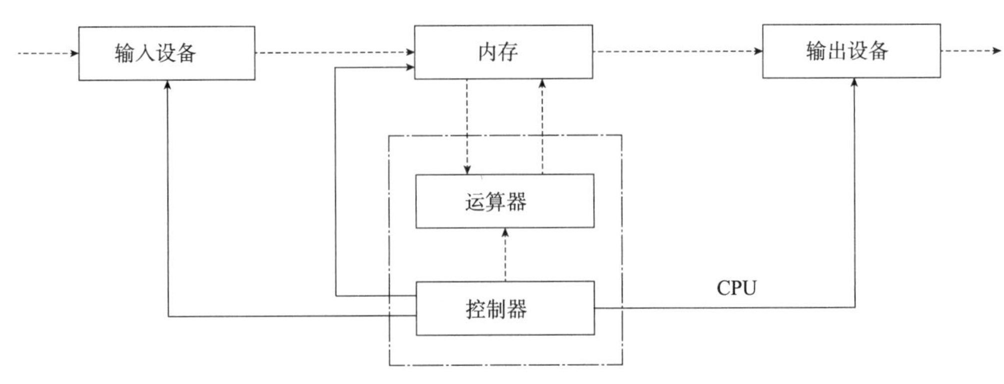

图 11-15　冯·诺依曼体系结构

11.5.1　处理器读取并解释存储在存储器中的指令

处理器是如何读取并解释存储在存储器中的指令的呢？我们需要了解一个典型系统的硬件组成，如图 11-16 所示。图中为 Intel Pentium 系统产品系列的模型，所有其他系统也有类似的外观和特点。其中，CPU 表示中央处理单元，PC 表示程序计数器，ALU 表示算术逻辑部件，USB 表示通用串行总线。总线携带信息字节并负责在各个部件间传递信息，而输入/输出（I/O）设备是系统与外部世界的联系通道。示例系统包括 4 个 I/O 设备：作为用户输入的键盘和鼠标，作为用户输出的显示器，以及长期存储数据和程序的磁盘。CPU 简称处理器，是解释（执行）存储在主存中指令的引擎。

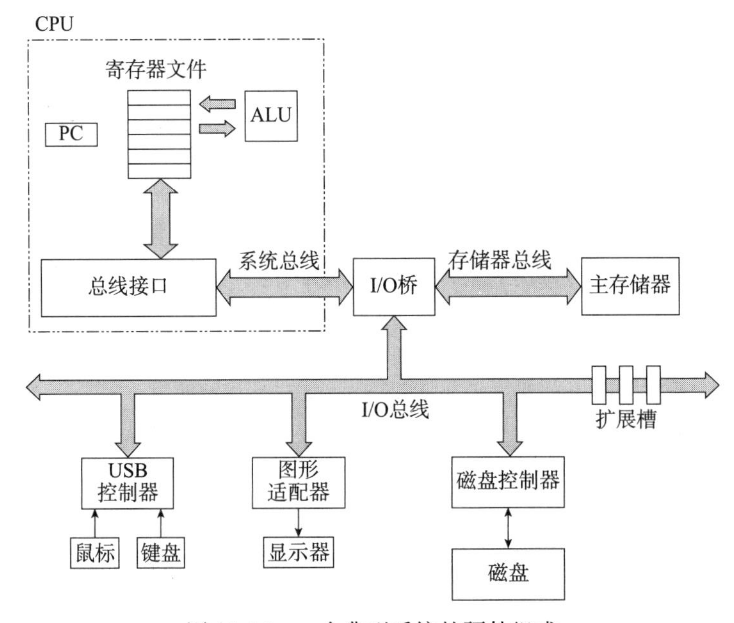

图 11-16　一个典型系统的硬件组成

前面简单描述了一个典型系统的硬件组成，现在介绍当我们运行图 11-17 所示的示例 hello 程序时到底发生了什么。

```
1  #include <stdio.h>
2  void main()
3  {
4      printf("hello,world\n");
5  }
```

图 11-17 hello 程序

hello 程序的生命周期是从一个源程序（这里是高级 C 语言）开始的，即程序员利用编辑器创建并保存的文本文件，实际上就是一个由值 0 和 1 组成的位（bit）序列，8 个位被组织成一组，称为字节。每个字节表示程序中的某个文本字符。大部分的现代系统都使用 ASCII 标准来表示文本字符，这种方式实际上就是用一个唯一的单字节大小的整数值来表示每个字符。图 11-18 中给出了 hello.c 程序的 ASCII 码表示。

```
#    i    n    c    l    u    d    e    SP   <    s    t    d    i    o    .
35   105  110  99   108  117  100  101  32   60   115  116  100  105  111  46
h    >    \n   v    o    i    d    SP   m    a    i    n    (    )    \n   {
104  62   10   118  111  105  100  32   109  97   105  110  40   41   10   123
\n   SP   p    r    i    n    t    f    (    “    h    e    l    l    o    ,    SP
10   32   112  114  105  110  116  102  40   34   104  101  108  108  111  44   32
w    o    r    l    d    \    n    ”    )    ;    \n   SP   SP   SP   SP
119  111  114  108  100  92   110  34   41   59   10   32   32   32   32
r    e    t    u    r    n    SP   0    ;    \n   }    \n
114  101  116  117  114  110  32   48   59   10   125  10
```

图 11-18 hello.c 程序的 ASCII 码表示

为了在系统上运行 hello.c 程序，每条 C 语句都必须被其他程序转化为一系列的低级机器语言指令。将这些指令按照一种称为可执行目标程序的格式打好包，并以二进制磁盘文件的形式存放起来。目标程序也称为可执行目标文件。在 UNIX 系统中，从源文件到目标文件的转化是由编译器驱动程序完成的：

```
UNIX> gcc -o hello hello.c
```

在这里，GCC 编译器驱动程序读取源程序文件 hello.c，并把它翻译成一个可执行目标文件 hello。翻译过程可以分为四个阶段完成，如本书第 1 章中图 1-3 所示。执行这四个阶段的程序（预处理器、编译器、汇编器和链接器）一起构成了编译系统（compilation system）。

初始时，外壳（shell）程序等待我们输入一个命令。当在键盘上输入字符串“hello”后，外壳程序将字符逐一读入寄存器，再把它存放到存储器中，如图 11-19 所示。

当我们在键盘上按下回车键时，外壳程序就知道已经结束了命令的输入，然后执行一系列指令来加载可执行的 hello 文件，将 hello 目标文件中的代码和数据从磁盘复制到主存。数据包括最终被输出的字符串“hello,world\n”。利用直接存储器的存取技术，数据可以不通过处理器而直接从磁盘到达主存，如图 11-20 所示。

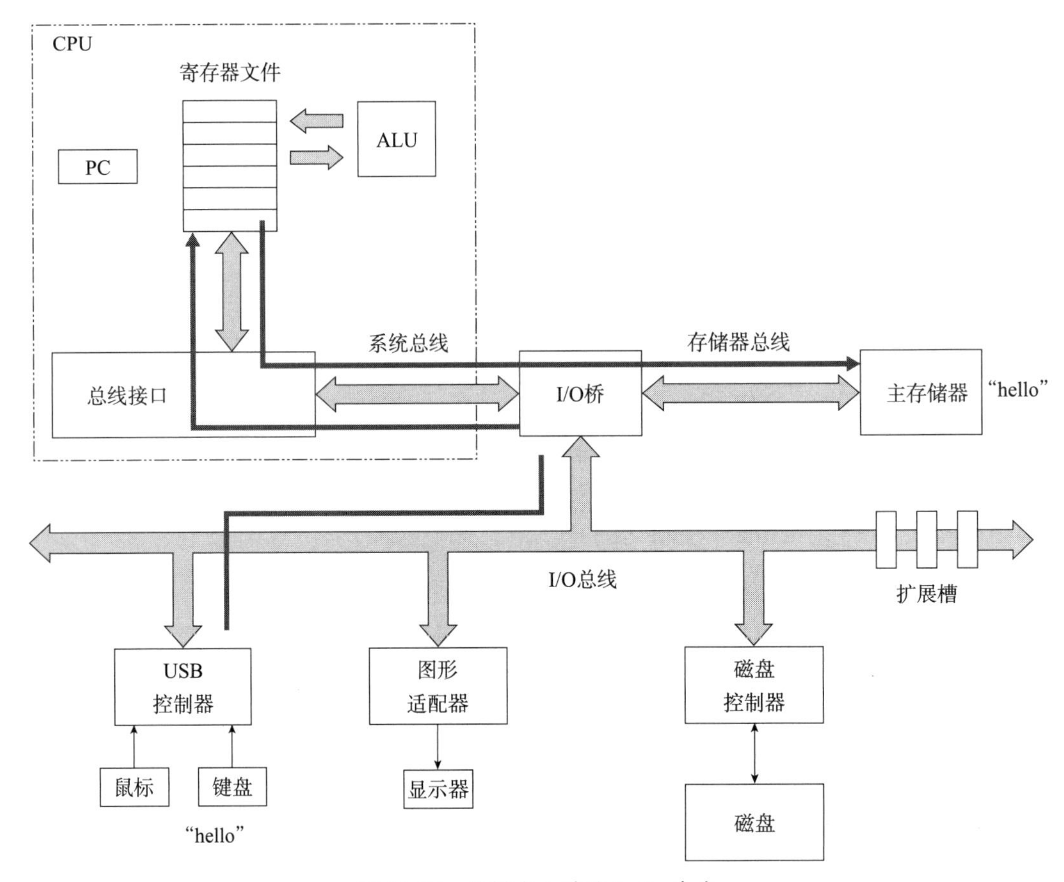

图 11-19　从键盘上读取 hello 命令

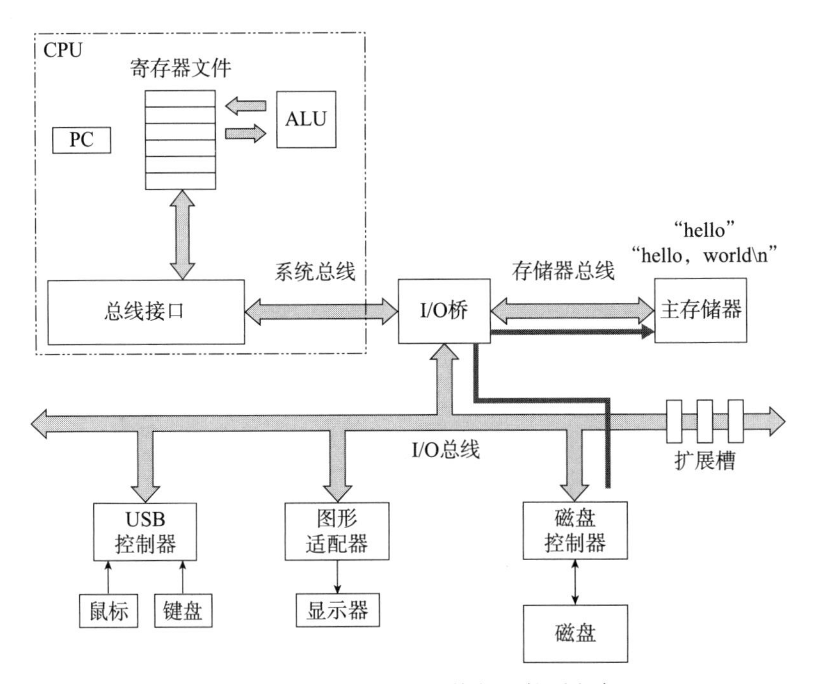

图 11-20　从磁盘加载可执行文件到主存

一旦目标文件 hello 中的代码和数据被加载到主存，处理器就开始执行 hello 程序的第一条机器语言指令（即输出“hello，world\n”）。这些指令将“hello，world\n”字符串中的字节从主存复制到寄存器文件，再通过 CPU 把寄存器中的数据复制到显示设备，最终显示在屏幕上，如图 11-21 所示。

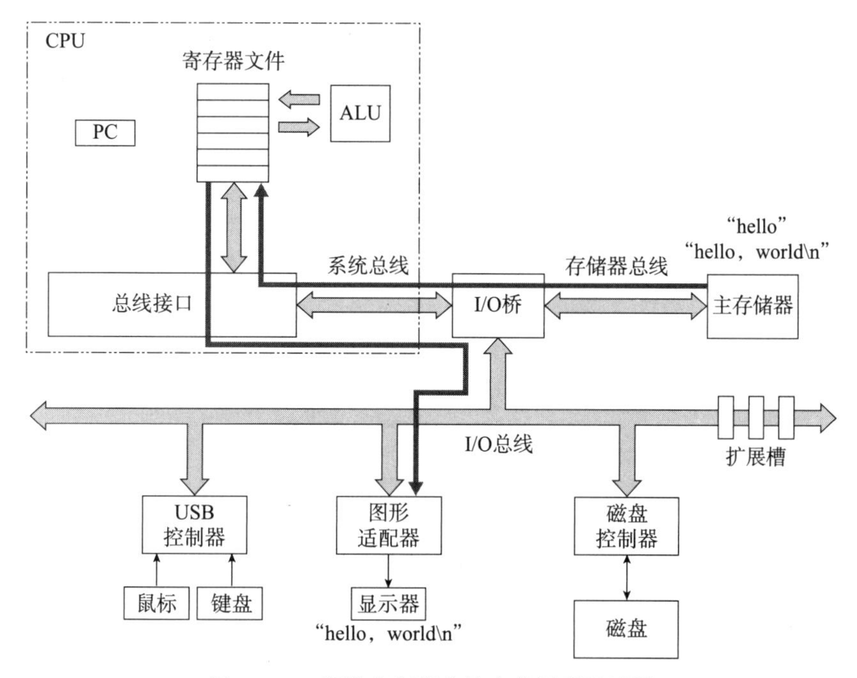

图 11-21 将输出字符串从内存写到显示器

通过上述程序示例可以看到，数据经常在各存储部件间传送，且所有过程都是在 CPU 执行指令所产生的控制信号的作用下进行的。

11.5.2 指令流水线

一条指令在计算机内部是如何完成的呢？我们需要先了解 CPU 的内部结构，如图 11-22 所示，CPU 主要由运算器和控制器两大部分构成。

运算器由算术逻辑部件、累加器、状态条件寄存器、缓冲寄存器等部件组成；控制器由地址寄存器、程序计数器、指令寄存器、指令译码器、时序产生器、操作控制器等部件组成。

从系统通电开始直到系统断电，CPU 一直在不断地执行程序计数器所指向的指令，再更新程序计数器，使其总是指向下一条指令。CPU 按照一个非常简单的模型来执行指令，而这个模型由指令集结构决定。在这个模型中，指令按照严格的顺序执行，而执行一条指令的过程为一个指令周期。

指令周期包括取指令（Instruction Fetch，IF）阶段、指令译码（Instruction Decode，ID）阶段和执行指令（Instruction Execute，EX）阶段。这三个阶段分别完成不同的任务。

- 取指令阶段：将一条指令从主存中取到指令寄存器的过程。程序计数器（PC）中的数值用来指示当前指令在主存中的位置。当一条指令被取出后，PC 中的数值将根据指令字长度而自动递增。

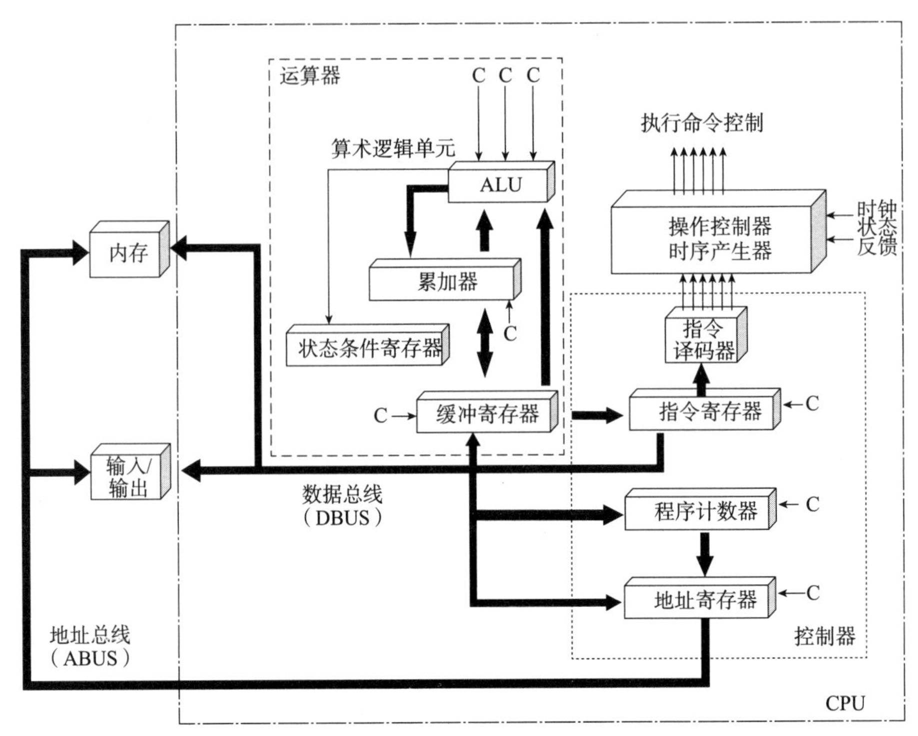

图 11-22　CPU 的内部结构

- 指令译码阶段：取出指令后，计算机立即进入指令译码阶段，指令译码器按照预定的指令格式对取回的指令进行拆分和解释，识别并区分出不同的指令类别以及各种获取操作数的方法。
- 执行指令阶段：此阶段的任务是完成指令所规定的各种操作，具体实现指令的功能（分支、乘除、加法、加载和写存储器等）。为此，CPU 的不同部件被连接起来，以执行所需的操作。

如图 11-23 所示为指令的串行执行，其中，取指令操作由取指令部件完成，执行指令操作由执行指令部件完成，而且整个过程中总有一个部件是空闲的。

取指令1	执行指令1	取指令2	执行指令2	取指令3	执行指令3

图 11-23　指令的串行执行

为了增加单位时间内完成的指令数量，引入了指令流水线的概念。指令的二级流水过程如图 11-24 所示，其中下一条指令的读取是与当前指令的执行同时进行的，若取指令和执行阶段的时间完全重叠，则指令周期会减半，执行速度提高一倍。

取指令1	执行指令1		
	取指令2	执行指令2	
		取指令3	执行指令3

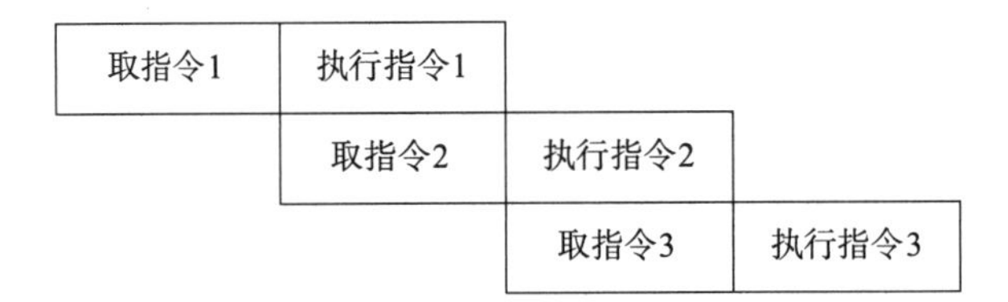

图 11-24　指令的二级流水过程

我们以洗衣房为例来解释指令的流水线执行存在的优点。假设洗一批衣服需要 3 步，每一步的时间分别为 30、40、20 分钟，如果需要洗 4 批这样的衣服，那么采用串行方式则一共需要 6 个小时（4 × (30+40+20) =360 分钟）完成，如图 11-25 所示。那么洗 N 批衣服，需花费的时间为 $N \times (30+40+20) = 90N$ 分钟。

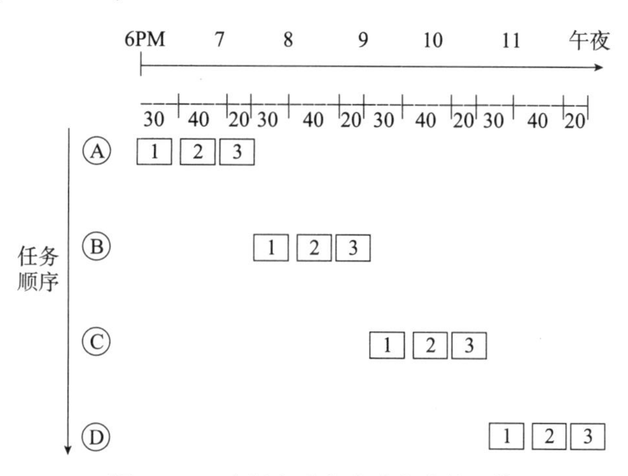

图 11-25　串行方式完成洗衣房的工作

是否存在更省时间的洗衣方式呢？假设我们采用二级流水的方式来完成洗衣房的工作，如图 11-26 所示。在流水线的工作模式下，洗 4 批这样的衣服所需时间为 30+4 × 40+20=210 分钟（3.5 小时），那么洗 N 批衣服所需的时间为（$30+N \times 40+20$）分钟，这说明流水线方式下的完成时间与最长阶段的时间有关。假设每一步时间均衡，则流水线方式的工作效率比串行方式提高了约 3 倍。

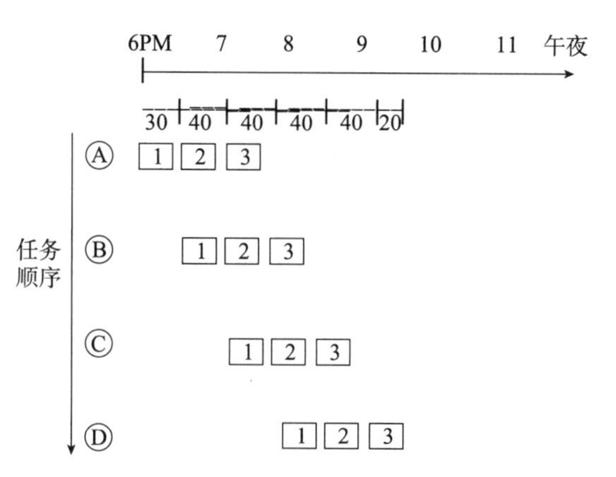

图 11-26　流水线方式完成洗衣房的工作

接下来介绍经典的五段流水线的执行过程，该流水线包括如下 5 个步骤。

1）取指令（IF）：根据 PC 的值从存储器取出指令。

2）指令译码（ID）：产生指令执行所需的控制信号。

3）取操作数（OF）：读取存储器操作数或寄存器操作数。

4）执行（EX）：对操作数完成指定操作。

5）写回（WB）：将操作结果写入存储器或寄存器。

基于这个 5 个步骤，完成经典的流水线执行方式，如图 11-27 所示。

输入 → 取指 (IF) → 指令译码 (ID) → 操作数 (OF) → 执行 (EX) → 写回 (WB) → 输出

指令	1	2	3	4	5	6	7	8	时钟
i1	IF	ID	OF	EX	WB				
i2		IF	ID	OF	EX	WB			
i3			IF	ID	OF	EX	WB		
i4				IF	ID	OF	EX	WB	

图 11-27　经典的流水线执行方式

11.5.3　指令间的相关性

如果各指令之间不存在相关性，那么它们在流水线中是可以并行执行的，这种指令间潜在的重叠就是指令级并行（Instruction-Level Parallelism, ILP）；如果各指令之间存在相关性，则限制了指令的并行性。指令间的相关性问题包括结构相关问题、数据相关问题及控制相关问题。

结构相关（也称为名相关）问题是指不同指令同时争取同一个寄存器或存储器（资源冲突），但这些指令间不存在数据流。解决办法是前一个指令访存的时候，后一个指令暂停一个时钟周期（拖慢一拍），再执行。

数据相关问题是指前一条指令执行过程中的数据结果是后一条指令执行过程中所需的数据。由于时间差，后一条指令执行过程中无法获取这个数据。为了解决数据相关问题，应根据具体场景做到写后读相关（Read After Write，RAW）、读后写相关（Write After Read，WAR）、写后写相关（Write After Write，WAW）。具体解决数据冲突的办法通常是在前一条指令正在读 / 写的时候，后一条指令可以暂停几个周期；另外是对两条指令采用数据旁路技术实现数据的直接传递。

控制相关问题主要是指遇到了程序转移指令（或中断）时，流水线不能继续处理后继指令，它是针对指令寄存器 RAW 的相关问题。首先 PC 保存的是下一条指令的地址；其次，当前指令的分支指令（转移指令）会在执行阶段计算出新的转移地址（改变 PC 值），并写入指令寄存器。若下一条指令读指令寄存器（取指阶段）早于当前转移指令写该寄存器（执行阶段），则出现控制相关问题。解决办法是当出现当前分支指令时，立即停止下一条指令的执行，直到当前分支指令结果确定。

11.5.4　理解现代处理器

从机器代码角度优化程序性能

扫描上方二维码可观看知识点讲解视频

现代处理器结构很复杂，实际的处理器操作是同时对多条指令求值（多条指令可并行执行），而程序员所编写的程序也是按顺序编写的，看到的机器程序指令是顺序执行的。我们想用程序的数据流表示法来形象地描述程序中的数据相关是如何主宰程序的性能的，以 combine4（图 11-13）为例。我们将注意力集中在循环执行的计算上，因为对于大型程序来说，这是决定性能的主要因素。以浮点数据乘法计算的循环为例，这个循环编译出来的代码如图 11-28 所示，由四条指令组成，寄存器 %rdx 存放循环索引 i，%rax 存放数组地址 data，%rbp 存放循环界限 length，而 %xmm0 存放累积值 acc。

```
combine4:data_t=float,OP=*
i in %rdx,data in %rax,limit in %rbp,acc in %xmm0
.L488:                                      循环:
mulss        (%rax,%rdx,4),%xmm0            vec_data[i] 的累乘
addq         $1,%rdx                        增量 i
cmpq         %rdx,%rbp                      比较 i:limit
jg           .L488                          如果大于，goto 循环
```

图 11-28 浮点数据的乘法计算的汇编代码

如图 11-29 所示，在我们假想的处理器设计中，指令译码器会把这四条指令扩展成为一系列的五步操作，最开始的乘法指令被扩展成一个 load 操作（从存储器读出源操作数）和一个 mul 操作（执行乘法）。

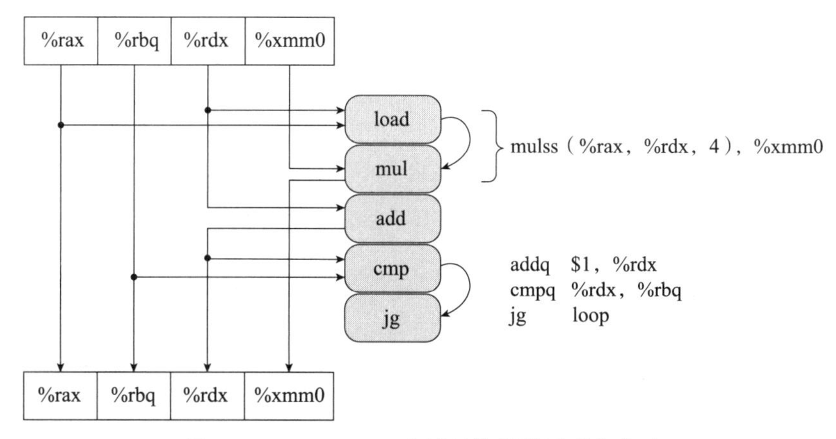

图 11-29 combine4 内循环代码的图形化表示

作为程序数据流图表示的一次循环，图 11-29 中的方框和箭头指出各个指令是如何使用和更新寄存器的。例如，mulss 的两个操作包括 load 指令和 mul 指令，load 指令加载 rax 的值（data 数组）与 rdx 的值（i）并将计算的结果直接传入 mul 指令中；与 xmm0（存储 acc 值）进行乘法运算并将结果写回到 xmm0（存储 acc 值）中。

图 11-30 是对图 11-29 的图形化表示的进一步进化，目标是只给出影响程序执行时间的操作和数据相关的操作指令。

从图 11-30a 可以看到，我们重新排列了操作符，更清晰地表明了从顶部源寄存器（只读寄存器和循环寄存器）到底部目的寄存器（只写寄存器和循环寄存器）的数据流，即 load 指令加载 rax 的值（data 数组）与 rdx 的值（i）并将计算的结果直接传入 mul 指令中；再将结果与 xmm0（存储 acc 值）进行乘法运算并将结果写回到 xmm0（存储 acc 值）中。在图 11-30b 中，删除了白色区域（无主要数据相关项）和没有修改寄存器的部分，只留下了循环执行过程中对 xmm0 和 rdx 迭代进行的一系列操作。

图 11-31 给出了函数 combine4 内循环 n 次迭代的数据流表示。可以看出，简单地重复图 11-30b 的模板 n 次，就能得到这张图。我们可以看到，程序有两条数据相关链，分别对应于操作 mul 和 add 对程序值 acc 和 i 的修改。假设单精度乘法延迟 4 个周期，而整数加法延迟为 1 个周期，可以看到左边的链会成为关键路径，需要 4n 个周期执行。右边的链只需 n 个周期执行，因此，它不会制约程序的性能。

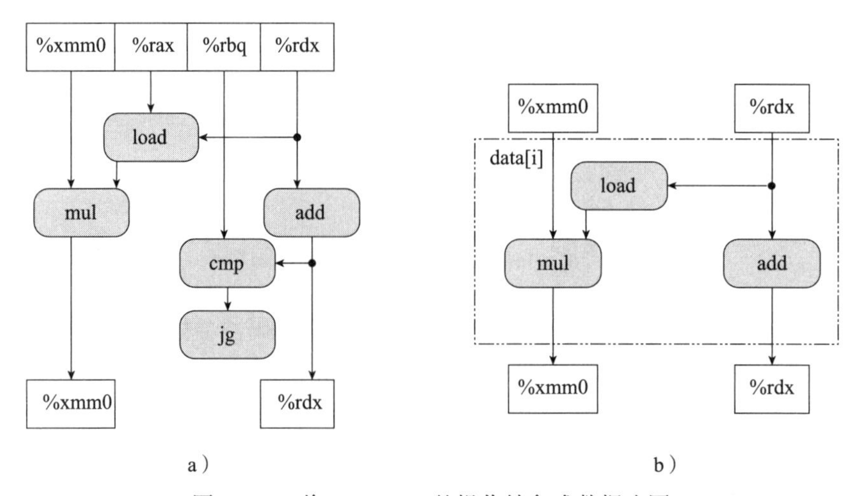

图 11-30　将 combine4 的操作抽象成数据流图

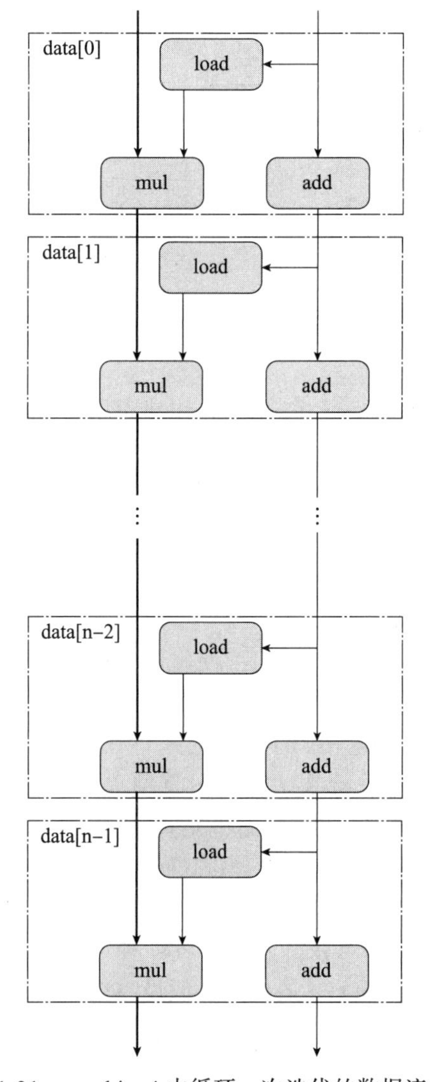

图 11-31　combine4 内循环 n 次迭代的数据流表示

11.6 循环展开

从图 11-31 可以看出，若要对 combine4 函数进一步优化，只能对关键路径进行优化，本节采用一种循环展开技术来进行优化。图 11-32 是使用循环展开的 combine 函数版本 combine5。相对前面的版本主要有以下两个方面的变化。

- 将 for 循环展开两次，每次循环处理两个元素；将 limit 定义为 length−1，以防止越界（因为数组的长度不一定是 2 的倍数）。
- 加入一个新的 for 循环，对 limit 外的元素进行处理。

```
1  /* 展开两次循环 */
2  void combine5(vec_ptr v, data_t *dest) {
3   long int i, length = vec_length(v), limit = length - 1;
4   data_t *vec_data = get_vec_start(v);
5   data_t acc = IDENT;
6
7   /*1 次结合两个元素 */
8   for (i = 0; i < limit; i += 2)
9    acc = (acc OP vec_data[i]) OP vec_data[i + 1];
10
11 /* 完成剩余的所有元素 */
12  for (;, i < length; i++)
13   acc OP vec_data[i];
14
15  *dest = acc;
16 }
```

图 11-32 展开两次循环，循环展开能减小循环开销的影响

假设有集合 a = {1,2,4,5,7,9,10,12,16}，使用 combine5 函数进行求和运算：模拟计算机的执行顺序，一步步分析 combine5 代码实现的功能，如表 11-6 所示。

表 11-6 分析 combine5

循环 1	0 1 2 3 4 5 6 7 8 a = { 1, 2, 4, 5, 7, 9, 10, 12, 16} 9 个元素 limit=8 i=0<limit acc= (0+a_0) +a_1=1+2=3 i=2<limit acc= (3+a_2) +a_3= (3+4) +5=12 i=4 acc= (12+a_4) +a_5= (12+7) +9=28 i=6 acc= (28+a_6) +a_7= (28+10) +12=50
循环 2	i=8 i<length (9) , i++ acc=50+a_8=66
结果	*dest=66

由上述示例可知，循环展开是一种程序变换，通过增加每次迭代计算的元素的数量，来减少循环的迭代次数。每次迭代计算前置和的两个元素，故需要的迭代次数减半（采用二次循环展开）。循环展开能够从两个方面改程序的性能。首先，减少了不直接有助于程序结果的操作的数量，例如循环索引计算和条件分支；其次，提供了一些方法，可以进一步变化代

码，减少整个计算中关键路径上的操作数量。combine4 与 combine5 程序性能对比如表 11-7 所示。

表 11-7　参考机实验（combine4 和 combine5）

函数	方法	运行时间 /us
combine4	-O0，无展开	206100919
combine5	-O0，展开两次	149342732

对于双精度浮点数乘法（展开两次），combine5 的运行时间相比 combine4 有了一定的优化。为了理解循环展开（展开两次）对浮点数情况时的性能改进，我们来考虑此情况下内循环的图形化表示。单精度乘法每条 mulss 指令被翻译成两个操作：一个操作是从存储中加载一个数组元素，另一个操作是把这个值乘以已有的累积值。循环的每次执行中，对寄存器 %xmm0 读和写两次。combine5 重排后的数据流图如图 11-33 所示，将其展开后关键路径还是 n 个 mul 操作，因为相比 combine4，迭代次数减半。因此，combine5 的运行时间相比 combine4 有一定的优化。

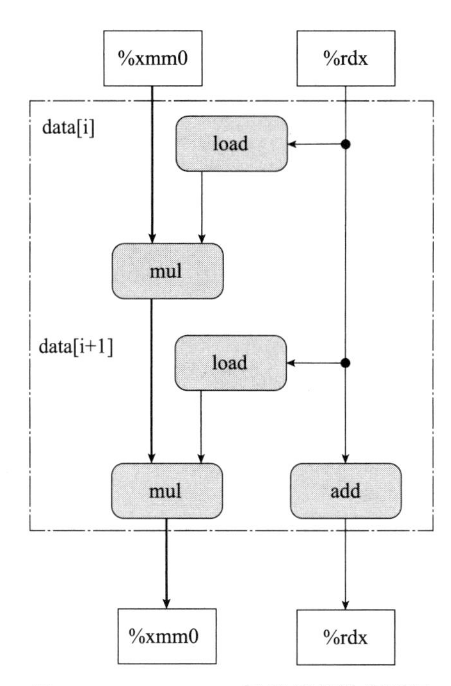

图 11-33　combine5 重排后的数据流图

11.7　提高并行性

11.7.1　*K* 路并行

程序执行受到运算单元延迟的限制。尽管执行加法和乘法的功能单元是完全流水线化的，理论上程序可以在每个时钟周期启动一个新操作，但代码本身无法充分利用这一能力。

即使通过循环展开，也不能克服这一限制。这是因为我们将累积值存储在单独的变量 acc 中，只有在前一次计算完成后，才能计算新的 acc 值。因此，虽然功能单元可以每个时钟周期发起新操作，但实际操作的发起间隔为 *L* 个时钟周期，这里 *L* 是合并操作的延迟。为提高性能，现在考虑打破这种顺序依赖，以更充分地利用流水线的并行处理能力。

图 11-34 展示了打破这种顺序相关方法的函数 combine6。它既使用了两次循环展开，以便每次迭代合并更多的元素，又使用了两路并行，将索引值为偶数的元素累积在变量 acc_even 中，将索引值为奇数的元素累积在变量 acc_odd 中。同前面一样，函数还包括第二个循环，在数组长度不为 2 的倍数时，这个循环要累积所有剩下的数组元素。最后对 acc_even 和 acc_odd 应用合并运算，计算最终的结果。

```
1  /* 展开两次循环，两路并行 */
2  void combine6(vec_ptr vp, data_t *dt) {
3   long int i;
4   long int len = vec_length(v);
5   long int limit = len - 1;
6   data_t *vec_data = get_vec_start(v);
7   data_t acc_even = IDENT;
8   data_t acc_odd = IDENT;
9
10  /*1 次结合两个元素 */
11  for (i = 0; i < limit; i += 2) {
12   acc_even = acc_even OP vec_data[i];
13   acc_odd = acc_odd OP vec_data[i + 1];
14  }
15
16  /* 完成剩余的所有元素 */
17  for (;, i < len; i++)
18   acc_even = acc_even OP vec_data[i];
19
20  *dt = acc_even OP acc_odd;
21 }
```

图 11-34　循环展开加两路并行

类似地，假设有集合 a = {1,2,4,5,7,9,10,12,16}，使用 combine6 函数进行求和运算：模拟计算机的执行顺序，一步步分析 combine6 代码实现的功能，如表 11-8 所示。

表 11-8　分析 combine6

<table>
<tr><td>循环 1</td><td>　　0　1　2　3　4　5　6　7　8
a = { 1, 2, 4, 5, 7, 9, 10, 12, 16}
9 个元素 limit=8
i=0　acc_even= acc_even+a_0=0+1=1
　　　acc_odd= acc_odd+a_1=0+2=2
i=2　acc_even= acc_even+a_2=1+4=5
　　　acc_odd= acc_odd+a_3=2+5=7
i=4　acc_even= acc_even+a_4=5+7=12
　　　acc_odd= acc_odd+a_5=7+9=16</td></tr>
</table>

（续）

循环 1	i=6　acc_even= acc_even+a_6=12+10=22 acc_odd= acc_odd+a_7=16+12=28
循环 2	acc_even= acc_even+a_8=38
结果	*dt= acc_even+acc_odd=38+28=66

比较只做循环展开的函数 combine5 与既做循环展开又使用两路并行的函数 combine6 这两种方法，我们得到下面的性能分析表如表 11-9 所示。对于双精度浮点数相乘，combine6 相比 combine5 运行时间更短，有性能优化，表明了 *K* 次循环与 *K* 路并行的组合方式是有效的。

表 11-9　combine4、combine5 和 combine6 性能分析

函数	方法	运行时间 /ns
combine4	-O0，累积在临时变量中	206100919
combine5	-O0，展开两次	149342732
combine6	-O0，两次展开，两路并行	102264259

我们通过以上所示的代码和操作序列基本上理解了 combine6 的性能，要进一步理解 combine6，根据图 11-34 所示的过程，推导出其数据流图，如图 11-35 所示。

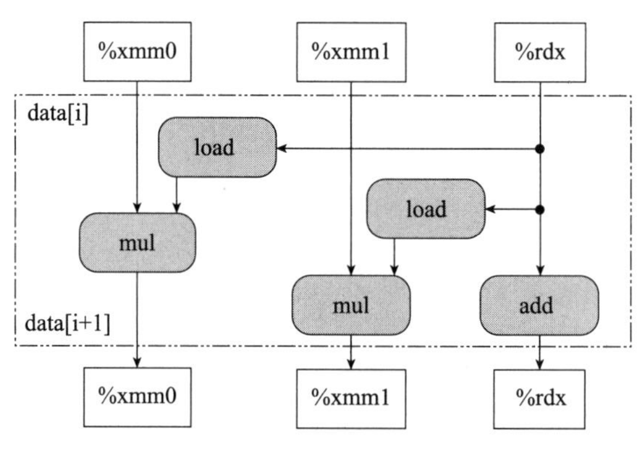

图 11-35　combine6 数据流图

同 combine5 一样，combine6 的内循环包括两个 mulss 运算，但是这些指令被翻译成读写不同寄存器的乘法操作，它们之间没有数据相关。然后，把这个模板复制 *n*/2 次（如图 11-36 所示），即在一个长度为 *n* 的数组上执行这个函数的模型。可以看到，现在有两条关键路径，一条对应于计算索引为偶数的元素的乘积（程序值 acc_even），另一条对应于计算索引为奇数的元素的乘积（程序值 acc_odd）。每条关键路径只包含 *n*/2 个操作，因此程序的运行时间降低。

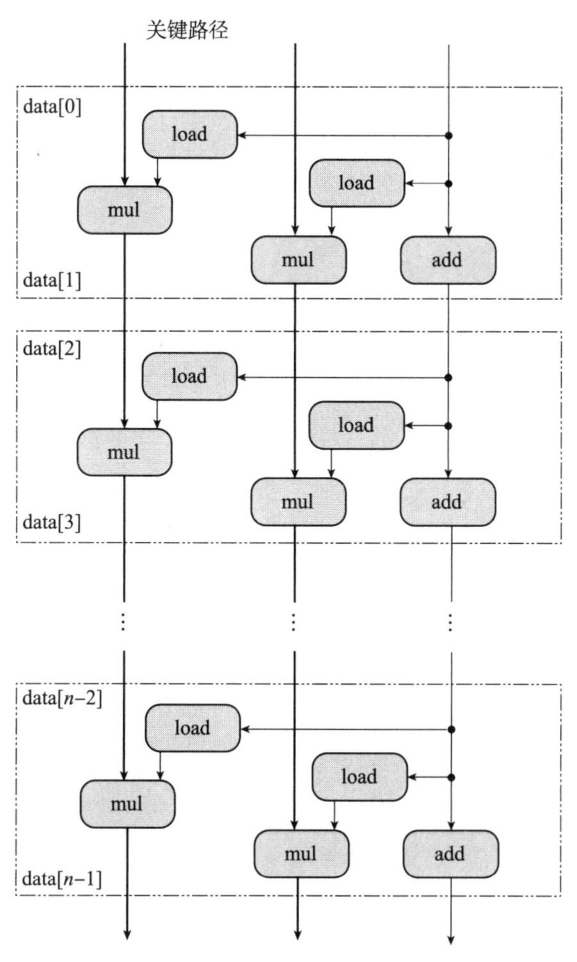

图 11-36　combine6 关键路径

11.7.2　重新结合变换

还有没有其他方法能打破顺序相关方法而提高效率呢？答案是有的。我们看到仅做简单循环展开的函数 combine5 没有改变合并元素累加或者乘积过程中执行的操作。如果我们对代码做很小的改动，就可以从根本上改变合并执行的方式，也能极大地提高程序的性能。

图 11-37 给出了一个函数 combine7，它与未展开的代码 combine5（图 11-32）的唯一区别在于内循环中元素合并的方式。在 combine5 中，合并是以下面的语句来实现的：

```
acc = (acc OP vec_data[i]) OP vec_data[i+1];
```

而在 combine7 中，合并是以这条语句来实现的：

```
acc = acc OP (vec_data[i] OP vec_data[i+1]);
```

差别仅在于两个括号是如何放置的。我们称这个过程为重新结合变换（reassociation transformation），因为括号改变了向量元素与累积变量 acc 的合并顺序，如图 11-37 所示。

```
1  /* 改变组合操作的相关性 */
2  void combine7(vec_ptr v, data_t *dest) {
3   long int i;
4   long int length = vec_length(v);
5   long int limit = length - 1;
6   data_t *vec_data = get_vec_start(v);
7   data_t acc = IDENT;
8
9   /*1 次结合两元素 */
10  for (i = 0; i < limit; i += 2)
11   acc = acc OP (vec_data[i] OP vec_data[i + 1]);
12
13  /* 完成剩余的所有元素 */
14  for (;, i < length; i++)
15   acc OP vec_data[i];
16
17  *dest = acc;
18 }
19
```

图 11-37　combine7 重新结合变换

如表 11-10 所示，combine5 与 combine7 看上去本质上是一样的，但是当我们测量程序的运行时间的时候，得到了令人吃惊的结果：combine7 的浮点数相乘的情况则与 combine6（循环展开 +*K* 路并行组合）几乎相同。

表 11-10　combine4、combine5、combine6 和 combine7 性能分析

函数	方法	运行时间 /ns
combine4	-O0，累积在临时变量中	206100919
combine5	-O0，展开两次	149342732
combine6	-O0，两次展开，两路并行	102264259
combine7	-O0，两次展开，重新结合	102255807

将 combine7 的操作抽象成数据流图，然后重新排列、简化和抽象并与 combine5 比较，如图 11-38 所示。

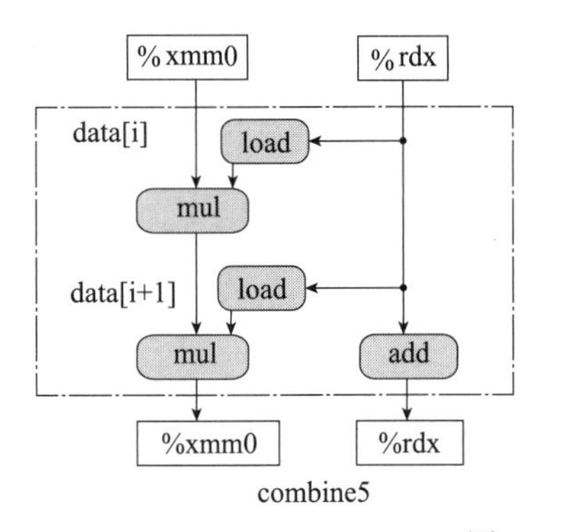

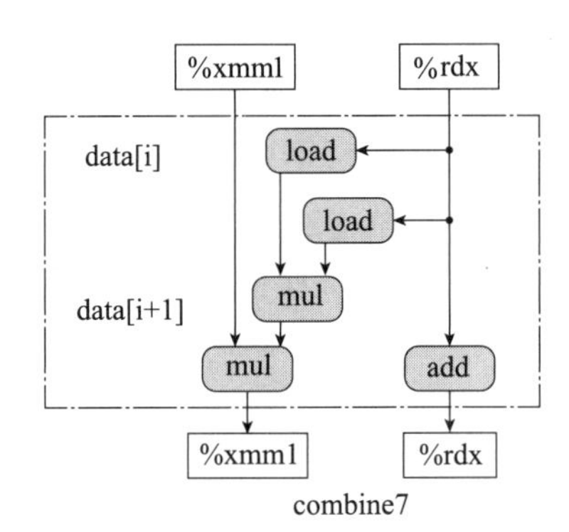

图 11-38　数据流图比较

在 combine5 中：load 和 mul 顺序执行，必须等到第一个 load 和 mul 执行完成以后才能进行第二次 load 和 mul 操作。

在 combine7 中：第一个 mul 通过两个 load 指令将向量元素 i 和 i+1 的乘积计算出来，然后交给第二个 mul 将乘积累积到 xmm1（acc）中。

把这个 combine7 数据流图复制 n/2 次，给出了 n 个向量元素相乘所执行的计算，可以看到关键路径（图 11-39）上只有 n/2 个操作。每次迭代内的第一个乘法不需要等待前一次迭代的累积值就可以执行。

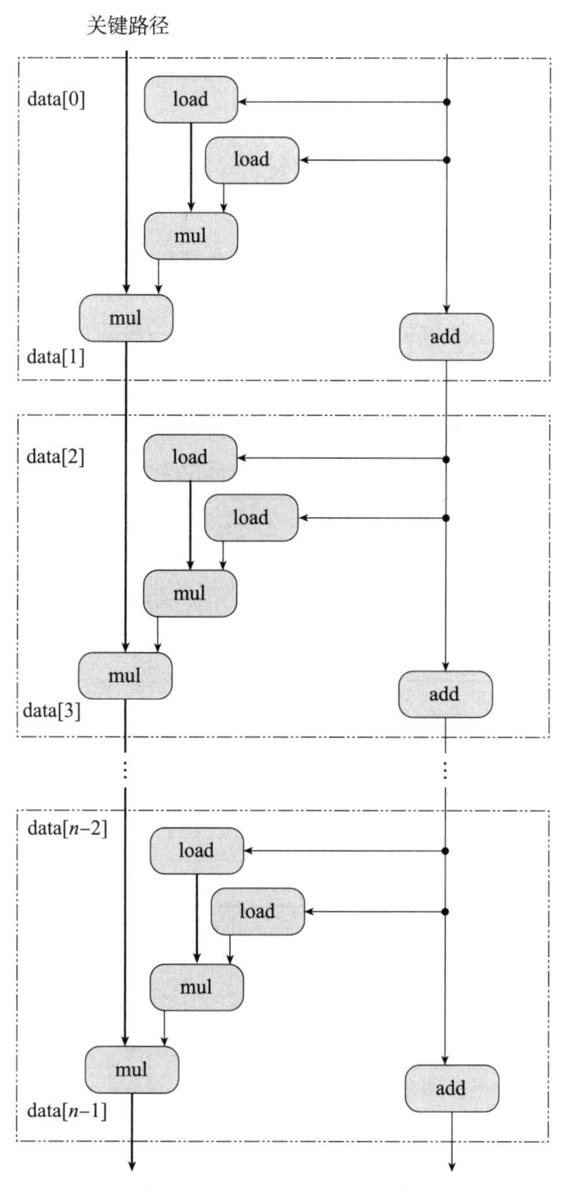

图 11-39　combine7 关键路径

在执行重新结合变换时，我们改变数组元素合并的顺序。对于整数加法和乘法，这些运算是可结合的，这表示重新变换顺序对结果没有影响。对于浮点数的情况，必须再次评估这种重新结合是否有可能严重影响结果。对大多数应用而言，这种影响不是很大。GCC 可以很安全地对整数操作执行这种变换，但是由于没有可结合性，因此不能安全地对浮点数执行这种变换。在实验中，我们发现对 C 语言代码做很小的改动，就会导致 GCC 对操作的结合大相径庭（有时会使代码加速，有时又会减慢执行速度）。总之，通过上述示例，可以有如下总结。

- 编译器可以自动对“加法”进行“重新结合变换”，GCC 觉得可以做（并不总是做）优化，就会做这种优化；对于浮点数，编译器不会尝试对浮点运算做重新结合，因为这种结合的结果不一定正确。
- 重新结合变换有时能够减少计算中关键路径上操作的数量，但并不总是有效的方法。
- *K* 次循环展开、*K* 路并行是更可靠的方法。

11.8　理解存储器性能

读写相关
扫描上方二维码
可观看知识点
讲解视频

到目前为止，程序已完成了从 combine1 到 combine7 的进化，得到了至少 10 倍以上的效率提升，其中循环展开、*K* 路并行，是提高程序性能的可靠方法。我们都是在长度大于 100 000 000 个元素的数组上测试这些合并函数的，数据量超过 800 000 000 个字节。表 11-11 列出了在参考机上测试 combine1 ～ combine7 得到的运行时间。本节进一步研究涉及加载（从存储器读到寄存器）和存储（从寄存器写到存储器）操作对程序性能的影响。

表 11-11　combine1 ~ combine7 优化对比

函数	方法	运行时间 /ns
combine1	-O0	218727437
	-O1	207030552
combine2	-O0	208093907
	-O1	204905042
combine3	-O0	207366317
	-O1	204062213
combine4	-O0	206100919
	-O1	91567030
combine5	-O0	149342732
	-O1	91546617
combine6	-O0	102264259
	-O1	50319158
combine7	-O0	102255807
	-O1	46572150

11.8.1　加载的性能

加载（load）即把数据从存储器读到 CPU 寄存器的过程，一个包含加载操作的程序性能既依赖于流水线的能力，也依赖于加载单元的延迟。到目前为止，我们在示例中还没有看到加载操作延迟对程序性能的影响。

要确定一台机器上加载操作的延迟，可以建立由一系列加载操作组成的一个计算，一条加载操作的结果决定下一条操作的地址。作为示例，考虑图 11-40 中的函数 list_len，它计算一个链表的长度。

```
1  typedef  struct ELE
2  {
3     struct  ELE  *next;
4     int data;
5  }list_ele,*list_ptr;
6
7  int list_len(list_ptr lsp)
8  {
9     int len=0;
10    while (lsp)
11    {
12        len++;
13        ls=ls->next;
14    }
15    return len;
16  }
```

图 11-40　函数 list_len

在这个函数的循环中，变量 lsp 的每个后续值依赖于指针引用 lsp->next 读出的值。测试表明函数 list_len 的 RTM 为 1.51ns，我们认为这直接体现了加载操作的延迟。要弄懂这一点，考虑循环的如下汇编代码。（这里给出了这段代码的 x86- 64 版本。IA32 代码与此类似。）

```
list_len 的内部循环
ls in %rdi,len in % %rax
.L3:                                  循环:
addq         $1,%rax                  增量 len
movq         (%rdi),%rdi              lsp=lsp->next
testq        %rdi,%rdi                测试 lsp
jne          .L3                      如果非空 ,goto 循环
```

上述代码中，使用 movq 指令加载值到 rdi 寄存器中，而加载操作又依赖于 rdi 来计算加载的位置；也就是说，必须要等到前一次加载完成才能进行下一次循环。这个函数的 RTM 等于 1.51ns，是由加载操作的延迟决定的。

11.8.2　存储的性能

存储是把一个寄存器中的数据写入存储器中。与加载操作一样，在大多数情况下，存储操作能够在完全流水线化的模式中工作，每个周期开始一条新的存储。存储操作并不影响任何寄存器值。因此，一系列存储操作不会产生数据相关，只有加载操作是受存储操作结果影响的，因为只有加载操作才能从由存储操作写的那个存储器位置读回值。图 11-41 所示的函数 write_read 说明了加载和存储操作之间可能的相互影响。图 11-42 也展示了该函数的两个执行示例，是对包含两个元素的数组 a 的调用，该数组的初始内容为 −10 和 17，参数 cnt 等于 3。

```
1   /* 写到目的端，从源端读 */
2  void write_read (long *src,long *dest,long n)
3  {
4        long cnt=n;
5        long val=0;
6
7        while(cnt)
8        {
9            *dest=val;
10            val=(*src)+1;
11            cnt--;
12         }
13  }
```

图 11-41　函数 write_read

在图 11-42 的示例 A 中，参数 source 是一个指向数组元素 a[0] 的指针，而 destination 是一个指向数组元素 a[1] 的指针。在此种情况中，指针引用 *source 的每次加载都会得到值 −10。因此，在两次迭代之后，数组元素就会分别保持固定为 −10 和 −9。从 source 读出的结果不受对 destination 的写的影响。在较大次数的迭代上测试这个示例得到 RTM 等于 5.56ns。

在图 11-42 的示例 B 中，参数 source 和 destination 都是指向数组元素 a[0] 的指针。在这种情况下，指针引用 *source 的每次加载都会得到指针引用 *destination 的前一次执行存储的值。因而，一系列不断增加的值会被存储在这个位置。通常，如果调用函数 write_read 时参数 source 和 destination 指向同一个存储器位置，而参数 count 的值为 $n>0$，那么净效果是将这个位置设置为 count−1。这个示例说明了一个现象，我们称之为写 / 读相关（write/read dependency），即一个存储器读的结果依赖于一个最近的存储器写。我们的性能测试表明示例 B 的 RTM 为 10.23ns，说明写 / 读相关导致了处理速度的下降。

示例A：write_read（&a[0]，&a[1]，3）

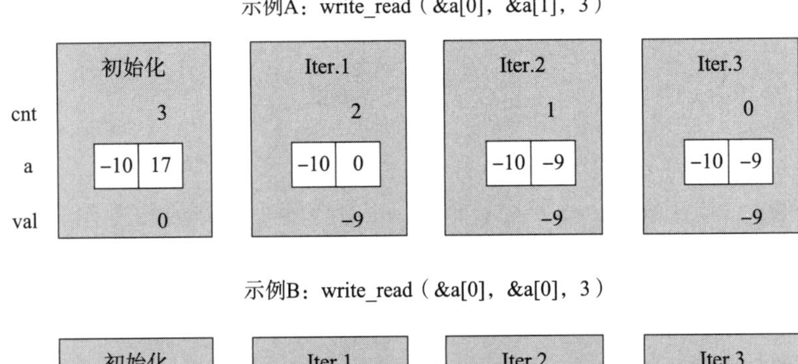

示例B：write_read（&a[0]，&a[0]，3）

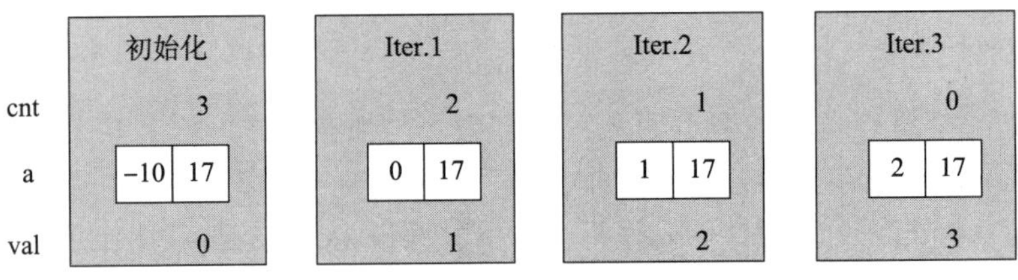

图 11-42　函数 write_read 执行示例

为了弄清楚处理器如何区别这两种情况，以及为什么一种情况比另一种运行得慢，我们必须更细地观察加载和存储执行单元，如图 11-43 所示。存储单元包含一个存储缓冲区，它包含已经被发送到存储单元而还没有完成的存储操作的地址和数据，这里的完成包括更新数据高速缓存。通过提供这样一个缓冲区，一系列存储操作不必等待每个操作都更新高速缓存就能够执行。当一条加载操作发生时，它必须检查存储缓冲区中的条目，看有没有地址相匹配。如果有地址相匹配（意味着在写的字节与在读的字节中有相同的地址），它就取出相应的数据条目作为加载操作的结果。

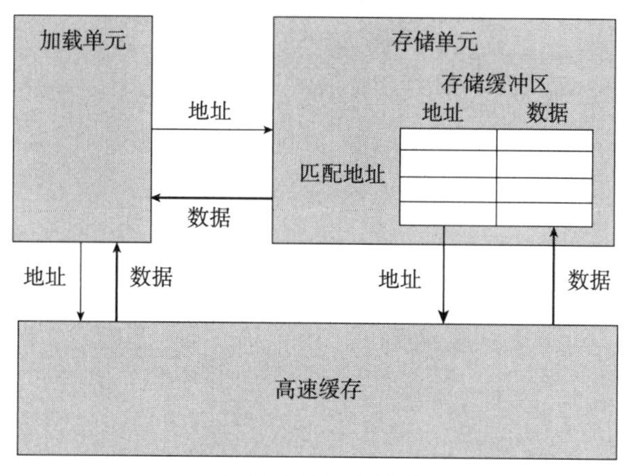

图 11-43　加载地址与存储单元的细节

图 11-44 给出了 write_read 内循环的汇编代码，以及指令译码器产生的操作的图形化表示。指令“movl %eax,(%ecx)”被翻译成两个操作：s_addr 指令计算存储操作的地址，在存储缓冲区创建一个条目，并且设置该条目的地址字段；s_data 操作设置该条目的数据字段。正如我们看到的，两个计算是独立执行的，这对程序的性能来说很重要。除了由于写和读寄存器造成的操作之间的数据相关以外，操作符右边的弧线表示这些操作隐含的相关。特别地，s_addr 操作的地址计算必须在 s_data 操作之前。此外，对指令“movl (%ebx), %eax”译码得到的 load 操作必须检查所有未完成的存储操作的地址，这个操作和 s_addr 操作之间形成了数据相关。图 11-44 中，s_data 和 load 操作之间有虚弧线，这个数据相关是有条件的：如果两个地址（%ecx 和 %ebx 中的值）相同，load 操作必须等待直到 s_data 将它的结果存放到存储缓冲区中，但是如果两个地址不同，两个操作就可以独立地进行。

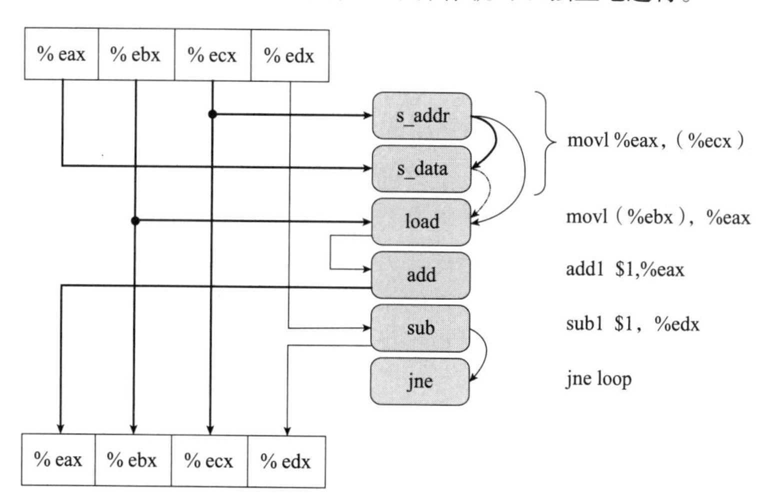

图 11-44　write_read 内循环的汇编代码以及指令译码器产生的操作的图形化表示

图 11-45 更清晰地说明了 write_read 内循环操作之间的数据相关，图中重新排列了操作，让相关性显示得更清楚。

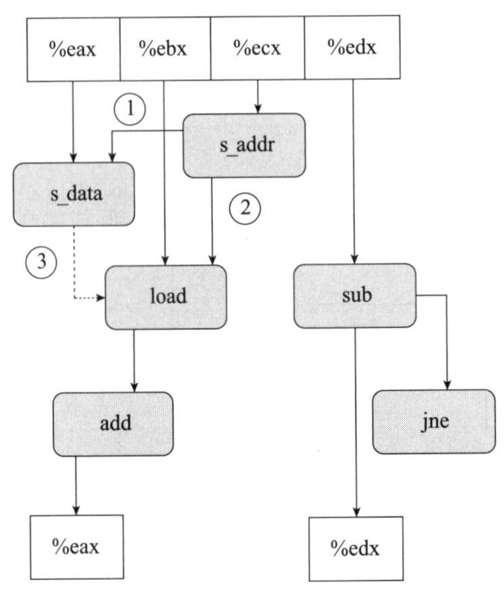

图 11-45　抽象 write_read 的操作

图 11-45 中标出了三个涉及加载和存储操作的相关，希望引起大家特别的重视。标号为①的弧线表示存储地址必须在数据被存储之前计算出来。标号为②的弧线表示需要 load 操作将它的地址与所有未完成的存储操作的地址进行比较。最后，标号为③的虚弧线表示数据相关，当加载和存储地址相同时会出现数据相关，即此时要等到 s_data 执行完后才能加载。

现在我们可以理解函数 write_read 的性能特征了，图 11-46 说明了内循环的多次迭代形成的数据相关。

对于图 11-46 示例 A 的情况，有不同的源和目的地址，加载和存储操作可以独立地进行，因此唯一的关键路径是由递减变量 cnt 形成的。这使得我们会预测 RTM 等于 sub 指令操作的时间，而不是测量到的 RTM 等于 5.56ns（前者会低于 5.56ns）。对于任何一个在循环内既存储又加载数据的函数来说，我们都发现了类似的行为。显然，比较加载地址和未完成存储操作的地址形成了额外的瓶颈。对于图 11-46 示例 B 的情况，源地址和目的地址相同，s_data 和 load 指令之间的数据相关使得关键路径的形成包括存储、加载和增加数据。我们发现顺序执行这三个操作共需要 6 个时钟周期所花费的时间。这两个例子说明，存储器操作的实现包括许多细微之处。对于寄存器操作，在指令被译码成操作的时候，处理器就可以确定哪些指令会影响其他哪些指令。另外，只有到加载和存储的地址被计算出来以后，处理器才能确定哪些指令会影响其他的指令。高效地处理存储器操作对许多程序的性能来说至关重要。存储器子系统使用了很多优化，例如当操作可以独立地进行时潜在的并行性。

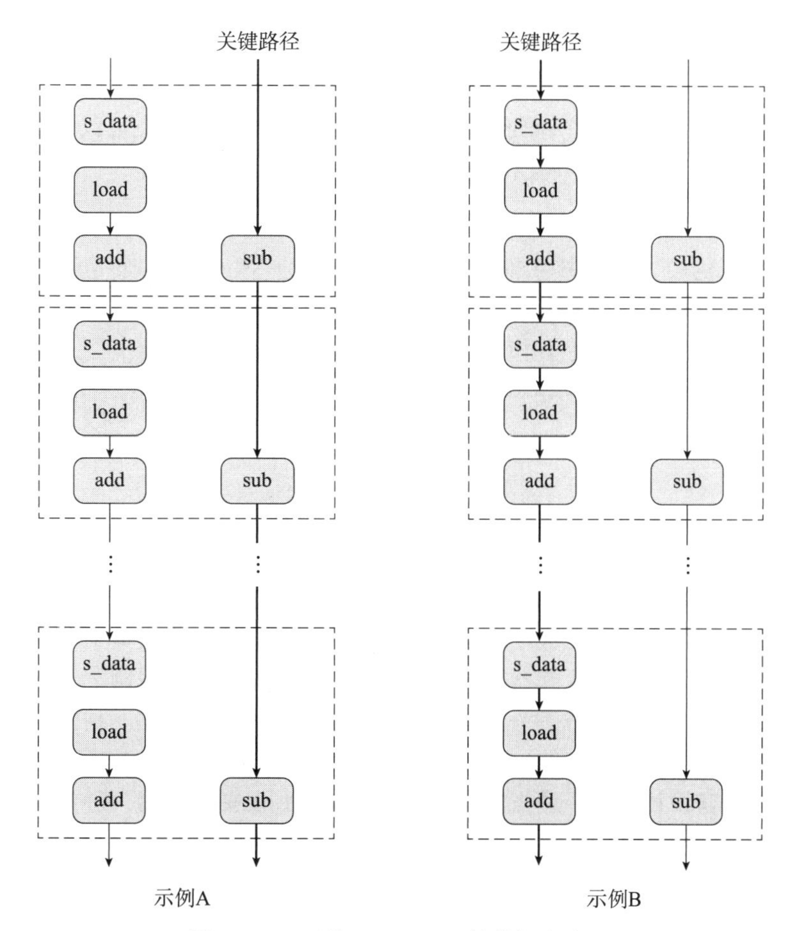

图 11-46 函数 write_read 的数据流表示

11.9 Amdahl 定律与 Gustafson 定律

最后，我们介绍 Amdahl（阿姆达尔）定律。在多核（或多处理器）系统中，衡量程序性能的一个重要指标就是加速比，加速比的定义如下：

$S(n)$ = 单核上最优串行化算法计算时间 / 使用 n 个核并行计算时间 = 优化前系统耗时 / 优化后系统耗时 $=T_{old}/T_{new}$

Amdahl 定律的核心就是加速比 $S(n)$ 与串行部分所占比例 f 有关，而与 CPU 核数 n 无关，即式（11-1）：

$$S=\frac{1}{(1-\alpha)+\alpha/k}$$（α指系统部分需要优化的时间百分比，k指倍数） （11-1）

当核的个数 n 趋近于无穷大时，有式（11-2）：

$$\lim_{k\to\infty}S(k)=\frac{1}{(1-\alpha)}$$（k 趋近无穷大时） （11-2）

Amdahl 定律的提出让整个软件界灰心了许多年，因为只要串行比例为 5%，那么不论增加多少核，加速比最多也只能达到 20。

后来，Gustafson（古斯塔夫森）等人提出了和 Amdahl 定律不同的意见，Gustafson 定律同样是在表明处理器个数、并行比例和加速比之间的关系；其执行时间为串行时间 a+ 并行时间 b，优化后时间为 $a + nb$，从而加速比为 $(a + nb)/(a+b)$。此外也可以表示为式（11-3）：

$$S(n)=n+(1-n)K=K+(1-K)n \tag{11-3}$$

K 是一个常数，表示串行执行时间所占的比例。按照 Gustafson 定律，加速比显然和 CPU 核数 n 是成正比的，CPU 核数越多，加速比也越大。但 Gustafson 定律的前提是：串行化代码的规模是固定的，计算规模是随 CPU 核数的增加而增加的。而在现实中的大多情况下，串行化代码的规模将随程序规模的增加而线性增加，这样将导致不符合 Gustafson 定律的前提条件，而是符合阿姆达尔定律的前提条件。因此，Amdahl 定律在实际编程中仍是有效的。

小结

虽然关于代码优化的大多数论述都描述了编译器是如何生成高效代码的，但是程序员有很多方法来协助编译器完成这项任务。没有任何编译器能用一个好的算法或数据结构代替低效率的算法或数据结构，因此程序设计的这些方面仍然应该是程序员主要关心的。我们还观察到妨碍优化的因素，例如存储器别名的使用和过程调用，严重限制了编译器执行大量优化的能力。此外，程序员必须努力消除这些妨碍优化的因素，这也是一种好的编程习惯。最后，我们给出程序优化方法的总结。

- **高级程序语言设计**：选择适当的算法和数据结构，要提高警惕，避免渐近低效率。
- **基本编码原则**：
  - 消除连续的函数调用，可能的时候将计算移动到循环体外。
  - 消除不必要的存储器引用，引入临时变量以保存中间值。
- **低级优化**：
  - 循环展开，降低开销。
  - 提高并行，编程 K 路并行程序。
  - 使用多个累积变量或者重新结合变换，以良好的方式优化条件操作。

习题

1. 对于一个 8GH 的处理器，它的时钟周期为 ________（单位为 ns）。
2. 下列说法错误的是（多选）：________。

   A. 时钟周期是指 CPU 完成一个基本动作所需的时间。

   B. 时钟周期对应一个电平信号。

   C. 如果两条指令不存在数据相关，那么它们一定可以并行执行。

   D. 一般我们采用程序运行时间来度量程序的性能。
3. 一个指令执行的过程包括三个阶段，它们分别是取指令阶段、________ 阶段、执行指令阶段。
4. 指令间的相关性有三种，分别为 ________、________、________。
5. 请在下图中标出存数指令执行过程缺失的执行顺序标号。

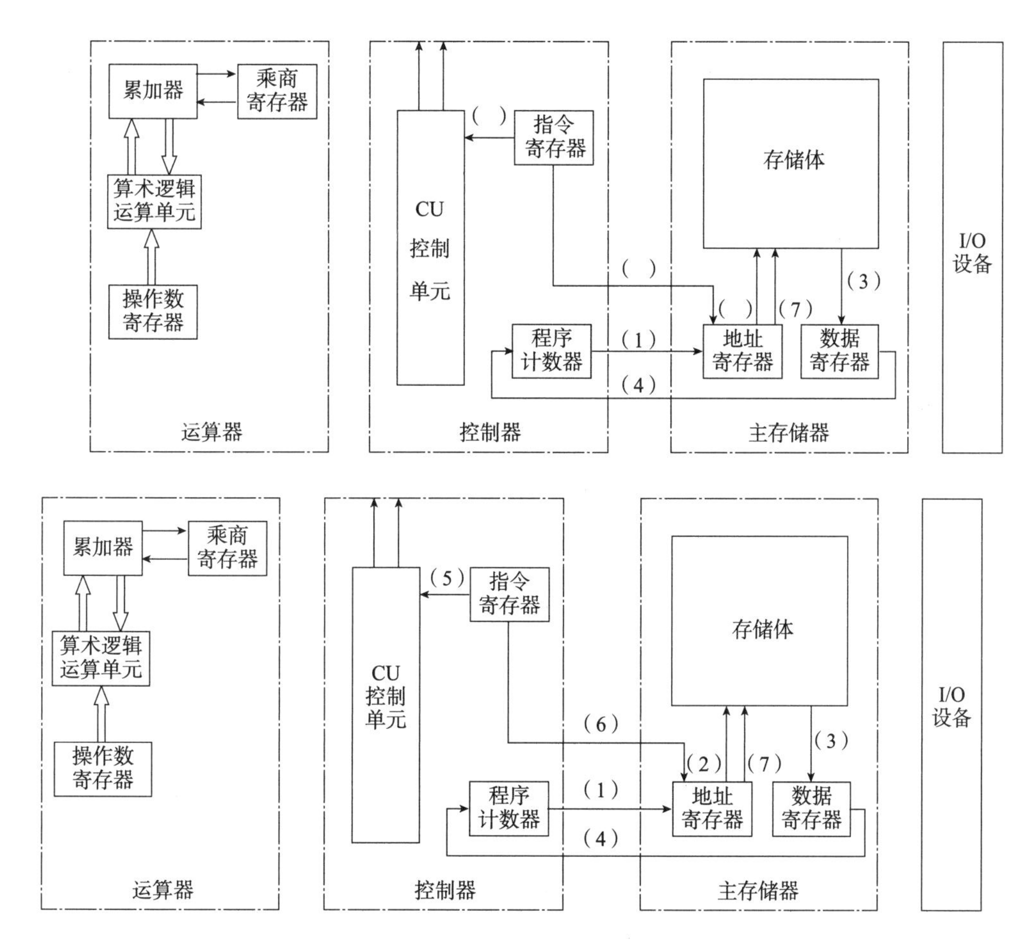

6. 判断正误：根据阿姆达尔定律，加速比 $S(n)$ = 单处理器上最优串行算法计算时间 / 使用 n 个处理器并行计算的时间，加速比与串行部分所占的比例有关，与 CPU 核数无关。
7. 考虑下面函数，实现数组内容的复制

```
void copy_array(long*s, long *d, long n)
{
      long i
      for(i =0; i<n; i++)
           d[i] = s [i]
}
```

调用 copy_array (a+1,a,999) 的结果是什么？

调用 copy_array (a,a+1,999) 的结果是什么？

性能测试表明第一种调用方法比第二种调用方法表现好。请解释说明你认为造成这种差异的原因。

8. 某软件公司想要将其开发的一版软件性能提高一倍，假设该软件只有 70% 的部分可以提高，为了达到整体的性能目标，则需要将这个部分提高到多少？（求解 k）
9. 尝试测试当 OP 为 *、data 类型为 int 时，combine1 ~ combine7 程序的性能，下面列出了当 OP 为 *、data 类型为 double 时，在参考机上测试 combine1 的示例代码。

```
1  int main() {
2   srand(time(NULL));
3
```

```
4    long long int len;
5    data_t result;
6    struct timespec start, end;
7    double cpu_time_used;
8
9    len = 100000000;
10   vec_ptr *v = create_vec(len);
11
12   //combine1
13   clock_gettime(CLOCK_MONOTONIC, &start);
14   combine1(v, &result);
15   clock_gettime(CLOCK_MONOTONIC, &end);
16
17   cpu_time_used = (end.tv_sec - start.tv_sec) * 1e9;
18   cpu_time_used += (end.tv_nsec - start.tv_nsec);
19
20   printf("Execution result for combine1: %f \n", result);
21   printf("Execution time for combine1: %f nanoseconds\n", cpu_time_used);
22
23   return 0;
24 }
```

附录　VSPM–CPU 的设计

A.1　目的

以“培养学生现代数字系统设计能力”为目标，贯彻以 CPU 设计为核心，以层次化、模块化设计方法，培养学生设计与实现数字系统的能力，使学生完整、连贯地运用课程所学知识，熟练掌握现代 EDA 工具基本使用方法，为学生后续课程的学习和今后从事相关工作打下良好的基础。

非常简单原型机操作讲解

扫描上方二维码可观看知识点讲解视频

A.2　基本任务

- 按照给定的结构框架、数据格式和指令系统，使用 EDA 工具设计一台用硬连线逻辑控制的简易计算机 VSPM-CPU。
- 要求灵活运用各方面知识，使所设计的计算机具有较佳的性能。
- 对所设计计算机的性能指标进行分析并给出报告。

vspm1.0

（文件包）

A.3　数据格式与指令系统

A.3.1　数据格式

数据采用 8 位二进制补码表示，其中最高位（第 7 位）为符号位，其数值表示范围为 $-128 \leqslant X \leqslant +127$。

A.3.2　指令格式

除立即数指令是双字节外，其他指令均为单字节。指令高 4 位为操作码，表示指令执行的操作，用以区分指令；低 4 位为地址码，指明操作数的来源；如图 A-1 所示。

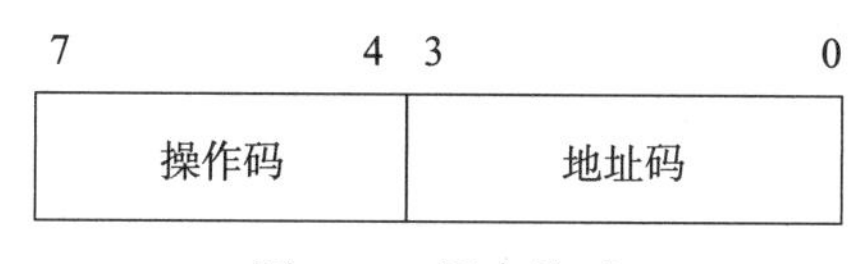

图 A-1　指令格式

A.3.3　寻址方式

寻址方式是确定下一条要执行的指令地址和数据地址的方式，包含指令寻址和数据寻址。

1. 指令寻址

指令寻址分为顺序寻址和跳转寻址。顺序寻址是指通过程序计数器（PC）加 1 自动形成下一条指令的地址。跳转寻址是指转移类指令执行时，将转移地址从寄存器 R3 取出，写入程序计数器。

2. 数据寻址

指令系统提供灵活的数据寻址方式，用尽量短的地址码提供操作数地址。VSPM-CPU 共有 3 种数据寻址方式。

（1）立即寻址

操作数包含在指令中，跟在操作码后面，作为指令的一部分，因此也叫立即数。

（2）寄存器直接寻址

操作数存放在通用寄存器中。指令地址码 2 位一组分别表示两个寄存器编号。此时指令格式如图 A-2 所示，Rs 和 Rd 分别表示两个操作数所在的寄存器编号，其中 Rs 是源寄存器编号，Rd 是目的寄存器编号。Rs 或 Rd 的值及指定的寄存器如表 A-1 所示。

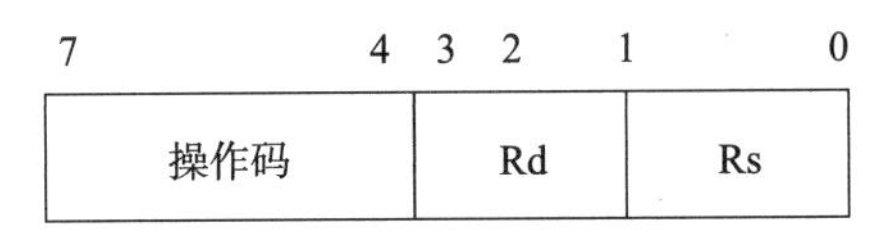

图 A-2　此时的指令格式

表 A-1　寄存器编号

Rs 或 Rd 的值	指定的寄存器
00	寄存器 R0
01	寄存器 R1
10	寄存器 R2
11	寄存器 R3

（3）寄存器间接寻址

操作数存放在存储器中，地址码中有一个寄存器编号为“00”，此时存放操作数的存储单元地址在寄存器 R0 中，通过访问寄存器 R0 获取存储单元地址，再从存储器对应单元读取的才是操作数，具体过程如图 A-3 所示。

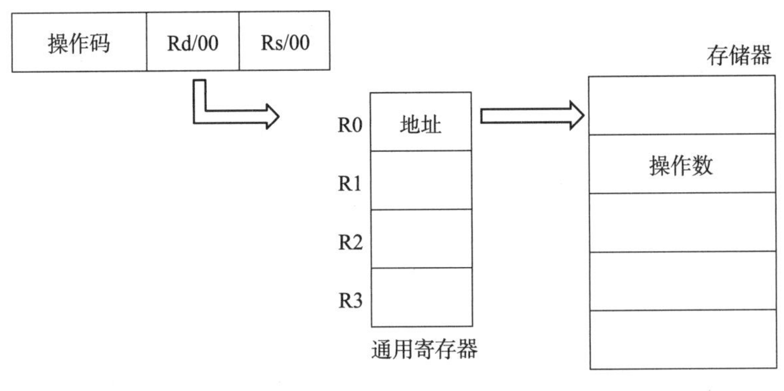

图 A-3　寻址过程

A.3.4　指令系统

指令系统中有 12 条指令，具体如表 A-2 所示。应该指出的是，各条指令的编码形式可以多种多样。为了叙述方便，下面采用汇编符号对指令进行描述，其中 Rs 和 Rd 分别表示源和目的寄存器。源和目的寄存器可以是通用寄存器中的任意一个寄存器，M 表示地址在寄存器 R0 中的存储单元。

表 A-2　指令系统表

汇编符号	功能	机器码	备注
MOVA Rd, Rs	(Rs) → Rd	0100 Rd Rs	
MOVB M, Rs	(Rs) → (R0)	0101 00 Rs	
MOVC Rd, M	((R0)) → Rd	0110 Rd 00	
MOVD R3, PC	(PC) → R3	0111 11 XX	
ADD Rd, Rs	(Rd)+(Rs) → Rd	1000 Rd Rs	
SUB Rd, Rs	(Rd)-(Rs) → Rd IF(Rd>Rs), THEN G=1, ELSE G=0	1001 Rd Rs	
JMP	(R3) → PC	1010 XX 11	
JG	IF G=1, THEN (R3) → PC	1011 XX 11	
IN Rd	外设输入→ Rd	1100 Rd XX	
OUT Rs	(Rs) →外设	1101 XX Rs	
MOVI IMM	立即数 IMM → R0	1110 00 XX IMM	双字节
HALT	停机	1111 00 00	

A.4　VSPM-CPU 结构

可以将计算机的工作过程看作许多不同的数据流和控制流在各模块之间流动，数据在控制信号的控制下流动，控制信号决定了数据流动的时间和方向。数据流所经过的路径被称作数据通路。数据通路不同，指令执行的操作过程就不同，模型机的结构也就不一样。VSPM-CPU 的基本结构如图 A-4 所示。

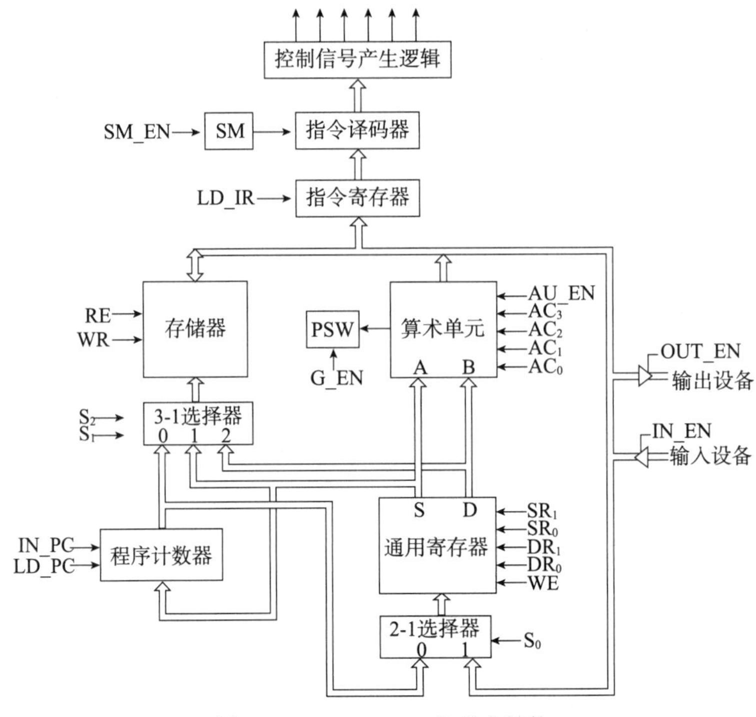

图 A.4 VSPM-CPU 的基本结构

A.4.1 模块功能

存储器、指令寄存器、算术单元和通用寄存器之间互连的通道称为总线（BUS），它由 8 根导线组成，同时传输 8 位数据，实现模块间的数据交互。

程序计数器（PC）：存放当前要执行的指令在 RAM 中的存储地址。当 LD_PC=1 时，PC 装载跳转地址，当 IN_PC=1 时，PC 进行自加 1 操作。

3-1 选择器：选择 RAM 的地址来源，其有 3 个输入，每个输入 8 位，分别接程序计数器以及通用寄存器的 S 口和 D 口，由控制信号 S2、S1 选择其中一个传送至 RAM 的地址输入端。

存储器（RAM）：存放指令和数据，其大小为 256 × 8 位，即有 256 个存储单元，每个单元存放 8 位数据，所以该 RAM 有一个 8 位的地址输入端以访问每个存储单元，一个双向的 8 位数据输入 / 输出端。RAM 每个存储单元存放着一条指令或一字节数据。指令在 RAM 中是顺序存放的，如 0 号存储单元存放第一条指令、1 号存储单元存放第二条指令、……依次存放。从存储器的哪个单元读取指令，由程序计数器 PC 提供单元地址。执行顺序指令时，即指令从存储器中按顺序取出来，先取出第一条，再取第二条，……，这时程序计数器 PC 自加 1 计数，指向顺序执行指令在存储器中的单元地址。当执行跳转指令时，程序计数器 PC 中原有的计数值失效，跳转指令的转移地址从寄存器 R3 送到 PC 中，PC 从新的值开始继续计数。当从存储器中取出数据（注意是取数据，不是取指令）或者向存储器存放运算结果时，存储单元的地址由通用寄存器提供。

指令寄存器（IR）：存放当前执行的指令。

SM：指示当前周期是取指周期还是执行周期。SM=0，表示当前是取指周期，SM=1，表示当前是执行周期。

指令译码器：解析指令。根据指令寄存器 IR 提供的 8 位指令编码，解析是哪条指令。

控制信号产生逻辑：根据指令译码器解析的指令，产生该指令执行所需的控制信号。

2-1 选择器：选择通用寄存器的数据来源。

通用寄存器：保存操作数和中间计算结果，其有 4 个 8 位寄存器 R0、R1、R2、R3。控制信号 SR1、SR0 选择 4 个寄存器中的一个作为源寄存器，源寄存器的数据从 S 口输出；DR1、DR0 选择 4 个寄存器中的一个作为目的寄存器，目的寄存器的数据从 D 口输出，WE 是写控制信号，在 DR1、DR0 的配合下，将其输入端的数据写入目的寄存器。

算术单元（AU）：实现算术运算，并在执行 MOVA、MOVB、OUT 指令时负责将数据送至总线。

状态寄存器（PSW）：存放 SUB 指令产生的状态位 G。

A.4.2 控制信号

基本控制信号及其功能如表 A-3 所示。

表 A-3 基本控制信号及其功能

序号	信号	功能
1	LD_PC	当 LD_PC=1 时，将寄存器 R3 的内容写入 PC
2	IN_PC	当 IN_PC=1 时，PC 进行自加 1 操作
3	S2、S1	选择 RAM 地址来源。00 表示来自程序计数器，01 表示来自 S 口，10 表示来自 D 口
4	WE	当 WE=1 时，对存储器 RAM 进行写操作
5	RE	当 RE=1 时，对存储器 RAM 进行读操作
6	LD_IR	当 LD_IR=1 时，将 BUS 上的指令编码写入指令寄存器 IR
7	SM_EN	当 SM_EN=1 时，允许 SM 翻转，即 SM 由 0 变为 1 或由 1 变为 0
8	S0	选择通用寄存器的数据来源。0 表示来自程序计数器，1 表示来自总线
9	SR1、SR0	选择寄存器 R0、R1、R2、R3 中的一个作为源寄存器
10	DR1、DR0	选择寄存器 R0、R1、R2、R3 中的一个作为目的寄存器
11	WE	当 WE=1 时，将输入端的数据写入通用寄存器
12	AU_EN	AU_EN=1，AU 进行算术运算或数据传输；AU_EN=0，输出高阻态
13	AC3 ~ AC0	控制算术单元 AU 执行不同的操作
14	G_EN	当 G_EN=1 时，将 AU 产生的 G 写入状态寄存器 PSW
15	IN_EN	当 IN_EN=1 时，允许外部设备输入数据至总线
16	OUT_EN	当 OUT_EN=1 时，允许总线上的数据输出至外部设备

A.5　指令的执行

指令的执行与模型机结构、指令执行方式有关。指令可以串行执行，也可以并行执行。本设计采用串行工作方式，即“读取指令—执行指令—再读取指令—再执行指令……”。串行工作方式虽然工作速度和效率都要差一些，但控制简单。本机一条指令需要两个时钟周期完成，一个时钟周期读取指令，一个时钟周期执行指令。

读取指令的时间随所使用的 RAM 的性能而异。执行指令的时间依据控制流和数据流所经过的路径与各级门的最大延迟而定。本机中写入 RAM 和通用寄存器的操作显然不能发生在“执行阶段”的任意时刻，必须在运算结果已经产生并被传送到总线的适当时刻才能“写”，这就需要时钟脉冲来控制时序。

A.5.1　读取指令的过程

要求完成的操作：从 RAM 中取出指令写入指令寄存器 IR，PC 自加 1，SM 变为 1。

具体过程为：程序计数器中的地址经 3-1 选择器送至 RAM 的地址输入端；在 RE 和地址的共同作用下，指令在时钟上升沿从 RAM 中读出送至总线；在 LD_IR 的控制下，总线上的指令在时钟下降沿写入指令寄存器 IR；同时程序计数器自加 1，指向下一条指令在 RAM 中的存放地址；SM 由 0 变为 1，指示下一周期为指令的执行周期。

A.5.2　指令的执行过程

每条指令的取指过程都相同，不同的是执行过程。下面将指令划分为数据传送类指令、算术运算类指令、转移类指令、输入 / 输出类指令和停机指令，分别介绍各类指令的执行过程。每条指令执行完，SM 由 1 变为 0，指示下一个周期为读取指令周期。

1. 数据传送类指令的执行过程

MOVA　Rd，Rs

要求完成的操作：源寄存器 Rs 中的数据写入目的寄存器 Rd，即（Rs）→ Rd。

执行过程：根据控制信号 SR1、SR0，选择源寄存器 Rs 的数据从通用寄存器 S 口输出，在 AC3 ～ AC0 和 AU_EN 的控制下，经 AU 送入总线；S0 为 1，BUS 上的数据传送至通用寄存器的输入端；在 WE 和 DR1、DR0 的控制下，时钟下降沿将输入端的数据写入目的寄存器 Rd。

MOVB　M，Rs

要求完成的操作：源寄存器 Rs 中的数据写入 RAM 的某个存储单元，该单元的地址存放在寄存器 R0 中，即（Rs）→（R0）。

执行过程：控制信号 DR1、DR0 为 00（寄存器 R0 的编号），从通用寄存器 D 口输出 R0 中的内容，控制信号 S2、S1 为 10，R0 的内容通过 3-1 选择器到达 RAM 的地址输入端；控制信号 SR1、SR0 选择源寄存器 Rs 的数据从通用寄存器 S 口输出，在 AC3 ～ AC0 和 AU_EN 的控制下，经 AU 送入总线（BUS），在 WR 的控制下，时钟上升沿将 BUS 上的数据写入 RAM。

MOVC　Rd，M

要求完成的操作：寄存器 R0 给出 RAM 的单元地址，读取该单元的数据并写入目的寄存器 Rd，即((R0))→Rd。

执行过程：控制信号 SR1、SR0 为 00（寄存器 R0 的编号），从通用寄存器 S 口输出 R0 中的内容，控制信号 S2、S1 为 01，R0 的内容通过 3-1 选择器到达 RAM 的地址输入端；在 RE 的控制下，时钟上升沿从 RAM 中读取数据，送入总线（BUS）；S0 为 1，BUS 上的数据传送至通用寄存器的输入端；在 WE 和 DR1、DR0 的控制下，时钟下降沿将输入端的数据写入目的寄存器 Rd。

MOVD R3, PC

要求完成的操作：程序计数器 PC 中的内容写入寄存器 R3，即（PC）→R3。

执行过程：控制信号 S0 为 0，PC 中的内容传送至通用寄存器的输入端；WE 为 1，DR1、DR0 为 11（寄存器 R3 的编号），时钟下降沿将 PC 的内容写入寄存器 R3。

MOVI IMM

这条指令是双字节指令，第一字节为指令码，第二字节为立即数。

要求完成的操作：将指令中的立即数写入寄存器 R0，即 IMM→R0。

执行过程：控制信号 S2、S1 为 00，程序计数器（PC）中的地址通过 3-1 选择器传至 RAM 的地址输入端，在 RE 的控制下，时钟上升沿将立即数从 RAM 中读出并送入总线（BUS）；S0 为 1，BUS 上的数据传送至通用寄存器的输入端；WE 为 1，DR1、DR0 为 00（寄存器 R0 的编号），时钟下降沿将数据写入寄存器 R0。在 IN_PC 的控制下，时钟下降沿 PC 加 1 计数，指向下一条指令在 RAM 中的存放地址。

2. 算术运算类指令的执行过程

ADD Rd，Rs

要求完成的操作：源寄存器 Rs 和目的寄存器 Rd 的数据相加，和写入目的寄存器 Rd，即（Rs）+（Rd）→Rd。

执行过程：控制信号 SR1、SR0 选择源寄存器 Rs 的数据从 S 口输出，控制信号 DR1、DR0 选择目的寄存器 Rd 的数据从 D 口输出；在 AC3～AC0 和 AU_EN 的控制下，在 AU 中进行加法运算后将相加的和送入总线（BUS）；S0 为 1，BUS 上的数据传送至通用寄存器的输入端；在 WE 和 DR1、DR0 的控制下，时钟下降沿将输入端的数据写入目的寄存器 Rd。

SUB Rd，Rs

要求完成的操作：寄存器 Rd 的数据减去 Rs 的数据，差写入寄存器 Rd，即（Rd）-（Rs）→Rd。

执行过程：控制信号 SR1、SR0 选择源寄存器 Rs 的数据从 S 口输出，控制信号 DR1、DR0 选择目的寄存器 Rd 的数据从 D 口输出；在 AC3～AC0 和 AU_EN 的控制下，在 AU 中进行减法运算后将相减的差送入总线（BUS）；S0 为 1，BUS 上的数据传送至通用寄存器的输入端；在 WE 和 DR1、DR0 的控制下，时钟下降沿将输入端的数据写入目的寄存器 Rd。SUB 指令影响状态位 G，如果 Rd>Rs，则 G=1，否则 G=0。

3. 转移类指令的执行过程

JMP

要求完成的操作：寄存器 R3 的内容写入程序计数器（PC），即（R3）→PC。

执行过程：控制信号 SR1、SR0 为 11（寄存器 R3 的编号），从通用寄存器 S 口输出 R3 中的内容，在 LD_PC 的控制下，时钟下降沿将 R3 的内容写入程序计数器。

JG

要求完成的操作：仅当 G=1，将寄存器 R3 的内容写入程序计数器（PC），否则 PC 的内容保持不变，即如果 Rd>Rs，那么 G=1，否则 G=0。

执行过程：控制信号 SR1、SR0 为 11（寄存器 R3 的编号），从通用寄存器 S 口输出 R3 中的内容，如果条件满足（即 G=1），在 LD_PC 的控制下，时钟下降沿将 R3 的内容写入程序计数器（PC），否则 PC 的内容保持不变。

4. 输入 / 输出指令的执行过程

IN　Rd

要求完成的操作：将外设输入的数据写入寄存器 Rd。

执行过程：在 IN_EN 的控制下，外设输入的数据送至总线（BUS）；控制信号 S0 为 1，BUS 上的数据传送至通用寄存器的输入端；在 WE 和 DR1、DR0 的控制下，时钟下降沿将输入端的数据写入目的寄存器 Rd。

OUT　Rs

要求完成的操作：寄存器 Rs 中的数据输出至外部设备。

执行过程：控制信号 SR1、SR0 选择源寄存器 Rs 的数据从 S 口输出，在 AC3 ～ AC0 和 AU_EN 的控制下，经 AU 送入总线（BUS），在 OUT_EN 的控制下将 BUS 上的数据输出至外部设备。

5. 停机指令的执行过程

HALT

停机指令。执行完这条指令，模型机进入停机状态，指令 HALT 后面即使还有其他指令，模型机也不再执行。

A.6　模型机的实现

模型机在工程实现上可以采用简单迭代法和模块化两种方式。简单迭代法是完成支持一种指令的基本数据通路，测试通过后再在此基础上不断增加新的数据通路，支持新的指令，直到所有指令都能正常运行。这种方法在设计过程中需要不断修改数据通路，增加新部件，调整控制电路。本模型机采用模块化设计方法，先设计构建模型机的功能部件：通用寄存器、运算单元 AU、状态寄存器 PSW、程序计数器 PC、RAM、指令寄存器 IR、SM、指令译码器、3-1 选择器和 2-1 选择器。再列出功能部件执行所需的控制信号，如表 A-4 所示，横坐标给出的是指令译码器解释的指令，纵坐标给出的是各指令执行所需的控制信号，表中只列出了控制信号为 1 的情况，根据表 A-4 可以实现控制信号产生逻辑，如控制信号 AU_EN 在 MOVA、MOVB、ADD、SUB、OUT 5 条指令执行时为 1，那么此控制信号的逻辑表达式为 AU_EN=MOVA+MOVB+ADD+SUB+OUT，其他控制信号的逻辑表达式也同为使其为 1 的指令的逻辑或。

模型机的功能部件设计实现后，采用原理图的方式将各部件连接起来即可实现模型机，模型机的顶层电路图如图 A-5 所示。

表 A-4　控制信号表

控制信号	LD_PC	IN_PC	S[2:1]	WR	RE	LD_IR	SM_EN	S0	SR[1:0]	DR[1:0]	WE	AU_EN	AC[3:0]	G_EN	IN_EN	OUT_EN
取指		1			1	1	1									
MOVA							1		Rs	Rd	1	1	0100			
MOVB			10	1			1		Rs	Rd		1	0101			
MOVC			01		1		1		Rs	Rd	1					
MOVD							1		Rs	Rd	1					
ADD							1		Rs	Rd	1	1	1000			
SUB							1		Rs	Rd	1	1	1001	1		
JMP	1						1		Rs	Rd						
JG (T)	1						1		Rs	Rd						
JG (F)							1									
IN							1		Rs	Rd	1				1	
OUT							1		Rs	Rd		1	1101			1
MOVI		1			1		1		Rs	Rd	1					
HALT							0									

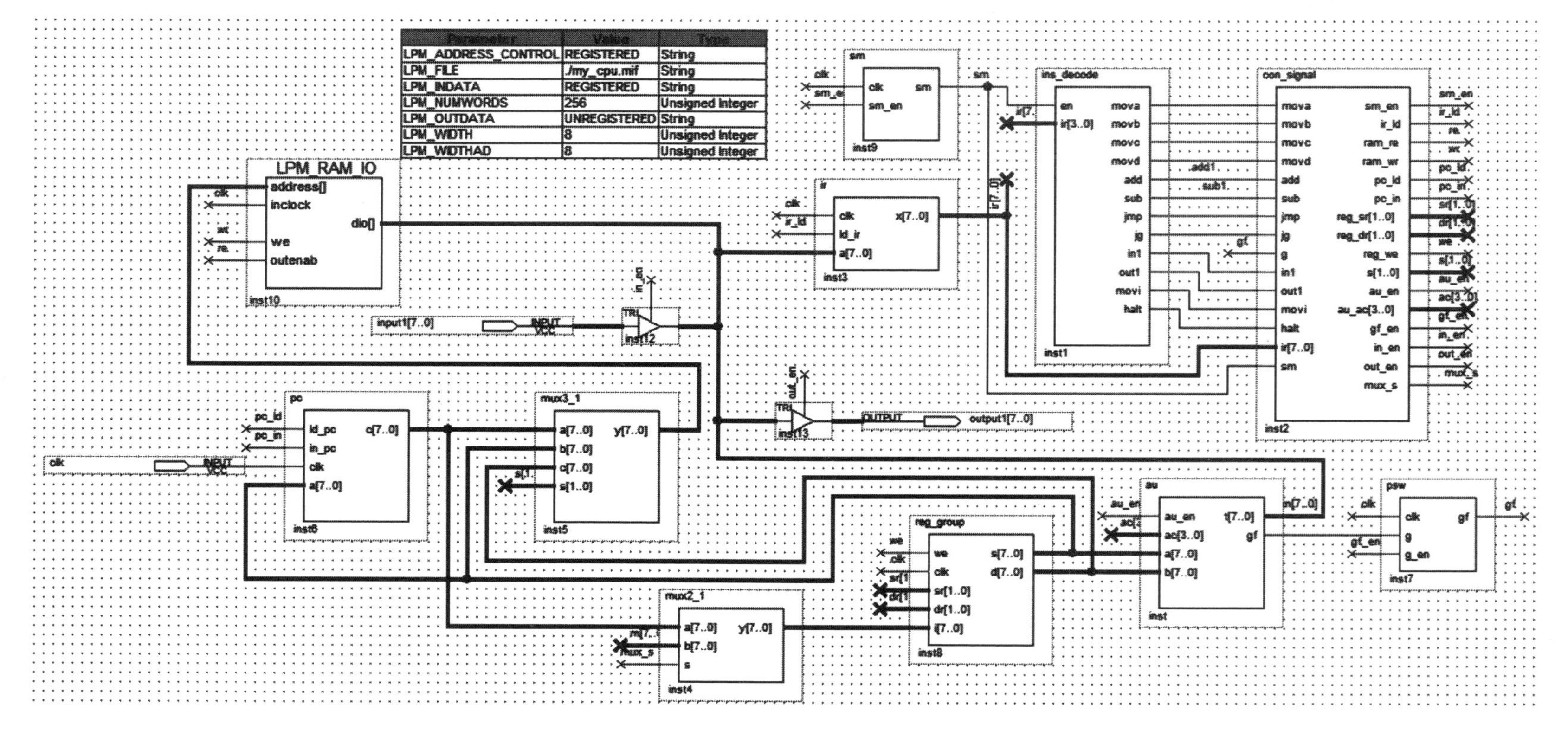

图 A-5　模型机顶层电路图

A.7 模型机测试

本模型机采用两套测试方案，一是基于 Quartus II 仿真验证每条指令的正确性，二是下载至 FPGA 板检测模型机硬件电路的执行情况。

A.7.1 基于 Quartus II 仿真验证指令执行的正确性

采用 12 条指令编写测试代码，如表 A-5 所示，测试代码的指令之间存在数据相关性，即后面指令执行的结果反映前面指令的执行情况，因此只要观察代码中 OUT 指令的输出，即可确定前面指令的执行是否正确。

表 A-5 仿真验证的测试代码

RAM 地址	汇编指令	机器码	说明
00	JMP	1010 0011	R3 的初始值为 07H，指令执行完，PC=07H
01		0001 0001	R0 的初始值为 01H，RAM 的 01 地址单元存放 11H
07	IN R1	1100 0100	外部引脚输入 01H，指令执行完，R1=01H
08	MOVA R2, R1	0100 1001	指令执行完，R2=01H
09	MOVC R1, M	0110 0100	RAM 的 01 单元内容 11H 赋给 R1，指令执行完，R1=11H
10	SUB R1, R2	1001 0110	指令执行完，R1=10H 且 G=1
11	MOVD R3, PC	0111 1100	取指后 PC 自加 1，此时 PC=12，那么 R3=12=0CH
12	ADD R3, R1	1000 1101	指令执行完，R3=1CH=28D
13	JG	1011 0011	G=1，满足跳转条件，执行跳转，PC=28D
28	MOVB M, R3	0101 0011	将 R3 中的数据写入 RAM
29	MOVC R1, M	0110 0100	将 RAM 的数据写入 R1，两条指令执行完，R1=R3=1CH
30	MOVI #9	1110 0000	此为两字节指令，指令执行完，R0=09H
31		0000 1001	
32	SUB R0, R1	1001 0001	指令执行完，R0=EDH 且 G=0
33	JG	1011 0011	G=0，不满足跳转条件，不执行跳转
34	OUT R0	1101 0000	指令执行完，输出引脚为 EDH
35	HALT	1111 0000	停机指令
36	JMP	1010 0011	此指令在停机指令后用于检测停机是否正确，正确的停机指令应该是停机后面的指令不执行

通用寄存器 R3 初始值为 07H，R0 初始值为 01H，外部输入为 01H。首先功能仿真，在不考虑延时的理想情况下对模型机进行逻辑功能验证。如果指令执行正确，则第 28 个周期执行 OUT 指令输出 EDH(11101101)；正确停机时，PC 计数到 24H，指令寄存器 IR 最后存取的指令为 F0H（11110000），如图 A-6 所示。然后选择 Cyclone II 系列 EP2C5T144C8 芯片，考虑器件和布线的延时，进行时序仿真，本模型机的时钟频率为 53.98 MHz（周期 = 18.526 ns），将时钟周期设为 20ns，其仿真波形如图 A-7 所示。

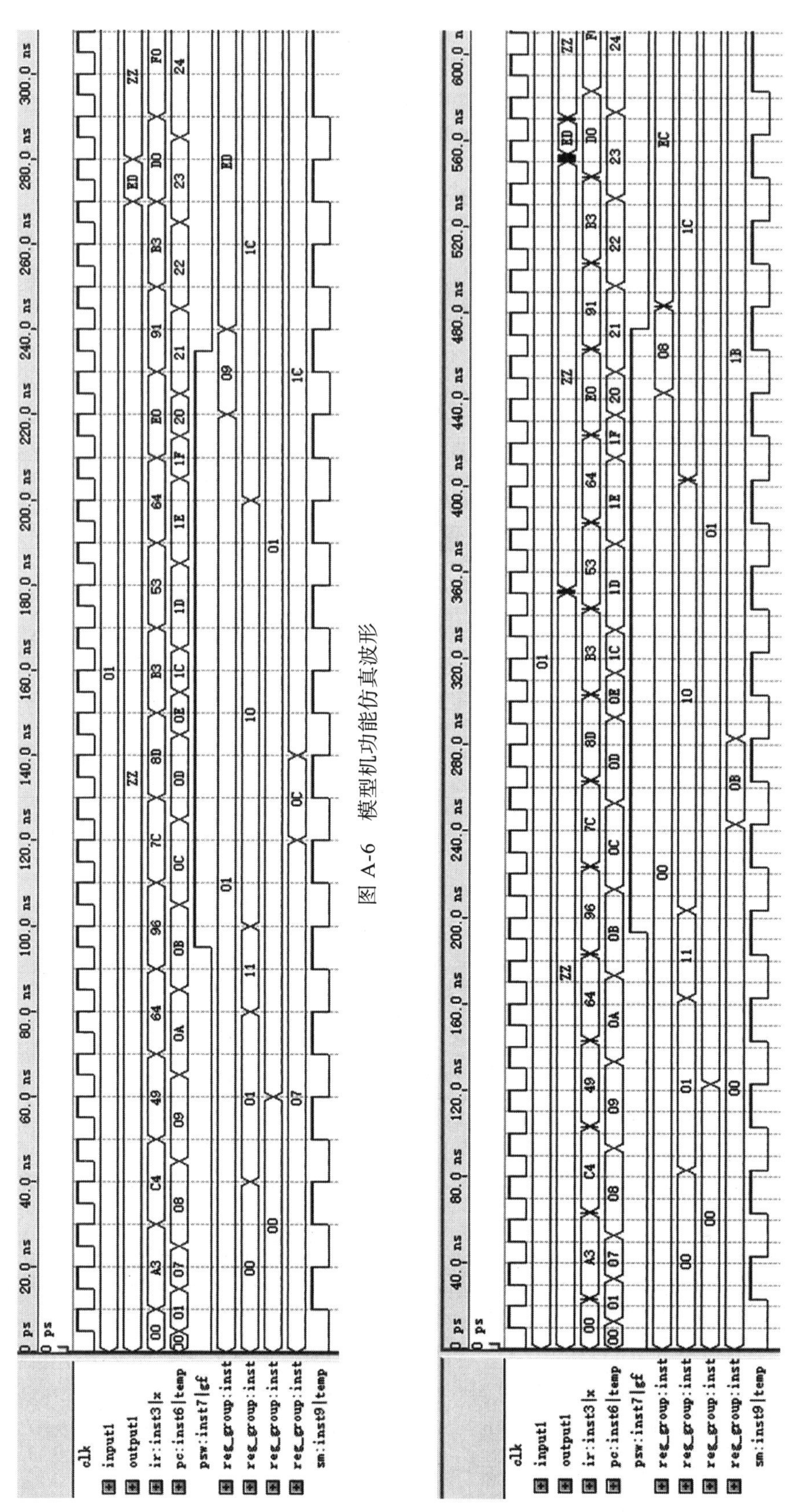

图 A-6 模型机功能仿真波形

图 A-7 模型机时序仿真波形

A.7.2 下载至 FPGA 板运行

采用 12 条指令编写测试代码，如表 A-6 所示，此测试代码循环执行确保稳定的输出。FPGA 选用 Cyclone II 系列 EP2C5T144C8，时钟频率为 6MHz，输入为 FPGA 板上的 8 个拔码开关，输出为 8 个 LED 灯和数码管。当拔码开关输入 01H 时，输出为 EDH（11101101），随着输入值递增，输出值递减，当输入为 0DH 时，模型机进入停机，接下来模型机不再响应输入的变化。图 A-8 为拔码开关输入 01H 时，LED 灯和数码管的输出结果。

表 A-6 下板的测试代码

RAM 地址	汇编指令	机器码	说明
00	JMP	1010 0011	R3 的初始值为 07H，指令执行完，PC=07H
01		0001 0001	R0 的初始值为 01H，RAM 的 01 地址单元存放 11H
07	IN R1	1100 0100	外部引脚输入 01H，指令执行完，R1=01H
08	MOVA R2, R1	0100 1001	指令执行完，R2=01H
09	MOVC R1, M	0110 0100	RAM 的 01 单元内容 11H 赋给 R1，指令执行完，R1=11H
10	SUB R1, R2	1001 0110	指令执行完，R1=10H 且 G=1
11	MOVD R3, PC	0111 1100	取指后 PC 自加 1，此时 PC=12D，那么 R3=12D=0CH
12	ADD R3, R1	1000 1101	指令执行完，R3=1CH=28D
13	MOVI #02	1110 0000	此为两字节指令，指令执行完，R0=02H
14		0000 0010	
15	JG	1011 0011	G=1，满足跳转条件，执行跳转，PC=R3=28D
16	HALT	1111 0000	停机指令
28	MOVB M, R3	0101 0011	将 R3 中的数据写入 RAM
29	MOVC R1, M	0110 0100	将 RAM 的数据写入 R1，两条指令执行完，R1=R3=1CH
30	MOVI #09	1110 0000	指令执行完后，R0=09H
31		0000 1001	
32	SUB R0, R1	1001 0001	指令执行完，R0=EDH 且 G=0
33	JG	1011 0011	G=0，不满足跳转条件，不执行跳转
34	OUT R0	1101 0000	指令执行完，输出引脚为 EDH
35	MOVI #07	1110 0000	指令执行完，R0=07H

（续）

RAM 地址	汇编指令	机器码	说明
36		0000 0111	
37	MOVA R3, R0	0100 1100	指令执行完，R3=R0=07H
38	MOVI #01	1110 0000	指令执行完，R0=01H
39		0000 0001	
40	JMP	1010 0011	R3=07H，指令执行完，PC=07H

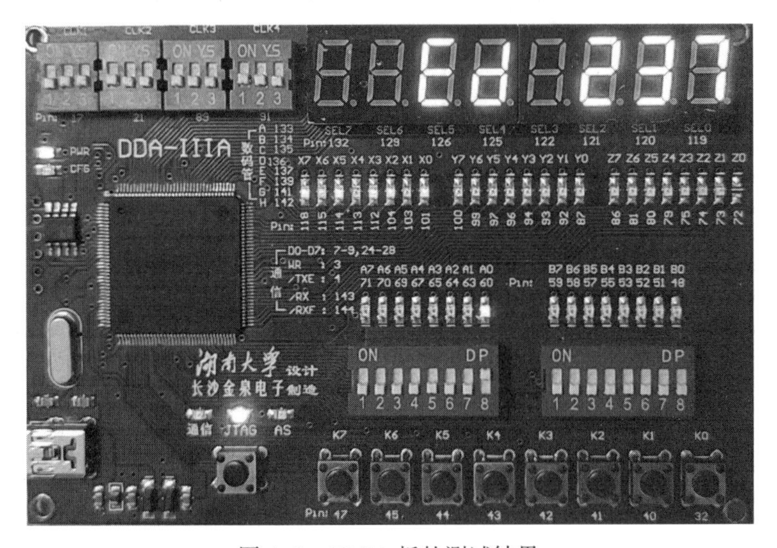

图 A-8　FPGA 板的测试结果

推荐阅读

计算机组成与设计：硬件/软件接口 RISC-V版（原书第2版）

作者：David A. Patterson，John L. Hennessy 译者：易江芳 刘先华 等

书号：978-7-111-72797-2 定价：169.00元

在广大计算机程序员和工程师中，几乎没有人不知道Patterson和Hennessy的大作，而今RISC-V版的推出，再次点燃了大家的热情。RISC-V作为一种开源体系结构，从最初用于支持科研和教学，到现在已发展为产业标准的指令集。正在和即将阅读本书的年轻人，你们不仅能够从先行者的智慧中理解RISC-V的精髓，而且有望创建自己的RISC-V内核，为广阔的开源硬件和软件生态系统贡献力量。

——Krste Asanović，RISC-V基金会主席

教材的选择往往是一个令人沮丧的妥协过程——教学方法的适用度、知识点的覆盖范围、文辞的流畅性、内容的严谨度、成本的高低等都需要考虑。本书之所以是难得一见的好书，正是因为它能满足各个方面的要求，不再需要任何妥协。这不仅是一部关于计算机组成的教科书，也是所有计算机科学教科书的典范。

——Michael Goldweber，泽维尔大学

推荐阅读

计算机体系结构：量化研究方法（英文版·原书第6版）

作者：John L. Hennessy，David A. Patterson 书号：978-7-111-63110-1 定价：269.00元

这本书是我的大爱，它出自工程师之手，专为工程师而作。书中阐明了数学给计算机科学的发展施加的限制，以及材料科学为之带来的可能性。通过一个个实例，你将理解体系结构设计师在构建系统的过程中，是如何进行分析、度量以及必要的折中的。

当前，摩尔定律逐渐失效，而深度学习的算力需求如无底洞般膨胀。在这一关键节点，第6版的推出恰逢其时，新增的关于特定领域体系结构的章节讨论了一些有前景的方法，并预言了计算机体系结构的重生。就像文艺复兴时期的学者一样，今天的设计师必须先了解过去，再把历史教训与新兴技术结合起来，去创造我们的世纪。

—— Cliff Young，Google

第6版在技术革新、成本变化、行业实例和参考文献方面做了全面修订，同时依然保留了那些经典的概念。特别是，本版采用RISC-V指令集，开启了开源体系结构的新篇章。

—— Norman P. Jouppi，Google